普通高等教育机械类应用型人才及卓越工程师培养规划教材

互换性与测量技术

刘琨明　杨发展　主　编
刘志红　梁　鹏　孟广耀　副主编
张红丽　武宁宁　参　编
仪垂杰　主　审

電子工業出版社
Publishing House of Electronics Industry
北京 · BEIJING

内 容 简 介

本书是按照高等院校机械学科本科专业规范、培养方案和课程教学大纲的要求，结合有关学校教学改革、课程改革的经验而编写的。本书主要针对互换性与测量技术所涉及的内容，全书共 9 章：绪论、测量技术基础、极限与配合、几何公差与检测、表面粗糙度与检测、光滑工件尺寸检测与量规设计、典型零部件的公差与检测、尺寸链、渐开线圆柱齿轮公差与检测。每章都有学习指导、本章小结、课后习题与思考题。

本书可作为高等学校机械类/近机类等专业的教材，也可供有关工程技术人员作为参考书使用。

图书在版编目（CIP）数据

互换性与测量技术 / 刘琨明等主编. —北京：电子工业出版社，2019.8
普通高等教育机械类应用型人才及卓越工程师培养规划教材
ISBN 978-7-121-36593-5

Ⅰ. ①互… Ⅱ. ①刘… Ⅲ. ①零部件－互换性－高等学校－教材②零部件－测量技术－高等学校－教材
Ⅳ. ①TG801

中国版本图书馆 CIP 数据核字（2019）第 096802 号

责任编辑：郭穗娟
印　　刷：北京捷迅佳彩印刷有限公司
装　　订：北京捷迅佳彩印刷有限公司
出版发行：电子工业出版社
　　　　　北京市海淀区万寿路 173 信箱　邮编　100036
开　　本：787×1092　1/16　印张：16　字数：420 千字
版　　次：2019 年 8 月第 1 版
印　　次：2023 年 8 月第 5 次印刷
定　　价：59.80 元

前　言

“互换性与测量技术”是高等院校机械类和近机类专业的一门应用性很强的技术基础课，内容涉及机械产品及其零部件的设计与制造精度控制和检验等知识。本书结合各院校课程体系改革和对学生专业能力培养多元化的需求而编写，融入编者多年教学实践经验，尽可能涵盖大量的信息和最新的国家标准。本书具有以下特点：

（1）紧密结合教学大纲要求，注重基础内容和标准应用，适合教与学。

（2）理论联系实际，结合机械精度设计应用实例对公差标准应用问题进行分析，注重对学生综合能力的培养和基本技能的训练。

（3）增加了大尺寸段和小尺寸段公差与配合、梯形螺纹和滚珠丝杠方面的极限与配合，既可用于重型机械设备，又可用于精密仪器。

（4）适应面广，多学时（40 学时左右）与少学时（24 学时左右）均可使用。

本书由青岛理工大学刘琨明、杨发展任主编，青岛理工大学刘志红、梁鹏、孟广耀任副主编，青岛理工大学武宁宁和青岛理工大学琴岛学院张红丽参编。全书共 9 章，第 1～2 章由刘琨明编写，第 3 章由杨发展编写，第 4 章由杨发展和梁鹏编写，第 5 章由武宁宁和刘志红编写，第 6 章由孟广耀编写，第 7 章由梁鹏、武宁宁和张红丽编写，第 8 章由张红丽编写，第 9 章由刘志红编写。全书由刘琨明、杨发展统稿，青岛大学仪垂杰教授任主审。本书在编写过程中得到了山东省本科教学改革项目和青岛理工大学名校建设工程项目资助。此外，得到了电子工业出版社和一些兄弟院校的大力支持，在此一并对相关人员表示感谢。

由于编者水平有限，在内容安排和选择等方面难免存在疏漏和不足之处，恳请广大读者批评指正。

编　者

2019 年 5 月

目　　录

第1章 绪 论

教学重点

通过本章学习，掌握互换性的含义，认识互换性的意义，明确互换性的分类；掌握互换性、公差、测量技术和标准化之间的关系，了解优先数系的基本原理及其应用。

教学难点

互换性的含义与应用。

教学方法

讲授法、问题教学法。

1.1 互换性与公差的概述

1.1.1 互换性的概念

在机械工业中，互换性是指在同一规格的一批零部件中，任取其一，无须进行任何挑选、调整或附加修配就能装配到机器上，并且达到规定的功能要求。这样的一批零部件就称为具有互换性的零部件。互换性体现在产品生产的3个过程：零部件在制造时按同一规格要求，装配时不需要选择或附加修配，装配后能保证预定的使用性能要求。在日常生活或生产中，互换性的应用实例随处可见。例如，汽车、手表、缝纫机、家用电器等的零部件损坏后，只要更换相同规格的新零部件，便能恢复原有功能并继续使用。之所以这样方便，是因为这些零部件均具有能够彼此互相替换的性能，即具有互换性。

互换性给产品的设计、制造和使用维修都带来了很大的方便。

从设计方面看，按互换性进行设计，可以最大限度地采用标准件、通用件，大大减少计算、绘图等工作量，缩短设计周期，并有利于产品品种的多样化和计算机辅助设计。

从制造方面看，互换性有利于组织大规模专业化生产，有利于采用先进工艺和高效率的专用设备，以至用计算机辅助制造，有利于实现加工和装配过程的机械化、自动化，从而减轻工人的劳动强度，提高生产率，保证产品质量，降低生产成本。

从使用方面看，零件具有互换性，可以及时更换那些已经磨损或损坏了的零部件，减少了机器的维修时间和费用，保证机器能连续而持久地运转，提高了设备的利用率。

互换性对保证产品质量、提高生产率和增加经济效益具有重要意义。互换性不仅适用于大批量生产，而且也适用于单件小批量生产，互换性已成为现代机械制造业中一个普遍被遵守的原则。

1.1.2 公差的概念

零件在加工过程中，由于工艺系统各种原始误差的影响，会产生各种加工误差。要把同一规格的一批零件的几何参数做得完全一致是不可能的，也没有必要。实践证明，只要把零件几何参数的误差控制在一定范围内，就能满足互换性的要求。

（1）误差。误差是指加工完成后零件实际几何参数与理想几何参数的差异。

（2）公差。公差是指允许实际零件几何参数的最大变动量，即允许尺寸、几何形状和相互位置等误差的最大变动范围。公差包括尺寸公差、形状公差、位置公差等，用来控制加工中的误差，以保证互换性的实现。

公差是设计人员根据产品使用性能和功能要求给定的。公差标准是实现对零件的误差控制和保证互换性的基础。在设计机械产品时，合理规定公差十分重要。公差过大，不能保证产品性能要求；公差过小，则造成加工困难，生产成本增加。因此，在进行机械产品精度设计时，要力求获得最佳的技术经济效益。

（3）检测。加工后的零件几何参数是否满足公差要求，需要通过技术测量即检测来判断。检测包含检验和测量。检验是指确定零件的几何参数是否在规定的极限范围内，并做出合格与否的判断，而不必得出被测量的具体数值。测量是指将被测量与作为计量单位的标准量进行比较，以确定被测量具体数值的过程。检测不仅用来评定产品质量，而且用于分析产生不合格品的原因，监督工艺过程，预防废品产生。若要提高产品质量，除了提高设计和加工精度，检测精度的提高也非常重要。

合理确定公差与正确进行检测，是保证产品质量、实现互换性生产的两个必不可少的条件和手段。

1.1.3 互换性的种类及应用

互换性可按不同方法来分类。

1. 按互换参数范围或使用要求分类

按互换参数范围或使用要求分类，互换性可分为几何参数互换性和功能互换性。

（1）几何参数互换性。是指零部件的尺寸、几何形状、位置、表面粗糙度等几何参数所具有互换性，几何参数还包括典型表面参数，如键、圆锥、螺纹、齿轮等参数。几何参数互换性又称为狭义互换性，本课程主要讨论几何参数互换性。

（2）功能互换性。除了零部件的几何参数可互换，其物理性能、化学性能和力学性能参数都具有互换性，这类参数的互换性称为功能互换性，功能互换性又称为广义互换性。

2. 按互换程度和条件分类

按互换程度和条件分类，互换性可分为完全互换性和不完全互换性。

（1）完全互换性。若一批零部件在装配时无须分组、挑选、调整和修配，装配后就能满足预定的性能要求，称为完全互换性，又称为绝对互换性。例如，常用的、大批量生产的标准连接件和紧固件、各类滚动轴承等都具有完全互换性。

完全互换的优点是能做到零部件的完全互换和通用，为专业化生产和相互协作创造了条件，简化了修理工作，提高了经济效益。它的缺点是当整机装配精度要求较高、组成产品的零件较多时，造成加工困难，成本增高，甚至无法加工。为此，可采用不完全互换或修配的方法达到装配精度要求。

（2）不完全互换性。是指零部件在装配时允许有附加条件的选择或调整（采用概率法、分组法或调整法等工艺措施），实现顺利装配并达到装配精度要求，又称为有限互换性。例如，当机器装配精度要求较高时，采用完全互换将使零件尺寸公差很小，加工困难，成本增加，有时甚至无法加工，这时可适当降低零件的制造精度，使之便于加工。而在零件完工后，通过测量将零件按实际尺寸的大小分为若干组，使同组零件间的尺寸差别减小，按对应组进行装配，大孔与大轴相配，小孔与小轴相配，仅同组内零件可以互换，组与组之间的零件不能互换。这样既可保证装配精度要求，又能解决加工难题，降低了加工成本。内燃机活塞销与活塞销孔装配时采用的分组法装配就是依照这个原理。此外，不完全互换还有概率法装配、调整法装配等。例如，对于大批量生产的减速器，在进行轴承盖装配时，通过更换不同厚度的垫片以保证装配精度要求，即调整法装配。

不完全互换的优点是在保证装配精度要求的前提下，能适当放宽零件制造公差，使得加工容易，制造成本降低。其主要缺点是降低了互换水平，不利于部件、机器的装配和维修。

装配时，必须进行附加修配或辅助加工的零件不具有互换性。

3. 按标准部件或机构来分类

按标准部件或机构来分类，互换性可分为内互换和外互换。

（1）内互换。是指部件或机构内部组成零件间的互换性，如滚动轴承内、外圈滚道与滚动体的配合。

（2）外互换。是指部件或机构与其他相配件的互换性，如滚动轴承内圈与轴颈的配合、外圈与轴承座孔的配合。

精度要求高时，内互换可采用不完全互换，而外互换一定要采用完全互换。

在产品生产过程中，究竟采用何种互换性，要在对产品精度和复杂程度、生产规模、生产设备、技术水平等因素进行综合评价之后，才能确定。通常，在产品设计阶段就要确定。当机器使用要求与制造水平、经济效益相协调时，优先采用完全互换性原则；当产品结构复杂、装配精度要求较高、采用完全互换性原则有困难且不经济时，在局部范围内可选用不完全互换。其中，概率法主要是用于因零件数量较多而影响装配精度的生产过程；分组法适合于批量较大且使用精度要求较高的结合件生产中；调整法应用最普遍；修配法一般只用于单件或小批量的生产过程。一般来说，不完全互换仅用于部件或机构的制造厂内部的装配，而厂际协作要求完全互换。

1.2 标准化与优先数系

1.2.1 标准与标准化

现代化生产的特点是品种多、规模大、分工细、协作多。为使社会生产有序地进行，必须通过标准化使产品规格品种简化，使分散的、局部的生产环节相互协调和统一，从而保证产品具有互换性。

1. 标准

标准是对重复性事物和概念所做的统一规定，它以生产实践、科学试验和理论分析等为基础，经有关方面协商一致，由主管机构批准，以特定形式发布，作为共同遵守的准则和依据，在一定范围内具有强制性或推荐性的约束力。

标准按不同的级别颁发。我国的标准分为国家标准、行业标准、地方标准和企业标准。

国家标准（代号为GB，其中，GB/T为推荐性国家标准代号，GB/Z为国家标准化指导性技术文件，是国家标准的补充）是指对全国经济、技术发展有重大意义，必须在全国范围内统一执行的标准。国家标准由国家质量技术监督局委托有关部门起草，经审批后再颁布；对没有可参照的国家标准而又需要在全国某个行业范围内统一的技术规范，可制定行业标准，如机械标准（代号为JB）、煤炭行业标准（代号为MB）；对没有可参照的国家标准和行业标准而又需要在某个范围内统一的规范，可制定地方标准（代号为DB）或企业标准（代号为QB）。有的企业为了提高产品质量，强化竞争力，制定出了高于国家标准的“内控标准”。

国家标准和行业标准又分为强制性标准和推荐性标准。少量有关人身安全、健康、卫生及环境保护之类的标准属于强制性标准，国家将用法律、行政和经济等手段来维护强制性标准的实施。大量的标准（80%以上）属于推荐性标准，推荐性标准也应积极采用，因为标准是科学技术的结晶，是多年实践经验的总结，代表了先进的生产力，对生产具有普遍的指导意义。

按标准化对象的特性，标准分为基础标准、产品标准、方法标准、安全和环境保护标准。基础标准是针对生产中最一般的共性问题，依据普遍的规律性而制定的，具有广泛的指导意义。各种公差与配合标准、优先数系标准等都是基础标准。产品标准是对产品规格和质量所做的统一规定，方法标准是对设计、生产、验收过程中的重要程序、规则和方法等所做的规定。标准的范围广，种类多，涉及人类生活的各个方面，本课程研究的公差标准、检测器具和方法标准，大多属于国家基础标准。

2. 标准化

标准化是指在经济、技术、科学及管理等社会实践中，对重复性事物和概念通过制定、发布和实施标准，达到统一，以获得最佳秩序和社会效益的全部活动过程。

标准和标准化是两个不同的概念，但又有着不可分割的联系。标准化是制定及实施标准的全过程。没有标准，就没有标准化；反之，没有标准化，标准也就没有意义。

在国际上，为了促进世界各国在技术上的统一，由国际标准化组织（ISO）和国际电工委员会（IEC）等国际组织负责制定和颁布国际标准。此外，还有区域标准，是指世界某区域标准化团体颁布的标准或采用的技术规范，如欧洲标准化委员会（EN）、经济互助委员会标准化常设委员会（DB）所颁布的区域标准。国际标准属于推荐和指导性标准。我国自1978年恢复参加 ISO 组织后，参照国际标准制定和修订我国的国家标准成为我国重要的技术政策，为加快我国工业进步奠定了基础。修订的原则是，在立足我国生产实际的基础上向ISO靠拢，以利于加强我国在国际上的技术交流和产品互换。

标准化是组织现代化生产的重要手段，是实现互换性的必要前提，它对人类进步和科学技术发展起着巨大的推动作用。在科学技术快速发展的今天，标准化的必要性和效益越来越明显，标准化水平已成为衡量一个国家科技水平和管理水平的尺度之一，是现代化程度的一个重要标志。

采用国际标准已成为各国技术经济工作的普遍发展趋势，主要有以下原因。

（1）产品的质量和数量的提高要依靠科学的进步。国外许多已经解决了的技术问题及先进科技成果，常集中反映在国际标准和国外先进标准中。采用国际标准是一种廉价的技术引进，经认真分析，把它们作为依据，有计划、有目标地改进设计和制造工艺，配置一定的生产设备、工艺装备和检测手段，必将促进企业管理，建立正常的生产秩序，确保产品质量不断提高。

（2）当前国际市场竞争非常激烈，如果不采用国际上普遍认可的技术标准，就生产不出高标准的产品，也很难在国际市场上拥有竞争力。

（3）现代化生产的发展趋势是专业化协作替代一个厂或一个企业的全能式生产。协作范围已突破国家之间的界限，形成了全世界范围内的专业分工和生产协作。各国遵守和采用国际标准，这是在国际交流中消除技术壁垒的基本条件。

1.2.2 优先数和优先数系

工程上各种技术参数的简化、协调和统一是标准化的重要内容。各种产品的性能参数和尺寸规格参数都需要通过数值来表达，这些参数通常不是孤立的，一旦选定某个参数，这个数值就会按照一定规律向一切有关的参数传播。例如，螺栓的尺寸一经确定，将影响螺母的尺寸以及加工它们用的丝锥和板牙的尺寸、螺栓孔的尺寸以及加工螺栓孔用的钻头的尺寸、垫圈的尺寸、紧固螺母用的工具扳手的尺寸、检验用的量规的尺寸等。再如，纸张的大小将影响印刷、打印设备的相关参数。这种技术参数的传播扩散在生产实际中是极为普遍的现象。

由于数值如此不断关联、不断传播，因此产品的技术参数不能随意确定；否则，会导致规格品种繁多混乱的局面，给生产组织、协调配套以及使用维修带来困难。同一种产品的同一个参数还需要从大到小取不同的值，从而形成不同规格的产品系列。这个系列确定得是否合理，与所取的数值如何分挡、分级直接有关。为使产品的参数选择能遵守统一的规律，必须从参数选择一开始就将其纳入标准化轨道，对各种技术参数的数值做出统一规定。优先数和优先数系就是国际上统一的对各种技术参数进行简化、协调的一种科学的数值制度，要求工程设计和工业生产中尽可能采用。

1. 优先数系的构成

优先数和优先数系是19世纪末由法国人查尔斯·雷诺（Charles Renard）首先提出的，后人为了纪念他，将优先数系称为Rr数系。国家标准GB/T 321—2005《优先数和优先数系》规定优先数系由一系列十进制等比数列构成，并规定了5个常用系列，代号为Rr（r=5，10，20，40，80）。其中R5、R10、R20、R40这4个常用系列为基本系列，R80为补充系列，仅用于分级很细的特殊场合。优先数系的公比见表1-1。

表1-1 优先数系的公比

系列符号	R5	R10	R20	R40	R80
r	5	10	20	40	80
$q_r=\sqrt[r]{10}$	1.60	1.25	1.12	1.06	1.03

优先数系中的每一个值都是优先数。按公比计算得到的优先数的理论值（除10的整数幂外）一般都是无理数，工程上不能直接使用，实际应用的是经过圆整后的常用值和计算值。常用值经常使用所称的优先数，取5位有效数字；对计算值取5位有效数字，供精确计算用。表1-2中列出了1～10范围内基本系列的常用值和计算值，表1-3列出了补充系列的常用值。将这些值乘以10，100，…，或乘以0.1，0.01，…，即可向大于1或小于1的两边无限延伸，得到大于10或小于1的优先数。在同一优先数系中，每隔r个数，项值增至10倍，即每个

十进制区间中有 r 个优先数。例如，R5 系列在 1～10 这十进制区间有 1,1.6,2.5,4,6.3 这 5 个优先数。

表 1-2　优先数系的基本系列（摘自 GB/T 321—2005）

常用值				计算值
R5	R10	R20	R40	
1.00	1.00	1.00	1.00	1.0000
			1.06	1.0593
		1.12	1.12	1.1220
			1.18	1.1885
	1.25	1.25	1.25	1.2589
			1.32	1.3335
		1.40	1.40	1.4125
			1.50	1.4962
1.60	1.60	1.60	1.60	1.5849
			1.70	1.6788
		1.80	1.80	1.7783
			1.90	1.8836
	2.00	2.00	2.00	1.9953
			2.12	2.1135
		2.24	2.24	2.2387
			2.36	2.3714
2.50	2.50	2.50	2.50	2.5119
			2.65	2.6607
		2.80	2.80	2.8184
			3.00	2.9854
	3.15	3.15	3.15	3.1623
			3.35	3.3497
		3.55	3.55	3.5481
			3.75	3.7584
4.00	4.00	4.00	4.00	3.9811
			4.25	4.2170
		4.50	4.50	4.4668
			4.75	4.7315
	5.00	5.00	5.00	5.0119
			5.30	5.3088
		5.60	5.60	5.6234
			6.00	5.9566
6.30	6.30	6.30	6.30	6.3096
			6.70	6.6834
		7.10	7.10	7.0795
			7.50	7.4980
	8.00	8.00	8.00	7.9433
			8.50	8.4140
		9.00	9.00	8.9125
			9.50	9.4406
10.00	10.00	10.00	10.00	10.0000

表 1-3 优先数系的补充系列

R80 系列常用值									
1.00	1.25	1.60	2.00	2.50	3.15	4.00	5.00	6.30	8.00
1.03	1.28	1.65	2.06	2.58	3.25	4.12	5.15	6.50	8.25
1.06	1.32	1.70	2.12	2.65	3.35	4.25	5.30	6.70	8.50
1.09	1.36	1.75	2.18	2.72	3.45	4.37	5.45	6.90	8.75
1.12	1.40	1.80	2.24	2.80	3.55	4.50	5.60	7.10	9.00
1.15	1.45	1.85	2.30	2.90	3.65	4.62	5.80	7.30	9.25
1.18	1.50	1.90	2.35	3.00	3.75	4.75	6.00	7.50	9.50
1.22	1.55	1.95	2.43	3.07	3.85	4.87	6.15	7.75	9.75

2. 优先数与优先数系的特点

从优先数系的基本系列常用值表格中，可看出优先数系的主要特点：在同一系列中，优先数的积、商、乘方仍是优先数；优先数系具有相关性，即在下一系列优先数系中隔项取值，就得到上一系列的优先数系；反之，在上一系列中插入比例中项，就得到下一系列。例如，在 R40 系列中隔项取值，就得到 R20 系列；在 R5 系列中插入比例中项，就得到 R10 系列。采用等比数列作为优先数，可使相邻两个优先数的相对差相同。优先数系可以放在分母中，组成其倒数为优先数系的数列。

3. 优先数系的派生系列和复合系列

由于生产需要，优先数系还有变形系列，即派生系列和复合系列。

（1）派生系列。在 R*r* 系列中，按一定的项差 *P* 隔项取值组成派生系列，即 R*r*/P 系列。如在 R10 系列中按项差 *P*=3（每隔两项）取值，则构成 R10/3 系列，其公比为 $q_{10/3}=\left(\sqrt[10]{10}\right)^3=2$。例如，1，2，4，8，…；1.25，2.5，5，10，…等均属于该系列，即常用的倍数系列。

（2）复合系列。由若干公比系列混合构成的多公比系列，例如，10，16，25，35.5，50，71，100，125，160 这一系列，它是分别由 R5，R20/3，R10 这 3 种系列构成的复合系列。

派生系列和复合系列扩大了优先数系的适应性。

4. 优先数系的应用

（1）优先数系用于产品几何参数、性能参数的系列化。通常，一般机械的主要参数按 R5 或 R10 系列选取。例如，立式车床主轴直径、专用工具的主要参数都按 R10 系列选取，通用型材、零件及工具的尺寸和铸件壁厚等按 R20 系列选取，锻压机床吨位采用 R5 系列。

（2）优先数系用于产品质量指标分级。在本课程所涉及的有关标准里，诸如尺寸分段、公差分级及表面粗糙度参数系列等，基本上采用优先数系。

选用基本系列时，应遵守先疏后密的规则，即按 R5、R10、R20、R40 的顺序选用，优先选用公比较大的系列，以免规格过多。当基本系列不能满足要求时，可选用派生系列。注意，应优先选用公比较大和延伸项含有项值 1 的派生系列。根据经济性和需要量等不同条件，还可分段选用最合适的系列，以复合系列的形式组成最佳系列。

国家标准规定的优先数系分档合理、疏密均匀、运算方便，简单易记，有广泛的适用性。特别是对于需要分等、分档的参数指标，采用优先数系可以防止数值传播的混乱。优先数系不仅适用于标准的制定，也适用于标准制定前的规划、设计，从而把产品的生产从一开始就引向科学的标准化轨道。

1.3 本课程的性质与特点

1.3.1 本课程的性质

本课程是机械类各专业必修的重要技术基础课，它包含几何量精度设计和误差检测两方面知识，主要研究与几何量精度设计和误差检测这两方面相关的国家标准内容。它与机械设计、机械制造、质量控制等方面知识密切相关，是联系“机械设计”“机械制造工艺学”“机械制造装备设计”等设计课程和工艺课程及其课程设计的纽带，是从基础课学习过渡到专业课学习的桥梁。

学生学完本课程后，应该达到如下基本要求。

（1）掌握标准化和互换性的基本概念及有关的基本术语和定义。

（2）基本掌握几何量公差标准的主要内容、特点和应用原则。

（3）能正确使用本课程提供的公差表格。

（4）初步学会根据机器和零件的功能要求选用公差与配合，并能正确标注图样。

（5）建立技术测量的基本概念，了解基本测量原理与方法，初步学会使用常用计量器具；掌握分析测量误差与处理测量结果的方法，学会设计光滑极限量规。

1.3.2 本课程的特点

本课程涉及的术语及定义多、符号代号多、标准与规定多、叙述性内容多，而逻辑计算和推理较少。学习时容易使人感觉枯燥繁杂、运用困难。为学好本课程，要求学生课前全面预习，课堂认真听讲，课后及时复习，重视理解和运用。教师讲课时应以基础标准和测量技术为核心，以机械精度设计应用能力的培养为目标，强调理论教学与实践教学并重，更多引用工程设计实例，提高学生的主动学习和设计实践的能力。

本课程的任务在于使学生获得机械工程技术人员所必须具备的机械精度设计方面的基本知识和技能，这是学生形成工程思维方式的开端，是真正读懂设计意图和实现设计目标的基础，具有很强的应用性和实践性。后续课程的教学和实际工作锻炼，将使学生进一步加深理解和熟练掌握本课程的内容。

本章小结

本章主要讲述互换性原理和应用，围绕标准、标准化和测量技术学习误差和公差的关系，学习优先数系的构成和选用。互换性原则是现代化工业生产的基础技术经济原则，并贯穿于本课程的始终。标准化是实现互换性的前提，只有按一定的标准进行设计、制造和检测，才能实现互换性。

习题与思考题

1-1 什么是互换性？它在机械工业中有何重要意义？

1-2 完全互换与不完全互换有何区别？各应用于什么场合？

1-3 公差、检测、标准化与互换性有什么关系？

1-4 什么是优先数系？如何选用优先数系？

1-5 判断下列说法是否正确。

（1）互换性是针对大批量生产提出的，对于单件生产，零件没有互换性可言。

（2）为了实现互换性，同一规格零件的几何参数应该完全一致。

（3）优先数系各系列之间没有联系，相互独立。

1-6 下面两列数据属于哪种数系？

（1）电动机转速（单位为 r/min)：375，750，1500，3000，…

（2）摇臂钻床的主参数（最大钻孔直径，单位为 mm)：25，40，63，80，100，125 等。

第2章 测量技术基础

教学重点

了解测量概念与测量方法，熟悉量值传递系统和测量误差的种类及其处理方法，掌握测量数据的处理方法。

教学难点

测量误差种类及其处理方法、等精度测量列的数据处理方法。

教学方法

讲授法、实物法、演示法、例题讲解法。

2.1 概 述

加工后的零件尺寸精度和几何参数是否满足设计的要求，能否实现互换性，需要通过测量来判定。机械制造业中所说的技术测量主要指几何参数的测量，包括长度、角度、表面粗糙度、几何误差等的测量。

2.1.1 测量的基本概念

测量是指为确定被测量的量值而进行的实验过程，即将被测几何量 L 与复现计量单位的标准量 E 进行比较，从而确定两者比值的过程，即 $q = L/E$ ，最后获得被测量 L 的量值为 $L = qE$ 。

2.1.2 测量的4个要素

一个完整的测量过程应包含测量对象、计量单位、测量方法和测量精度4个要素。

（1）测量对象：本课程指的是几何量，包括长度、角度、形状、位置、表面粗糙度，以及螺纹、齿轮等结构和零件的几何参数。

（2）计量单位：为了保证测量过程中标准量的统一，我国制定了法定计量单位。1984年2月27日，国务院颁发了《关于在我国统一实行法定计量单位的命令》。国际单位制是我国法定计量单位的基础，一切属于国际单位制的单位都是我国法定计量单位。在几何量测量中，规定长度的基本单位是米（m），同时使用米的十进倍数和分数的单位，如毫米（mm）、微米（μm）；规定平面角的角度单位是弧度（rad）和度（°）、分（′）、秒（″）。在机械制造中，常用的长度单位是毫米（mm）；在几何量的精密测量中，常用的长度单位是微米（μm）；在超精密测量中，常用的长度计量单位是纳米（nm）。

（3）测量方法：指测量时所采用的测量原理、计量器具及测量条件的总和，根据被测对象的特点（精度、大小等）来确定所使用的计量器具。

（4）测量精度：指测量结果与被测量真值一致的程度。由于测量误差的存在，测量结果并非被测量的真值，而是一个近似值。测量误差越大，测量精度越低；反之，测量精度越高。

测量是互换性生产过程的重要组成部分，是保证公差与配合标准贯彻实施的重要手段，也是实现互换性生产的重要前提之一。为了实现测量的目的，必须使用统一的标准量，采用一定的测量方法和运用适当的测量工具，而且要达到必要的测量精度，以确保零件的互换性。

2.2 长度和角度测量

2.2.1 长度基准与量值传递

为保证长度测量的精度，必须建立国际统一、稳定可靠的长度基准和量值传递系统。长度的自然基准是光波波长，米是光在真空中经过 1/299792458 秒（s）时间间隔内的行程。1985 年，我国用自己研制的碘吸收稳定的 0.633 μm 氦氖激光辐射来复现我国的国家长度基准。显然，这个长度基准无法直接用于生产。为了使生产中使用的计量器具和工件的量值统一，就需要建立一套从长度的最高基准到被测工件的严格而完整的长度量值传递系统。我国从国家波长基准开始，长度量值通过两个平行的系统向下传递：一个是端面量具（量块）系统，另一个是线纹量具（线纹尺）系统，如图 2-1 所示。其中，以量块为媒介的传递系统应用较广。

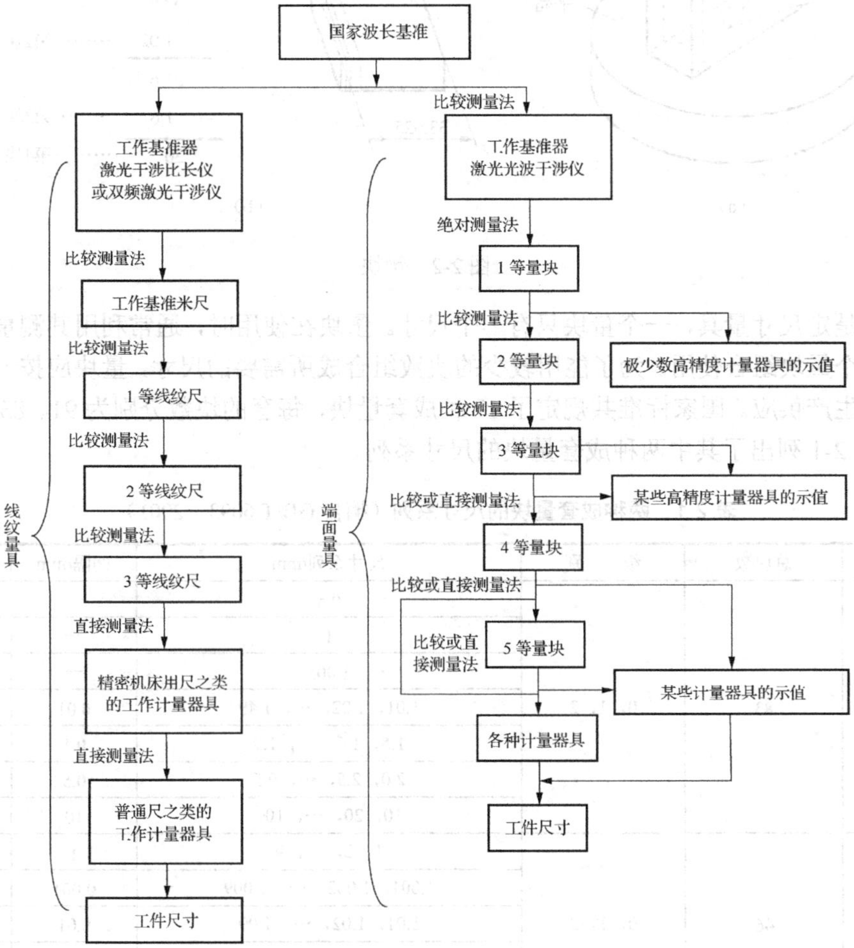

图 2-1 长度量值传递系统

2.2.2 量块

量块是一种没有刻度的、形状为长方形六面体的标准端面量具，如图 2-2（a）所示。量块是用特殊合金钢制成的，具有线膨胀系数小、不易变形、硬度高、耐磨性好、工作表面粗糙度值小以及研合性好等特点。它有两个测量面和四个非测量面，两个相互平行的测量面之间的距离即量块的工作长度，称为标称长度（量块上标示的长度）。从量块的一个测量面上任一点（距边缘 0.5 mm 区域除外）到与此量块的另一个测量面相研合的面的垂直距离称为量块长度 L_i，从量块的一个测量面中心点到与此量块的另一个测量面相研合的面的垂直距离称为量块的中心长度 L。标称长度达到 10mm 的量块的截面尺寸为 30mm×9mm，标称长度为 10～1000mm 的量块的截面尺寸为 35mm×9mm。对于标称长度达到 5.5 mm 的量块，其标称长度刻在上测量面上；对于标称长度大于 5.5 mm 的量块，其标称长度刻在上测量面左侧的平面上。

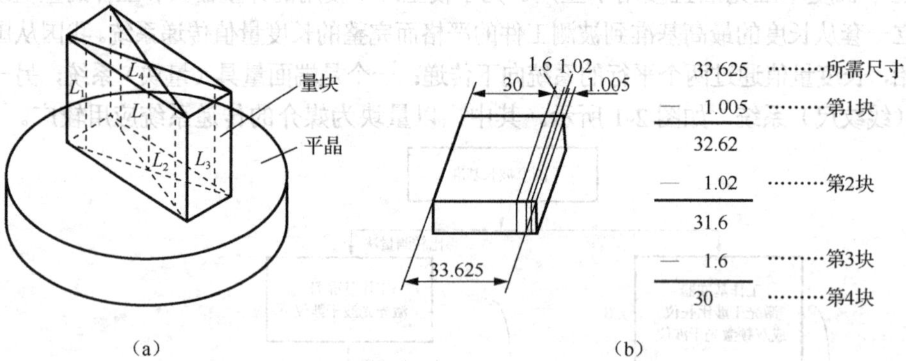

图 2-2　量块

量块是定尺寸量具，一个量块只有一个尺寸。量块在使用时，通常利用其测量平面的研合性由几个量块组合使用。为了能用较少的块数组合成所需要的尺寸，量块应按一定的尺寸系列成套生产供应。国家标准共规定了 17 种成套量块，每套的块数分别为 91、83、46、38、10 等。表 2-1 列出了其中两种成套量块的尺寸系列。

表 2-1　两种成套量块的尺寸系列（摘自 GB/T 6093—2001）

套　别	总块数	级　别	尺寸系列/mm	间隔/mm	块　数
1	83	0，1，2	0.5	—	1
			1	—	1
			1.005	—	1
			1.01，1.02，…，1.49	0.01	49
			1.5，1.6，…，1.9	0.1	5
			2.0，2.5，…，9.5	0.5	16
			10，20，…，100	10	10
2	46	0，1，2	1，2，…，9	1	9
			1.001，1.002，…，1.009	0.001	9
			1.01，1.02，…，1.09	0.01	9
			1.1，1.2，…，1.9	0.1	9
			10，20，…，100	10	10

根据不同的使用要求，量块做成不同的精度等级。划分量块精度须按两种规定：按“级”划分和按“等”划分。

国家标准 GB/T 6093—2001 按制造精度将量块分为 0，1，2，3 和 K 级，共 5 级。其中，0 级精度最高，3 级精度最低，K 级为校准级。分级的依据是量块长度极限偏差、量块长度变动允许值、测量面的平面度、量块的研合性等。量块按“级”使用时，以量块的标称长度作为工作尺寸。该尺寸包含量块的制造误差，并被引入测量结果中。由于无须加修正值，故使用较方便。生产企业大多按“级”销售量块。

在各级计量部门，国家计量局标准 JJG 146—2011《量块检定规程》按检定精度将量块分为 1～5 等，精度依次降低。量块按“等”使用时，不再以标称长度作为工作尺寸，而是以量块经检定后所给出的实测中心长度作为工作尺寸。该尺寸排除了量块的制造误差，仅包含检定时的测量误差。

量块的分“级”和分“等”是从成批制造和单个检定两种不同的角度，对其精度进行划分的。就同一量块而言，检定时的测量误差要比制造误差小得多。因此，量块按“等”使用比按“级”使用时的测量精度高，并且能在保持量块原有使用精度的基础上延长使用寿命，磨损超过极限的量块经修复和检定后仍可按同等级使用。

组合量块时，为减少量块组合造成的累积误差，应力求使用最少的量块获得所需要的尺寸，一般不超过 4 块。可以从消去尺寸的最末位数开始，逐一选取。例如，使用 83 块一套的量块组时，从中选取量块组成总长度 33.625mm，查表 2-1，按图 2-2（b）步骤选择量块尺寸。

量块在机械制造企业和各级计量部门中应用较广，常作为尺寸传递的长度基准和计量仪器示值误差的检定标准，也可作为精密零件测量、精密机床和夹具调整时的尺寸基准。

2.2.3 角度基准与量值传递

角度也是机械制造中重要的几何参数之一。由于任何一个圆周均可形成封闭的 360° 中心平面角，因此角度不需要和长度一样建立一个自然基准。但在计量部门，为了工作方便，在高精度的分度中，仍以多面棱体作为角度基准来建立角度传递系统。

多面棱体是用特殊合金钢或石英玻璃精细加工而成。常见的有 4，6，8，12，24，36，72 等正多面棱体。图 2-3 所示为正八面棱体，可以作为 $n\times45°$ 角度的测量基准。其中，n=1，2，3，…

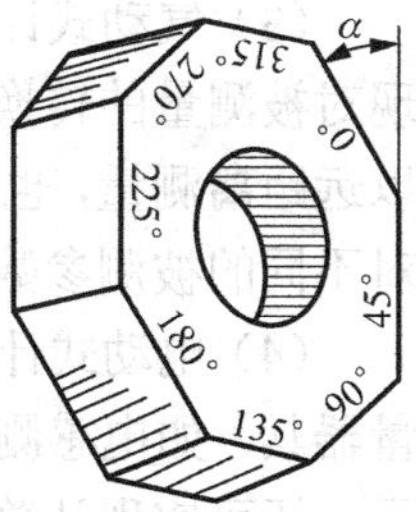

图 2-3　正八面棱体

以多面棱体为基准的角度量值传递系统如图 2-4 所示。

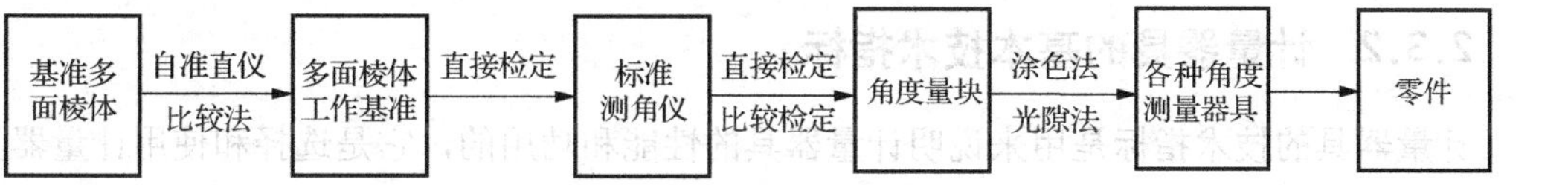

图 2-4　角度量值传递系统

2.2.4 角度量块

在角度量值传递系统中，角度量块是量值传递媒介。它的性能与长度量块类似，用于检定和调整普通精度的测角仪器，校正角度样板，也可直接用于检测零件。

和成套的长度量块一样，角度量块也由若干块组成，以满足不同角度测量的需要。角度量块可以单独使用，也可以在 10°～350° 范围内组合使用。

2.3 计量器具与测量方法

2.3.1 计量器具的分类

计量器具是测量仪器和测量工具的统称，可按用途、结构特点和工作原理分类。

1. 按用途分类

（1）标准计量器具。指测量时体现标准量的计量器具，通常用来校对和调整其他计量器具，或作为标准量与被测几何量进行比较，如线纹尺、量块、多面棱体等。

（2）通用计量器具。指通用性大、可用于测量某一范围内各种尺寸或其他几何量，并能获得具体读数值的计量器具，如螺旋测微器、百分表、测长仪等。

（3）专用计量器具。指用于专门测量某种或某个特定几何量的计量器具，如量规、圆度仪、基节仪等。

2. 按结构特点和工作原理分类

（1）机械式计量器具。指通过机械结构实现对被测量的感受、传递和放大的计量器具，如机械式比较仪、百分表、扭簧比较仪等。这类计量器具结构简单、性能稳定、使用方便。

（2）光学式计量器具。指用光学方法实现对被测量的转换和放大的计量器具，如光学比较仪、投影仪、自准直仪、工具显微镜等，这类计量器具精度高、性能稳定。

（3）气动式计量器具。指利用压缩空气通过气动系统时的状态（流量或压力）变化来实现对被测量的转换的计量器具，如水柱式和浮标式气动量仪等。这类计量器具结构简单，可以远距离测量，也可对难以用其他转换原理测量的部位（如深孔）进行测量，但示值范围小，对不同的被测参数需要用不同的测头。

（4）电动式计量器具。指将被测量通过传感器转变为电量，再经过变换而获得读数的计量器具，如电感测微仪、电动轮廓仪等。这类计量器具精度高、易于实现数据自动处理和显示，还可实现计算机辅助测量和自动化。

（5）光电式计量器具。指利用光学方法放大或瞄准，通过光电元件再转换为电量，以实现几何量测量的计量器具，如光电显微镜、光电测长仪等。

2.3.2 计量器具的基本技术指标

计量器具的技术指标是用来说明计量器具的性能和功用的，它是选择和使用计量器具、研究和判别测量方法正确性的依据。其主要技术指标如图 2-5 所示。

（1）标尺间距。标尺间距指计量器具的标尺或刻度盘上相邻两刻线中心之间的距离或圆弧长度，为便于目视估读，一般从 0.75～2.5 mm 中取值。

（2）分度值。分度值又称为刻度值，指计量器具的标尺或刻度盘上相邻两刻线间所代表的量值，即一个标尺间距所代表的被测量的量值。为便于读数，分度值一般取为 1，2 和 5

的十进制。例如，千分表的分度值为 0.001 mm，百分表的分度值为 0.01 mm，游标卡尺的游标分度值为 0.1 mm，0.05 mm 或 0.02 mm 等。对于数显式仪器，其分度值称为分辨率。分度值是某种计量器具所能直接读出的最小单位量值，反映了读数精度的高低。一般来说，分度值越小，计量器具的精度越高。图 2-5 所示计量器具的分度值为 1μm。

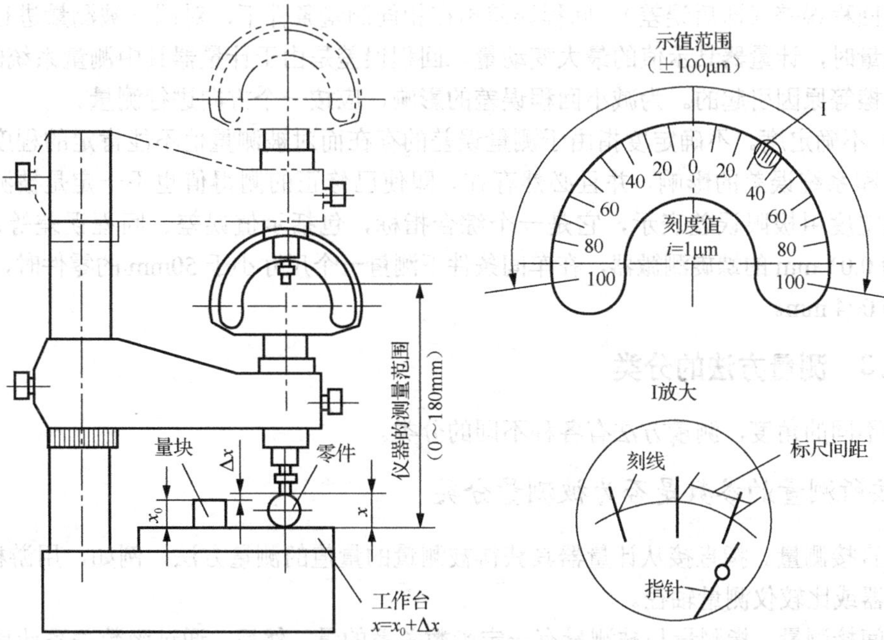

图 2-5　计量器具的主要技术指标

（3）示值范围。示值范围指计量器具的标尺或刻度盘所显示或指示的最小值到最大值的范围。图 2-5 所示计量器具的示值范围为±100μm。

（4）测量范围。测量范围指计量器具所能测量零件的最小值到最大值的范围。图 2-5 所示计量器具的测量范围为 0～180 mm。例如，某一个螺旋测微器的测量范围为 75～100 mm。

（5）灵敏度。灵敏度指计量器具对被测量微小变化的反应能力。若被测量的变化量为 ΔL，计量器具上相应变化为 Δx，则灵敏度 S 为

$$S=\frac{\Delta x}{\Delta L} \tag{2-1}$$

当 Δx 和 ΔL 为同一类量时，灵敏度又称为放大倍数，其值为常数。放大倍数 K 可用下式表示。

$$K=\frac{c}{i} \tag{2-2}$$

式中，c——计量器具的标尺间距；

i——计量器具的分度值。

（6）测量力。测量力指计量器具的测头与被测表面之间的接触力。在接触测量中，应保持一定的恒定测量力。测量力过大，会使零件或测头产生变形；测量力不稳定，会使示值不稳定。

（7）示值误差。示值误差指计量器具上的示值与被测量真值的代数差。示值误差是计量

器具本身各种误差的综合反映。在示值范围内的不同工作点，其示值误差是不相同的。一般可用适当精度的量块或其他计量标准器来检定计量器具的示值误差。

（8）示值变动。示值变动指在测量条件不变的情况下，用计量器具对被测量测量多次（一般 5～10 次）所得示值中的最大差值。

（9）回程误差（滞后误差）。回程误差指在相同测量条件下，对同一被测量进行往返两个方向测量时，计量器具示值的最大变动量。回程误差是由于计量器具中测量系统的间隙、变形和摩擦等原因引起的。为减小回程误差的影响，应按一个方向进行测量。

（10）不确定度。不确定度指由于测量误差的存在而对被测量值不能肯定的程度。它受随机误差和系统误差的影响，并且必然存在，即使已修正的测得值也不一定是被测量的真值。不确定度用极限误差表示，它是一个综合指标，包括示值误差、回程误差等。例如，分度值为 0.01 mm 的螺旋测微器，在车间条件下测量一个尺寸小于 50mm 的零件时，其不确定度为±0.004 mm。

2.3.3 测量方法的分类

根据不同的角度，测量方法有各种不同的分类。

1. 按所测量的参数是否为被测量分类

（1）直接测量。指直接从计量器具获得被测量的量值的测量方法，例如，用游标卡尺、螺旋测微器或比较仪测量轴径。

（2）间接测量。指测量与被测量有一定函数关系的量，然后，通过函数关系计算出被测量的测量方法。例如，测量大尺寸圆柱形零件的直径 D 时，先测出其周长 L，然后，按公式 $D = L/\pi$ 求得零件的直径 D。

为减小测量误差，一般推荐采用直接测量，必要时才采用间接测量。

2. 按示值是否为被测量的整个量值分类

（1）绝对测量。指被测量的全值从计量器具的读数装置直接读出，例如，用测长仪测量零件，其尺寸可从刻度尺上直接读出。

（2）相对测量。指计量器具的示值仅表示被测量对已知标准量的偏差，被测量的量值为计量器具的示值与标准量的代数和。例如，用比较仪测量时，先用量块调整仪器零位，然后测量被测量，所获得的示值就是被测量相对于量块尺寸的偏差。

一般说来，相对测量的精度较高，并且能使计量器具的结构大为简化。

3. 按零件上同时被测参数的多少及参数的特性分类

（1）单项测量。指分别测量零件的各个参数的测量，例如，分别测量螺纹的中径、螺距和牙侧角，判断各自的合格性。

（2）综合测量。指同时测量零件上某些相关的几何量的综合结果，以判断综合结果是否合格的测量，而不是要求得到有关单项值。例如，用螺纹量规检验螺纹的单一中径、螺距和牙侧角实际值的综合结果，由此判断作用中径是否合格。再如，齿轮运动误差的测量、用光滑极限量规检测零件、用花键塞规检测花键孔等。

单项测量的效率比综合测量低，其测量结果便于工艺分析。综合测量效率较高，常用于终检，特别适用于大批量生产。

4. 按被测表面是否与计量器具的测头接触分类

（1）接触测量。指计量器具在测量时，其测头与被测表面直接接触的测量。例如，用游标卡尺、螺旋测微器测量零件就是接触测量。

（2）非接触测量。指计量器具的测头与被测表面不接触的测量。例如，用气动量仪测量孔径和用显微镜测量工件的表面粗糙度。

接触测量产生测量力，会引起被测表面和计量器具有关部分产生弹性变形，影响测量精度。非接触测量无测量力的影响，不存在测量力引起的误差，特别适宜于薄壁、易变形工件的测量。非接触测量可利用光、气、电、磁等技术制成更多高新技术的计量器具，是未来发展的方向。

5. 按测量在工艺规程中所起作用分类

（1）主动测量（也称为在线测量），指在加工过程中对工件的测量。其测量结果用于控制工件的加工过程，决定是否需要继续加工或调整机床，可及时防止废品的产生，如数控机床、加工中心等在加工过程中的测量。

（2）被动测量（也称为离线测量）。指在加工后对工件进行的测量，它主要用于发现并剔除废品。

主动测量使检验和加工过程紧密结合，充分发挥检测的作用，也是检测技术的发展方向。

6. 按测量中测量因素是否变化分类

（1）等精度测量。指决定测量精度的全部因素或条件都不变的测量。例如，由同一个人员，使用同一台仪器，在同样的条件下，以同样的方法和测量次数，同样仔细地测量同一个量。

（2）不等精度测量。指在测量过程中决定测量精度的全部因素或条件可能完全改变或部分改变的测量。

为简化测量结果的处理，一般采用等精度测量。不等精度测量数据处理比较麻烦，只用于重要科研实验中的高精度测量。

7. 按被测零件在测量时所处状态分类

（1）静态测量。指测量时被测表面与测头是相对静止的，如用螺旋测微器测量工件直径等。

（2）动态测量。指测量时被测表面与测头间有相对运动，它能反映被测参数的变化过程。如用电动轮廓仪测量表面粗糙度、用激光丝杠动态检查仪测量丝杠等。

上述测量方法的分类是从不同角度划分的，对于某种具体的测量过程，可能兼具多种测量方法的特征。例如，在内圆磨床上用两点式测量头量具进行孔径测量，就包含了主动测量、直接测量、接触测量和相对测量等。

测量方法的选择原则如下：测量方法和测量器具的选择应综合考虑测量目的、生产批量、工件的结构尺寸及精度要求、材质、质量、技术条件等因素。例如，测量目的是为了工艺分析，一般采用单项测量；在成批和大量生产条件下，为了提高测量效率，常使用量规、检验夹具等专用测量器具；在单件或小批量生产中常使用通用计量器具；被测工件的材质硬，多用接触测量，反之，则采用非接触测量。计量器具的选择，应使其规格指标满足被测工件的要求，即所选计量器具的测量范围、示值范围、分度值、测量力应满足被测工件的要求。例如，用相对测量法的计量器具时，其标尺的示值范围应大于被测工件的公差，被测工件的尺寸应在其测量范围内。

2.3.4　测量的基本原则

为了减少测量误差，提高测量精度，在进行精密测量时常要求遵守一些测量原则。

1. 阿贝原则

阿贝原则是指在设计计量器具或测量工件时，将被测长度与基准长度沿测量轴线呈直线排列。也就是说，将标准长度量（标准线）安放在被测长度量（被测线）的延长线上。如图 2-6 所示，游标卡尺的设计不符合阿贝原则。被测长度与读数刻线尺的基准长度相距 S 平行配置，不在同一条直线上，则因主尺和游标间隙的影响，将使卡尺活动量爪倾斜一个微小角度 β，此时产生测量误差

$$\Delta_1 = L' - L = S\tan\beta \approx S\beta \tag{2-3}$$

图 2-7 所示为用螺旋测微器测量轴径，被测长度与基准长度沿测量轴线呈直线排列，符合阿贝原则。如果由于制造、装配和使用不当等原因，造成测微丝杠轴线的移动方向与被测尺寸方向有一微小夹角 β，那会引起测量误差。测量误差计算式如下：

$$\Delta_2 = L' - L = L'(1-\cos\beta) \approx \frac{1}{2}L\beta^2 \tag{2-4}$$

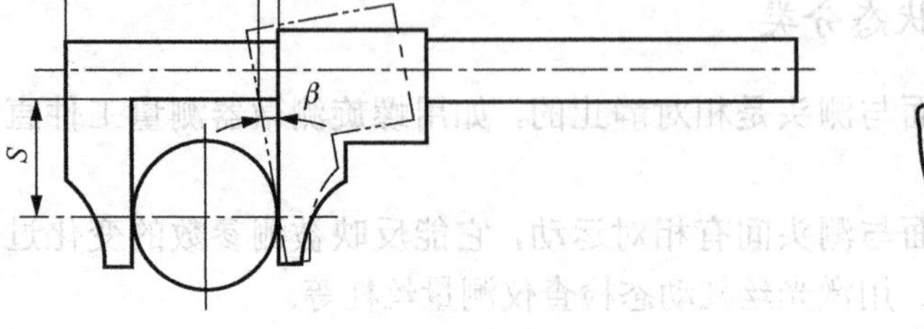

图 2-6　用游标卡尺测量轴径

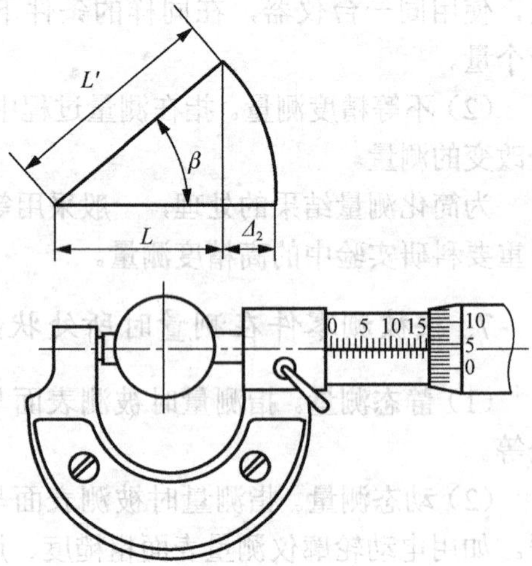

图 2-7　用螺旋测微器测量轴径

由上述分析可知，如果符合阿贝原则，将引起高阶误差，测量误差较小，避免了因导轨存在误差而产生的一阶误差。因此，应尽量遵守阿贝原则。有时在计量器具设计时也采用违背阿贝原则的方案，但为了保证仪器精度，必须采取措施消除阿贝一阶误差。例如，1m 光

学补偿式测长仪上采取了光学补偿措施。在应用游标卡尺、万能工具显微镜测量时，工件的放置应尽量靠近基准测量线，以减小阿贝误差。

2. 圆周封闭原则

圆周封闭原则是指圆周分度首尾相接的间隔误差总和为零。在圆周分度器件的测量中，利用在同一圆周上所有夹角之和等于 360°，也就是所有夹角误差之和等于零这一自然封闭性，在不需要高精度角度基准器具的情况下可实现对被测角度的高精度测量（自检法）。圆柱齿轮齿距偏差的测量便是一例，齿距的公称值正是对应于用齿数等分 360° 所得的圆心角，测得整个齿轮的全部实际齿距，其平均值即公称值，而每一实际齿距与它的差值就是各个齿的齿距偏差。

3. 最短测量链原则

测量时测量链中各组成环节的误差对测量结果有直接的影响，即最终测量误差是各组成环节误差的累积值。因此，尽量减少测量链的组成环节可以减小测量误差，这就是最短测量链原则。例如，用量块组合尺寸时，应使量块数量尽量减少；用指示表测量时，在测头与被测工件及工作台之间，应不垫或尽量少垫量块，表架的悬臂与立柱应尽量缩短等，都是应用了这一原则。

2.4 测量误差

2.4.1 测量误差的概念

任何测量过程，由于受到计量器具和测量条件的影响，不可避免地会产生测量误差。所谓测量误差δ是指测得值x与真值Q之差，即

$$\delta = x - Q \tag{2-5}$$

式（2-5）所表达的测量误差，反映的是测得值偏离真值的程度，也称为绝对误差。由于测得值x可能大于或小于真值Q，因此测量误差δ可能是正值或负值，即真值

$$Q = x \pm |\delta| \tag{2-6}$$

式（2-6）表明，可用测量误差来表示测量结果的精度。当测量误差的绝对值越小，说明测得值越接近真值，测量精度越高；反之，测量精度则越低。绝对误差只适用于评价测量尺寸数值相等时的测量精度，因为测量精度不仅与绝对误差的大小有关，而且还与被测尺寸大小有关。为了比较不同尺寸的测量精度，可采用相对误差。

相对误差ε是指绝对误差的绝对值$|\delta|$与被测量真值Q（通常以测得值x代替）之比，即

$$\varepsilon = \frac{|\delta|}{Q} \times 100\% \approx \frac{|\delta|}{x} \times 100\% \tag{2-7}$$

相对误差通常以百分数（%）表示，是一个无量纲的数值。例如，某两个轴颈的测得值分别为x_1=500mm，x_2=50mm；其绝对误差为$\delta_1 = \delta_2$=0.005mm，则其相对误差分别为ε_1=0.005/500×100%=0.001%，ε_2=0.005/50×100%=0.01%。由此可见，前者的测量精度高于后者。

2.4.2 测量误差的来源

为了提高测量精度，分析与估算测量误差的大小，必须了解测量误差的来源及其对测量结果的影响。产生测量误差的原因很多，通常可归纳为以下几个方面。

1. 计量器具误差

计量器具误差是指计量器具本身在设计、制造和使用过程中造成的各项误差。设计计量器具时，为了简化结构而采用近似设计，或者设计的计量器具不符合“阿贝原则”等因素，这些设计原理误差，都会产生测量误差。例如，杠杆齿轮比较仪中测杆的直线位移与指针的角位移不成正比，而表盘标尺却采用等分刻度，由于采用了近似设计，就会产生测量误差。

计量器具零件的制造和装配误差也会产生测量误差。例如，游标卡尺刻线不准确、指示盘刻度线与指针的回转轴安装有偏心等。

计量器具的零件在使用过程中的变形、滑动表面的磨损等，也会产生测量误差。

此外，相对于测量时使用的标准器，如量块、线纹尺的误差也将直接反映到测量结果中。一般要求标准器的误差占总测量误差的1/5～1/3，并且要求经常检验标准器。

2. 测量方法误差

测量方法误差是指测量方法不完善所引起的误差。它包括因计算公式不准确、测量方法选择不当、测量基准不统一、工件安装不合理以及测量力等引起的误差。例如，测量大圆柱的直径，可以通过测量周长计算得出，也可以采用测量弦长和弓高的间接测量法，其测量误差是不相同的。

3. 测量环境误差

测量环境误差是指测量时的环境条件不符合标准条件所引起的误差。环境条件是指温度、湿度、振动、气压和灰尘等，其中，温度对测量结果的影响最大。在长度测量中，规定标准温度为20℃，若不能保证在标准温度20℃条件下进行测量，则引起的测量误差为

$$\Delta L = L\left[\alpha_2(t_2-20)-\alpha_1(t_1-20)\right] \tag{2-8}$$

式中，ΔL——温度引起的测量误差。

L——被测尺寸。

t_1，t_2——计量器具和被测工件的温度（℃）。

α_1，α_2——计量器具和被测工件的线膨胀系数。

对测量精度要求较高时，应在环境条件较好的计量室进行，必要时应保证计量室恒温，并使工件与计量器具的温度一致后才能测量。在一般生产车间，对温度、振动、灰尘也要给予足够的重视。

4. 人员误差

人员误差是指测量人员的主观因素（如技术熟练程度、分辨能力、思想情绪等）引起的误差，例如，测量人员眼睛的最小分辨能力和调整能力、量值估读错误等。

总之，造成测量误差的因素很多，有些误差是不可避免的，有些误差是可以避免的。测量时应采取相应的措施，设法减小或消除它们对测量结果的影响，以保证测量的精度。

2.4.3 测量误差的种类

测量误差按其性质分为随机误差、系统误差和粗大误差（过失误差或反常误差）。

1. 随机误差

随机误差是指在一定测量条件下，多次测量同一量值时，其数值大小和符号以不可预定的方式变化的误差。它是由测量中不稳定因素综合形成的，是不可避免的。例如，测量过程中温度的波动、振动、测量力的不稳定等所造成的误差，均属于随机误差。对于某一次测量结果的随机误差无规律可循，但如果进行大量、多次重复测量，随机误差分布服从统计规律，常用概率统计方法来处理，以减小其影响。

2. 系统误差

系统误差是指在同一测量条件下，多次测量同一个量时，误差的大小和符号均不变；或条件改变时，按某一确定的规律变化的误差。前者称为定值（或常值）系统误差，如螺旋测微器的零位不正确而引起的测量误差，调整量仪时所用量块的误差所引起的测量误差；后者称为变值系统误差。所谓规律，是指这种误差可以归结为某一因素或某几个因素的函数，这种函数可用解析式、曲线或数表来表示。当测量条件确定时，系统误差就获得客观上的定值，采用多次测量取平均值也不能减弱其影响。根据其变化规律的不同，变值系统误差可分为以下三种类型。

（1）线性变化的系统误差。是指在测量过程中随着时间或量程的增减，误差值成比例增大或减小的误差。例如，长度测量中，如果温度随时间均匀变化，则会产生随时间变化的线性系统误差。

（2）周期性变化的系统误差。是指随着测得值或时间的变化呈周期性变化的误差。例如，量仪的刻度盘与指针回转轴偏心产生示值误差所引起的测量误差，按正弦规律变化。

（3）复杂变化的系统误差。是指按复杂函数变化或按实验得到的曲线图变化的误差。例如，由线性变化的误差与周期性变化的误差叠加形成按复杂函数变化的误差。

3. 粗大误差

粗大误差是指由于主观疏忽大意或客观条件发生突然变化而产生的误差。正常情况下，一般不会产生这类误差。例如，由于操作者粗心大意，在测量过程中看错、读错、记错以及突然的冲击振动而引起的测量误差。通常情况下，这类误差的数值都较大。正确的测量不应含有粗大误差。因此，在进行误差分析时，主要分析系统误差和随机误差，剔除粗大误差。

2.4.4 关于测量精度的几个概念

测量精度是指测得值与其真值的接近程度。精度和误差的概念是相对的，“误差”是不准确、不精确的意思，即指测量结果偏离真值的程度。误差主要分为系统误差和随机误差，笼统的精度概念不能反映上述误差间的差异，故测量精度引用以下概念加以说明。

（1）正确度。表示测量结果中系统误差影响的程度，系统误差越大，正确度就越低。定值系统误差在理论上可用修正值来消除。

（2）精密度。表示测量结果中随机误差影响的程度，随机误差越大，精密度就越低。

（3）准确度。指测量的正确度与精密度的综合反映，即系统误差与随机误差的综合，表示测量结果与真值一致的程度。

一般来说，精密度高而正确度不一定高，但准确度高，则精密度和正确度都高。以射击打靶为例说明，如图 2-8（a）所示，着弹点密集，但距靶心较远，表示随机误差小而系统误差大，即精密度高而正确度低；如图 2-8（b）所示，着弹点分散，但围绕靶心，表示随机误差大而系统误差小，即精密度低而正确度高；如图 2-8（c）所示，着弹点密集且集中在靶心，表示随机误差和系统误差均小，精密度和正确度均高，即准确度高；如图 2-8（d）所示，着弹点分散，且距靶心较远，表示随机误差和系统误差均大，精密度和正确度均低，即准确度低。

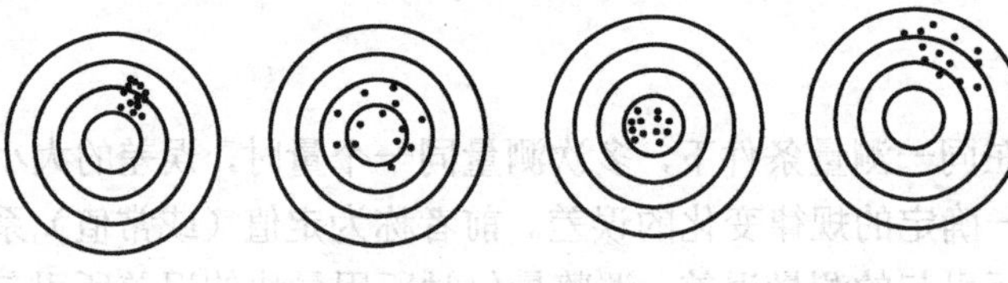

（a）精密度高　（b）正确度高　（c）准确度高　（d）准确度低

图 2-8　精密度、正确度和准确度

2.5　各类测量误差的处理

2.5.1　随机误差的处理

1. 随机误差的分布规律

通过对大量的测试实验数据进行统计后发现，随机误差通常服从正态分布规律，正态分布曲线如图 2-9 所示，正态分布曲线的数学表达式为

$$y = f(\delta) = \frac{1}{\sigma\sqrt{2\pi}} e^{-\frac{\delta^2}{2\sigma^2}} \tag{2-9}$$

式中，y——概率密度函数；

δ——随机误差；

σ——标准偏差（均方根误差）；

e——自然对数的底，e=2.71828…

由上式可见，概率密度 y 与随机误差 δ 和标准偏差 σ 都有关。

当 δ=0 时，y 最大，$y_{\max} = 1/(\sigma\sqrt{2\pi})$。不同的 σ 对应不同形状的正态分布曲线。σ 越小，$y_{\max}$ 值越大，曲线越陡峭，随机误差越集中，即测得值分布越集中，测量精密度越高；σ 越大，$y_{\max}$ 值越小，曲线越平坦，随机误差越分散，即测得值的分布越分散，则测量精密度越低。图 2-10 所示为 $\sigma_1 < \sigma_2 < \sigma_3$ 时 3 种正态分布曲线，从中看出标准偏差对正态分布曲线的影响。因此，标准偏差 σ 是反映测量列中测得值分散程度的指标，可表征各测得值的精密度。

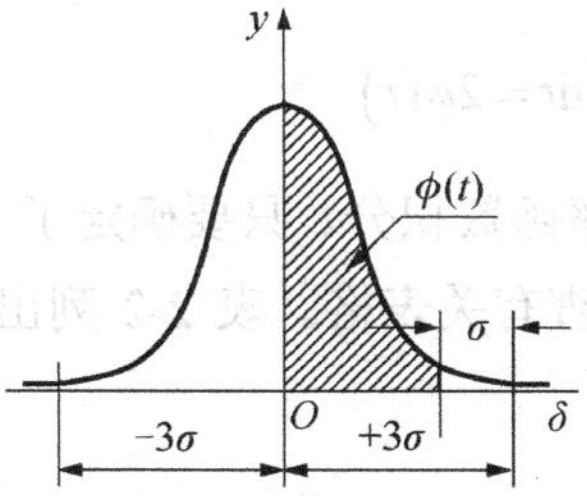

图 2-9 正态分布曲线

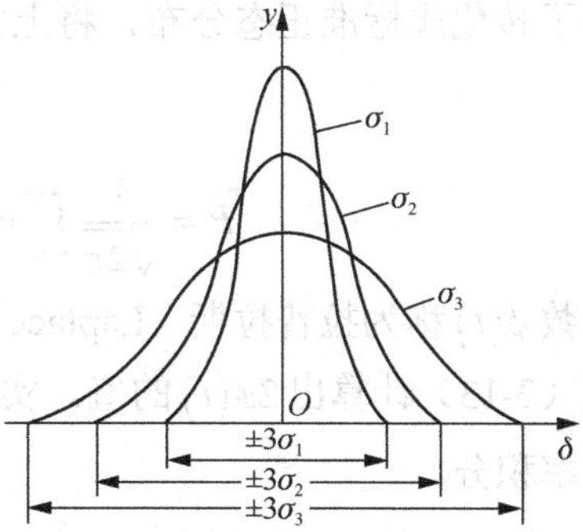

图 2-10 $\sigma_1 < \sigma_2 < \sigma_3$ 时的 3 种正态分布曲线

从理论上讲，正态分布中心位置的均值 μ 代表被测量的真值 Q，标准偏差 σ 代表测得值的集中与分散程度。

根据误差理论，等精度测量列中单次测量的标准偏差 σ 是各随机误差 δ 平方和的平均值的正平方根，即

$$\sigma = \sqrt{\frac{1}{n}\left(\delta_1^2 + \delta_2^2 + \cdots + \delta_n^2\right)} = \sqrt{\frac{1}{n}\sum_{i=1}^{n}\delta_i^2} \tag{2-10}$$

式中，n——测量次数；

δ_i——测量列中各测得值的随机误差，为测得值 x_i 与真值 Q 之差，记作 $\delta_i = x_i - Q$。

2. 随机误差的特性

从正态分布曲线可以看出，随机误差具有以下特性。

（1）对称性。绝对值相等、符号相反的随机误差出现的概率相等。

（2）单峰性。绝对值小的随机误差出现的概率比绝对值大的随机误差出现的概率大，随机误差为零时，概率最大，存在一个最高点。

（3）抵偿性。在一定测量条件下，多次重复进行测量，各次随机误差的代数和趋近于零。抵偿性是随机误差最本质的统计特征。

（4）有界性。在一定的测量条件下，随机误差的绝对值不会超过一定的界限。

3. 极限误差的确定

根据随机误差的有界性可知，随机误差不会超过某一范围。极限误差是指测量结果的误差界限。

由于正态分布曲线和横坐标间所包围的面积等于所有随机误差出现的概率总和，如果随机误差落在整个分布范围（$-\infty \sim +\infty$），那么其概率 P 为

$$P_{(-\infty,+\infty)} = \int_{-\infty}^{+\infty} y\mathrm{d}\delta = \int_{-\infty}^{+\infty} \frac{1}{\sigma\sqrt{2\pi}} \mathrm{e}^{-\frac{\delta^2}{2\sigma^2}} \mathrm{d}\delta = 1 \tag{2-11}$$

若随机误差落在（$-\delta \sim +\delta$）之间，则其概率为

$$P_{(-\delta,+\delta)} = \int_{-\delta}^{+\delta} y\mathrm{d}\delta = \int_{-\delta}^{+\delta} \frac{1}{\sigma\sqrt{2\pi}} \mathrm{e}^{-\frac{\delta^2}{2\sigma^2}} \mathrm{d}\delta \tag{2-12}$$

为了转化成标准正态分布，将上式变量置换，令 $t=\frac{\delta}{\sigma}$，则 $\mathrm{d}t=\frac{\mathrm{d}\delta}{\sigma}$，代入式（2-11），得

$$P=\frac{1}{\sqrt{2\pi}}\int_{-t}^{+t}\mathrm{e}^{-\frac{t^2}{2}}\mathrm{d}t=2\frac{1}{\sqrt{2\pi}}\int_{0}^{+t}\mathrm{e}^{-\frac{t^2}{2}}\mathrm{d}t=2\phi(t) \tag{2-13}$$

函数 $\phi(t)$ 称为拉普拉斯（Laplace）函数，也称为概率函数积分。只要确定了 t 的值，就可由式（2-13）计算出 $2\phi(t)$ 的值。实际使用时，可直接查有关表格。表 2-2 列出 4 个特殊值的概率积分。

表 2-2　4 个特殊值的概率积分

t	$\delta=\pm t\sigma$	$\phi(t)$	不超出 δ 的概率 P	超出 δ 的概率 $P'=1-P$
1	$\pm\sigma$	0.3413	0.6826	0.3174
2	$\pm2\sigma$	0.4772	0.9544	0.0456
3	$\pm3\sigma$	0.49865	0.9973	0.0027
4	$\pm4\sigma$	0.499968	0.999936	0.000064

由此可见，正态分布的随机误差的 99.73%可能分布在±3 σ 范围内，而超出该范围的概率仅为 0.27%，则可认为这种可能性已很小。因此，实践中将±3 σ 做单次测量的随机误差的极限值，称为极限误差，记作

$$\delta_{\lim}=\pm3\sigma=\pm3\sqrt{\frac{1}{n}\sum_{i=1}^{n}\delta_i^2} \tag{2-14}$$

然而，±3 σ 不是唯一的极限误差估算式，选择不同的 t 值，就对应不同的概率，测量极限误差的可信程度也就不同。随机误差在 $\pm t\sigma$ 范围内出现的概率称为置信概率，t 称为置信因子或置信系数。例如，当 t=2 时，P=95.44%，即可信度达 95.44%。在几何量测量中，通常取置信因子 t=3，则置信概率为 99.73%。例如，某次测量的测得值为 60.002mm，若已知标准偏差 σ =0.0003 mm，对置信概率取 99.73%，则此测得值的极限误差为±3×0.0003=±0.0009mm，即被测量的真值有 99.73%的可能性为 60.0011～60.0029 mm，写作 60.002±0.0009mm。单次测量的测量结果为

$$x=x_i\pm\delta_{\lim}=x_i\pm3\sigma \tag{2-15}$$

式中，x_i ——某次测得值。

4. 测量列中随机误差的处理

从前述分析可知，随机误差的出现是不规则的，也是不可避免和无法消除的。可用数理统计的方法将多次测量同一量的各测得值进行统计处理，来估计和评定测量结果。

1）测量列的算术平均值 $\bar{x}$

在评定有限测量次数测量列的随机误差时，需要用到真值，但真值是不知道的。因此，只能从测量列中找到一个近似真值的数值替代。对同一个被测量，在系统误差已消除的前提下，重复进行一组等精度测量，可取算术平均值作为被测值的近似真值。

设测量列为 $x_1, x_2, \cdots, x_n$，则其算术平均值为

$$\overline{x}=\frac{1}{n}\sum_{i=1}^{n}x_i \tag{2-16}$$

式中，n——测量次数。

根据随机误差的特性，当 n 很大时，$\overline{x}$ 趋近于均值 μ，在无系统误差或已消除系统误差的条件下，均值 μ 表示被测量的真值 Q。实际上 n 不可能无限大，用有限次数的测得值求 $\overline{x}$ 并不一定就能得到真值 Q，$\overline{x}$ 只能是 Q 的近似值。

2）残差（剩余误差）υ_i

残差是指用算术平均值 $\overline{x}$ 代替真值 Q 后计算得到的误差，记作 υ_i，则

$$\upsilon_i=x_i-\overline{x} \tag{2-17}$$

由符合正态分布规律的随机误差的特性可知，残差具有下述两个性质。

（1）当测量次数 n 足够多时，残差的代数和趋近于零，即

$$\sum_{i=1}^{n}\upsilon_i\approx 0 \tag{2-18}$$

即残差的相消性，依据该性质可检验 $\overline{x}$ 和 υ_i 的计算结果是否正确。

（2）残差的平方和为最小，即

$$\sum_{i=1}^{n}\upsilon_i^2=\min \tag{2-19}$$

3）测量列中任一测得值的标准偏差 σ

前面已经谈到，随机误差的集中与分散程度可用标准偏差 σ 这一指标来描述。对于有限次数的测量列，由于真值 Q 未知，随机误差 δ_i 也是未知的，因此不能直接使用式（2-10）计算标准偏差 σ。实际应用中，常用残差 υ_i 代替随机误差 δ_i，按贝赛尔（Bessel）公式求得标准偏差 σ 的估计值，即

$$\sigma\approx\sqrt{\frac{1}{n-1}\sum_{i=1}^{n}\upsilon_i^2}=\sqrt{\frac{1}{n-1}\sum_{i=1}^{n}\left(x_i-\overline{x}\right)^2} \tag{2-20}$$

该式根号内的分母是（$n-1$）而不是 n，这是因为按 υ_i 计算标准偏差时，受残差的代数和趋近于零这一条件的约束，n 个残差等效于（$n-1$）个独立的随机变量。

4）测量列算术平均值的标准偏差 $\sigma_{\overline{x}}$

在相同条件下，对同一个被测量，将其测量列分为若干组，对每组进行 n 次的测量称为多次测量。

标准偏差 σ 表示一个测量列中任一测得值的精密程度，但在多次重复测量中是以算术平均值作为测量结果的，因此，更重要的是要知道算术平均值的精密程度，可用算术平均值的标准偏差表示。根据误差理论，测量列算术平均值的标准偏差 $\sigma_{\overline{x}}$ 用下式计算，即

$$\sigma_{\overline{x}}=\frac{\sigma}{\sqrt{n}}\approx\sqrt{\frac{1}{n\left(n-1\right)}\sum_{i=1}^{n}\upsilon_i^2} \tag{2-21}$$

由式（2-21）可知，多次测量的算术平均值的标准偏差 $\sigma_{\overline{x}}$ 为单次测量值的标准偏差 σ 的 $1/\sqrt{n}$。这说明算术平均值的分散程度比单次测量值要小，即算术平均值比单次测量值更接近被测量真值。为了减小随机误差的影响，可以采用多次测量并取其平均值作为测量结果。随着测量次数的增多，$\sigma_{\overline{x}}$ 减小，测量的精密度就增高。但当 σ 值一定时，测量次数大于 20

以后，$\sigma_{\bar{x}}$ 的减小速度变得缓慢，即用增加测量次数的方法来提高测量精密度，效果不大，如图 2-11 所示。因此，在精密测量中，一般取 n=5～20，通常取 $n\leqslant 10$ 为宜。

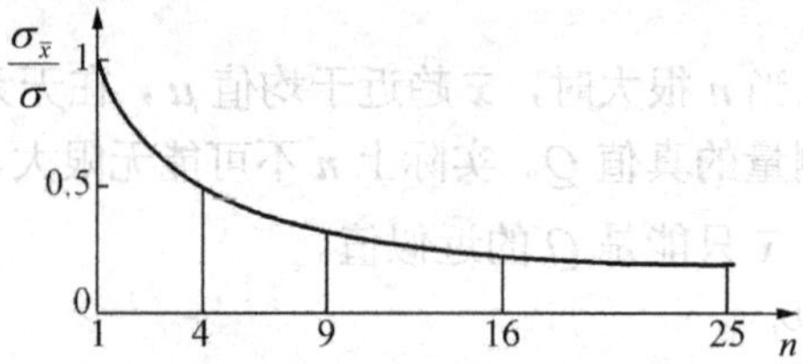

图 2-11　标准偏差与 n 的关系

5）测量列的极限误差和测量结果

测量列算术平均值的测量极限误差为

$$\delta_{\lim(\bar{x})}=\pm 3\sigma_{\bar{x}} \tag{2-22}$$

因此，测量列的测量结果可表示为

$$Q=\bar{x}\pm\delta_{\lim(\bar{x})}=\bar{x}\pm 3\sigma_{\bar{x}}=\bar{x}\pm 3\frac{\sigma}{\sqrt{n}} \tag{2-23}$$

这时的置信概率 P=99.73%。

2.5.2　系统误差的处理

系统误差以一定的规律对测量结果产生较显著的影响，因此，分析处理系统误差的关键，首先是发现系统误差，然后采取措施加以消除，或减小到最低程度，作为随机误差来处理，以便有效地提高测量精度。

1. 系统误差的发现

（1）定值系统误差的发现。定值系统误差可用实验对比的方法来揭示，即通过改变测量条件进行不等精度的测量来发现系统误差。例如，量块按标称尺寸使用时，由于量块的尺寸偏差，使测量结果存在定值系统误差。这时可用高精度仪器对量块的实际尺寸进行检定来发现，或使用另一块高一级精度的量块进行对比测量来发现。

（2）变值系统误差的发现。变值系统误差可以从测得值的处理和分析观察中揭示。常用的方法是残差观察法，即将测量列按测量顺序排列或作图以观察各残差的变化规律，若各残差大体上正负相间，无明显的变化规律，则不存在变值系统误差，如图 2-12（a）所示；若各残差有规律地递增或递减，且在测量开始和结束时符号相反，则存在线性系统误差，如图 2-12（b）所示；若各残差的符号有规律地周期变化，则存在周期性系统误差，如图 2-12（c）所示；若残差按某种特定的规律变化，则存在复杂变化的系统误差，如图 2-12（d）所示。显然，在应用残差观察法时，必须有足够的重复测量次数及按照各测得值的先后顺序排列；否则，变化规律不明显，判断结果就不可靠。

2. 系统误差的消除

（1）从产生误差的根源上消除。这是消除系统误差最根本的方法，因此在测量前，应对测量过程中可能产生系统误差的环节仔细分析，将误差从根源上加以消除。例如，在测量前仔细调整仪器工作台，调准零位，测量器具和被测工件应处于标准温度状态，测量人员要正对仪器指针读数和正确估读等。

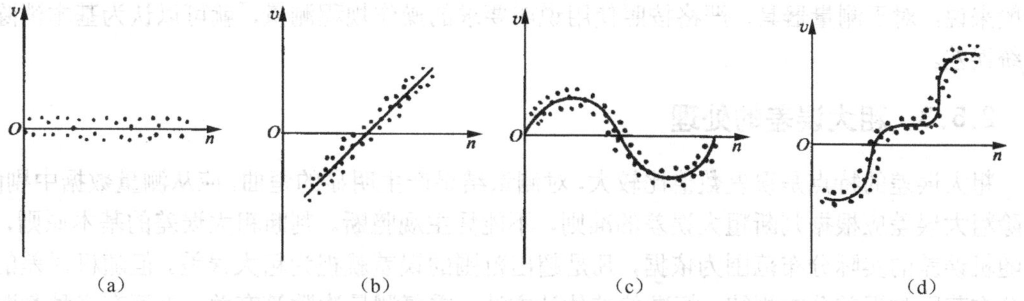

图 2-12　用残差作图法判断系统误差

（2）用加修正值的方法消除。这种方法是预先检定出测量器具的系统误差，将其数值反号后作为修正值，用代数法加到实测值上，即可得到不含该系统误差的测量结果。例如，量块的实际尺寸不等于标称尺寸，若按标称尺寸使用（按“级”使用），就会产生系统误差，而按经过检定的实际尺寸使用（按“等”使用），就可避免此项误差的影响。

（3）用两次读数方法消除。若两次测量所产生的系统误差大小相等或相近、符号相反，则取两次测量的平均值作为测量结果，就可消除该系统误差。例如，在工具显微镜上测量螺纹的螺距时，由于零件安装时其轴心线与仪器工作台纵向移动的方向不重合，使测量产生误差。由图 2-13 看出，实测左螺距比实际左螺距大，实测右螺距比实测右螺距小。为了减小安装误差对测量结果的影响，可以分别测出左、右螺距，取两者的平均值作为测得值，就可减小因安装不正确而引起的系统误差。

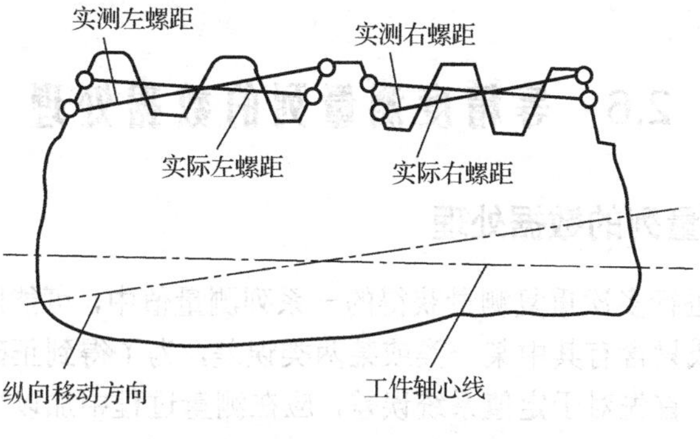

图 2-13　用两次读数消除系统误差

（4）用对称法消除。对于线性系统误差，可采用对称测量法消除。例如，用比较法测量时，温度均匀变化，存在随时间且呈线性变化的系统误差，可安排等时间间隔的测量步骤：①测工件，②测标准件，③测标准件，④测工件。选取①、④步骤的读数的平均值和②、③步骤的读数的平均值之差作为实测偏差。

（5）用半波法消除。对于周期变化的系统误差，可采用半波法消除，即取相隔半个周期的两个测量值的平均值作为测量结果。变值系统误差可利用被测量之间的内在联系消除。例如，使用周节仪按相对测量法测量齿轮的齿距累积误差，可根据齿轮从第一个齿距累积到最后一个齿距误差时，其累积误差为零这一关系，来修正测量的系统误差。

从理论上说，系统误差是可以完全消除的，但由于其存在的复杂性，实际上只能消除到一定程度。若能将系统误差减小到相当于随机误差的影响程度，则可认为系统误差已被消除。一般来说，对于测量器具，严格按照使用说明要求的操作规程测量，就可以认为基本消除了系统误差。

2.5.3 粗大误差的处理

粗大误差的特点是误差数值比较大，对测量结果产生明显的歪曲，应从测量数据中剔除。剔除粗大误差应根据判断粗大误差的准则，不能凭主观臆断。判断粗大误差的基本原则，应以随机误差的实际分布范围为依据，凡是超出范围的误差就视为粗大误差。但随机误差的实际分布范围与误差分布规律、标准偏差估计方法、重复测量次数等有关，因而有多种判断粗大误差的准则。

判断粗大误差常用 3σ 准则（拉依达准则），该准则的依据是随机误差的正态分布规律。由随机误差的特性可知，测量误差越大，出现的概率越小，误差的绝对值超过 3σ 的概率仅为 0.27%，即在连续 370 次的测量中，可能只有一次测量的残差超出 $\pm3\sigma$（$370\times0.0027\approx1$），而实际连续测量的次数不会超过 370 次，测量列中就不该有超过 $\pm3\sigma$ 的残差。因此，凡绝对值大于 3σ 的残差，就被看做粗大误差而予以剔除。在有限次测量时，其判断式为

$$|\upsilon_i| > 3\sigma \qquad (2\text{-}24)$$

剔除一个具有粗大误差的测量值后，对于剩下的测量值重新计算 σ，然后再依据 3σ 准则去判断剩下的测量值中是否还存在粗大误差，每次只能剔除一个，直到剔完为止。

应该指出，3σ 准则是以测量次数充分大为前提的，当测量次数小于 10 次时，用该准则就不够可靠。此时最好使用其他判断粗大误差的准则，如狄克逊准则、格罗布斯准则、t 检验准则等。

2.6 等精度测量列的数据处理

2.6.1 直接测量列的数据处理

在对同一被测量进行多次重复测量获得的一系列测量值中，可能同时存在系统误差、随机误差和粗大误差，或只含有其中某一类或某两类误差，为了得到正确的测量结果，应对各类误差分别进行处理。首先对于定值系统误差，应在测量过程中加以判别处理，用加修正值法消除或减小，而后得到的测量列的数据处理按以下步骤进行：

① 计算测量列的算术平均值。

② 计算测量列的残差。

③ 判断有无变值系统误差。

④ 计算任一测得值的标准偏差。

⑤ 判断有无粗大误差，若有则应剔除，并重新组成测量列，重复上述计算，直到剔除完为止。

⑥ 计算测量列算术平均值的标准偏差和极限误差。

⑦ 确定测量结果。

【例 2-1】 对某轴径进行等精度 15 次重复测量，把测得值列于表 2-3 中。假设数据中已消除了定值系统误差，试求测量结果。

解：(1) 计算算术平均值。由式（2-16）得

$$\bar{x}=\frac{1}{n}\sum_{i=1}^{n}x_i=\frac{1}{15}\sum_{i=1}^{15}x_i=30.404\text{（mm）}$$

（2）计算残差及残差平方。用式（2-17）计算，计算值列入表 2-3 中，同时计算 υ_i^2 和 $\sum_{i=1}^{n}\upsilon_i^2$。

（3）判断变值系统误差。根据残差观察法判断，由于测量列中残差大体上正负相间，无明显的变化规律，所以认为无变值系统误差。

（4）计算标准偏差。由式（2-20）得

$$\sigma\approx\sqrt{\frac{1}{n-1}\sum_{i=1}^{n}\upsilon_i^2}=\sqrt{\frac{14960}{15-1}}\approx 33\text{（μm）}$$

（5）判断粗大误差。

由式（2-14）得单次测量的极限误差

$$\delta_{\lim}=\pm 3\sigma=\pm 3\times 33=\pm 99\text{（μm）}$$

根据 3σ 准则，第 8 次测得值的残差 $|\upsilon_8|=101>99$，含有粗大误差，应予以剔除。

（6）剔除第 8 次测量数据后重复步骤（1）～（5）。

重新计算算术平均值

$$\bar{x}=\frac{1}{n}\sum_{i=1}^{n}x_i=\frac{1}{14}\sum_{i=1}^{14}x_i=30.411\text{（mm）}$$

重新计算残差及其平方，并把计算值填入表 2-3 中。

重新计算标准偏差

$$\sigma=\sqrt{\frac{1}{n-1}\sum_{i=1}^{n}\upsilon_i^2}=\sqrt{\frac{3374}{14-1}}\approx 16\text{（μm）}$$

单次测量的极限误差

$$\delta_{\lim}=\pm 3\sigma=\pm 3\times 16\text{μm}=\pm 48\text{（μm）}$$

根据 3σ 准则，由表 2-3 可知，$|\upsilon_i|<48$ μm，因此，可认为已没有粗大误差。

（7）计算算术平均值的标准偏差。由式（2-21）得

$$\sigma_{\bar{x}}=\frac{\sigma}{\sqrt{n}}=\frac{16}{\sqrt{14}}=4.3\text{（μm）}$$

由式（2-22）得算术平均值的极限误差

$$\delta_{\lim(\bar{x})}=\pm 3\sigma_{\bar{x}}=\pm 3\times 4.3=\pm 12.9\text{（μm）}$$

（8）写出测量结果。由式（2-23）得

$$Q=\bar{x}\pm\delta_{\lim(\bar{x})}=\bar{x}\pm 3\sigma_{\bar{x}}=(30.411\pm 0.0129)\text{（mm）}$$

置信概率 P=99.73%。

表 2-3 测量值及数据计算

序号	测得值 x_i /mm	剔除粗大误差前		剔除粗大误差后	
		残差 υ_i /μm	残差的平方 υ_i^2 /（μm）^{2}	残差 υ_i /μm	残差的平方 υ_i^2 /（μm）^{2}
1	30.42	+16	256	+9	81
2	30.43	+26	676	+19	361
3	30.40	−4	16	−11	121
4	30.43	+26	676	+19	361
5	30.42	+16	256	+9	81
6	30.43	+26	676	+19	361
7	30.39	−14	196	−21	441
8	30.30	−104	10816	—	—
9	30.40	−4	16	−11	121
10	30.43	+26	676	+19	361
11	30.42	+16	256	+9	81
12	30.41	+6	36	−1	1
13	30.39	−14	196	−21	441
14	30.39	−14	196	−21	441
15	30.40	−4	16	−11	121
—	剔除粗大误差前 $\bar{x}=30.404$ 剔除粗大误差后 $\bar{x}=30.411$	—	$\sum_{i=1}^{15}\upsilon_i^2=14960$	—	$\sum_{i=1}^{14}\upsilon_i^2=3374$

在相同条件下，采用同一个测量器具，多次重复测量的结果一定比单次测量的结果精密。单次测量主要用于一般精度零件，多次重复测量能满足高精度零件的检测要求。测量结果的处理应满足下列条件：随机误差占主导地位，消除系统误差和粗大误差，或相对随机误差而言，可忽略不计。若系统误差与粗大误差影响明显，则必须加以消除，经处理后的结果才有实际应用价值。

2.6.2 间接测量列的数据处理

间接测量的被测量是测量所得到的各个实测量的函数，而间接测量的误差则是各个实测量误差的函数，故称为函数误差。

1）函数及其微分表达式

间接测量中，待测量 y 通常是实测量 x_i 的多元函数，可表示为

$$y=f\left(x_1,x_2,\cdots,x_n\right) \tag{2-25}$$

其全微分表达式为

$$\mathrm{d}y=\frac{\partial f}{\partial x_1}\mathrm{d}x_1+\frac{\partial f}{\partial x_2}\mathrm{d}x_2+\cdots+\frac{\partial f}{\partial x_n}\mathrm{d}x_n \tag{2-26}$$

式中，$\mathrm{d}y$——待测量（函数）的测量误差；

$\mathrm{d}x_i$——实测量的测量误差；

$\frac{\partial f}{\partial x_i}$——实测量的测量误差传递系数。

2）函数的系统误差

由各个实测量测得值的系统误差，可近似得到待测量（函数）的系统误差表达式为

$$\Delta y=\frac{\partial f}{\partial x_1}\Delta x_1+\frac{\partial f}{\partial x_2}\Delta x_2+\cdots+\frac{\partial f}{\partial x_n}\Delta x_n \tag{2-27}$$

式中，Δy——待测量（函数）的系统误差；

Δx_i——实测量的系统误差。

3）函数的随机误差

由于各实测量的测得值中存在随机误差，因此，待测量（函数）也存在随机误差。根据误差理论，函数的标准偏差与各实测量的标准偏差的关系为

$$\sigma_y=\sqrt{\left(\frac{\partial f}{\partial x_1}\right)^2\sigma_{x_1}^2+\left(\frac{\partial f}{\partial x_2}\right)^2\sigma_{x_2}^2+\cdots+\left(\frac{\partial f}{\partial x_n}\right)^2\sigma_{x_n}^2} \tag{2-28}$$

式中，σ_y——待测量（函数）的标准偏差；

σ_{x_i}——实测量的标准偏差。

函数的测量极限误差表达式为

$$\delta_{\lim(y)}=\pm\sqrt{\left(\frac{\partial f}{\partial x_1}\right)^2\delta_{\lim(x_1)}^2+\left(\frac{\partial f}{\partial x_2}\right)^2\delta_{\lim(x_2)}^2+\cdots+\left(\frac{\partial f}{\partial x_n}\right)^2\delta_{\lim(x_n)}^2} \tag{2-29}$$

式中，$\delta_{\lim(y)}$——待测量（函数）的测量极限误差；

$\delta_{\lim(x_i)}$——实测量的测量极限误差。

4）间接测量列数据处理步骤

（1）找出函数关系 $y=f(x_1,x_2,\cdots,x_n)$。

（2）求出待测量（函数）的值 y。

（3）计算函数的系统误差 Δy。

（4）计算函数的标准偏差 σ_y 和函数的测量极限误差 $\delta_{\lim(y)}$。

（5）确定待测量（函数）的结果表达式

$$y_e=(y-\Delta y)\pm\delta_{\lim(y)} \tag{2-30}$$

说明置信概率为99.73%。

【例 2-2】用弦长弓高法测量工件的直径，如图 2-14 所示。各尺寸的测得值、系统误差和测量极限误差分别为 S=200mm，H=20mm，$\Delta S=40\ \mu\text{m}$，$\Delta H=5\ \mu\text{m}$，$\delta_{\lim(S)}=\pm 2\ \mu\text{m}$，$\delta_{\lim(H)}=\pm 1\ \mu\text{m}$，试求直径 D 的测量结果。

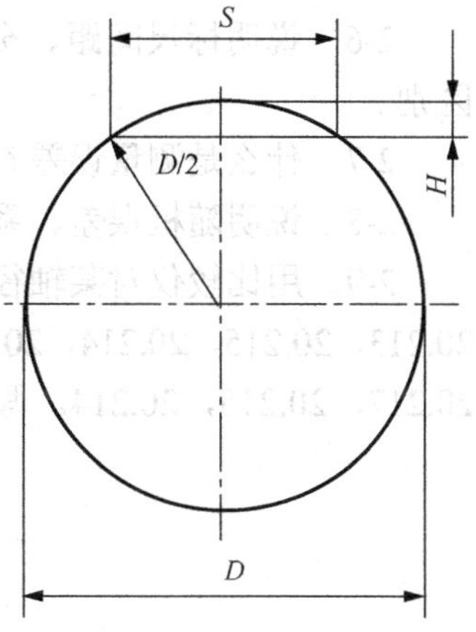

图 2-14 用弦长弓高法测量直径

解：1）确定函数关系，计算被测直径 D

$$D=\frac{S^2}{4H}+H=\frac{200^2}{4\times 20}+20=520\ \text{（mm）}$$

2）计算直径的系统误差

（1）计算误差传递系数。

$$\frac{\partial f}{\partial S}=\frac{S}{2H}=\frac{200}{2\times 20}=5$$

$$\frac{\partial f}{\partial H}=\left(-\frac{S^2}{4H^2}\right)+1=\left(-\frac{200^2}{4\times 20^2}\right)+1=-24$$

（2）计算直径的系统误差。

$$\Delta D=\frac{\partial f}{\partial S}\Delta S+\frac{\partial f}{\partial H}\Delta H=5\times 40+(-24)\times 5=80\ (\mu m)$$

3）计算直径的测量极限误差

$$\delta_{\lim(D)}=\pm\sqrt{\left(\frac{\partial f}{\partial S}\right)^2\delta_{\lim(S)}^2+\left(\frac{\partial f}{\partial H}\right)^2\delta_{\lim(H)}^2}=\pm\sqrt{5^2\times 2^2+(-24)^2\times 1^2}=\pm 26\ (\mu m)$$

4）确定测量结果

$$D_e=(D-\Delta D)\pm\delta_{\lim(D)}=(520-0.080)\pm 0.026=519.920\pm 0.026\ (mm)$$

置信概率为99.73%。

本章小结

本章主要介绍测量的基本概念及测量四要素、量块的精度等级及使用方法、测量方法与计量器具的分类、测量误差的概念及其分类和处理方法、等精度测量列的数据处理等。

习题与思考题

2-1 测量的实质是什么？一个完整的测量过程包括哪几个要素？

2-2 什么是尺寸传递系统？为什么要建立尺寸传递系统？

2-3 量块的“级”和“等”是依据什么划分的？按“级”使用和按“等”使用有何不同？

2-4 试用83块一套的量块，同时组合下列尺寸：48.98 mm，33.625 mm，10.56 mm。

2-5 计量器具的基本度量指标有哪些？

2-6 说明标尺间距、分度值和灵敏度三者间有何区别。说明测量范围与示值范围的区别。

2-7 什么是测量误差？其主要来源有哪些？

2-8 说明随机误差、系统误差和粗大误差三者有何不同？三种误差如何进行处理？

2-9 用比较仪对某轴径进行了15次等精度测量，测得值如下（单位为mm）：20.216，20.213，20.215，20.214，20.215，20.215，20.217，20.216，20.213，20.215，20.216，20.214，20.217，20.215，20.214。假设已消除了定值系统误差，试确定其测量结果。

第 3 章　极限与配合

教学重点

熟悉公差与配合的基本术语定义；掌握极限配合的国家标准，以及国家标准对有关尺寸公差与配合的主要规定；掌握极限与配合标准的一般选用原则，熟悉国家标准规定的常用极限与配合。

教学难点

常用尺寸极限与配合的选用原则，尺寸公差与配合以及尺寸公差的相关计算、尺寸精度的设计、尺寸公差带图的绘制和识别。

教学方法

讲授法、实物法、网络演示法、例题讲解。

3.1　极限与配合的术语和定义

在机械设计与加工领域，为使零件具有互换性，就零件本身的尺寸而言，只要这些零件尺寸处在某一合理的变动范围内就可以。而对于相互结合的零件，这个变动范围既要保证相互结合的尺寸之间形成一定的配合关系，以满足不同的使用要求，又要使生产加工成本是经济可行的。这样就形成了“尺寸的极限与配合”概念。公差主要用于协调机械设备中相互关联的零部件的使用要求与制造成本之间的矛盾关系，而配合则反映出不同零件在结合时的相互关系及其要求。

尺寸的极限与配合是一项应用广泛而重要的标准，也是最基础、最典型的标准。而尺寸的极限与配合的标准化有利于机械设计、制造、使用、维修等产品的全生命周期过程，它不仅是机械工业部门间进行产品设计、工艺规划设计和制定其他标准的基础，而且是行业间广泛协作和专业化生产的重要依据。

目前，光滑圆柱体的结合是机械设计中广泛采用的一种结合，通常指孔与轴的结合，为使加工后二者能够满足互换性要求，必须在设计中统一公称尺寸，在尺寸精度设计中采用配合标准。图 3-1 为相互配合的轴与孔，图 3-2 为相互配合的轴与孔之间的配合公差要求。

极限与配合涉及的国家标准主要有以下几个：

GB/T 1800.1—2009《产品几何技术规范（GPS）极限与配合　第 1 部分：公差、偏差和配合的基础》。

GB/T 1800.2—2009《产品几何技术规范（GPS）极限与配合　第 2 部分：标准公差等级和孔、轴极限偏差表》。

GB/T 1800.3—2009《产品几何技术规范（GPS）极限与配合　第 3 部分：标准公差和基本偏差数值表》。

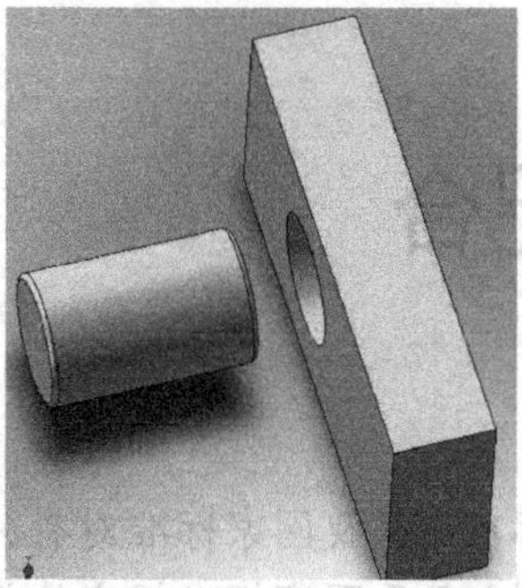

图 3-1　相互配合的轴与孔

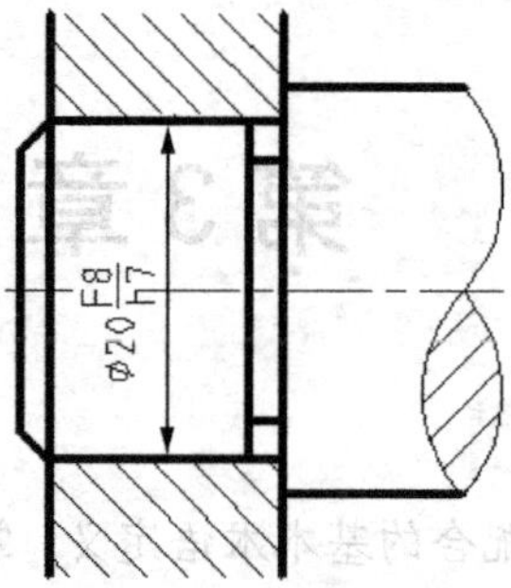

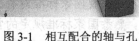

图 3-2　相互配合的轴与孔之间配合的公差要求（基轴制）

GB/T 1801—2009《产品几何技术规范（GPS）极限与配合 公差带和配合的选择》。

GB/T 1803—2003《极限与配合 尺寸至 18mm 孔、轴公差带》。

GB/T1804—2000《一般公差 未注公差的线性和角度尺寸的公差》。

在生产中，孔与轴在机械产品中应用广泛，根据使用要求的不同，主要有 3 种配合形式：孔与轴之间具有相对运动的间隙配合，孔与轴实现固定连接的过盈配合，孔与轴实现定位可拆连接的过渡配合。为了满足这 3 种配合需求，国家标准 GB/T 1800.1—2009《产品几何技术规范（GPS）极限与配合 第 1 部分：公差、偏差和配合的基础》规定了配合制、标准公差系列和基本偏差系列，其基本内容结构如图 3-3 所示。

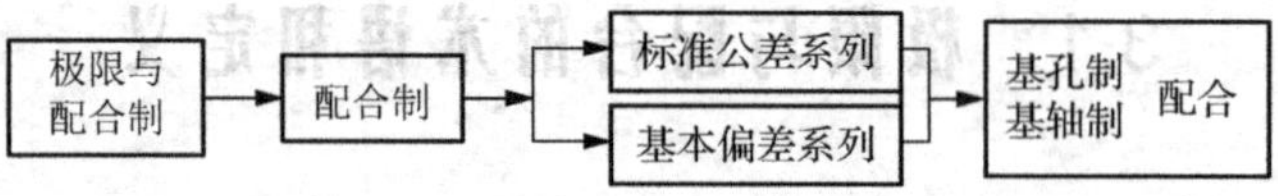

图 3-3　关于极限与配合的国家标准基本内容结构

3.1.1　有关尺寸的术语与定义

1. 尺寸

尺寸是以特定单位表示线性尺寸的数值，工程上通常规定以 mm 为通用单位，如直径、半径、宽度、深度、高度、中心距等，尺寸必须带有单位（如果以 mm 为单位可以不标出）。

2. 尺寸要素

尺寸要素是指由一定大小的线性尺寸或角度尺寸确定的几何形状，尺寸要素可以是圆柱形、球形、两平行对应面、圆锥形或楔形。

3. 公称尺寸（D，d）

公称尺寸是设计给定的尺寸，由图样规范确定的理想形状要素的尺寸，通过它并应用上、下极限偏差可计算出极限尺寸，可以是一个整数也可以是一个小数，用 D 和 d 表示（大写字母表示孔、小写字母表示轴）。它是根据产品的使用要求、零件的强度、刚度要求等，通过计算或试验类比方法而确定的，经过圆整后得到的尺寸，一般要符合标准尺寸系列。如图 3-4 所示，ϕ20mm 及 30mm 分别为圆柱销的直径和长度的公称尺寸。在以前的国家标准版本中，公称尺寸被称为“名义尺寸”。

4. 提取组成要素的局部尺寸（D_a，d_a）

提取组成要素的局部尺寸（旧标准称为“局部实际尺寸”，D_a，d_a）是一切提取组成要素上两对应点之间距离的统称，分别用 D_a 和 d_a 表示孔、轴的提取组成要素的局部尺寸。为方便起见，可将提取组成要素的局部尺寸简称为提取要素的局部尺寸。

实际要素是通过测量获得的某一孔、轴的尺寸。由于加工误差的存在，按照同一图样要求加工的各个零件的半径、宽度、深度、高度等实际要素往往不同。即使是同一个零件的不同部位、不同方向的实际要素往往也不一样，图 3-5 所示为圆柱销的实际要素，故实际要素是实际零件上某一位置的测得值。

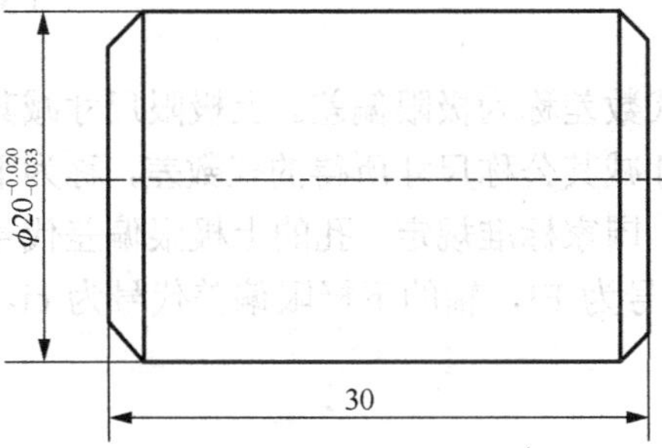

图 3-4　圆柱销直径和长度

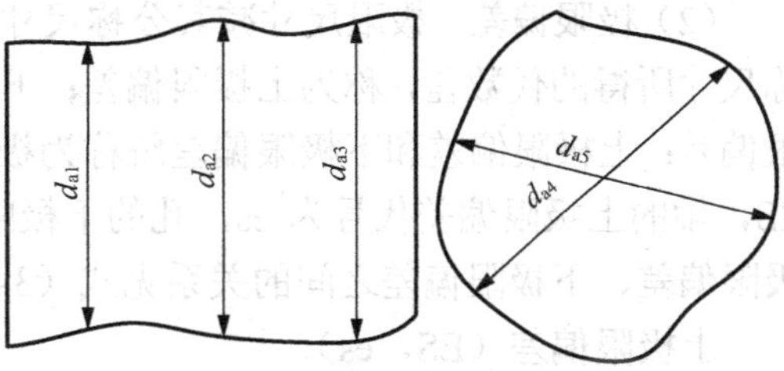

图 3-5　圆柱销的实际要素

5. 极限尺寸

极限尺寸是指一个孔或轴允许的尺寸的两个极端，也就是允许的尺寸变化范围的两个界限值。实际要素应位于其中，可以达到两个极限值。其中，较大的称为上极限尺寸，较小的称为下极限尺寸，如图 3-6 所示。

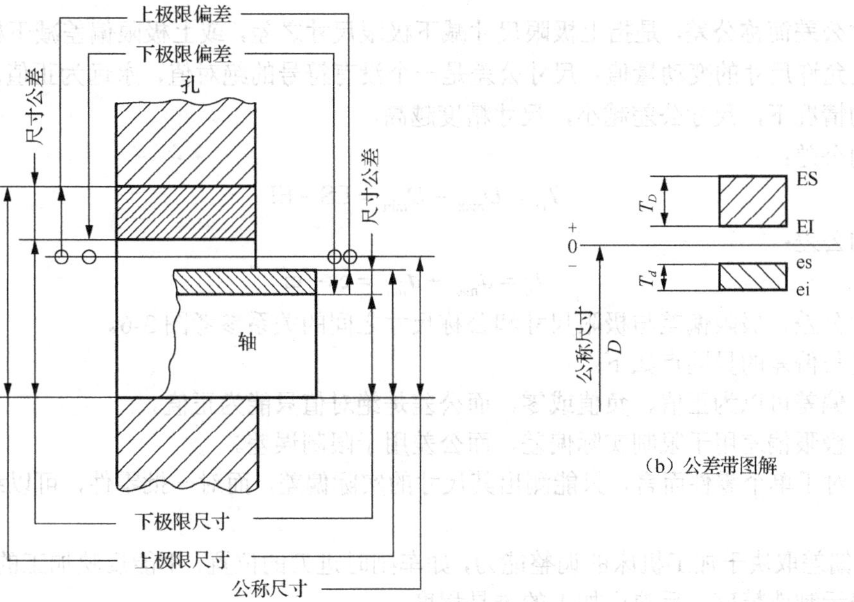

(a) 尺寸关系　　(b) 公差带图解

图 3-6　公称尺寸、上极限尺寸和下极限尺寸

3.1.2 有关偏差与公差的术语和定义

1. 尺寸偏差（简称偏差）

偏差是指某一尺寸（实际要素、实际（组成）要素、极限尺寸等）减去其公称尺寸所得的代数差，其值可为正、负或零。在计算和标注时，除零以外的值必须标注正、负号。大写字母代表孔，小写字母代表轴。尺寸偏差包括实际偏差与极限偏差。

（1）实际偏差。实际要素减去其公称尺寸所得的代数差。记为

$$\begin{cases} E_{a} = D_{a} - D \\ e_{a} = d_{a} - d \end{cases} \tag{3-1}$$

（2）极限偏差。极限尺寸减其公称尺寸所得的代数差称为极限偏差。上极限尺寸减其公称尺寸所得的代数差，称为上极限偏差；下极限尺寸减其公称尺寸所得的代数差，称为下极限偏差；上极限偏差和下极限偏差统称为极限偏差。国家标准规定，孔的上极限偏差代号为 ES，轴的上极限偏差代号为 es，孔的下极限偏差代号为 EI，轴的下极限偏差代号为 ei。上极限偏差、下极限偏差之间的关系见式（3-2）：

上极限偏差（ES，es）：

$$\begin{cases} \mathrm{ES} = D_{\max} - D \\ \mathrm{es} = d_{\max} - d \end{cases} \tag{3-2}$$

下极限偏差（EI，ei）：

$$\begin{cases} \mathrm{EI} = D_{\min} - D \\ \mathrm{ei} = d_{\min} - d \end{cases} \tag{3-3}$$

2. 尺寸公差（T_{D}，T_{d}）

尺寸公差简称公差，是指上极限尺寸减下极限尺寸之差，或上极限偏差减下极限偏差之差。它是允许尺寸的变动量值。尺寸公差是一个没有符号的绝对值，永远为正值。在公称尺寸相同的情况下，尺寸公差越小，尺寸精度越高。

孔的公差：

$$T_{\mathrm{D}} = D_{\max} - D_{\min} = \mathrm{ES} - \mathrm{EI} \tag{3-4}$$

轴的公差：

$$T_{\mathrm{d}} = d_{\max} - d_{\min} = \mathrm{es} - \mathrm{ei} \tag{3-5}$$

尺寸公差、极限偏差与极限尺寸和公称尺寸之间的关系参考图 3-6。

公差与偏差的异同点如下：

（1）偏差可以为正值、负值或零，而公差是绝对值只能为正值。

（2）极限偏差用于限制实际偏差，而公差用于限制误差。

（3）对于单个零件而言，只能测出其尺寸的实际偏差，而对一批零件，可以统计出其尺寸误差。

（4）偏差取决于加工机床的调整能力，如车削时进刀的位置，不能反映加工的难易程度，而公差表示制造精度，反映出加工的难易程度。

（5）极限偏差反映公差带的位置，影响工件间结合的松紧程度，而公差反映的是公差带的大小，影响配合的精度。

3. 公差带图解

由于公差和偏差的数值比公称尺寸的数值小得多，往往差的不止一个数量级，不便于使用同一比例表示。为了表明尺寸、极限偏差及公差之间的关系，可采用简单明了的公差带图解来表示，如图 3-7 所示。公差带图解由两部分组成：零线和公差带。

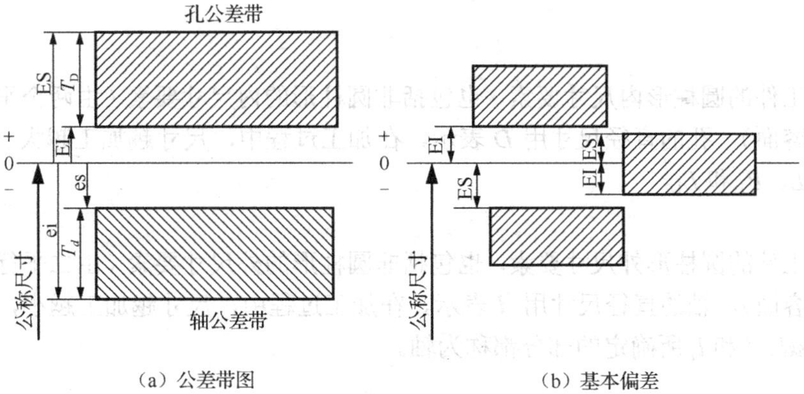

图 3-7 公差带图与基本偏差

1）零线

在图 3-6（b）中的公差带图解中，确定偏差的一条基准直线即零偏差线，简称零线。

注意： 正偏差位于零线上方，负偏差位于零线下方，零偏差与零线重合。习惯上零线沿水平方向绘制，在其左端画出表示偏差大小的纵坐标，并标上“0”“+”（正号表示大于 0）和“−”（负号表示小于 0）。零线下方画上带单箭头的尺寸线并注上公称尺寸值。

2）公差带

由代表上极限偏差和下极限偏差或上极限尺寸和下极限尺寸的两条直线所限定的区域称为公差带。国家标准中，公差带包括了“公差带大小”与“公差带位置”两个参数，前者由标准公差确定，后者由基本偏差确定。

为了区别，通常采用孔公差带由右上角向左下角的斜线表示，轴公差带用左上角向右下角的斜线表示。公差带在垂直于零线方向上的高度表示公差值。公差带图中位置在上的线表示上极限偏差，位置在下的线表示下极限偏差。公差带沿零线方向的宽度可适当选取。在公差带图解中，尺寸及极限偏差的单位为毫米（mm），偏差的单位也可采用微米（μm）表示，单位省略不标出。

4. 标准公差（IT）

标准公差是指国家标准 GB/T 1800.1—2009 极限与配合制中，标准中表格所列的任一公差，它确定了公差带的大小。字母 IT 为“国际公差”的符号。

5. 基本偏差

基本偏差是指用来确定公差带相对于零线位置的上极限偏差或下极限偏差。一般以靠近零线的那个极限偏差作为基本偏差。

以图 3-7（b）孔的公差带为例，当公差带完全在零线上方或正好在零线上方时，其下极限偏差（EI）为基本偏差；当公差带完全在零线下方或正好在零线下方时，其上极限偏差（ES）为基本偏差；而对称地分布在零线上时，其上、下极限偏差中的任何一个都可作为基本偏差。

3.1.3 有关配合的术语及定义

1. 孔和轴

（1）孔

通常指工件的圆柱形内尺寸要素，也包括非圆柱形的内尺寸要素（由两个平行平面或切面形成的包容面），孔的直径尺寸用 D 表示，在加工过程中，尺寸越加工越大。如图 3-8 中的 B、ϕD、L、B_1 和 L_1。

（2）轴

通常指工件的圆柱形外尺寸要素，也包括非圆柱形的外尺寸要素（由二平行平面或切面形成的被包容面），轴的直径尺寸用 d 表示，在加工过程中，尺寸越加工越小，图 3-8 外表面中由尺寸 ϕd、l 和 l_1 所确定的部分都称为轴。

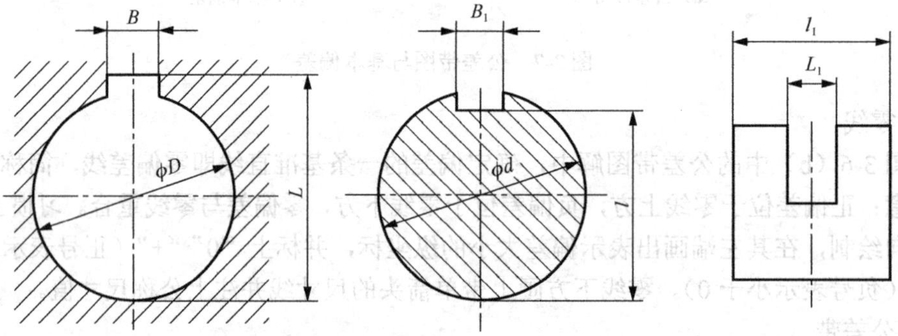

图 3-8　孔与轴

从广义上来讲，无论是从装配关系看还是从加工过程看，在尺寸的极限与配合制中，孔、轴的概念是广义的，且都是由单一尺寸构成的。采用广义孔与轴的目的，是为了确定工件的极限尺寸和相互的配合关系，同时也拓展了极限与配合的应用范围，不仅应用于圆柱内外表面的结合，也可应用于非圆柱体的内外表面的配合，如键宽与键槽宽的配合，花键结合中大径、小径的配合等。

2. 配合

1）配合的定义

配合是指公称尺寸相同的并且相互结合的孔和轴公差带之间的关系。由于配合是指一批孔、轴的装配关系，而不是指单个孔和单个轴的装配关系，所以只有用公差带关系来反映配合才比较准确。孔的尺寸减去相配合的轴的尺寸所得代数差为正值时是间隙，用 X 表示；为负值时是过盈，用 Y 表示。

2）配合的种类

根据孔、轴公差带之间关系的不同，配合分为三大类：间隙配合、过盈配合、过渡配合。

（1）间隙配合。间隙配合指具有间隙（包括最小间隙为零）的配合，此时，孔的公差带完全在轴的公差带之上，如图 3-9 所示。

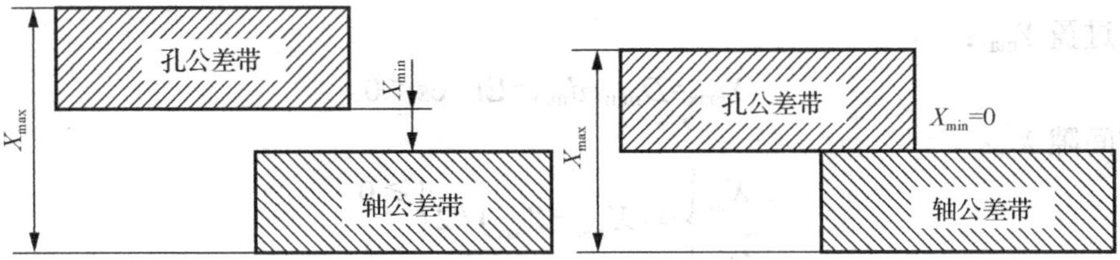

图 3-9　间隙配合

最大间隙 X_{max}：孔的上极限尺寸减轴的下极限尺寸所得的代数差，大于零时为最大间隙。

$$X_{max}=D_{max}-d_{min}=ES-ei \tag{3-6}$$

最小间隙 X_{min}：孔的下极限尺寸减轴的上极限尺寸所得的代数差，等于或大于零时为最小间隙。

$$X_{min}=D_{min}-d_{max}=EI-es \tag{3-7}$$

平均间隙 X_{av}：最大间隙与最小间隙的算术平均值，大于零时为平均间隙。

$$X_{av}=（X_{max}+X_{min}）/2 \tag{3-8}$$

（2）过盈配合。过盈配合指具有过盈（包括最小过盈为零）的配合。此时，孔的公差带完全在轴的公差带之下，如图 3-10 所示。

最小过盈 Y_{min}：

$$Y_{min}=D_{max}-d_{min}=ES-ei\leqslant 0 \tag{3-9}$$

最大过盈 Y_{max}：

$$Y_{max}=D_{min}-d_{max}=EI-es<0 \tag{3-10}$$

平均过盈 Y_{av}：

$$Y_{av}=（Y_{max}+Y_{min}）/2<0 \tag{3-11}$$

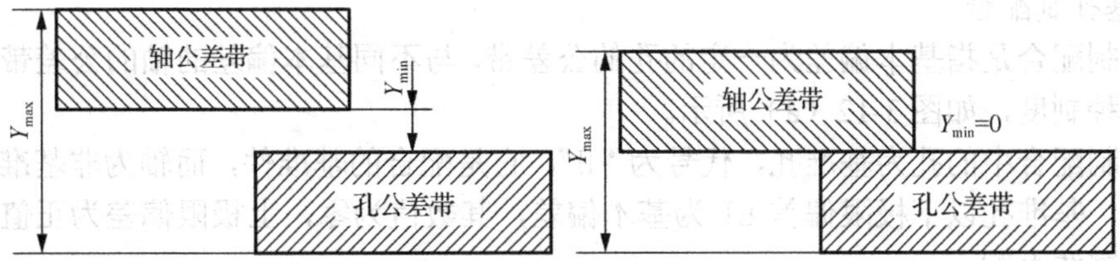

图 3-10　过盈配合

（3）过渡配合。可能具有间隙或过盈的配合，此时，孔的公差带与轴的公差带相互交叠，间隙量和过盈量都不大。如图 3-11 所示。

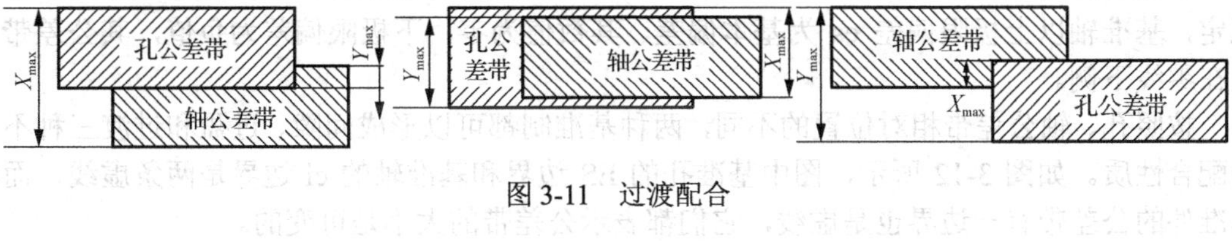

图 3-11　过渡配合

最大间隙 X_{max}：

$$X_{max}=D_{max}-d_{min}=ES-ei>0 \tag{3-12}$$

最大过盈 Y_{max}：

$$Y_{max}=D_{min}-d_{max}=EI-es<0 \tag{3-13}$$

平均间隙 X_{av}：

$$\left.\begin{matrix} X_{av} \\ Y_{av} \end{matrix}\right\} = (X_{max}+Y_{max})/2 \begin{cases} \geqslant 0 \\ <0 \end{cases} \tag{3-14}$$

平均过盈 Y_{av}：

3. 配合公差（T_f）

配合公差是指组成配合的孔与轴的公差之和，它是允许间隙或过盈的变动量。它表示配合精度，是评定配合质量的一个重要综合指标。

$$\begin{aligned} &\text{对于间隙配合，} T_f = |X_{max}-X_{min}| \\ &\text{对于过盈配合，} T_f = |Y_{max}-Y_{min}| \\ &\text{对于过渡配合，} T_f = |X_{max}-Y_{max}| \end{aligned} \tag{3-15}$$

将最大、最小间隙和最大、最小过盈分别用孔、轴的极限尺寸或极限偏差换算后代入式（3-15），则得到三类配合的配合公差：

$$T_f=T_D+T_d \tag{3-16}$$

式（3-16）表明配合精度（配合公差）取决于相互配合的孔和轴的尺寸精度（尺寸公差）。在设计时，可根据配合公差来确定孔和轴的尺寸公差。

4. 配合制

配合制是指同一极限制的孔和轴组成配合的一种制度。国家标准规定了两种配合制，即基孔制配合与基轴制配合。

1）基孔制配合

基孔制配合是指基本偏差为一定的孔的公差带，与不同基本偏差的轴的公差带形成各种配合的一种制度，如图 3-12（a）所示。

基孔制配合中的孔为基准孔，代号为“H”，它是配合的基准件，而轴为非基准件。国家标准规定，基准孔以下极限偏差 EI 为基本偏差，其数值为零，上极限偏差为正值，其公差带偏置在零线上侧。

2）基轴制配合

基轴制配合是指基本偏差为一定的轴的公差带，与不同基本偏差的孔的公差带形成各种配合的一种制度，如图 3-12（b）所示。

基轴制配合中的轴为基准轴，代号为“h”，它是配合的基准件，而孔为非基准件。标准规定，基准轴以上极限偏差 es 为基本偏差，其数值为零，下极限偏差为负值，其公差带偏置在零线下侧。

按照孔、轴公差带相对位置的不同，两种基准制都可以形成间隙、过盈和过渡三种不同的配合性质。如图 3-12 所示，图中基准孔的 ES 边界和基准轴的 ei 边界是两条虚线，而非基准件的公差带有一边界也是虚线，它们都表示公差带的大小是可变的。

在“过渡配合或过盈配合”这部分区域，当非基准件的基本偏差一定时，由于基准件公差带大小不同，则与非基准件的公差带可能交叠，也可能不交叠。当公差带交叠时，形成过渡配合；不交叠时，形成过盈配合。

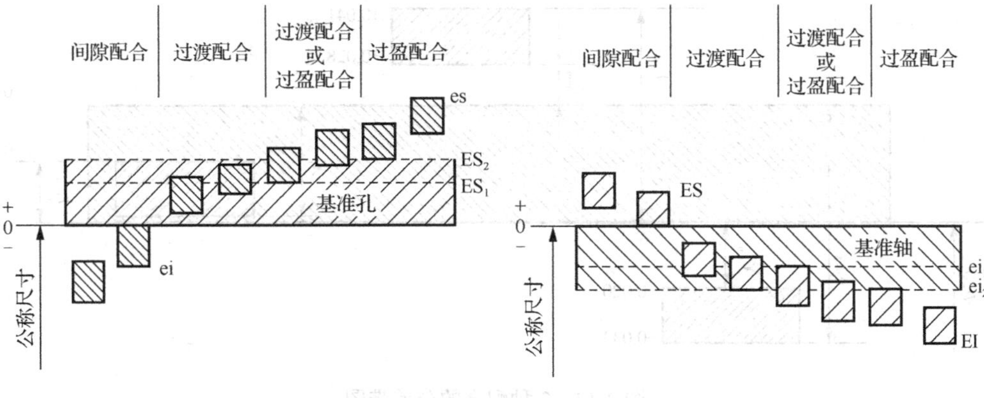

（a）基孔制配合　　（b）基轴制配合

图 3-12　配合制

综上所述，各种配合是由孔、轴公差带之间的位置关系决定的，而公差带的大小和位置则分别由标准公差和基本偏差决定。

【例 3-1】 求下列 3 种孔、轴配合的极限间隙或过盈、配合公差，并绘制公差带图。

（1）孔 $\phi25^{+0.021}_{0}$ 和轴 $\phi25^{-0.020}_{-0.033}$ 相配合。

（2）孔 $\phi25^{+0.021}_{0}$ 和轴 $\phi25^{+0.041}_{+0.028}$ 相配合。

（3）孔 $\phi25^{+0.021}_{0}$ 和轴 $\phi25^{+0.015}_{+0.002}$ 相配合。

解：第（1）个问题求解。

$$X_{max}=ES-ei=+0.021-(-0.033)=0.054$$
$$X_{min}=EI-es=0-(-0.020)=0.020$$
$$T_f=X_{max}-X_{min}=0.054-0.020=0.034$$

或者

$$T_f=T_D+T_d=0.021+0.013=0.034$$

第（2）个问题求解。

$$Y_{min}=ES-ei=+0.021-0.028=-0.007$$
$$Y_{max}=EI-es=0-0.041=-0.041$$
$$T_f=Y_{min}-Y_{max}=-0.007-(-0.041)=0.034$$

或者

$$T_f=T_D+T_d=0.021+0.013=0.034$$

第（3）个问题求解。

$$X_{max}=ES-ei=+0.021-0.002=0.019$$
$$Y_{max}=EI-es=0-0.015=-0.015$$
$$T_f=X_{max}-Y_{max}=0.019-(-0.015)=0.034$$

或者

$$T_f=T_D+T_d=0.021+0.013=0.034$$

如图 3-13 所示，同一个孔与 3 个不同尺寸的轴配合，形成 3 种配合关系，左边为间隙配合，中间为过盈配合，右边为过渡配合。计算后得知配合公差均相同，但是由于轴的公差带所处的位置不同，构成了不同的配合关系。配合的种类是由孔、轴公差带的相互位置决定的，而公差带的大小和位置又分别由标准公差和基本偏差决定。

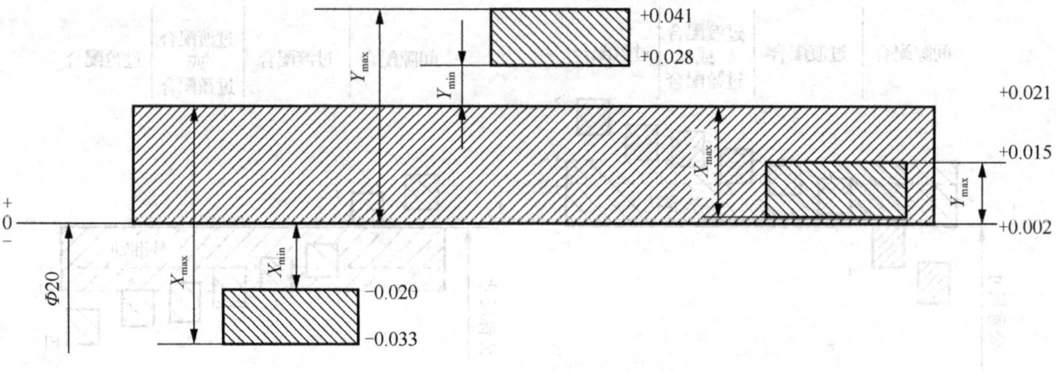

图 3-13　3 种配合的公差带图

3.2　尺寸极限与配合的标准

在机械制造中，常用的尺寸段为≤500mm，该尺寸段在生产实践中应用最广，本节将重点对该尺寸段进行介绍。

3.2.1　标准公差系列

标准公差是国家标准（GB/T 1800.1—2009）中规定的用以确定公差带大小的任一公差值，标准公差系列是国家标准规定的一系列标准公差数值，见表 3-1。标准公差系列包括标准公差等级、公差单位和公称尺寸分段 3 项内容。

表 3-1　标准公差数值（摘自 GB/T 1800.1—2009）

公称尺寸/mm	标准公差等级																	
	IT1	IT2	IT3	IT4	IT5	IT6	IT7	IT8	IT9	IT10	IT11	IT12	IT13	IT14	IT15	IT16	IT17	IT18
单位	μm												mm					
≤3	0.8	1.2	2	3	4	6	10	14	25	40	60	100	0.14	0.25	0.4	0.6	1	1.4
>3～6	1	1.5	2.5	4	5	8	12	18	30	48	75	120	0.18	0.3	0.48	0.75	1.2	1.8
>6～10	1	1.5	2.5	4	6	9	15	22	36	58	90	150	0.22	0.36	0.58	0.9	1.5	2.2
>10～18	1.2	2	3	5	8	11	18	27	43	70	110	180	0.27	0.43	0.7	1.1	1.8	2.7
>18～30	1.5	2.5	4	6	9	13	21	33	52	84	130	210	0.33	0.52	0.84	1.3	2.1	3.3
>30～50	1.5	2.5	4	7	11	16	25	39	62	100	160	250	0.39	0.62	1	1.6	2.5	3.9
>50～80	2	3	5	8	13	19	30	46	74	120	190	300	0.46	0.74	1.2	1.9	3	4.6
>80～120	2.5	4	6	10	15	22	35	54	87	140	220	350	0.54	0.87	1.4	2.2	3.5	5.4
>120～180	3.5	5	8	12	18	25	40	63	100	160	250	400	0.63	1	1.6	2.5	4	6.3
>180～250	4.5	7	10	14	20	29	46	72	115	185	290	460	0.72	1.15	1.85	2.9	4.6	7.2
>250～315	6	8	12	16	23	32	52	81	130	210	320	520	0.81	1.3	2.1	3.2	5.2	8.1
>315～400	7	9	13	18	25	36	57	89	140	230	360	570	0.89	1.4	2.3	3.6	5.7	8.9
>400～500	8	10	15	20	27	40	63	97	155	250	400	630	0.97	1.55	2.5	4	6.3	9.7

注：（1）公称尺寸≤1mm 时，无 IT14～IT18。

（2）IT01 和 IT0 的公差数值在该标准的附录 A 中给出。

1. 标准公差等级

确定尺寸精确程度的等级称为标准公差等级。规定和划分公差等级的目的，是为了简化和统一公差的要求，使规定的等级既能满足不同的使用要求，又能大致代表各种加工方法的精度，为零件设计和制造带来极大的方便。

标准公差等级分为 20 级，由标准公差符号 IT 和数字组成，分别由 IT01，IT0，IT1，IT2，…，IT18 来表示。等级依次降低，标准公差值依次增大。公差等级的高低、加工的难易程度、标准公差值的大小如图 3-14 所示。

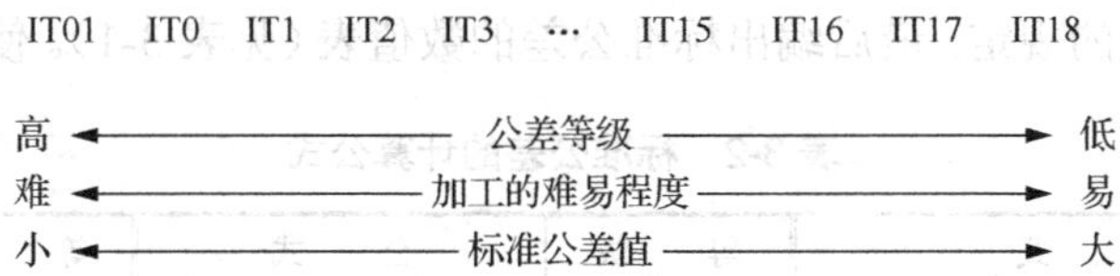

图 3-14 公差等级的高低、加工的难易程度、公差值的大小示意

2. 标准公差因子 i

标准公差单位是国家标准极限与配合制中，用于计算标准公差的基本单位，是公称尺寸的函数。它是制定标准公差数值的基础。生产实际经验和科学统计分析表明，加工误差与公称尺寸呈立方抛物线关系，即加工误差与尺寸的立方根成正比，如图 3-15 所示。随着尺寸的增加，测量误差的影响也增大，因此，在确定标准公差值时应考虑上述两个因素。

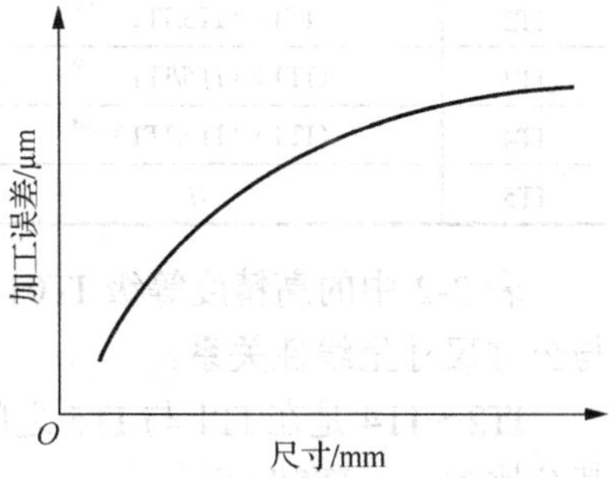

图 3-15 加工误差与尺寸的关系

当公称尺寸≤500mm 时，对 IT5～IT18 用标准公差因子 i 的倍数计算公差数值，标准公差因子 i 的计算公式如下：

$$i = 0.45\sqrt[3]{D} + 0.001D \tag{3-17}$$

式中，D——公称尺寸段的几何平均值，单位为 mm；

i——标准公差因子，单位为μm。

式（3-17）中第一项反映的是加工误差的影响，第二项反映的是测量误差的影响，用于补偿与零件直径成正比的误差，包括由测量偏离标准温度及量规的变形引起的测量误差。当零件直径较小时，第二项所占比重较小；当直径较大时，标准公差因子随直径的增加而快速增大，公差值相应增加。

3. 公称尺寸分段

为了减少标准公差的数目，统一公差数值，简化公差表格，以利于生产应用，国家标准对公称尺寸进行了分段，见表 3-1。公称尺寸至 500mm 的尺寸范围分成 13 个尺寸段，这样的尺寸段称为主段落。另外还有把主段落中的一段又分成 2～3 段的中间段落。在公差表格中，一般使用主段落，而在基本偏差表中，对过盈或间隙较敏感的一些配合才使用中间段落。

在标准公差及后面的基本偏差的计算公式中，公称尺寸 D 一律以所属尺寸分段内的首尾两个尺寸（D_1 和 D_2）的几何平均值来进行计算，即

$$D = \sqrt{D_1 D_2} \tag{3-18}$$

这样，在一个尺寸段内只有一个公差数值，极大地简化了公差表格（对于公称尺寸≤3mm的尺寸段，D=1.732mm）。经过实践证明，这样计算的公差值差别不大，对生产有利，且对公差数值的标准化有利。

4. 标准公差值

在公称尺寸和公差等级已定的情况下，就可以按表 3-2 所列的标准公差计算式计算出对应的标准公差值。为了避免因计算时尾数化整方法不一致而造成计算结果的差异，国家标准对尾数圆整做了有关的规定，最后编出标准公差的数值表（见表 3-1）。使用时可直接查此表。

表 3-2　标准公差的计算公式

等　级	公　式	等　级	公　式	等　级	公　式
IT01	$0.3+0.008D$	IT6	$10i$	IT13	$250i$
IT0	$0.5+0.012D$	IT7	$16i$	IT14	$400i$
IT1	$0.8+0.020D$	IT8	$25i$	IT15	$640i$
IT2	$(IT1)(IT5/IT1)^{1/4}$	IT9	$40i$	IT16	$1000i$
IT3	$(IT1)(IT5/IT1)^{2/4}$	IT10	$64i$	IT17	$1600i$
IT4	$(IT1)(IT5/IT1)^{3/4}$	IT11	$100i$	IT18	$2500i$
IT5	$7i$	IT12	$160i$	—	—

表 3-2 中的高精度等级 IT01、IT0 和 IT1，主要考虑了测量误差的影响，因此标准公差与公称尺寸呈线性关系。

IT2～IT4 是在 IT1 与 IT5 之间插入三级，使 IT1、IT2、IT3、IT4、IT5 成一等比数列，其公比为 $q = (IT5/IT1)^{1/4}$。

IT5～ITl8 级的标准公差按下式计算：

$$IT = ai \tag{3-19}$$

式中，a——公差等级系数；

i——标准公差因子。

除了 IT5 的公差等级系数 a=7，从 IT6 开始，公差等级系数按 R5 优先数系增加，即公比 $q = \sqrt[5]{10} \approx 1.6$ 的等比数列。因此，每隔 5 个公差等级，公差数值增大 10 倍。

【例 3-2】求公称尺寸为ϕ30，IT6、IT7 的公差值。

解：由表 3-1 可知，直径数值 30 处于 18～30 尺寸段；

$$D = \sqrt{18 \times 30} = 23.24$$

$$i = 0.45\sqrt[3]{D} + 0.001D = 0.45\sqrt[3]{23.24} + 0.001 \times 23.24 = 1.31$$

查表 3-2 可得

$$IT6=10i \quad IT7=16i$$

因此

$$IT6=10i=10\times1.31=13.1\approx13\ (\mu m)$$

$$IT7=10i=16\times1.31=20.96\approx21\ (\mu m)$$

按照几何平均值计算出公差数值，经过尾数圆整，即得到标准公差数值。

3.2.2 基本偏差系列

1. 基本偏差及其代号

不同的公差带位置与基准件结合将形成不同的配合。基本偏差的数量将决定配合种类的数量。为了满足各种不同松紧程度的配合需要，同时尽量减少配合种类，以利于互换，国家标准对孔和轴分别规定了28种基本偏差，分别用拉丁字母表示。其中，孔用大写字母表示，轴用小写字母表示。28种基本偏差代号组成方法如下：在26个拉丁字母中去掉5个容易与其他参数相混淆的字母：I、L、O、Q、W（i、l、o、q、w），由剩下的21个字母加上7个双写字母：CD、EF、FG、JS、ZA、ZB、ZC（cd、ef、fg、js、za、zb、zc）组成。这28种基本偏差代号反映了28种公差带相对于零线的位置，构成了基本偏差系列，如图3-16所示。

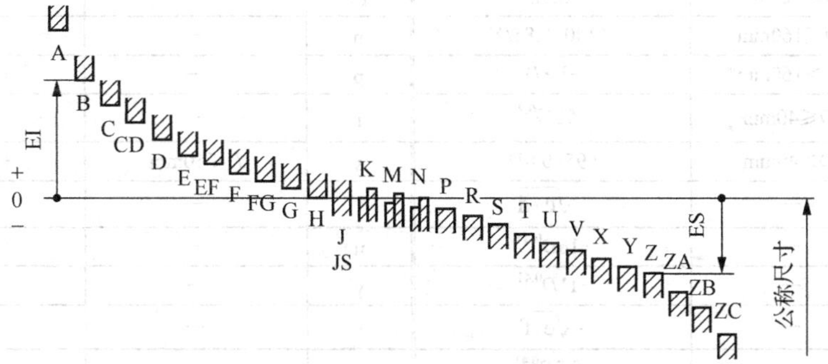

（a）孔的基本偏差系列

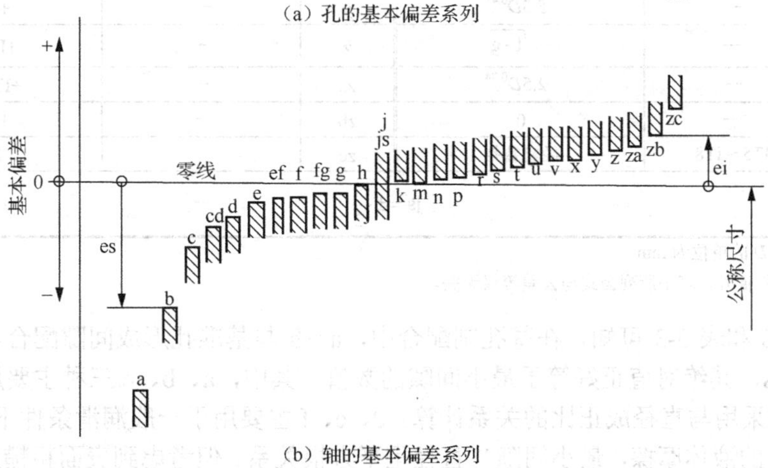

（b）轴的基本偏差系列

图3-16 孔与轴的基本偏差系列

在孔的偏差系列中，A～G的基本偏差是下极限偏差EI（正值）；H的基本偏差EI=0，是基准孔；J～ZC的基本偏差是上极限偏差ES（除J和K外，其余皆为负值）；JS的基本偏差是ES=+T_D/2或EI=−T_D/2。

在轴的偏差系列中，a～g的基本偏差是上极限偏差es（负值）；h的基本偏差es=0，是基准轴；j～zc的基本偏差是下极限偏差ei（除j外，其余皆为正值）；js的基本偏差是es=+T_d/2或ei=−T_d/2。

基本偏差系列图中仅绘制出公差带的一端，未绘出公差带的另一端，它取决于公差的大小。因此，任何一个公差带代号都由基本偏差代号和公差等级共同表示，如 H7、h6、F5 等。

基本偏差是公差带位置标准化的唯一参数，除 JS 和 js 以及 J、j、K、k、M、m 和 N、n 以外，原则上基本偏差和公差等级无关。

2. 轴的基本偏差

轴的基本偏差数值是以基准孔为基础，根据各种配合的要求，在生产实践和大量试验的基础上，依据统计分析的结果整理出一系列公式而计算出来的。轴（公称尺寸≤500mm）的基本偏差计算公式见表 3-3，计算结果也按一定的规则将尾数进行圆整。

表 3-3　公称尺寸≤500mm 的轴的基本偏差计算公式　　单位：μm

代　号	适用范围	基本偏差为上极限偏差（es）	代　号	适用范围	基本偏差为下极限偏差（ei）
a	$D\leqslant120$mm	$-(265+1.3D)$	k	IT4～IT7	$+0.6\sqrt[3]{D}$
	$D>120$mm	$-3.5D$	m	—	+（IT7−IT6）
b	$D\leqslant160$mm	$-(140+0.85D)$	n	—	$+5D^{0.34}$
	$D>160$mm	$-1.8D$	p	—	+IT7+（0～5）
c	$D\leqslant40$mm	$-52D^{0.2}$	r	—	$+\sqrt{p\cdot s}$
	$D>40$mm	$-(95+0.8D)$	s	$D\leqslant50$mm	+IT8+（1～4）
cd	—	$-\sqrt{c\cdot d}$	t	—	$+IT7+0.63D$
d	—	$-16D^{0.44}$	u	—	$+IT7+D$
e	—	$-11D^{0.41}$	v	—	$+IT7+1.25D$
ef	—	$-\sqrt{e\cdot f}$	x	—	$+IT7+1.6D$
f	—	$-5.5D^{0.41}$	y	—	$+IT7+2D$
fg	—	$-\sqrt{f\cdot g}$	z	—	$+IT7+2.5D$
g	—	$-2.5D^{0.34}$	za	—	$+IT8+3.15D$
h	—	0	zb	—	$+IT9+4D$
j	IT5～IT8	经验数据	zc	—	$+IT10+5D$
$js=\pm\frac{IT}{2}$					

注：（1）表中 D 的单位为 mm。

（2）除 j 和 js 外，表中所列公式与公差等级无关。

从图 3-16 和表 3-3 可知，在基孔制配合中，a～h 与基准孔形成间隙配合，基本偏差为上极限偏差 es，其绝对值正好等于最小间隙的数值。其中，a、b、c 三种主要用于大间隙配合，最小间隙采用与直径成正比的关系计算。d、e、f 主要用于一般润滑条件下的旋转运动，为了保证良好的液体摩擦，最小间隙与直径呈平方根关系。但考虑到表面粗糙度的影响，间隙应适当减小。因此，计算式中 D 的指数略小于 0.5。g 主要用于滑动、定心或半液体摩擦的场合，间隙取小，D 的指数有所减小。h 的基本偏差数值为零，它是最紧的间隙配合。至于 cd、ef 和 fg 的数值，则分别取 c 与 d、e 与 f、f 与 g 的基本偏差的几何平均值。

j～n 与基准孔形成过渡配合，其基本偏差为下极限偏差 ei，数值基本上是根据经验与统计的方法确定的。

p～zc 与基准孔形成过盈配合，其基本偏差为下极限偏差 ei，数值大小按与一定等级的孔相配合所要求的最小过盈而定。最小过盈系数的系列符合优先数系，规律性较好，便于应用。

实际工作中，轴的基本偏差数值不必用公式计算。为方便使用，计算结果的数值已列成表，见表 3-4，使用时可通过查表确定。

表 3-4 公称尺寸≤500mm 的轴基本偏差数值（摘自 GB/T 1800.1—2009） 单位：μm

基本偏差		基本偏差数值																															
		上偏差 es												下偏差 ei																			
公称尺寸 /mm		所有标准公差等级												IT5 和 IT6	IT7	IT8	IT4 至 IT7	≤IT3 >IT7	所有标准公差等级														
大于	至	a	b	c	cd	d	e	ef	f	fg	g	h	js	j			k		m	n	p	r	s	t	u	v	x	y	z	za	zb	zc
—	3	-270	-140	-60	-34	-20	-14	-10	-6	-4	-2	0	偏差等于±IT_n/2，式中 IT_n 是 IT 数值	-2	-4	-6	0	0	+2	+4	+6	+10	+14	—	+18	—	+20	—	+26	+32	+40	+60
3	6	-270	-140	-70	-46	-30	-20	-14	-10	-6	-4	0		-2	-4	—	+1	0	+4	+8	+12	+15	+19	—	+23	—	+28	—	+35	+42	+50	+80
6	10	-280	-150	-80	-56	-40	-25	-18	-13	-8	-5	0		-2	-5	—	+1	0	+6	+10	+15	+19	+23	—	+28	—	+34	—	+42	+52	+67	+97
10	14	-290	-150	-95	—	-50	-32	—	-16	—	-6	0		-3	-6	—	+1	0	+7	+12	+18	+23	+28	—	+33	—	+40	—	+50	+64	+90	+130
14	18																									+39	+45	—	+60	+77	+108	+150
18	24	-300	-160	-110	—	-65	-40	—	-20	—	-7	0		-4	-8	—	+2	0	+8	+15	+22	+28	+35	—	+41	+47	+54	+63	+73	+98	+136	+188
24	30																							+41	+48	+55	+64	+75	+88	+118	+160	+218
30	40	-310	-170	-120	—	-80	-50	—	-25	—	-9	0		-5	-10	—	+2	0	+9	+17	+26	+34	+43	+48	+60	+68	+80	+94	+112	+148	+200	+274
40	50	-320	-180	-130																				+54	+70	+81	+97	+114	+136	+180	+242	+325
50	65	-340	-190	-140	—	-100	-60	—	-30	—	-10	0		-7	-12	—	+2	0	+11	+20	+32	+41	+53	+66	+87	+102	+122	+144	+172	+226	+300	+405
65	80	-360	-200	-150																		+43	+59	+75	+102	+120	+146	+174	+210	+274	+360	+480
80	100	-380	-220	-170	—	-120	-72	—	-36	—	-12	0		-9	-15	—	+3	0	+13	+23	+37	+51	+71	+91	+124	+146	+178	+214	+258	+335	+445	+585
100	120	-410	-240	-180																		+54	+79	+104	+144	+172	+210	+254	+310	+400	+525	+690
120	140	-460	-260	-200	—	-145	-85	—	-43	—	-14	0		-11	-18	—	+3	0	+15	+27	+43	+63	+92	+122	+170	+202	+248	+300	+365	+470	+620	+800
140	160	-520	-280	-210																		+65	+100	+134	+190	+228	+280	+340	+415	+535	+700	+900
160	180	-580	-310	-230																		+68	+108	+146	+210	+252	+310	+380	+465	+600	+780	+1000
180	200	-660	-340	-240	—	-170	-100	—	-50	—	-15	0		-13	-21	—	+4	0	+17	+31	+50	+77	+122	+166	+236	+284	+350	+425	+520	+670	+880	+1150
200	225	-740	-380	-260																		+80	+130	+180	+258	+310	+385	+470	+575	+740	+960	+1250
225	250	-820	-420	-280																		+84	+140	+196	+284	+340	+425	+520	+640	+820	+1050	+1350
250	280	-920	-480	-300	—	-190	-110	—	-56	—	-17	0		-16	-26	—	+4	0	+20	+34	+56	+94	+158	+218	+315	+385	+475	+580	+710	+920	+1200	+1550
280	315	-1050	-540	-330																		+98	+170	+240	+350	+425	+525	+650	+790	+1000	+1300	+1700
315	355	-1200	-600	-360	—	-210	-125	—	-62	—	-18	0		-18	-28	—	+4	0	+21	+37	+62	+108	+190	+268	+390	+475	+590	+730	+900	+1150	+1500	+1900
355	400	-1350	-680	-400																		+114	+208	+294	+435	+530	+660	+820	+1000	+1300	+1650	+2100
400	450	-1500	-760	-440	—	-230	-135	—	-68	—	-20	0		-20	-32	—	+5	0	+23	+40	+68	+126	+232	+330	+490	+595	+740	+920	+1100	+1450	+1850	+2400
450	500	-1650	-840	-480																		+132	+252	+360	+540	+660	+820	+1000	+1250	+1600	+2100	+2600

注：（1）公称尺寸小于或等于 1mm 时，基本偏差 a 和 b 均不采用。

（2）对公差带 js7～js11，若 IT_n 数值是奇数，则取偏差=±（IT_n−1）/2。

表 3-5　公称尺寸≤500mm 的孔基本偏差数值（摘自 GB/T 1800.1—2009）

单位：μm

公称尺寸/mm		基本偏差数值																																		Δ值					
		下偏差 EI												上偏差 ES																											
		所有标准公差等级												IT6	IT7	IT8	≤IT8	>IT8	≤IT8	>IT8	≤IT8	>IT8	≤IT7	标准公差等级大于 IT7												标准公差等级					
大于	至	A	B	C	CD	D	E	EF	F	FG	G	H	JS	J			K		M		N		P 至 ZC	P	R	S	T	U	V	X	Y	Z	ZA	ZB	ZC	IT3	IT4	IT5	IT6	IT7	IT8
—	3	+270	+140	+60	+34	+20	+14	+10	+6	+4	+2	0	偏差等于±$IT_n/2$，式中 IT_n 是 IT 数值	+2	+4	+6	0	0	2	-2	-4	-4	在大于 IT7 的相应数值上增加一个 Δ 值	-6	-10	-14	—	-18	—	-20	—	-26	-32	-40	-60	0	0	0	0	0	0
3	6	+270	+140	+70	+46	+30	+20	+14	+10	+6	+4	0		+5	+6	+10	-1+Δ	0	-4+Δ	-4	-8+Δ	0		-12	-15	-19	—	-23	—	-28	—	-35	-42	-50	-80	1	1.5	1	3	4	6
6	10	+280	+150	+80	+56	+40	+25	+18	+13	+8	+5	0		+5	+8	+12	-1+Δ	0	-6+Δ	-6	-10+Δ	0		-15	-19	-23	—	-28	—	-34	—	-42	-52	-67	-97	1	1.5	2	3	6	7
10	14	+290	+150	+95	—	+50	+32	—	+16	—	+6	0		+6	+10	+15	-1+Δ	—	-7+Δ	-7	-12+Δ	0		-18	-23	-28	—	-33	—	-40	—	-50	-64	-90	-130	1	2	3	3	7	9
14	18																												-39	-45	—	-60	-77	-108	-150						
18	24	+300	+160	+110	—	+65	+40	—	+20	—	+7	0		+8	+12	+20	-2+Δ	—	-8+Δ	-8	-15+Δ	0		-22	-28	-35	—	-41	-47	-54	-63	-73	-98	-136	-188	1.5	2	3	4	8	12
24	30																										-41	-48	-55	-64	-75	-88	-118	-160	-218						
30	40	+310	+170	+120	—	+80	+50	—	+25	—	+9	0		+10	+14	+24	-2+Δ	0	-9+Δ	-9	-17+Δ	0		-26	-34	-43	-48	-60	-68	-80	-94	-112	-148	-200	-274	1.5	3	4	5	9	14
40	50	+320	+180	+130																							-54	-70	-81	-97	-114	-136	-180	-242	-325						
50	65	+340	+190	+140	—	+100	+60	—	+30	—	+10	0		+13	+18	+28	-2+Δ	0	-11+Δ	-11	-20+Δ	0		-32	-41	-53	-66	-87	-102	-122	-144	-172	-226	-300	-405	2	3	5	6	11	16
65	80	+360	+200	+150																					-43	-59	-75	-102	-120	-146	-174	-210	-274	-360	-480						
80	100	+380	+220	+170	—	+120	+72	—	+36	—	+12	0		+16	+22	+34	-3+Δ	0	-13+Δ	-13	-23+Δ	0		-37	-51	-71	-91	-124	-146	-178	-214	-258	-335	-445	-585	2	4	5	7	13	19
100	120	+410	+240	+180																					-54	-79	-104	-144	-172	-210	-254	-310	-400	-525	-690						
120	140	+460	+260	+200	—	+145	+85	—	+43	—	+14	0		+18	+26	+41	-3+Δ	0	-15+Δ	-15	-27+Δ	0		-43	-63	-92	-122	-170	-202	-248	-300	-365	-470	-620	-800	3	4	6	7	15	23
140	160	+520	+280	+210																					-65	-100	-134	-190	-228	-280	-340	-415	-535	-700	-900						
160	180	+580	+310	+230																					-68	-108	-146	-210	-252	-310	-380	-465	-600	-780	-1000						
180	200	+660	+310	+240	—	+170	+100	—	+50	—	+15	0		+22	+30	+47	-4+Δ	0	-17+Δ	-17	-31+Δ	0		-50	-77	-122	-166	-236	-284	-350	-425	-520	-670	-880	-1150	3	4	6	9	17	26
200	225	+740	+380	+260																					-80	-130	-180	-258	-310	-385	-470	-575	-740	-960	-1250						
225	250	+820	+420	+280																					-84	-140	-196	-284	-340	-425	-520	-640	-820	-1050	-1350						
250	280	+920	+480	+300	—	+190	+110	—	+56	—	+17	0		+25	+36	+55	-4+Δ	0	-20+Δ	-20	-34+Δ	0		-56	-94	-158	-218	-315	-385	-475	-580	-710	-920	-1200	-1550	4	4	7	9	20	29
280	315	+1050	+540	+330																					-98	-170	-240	-350	-425	-525	-650	-790	-1000	-1300	-1700						
315	355	+1200	+600	+360	—	+210	+125	—	+62	—	+18	0		+29	+39	+60	-4+Δ	0	-21+Δ	-21	-37+Δ	0		-62	-108	-190	-268	-390	-475	-590	-730	-900	-1150	-1500	-1900	4	5	7	11	21	32
355	400	+1350	+680	+400																					-114	-208	-294	-435	-530	-660	-820	-1000	-1300	-1650	-2100						
400	450	+1500	+760	+440	—	+230	+135	—	+68	—	+20	0		+33	+43	+66	-5+Δ	0	-23+Δ	-23	-40+Δ	0		-68	-126	-232	-330	-490	-595	-740	-920	-1100	-1450	-1850	-2400	5	5	7	13	23	34
450	500	+1650	+840	+480																					-132	-252	-360	-540	-660	-820	-1000	-1250	-1600	-2100	-2600						

注：例如，大于 18～30mm 的 P7，Δ=8，因此 ES=-14。

（1）≤1mm，各级 A 和 B 级及大于 8 级的 N 均不采用。

（2）标准公差≤IT8 级的 K、M、N 及标准公差≤IT7 级的 P～ZC 时，从表的右侧选取 Δ 值。

当轴的基本偏差确定后，利用轴的基本偏差值和标准公差值，根据下式计算出另一个极限偏差。

$$\left.\begin{aligned} ei &= es - T_d \\ es &= ei + T_d \end{aligned}\right\} \tag{3-20}$$

3. 孔的基本偏差

公称尺寸≤500mm 时，孔的基本偏差没有直接的计算公式，而是由同名的轴的基本偏差换算而来。在公称尺寸≤500mm 时，孔的基本偏差按以下两种规则换算。

1）通用规则（倒影关系）

用同一字母表示的孔、轴基本偏差的绝对值相等，符号相反，即孔的基本偏差是轴的基本偏差相对于零线的倒影关系，同名配合的配合性质完全相同，如图 3-17 所示。例如，基孔制的配合（如ϕ30H8/f8）变成同名的基轴制的配合（ϕ30F8/h8）时，其配合性质不变。通用规则的适用范围：

（1）对所有公差等级的 A～H 孔：

$$EI=-es \tag{3-21}$$

（2）对标准公差等级大于 IT8 的 K、M、N 和大于 IT7 的 P～ZC：

$$ES=-ei \tag{3-22}$$

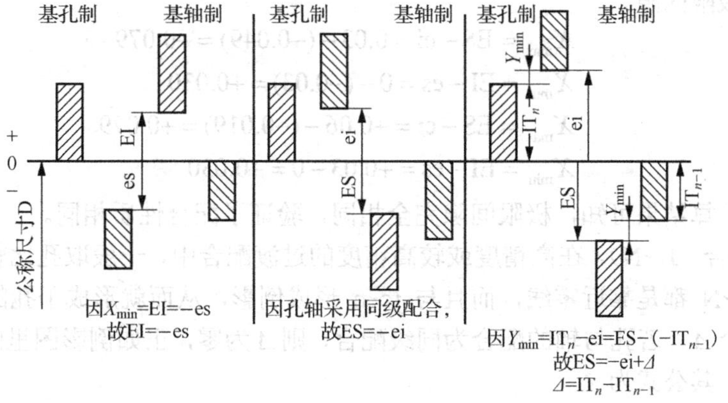

（a）通用规则　　（b）特殊规则

图 3-17　孔的基本偏差换算规则

2）特殊规则

同名代号的孔和轴的基本偏差的符号相反，而绝对值相差一个Δ值，这主要是由于在较高公差等级中，孔比同级的轴加工困难，因此标准规定，按孔的公差等级比轴低一级来考虑配合，并要求在两种基准制中形成的配合性质相同。即

$$\left.\begin{aligned} ES &= -ei + \Delta \\ \Delta &= IT_n - IT_{n-1} = T_D - T_d \end{aligned}\right\} \tag{3-23}$$

特殊规则的应用范围：公称尺寸＞3mm、标准公差等级≤IT8 的 J、K、M、N 和标准公差等级≤IT7 的 P～ZC。

孔的另一个极限偏差可根据下列公式计算：

$$\left.\begin{aligned} ES &= EI + T_D \\ EI &= ES - T_D \end{aligned}\right\} \quad (3\text{-}24)$$

在高精度或较高精度的间隙、过渡和过盈配合中，一般取孔比轴低一个级别的配合。其中，间隙和过渡配合时，≤IT8 为高或较高精度；过盈配合时，≤IT7 为高精度或较高精度。

【例 3-3】 试用查表法计算 $\phi 60\dfrac{H7}{f6}$ 和 $\phi 60\dfrac{F7}{h6}$ 的极限间隙。

解：（1）查标准公差。

$$IT6 = 0.019\text{，}\quad IT7 = 0.030$$

（2）计算极限偏差。

基孔制：$\phi 60H7\left(^{+0.030}_{0}\right)$，$\phi 60f6$ 的基本偏差：$es = -0.030$

另一个偏差的计算：$ei = es - IT6 = -0.03 - 0.019 = -0.049$

故 $$\phi 60f6\left(^{-0.030}_{-0.049}\right)$$

基轴制：$\phi 60\dfrac{F7}{h6}$，$\phi 60F6$ 的基本偏差：

$$EI = -es = -(-0.03) = +0.03$$

另一偏差的计算：$ES = EI + IT7 = +0.03 + 0.03 = +0.06$

故 $$\phi 60F7\left(^{+0.060}_{+0.030}\right)\text{，}\phi 60h6\left(^{0}_{-0.019}\right)$$

（3）计算极限间隙。

基孔制：
$$X_{max} = ES - ei = 0.03 - (-0.049) = +0.079$$
$$X_{min} = EI - es = 0 - (-0.03) = +0.030$$

基轴制：
$$X_{max} = ES - ei = +0.06 - (-0.019) = +0.079$$
$$X_{min} = EI - es = +0.03 - 0 = +0.030$$

从以上的计算结果可知，极限间隙完全相同，验证了配合性质相同。

① 过渡配合（J～N）。在高精度或较高精度的过渡配合中，一般取孔比轴低一个级别的配合。由于 J～N 都是靠近零线，而且与 j～n 形成倒影，从而就形成了孔的基本偏差在-ei 的基础上加一个 Δ。若孔与轴的配合为同级配合，则 Δ 为零，正如倒影图里的体现：大小相等，符号相反。其公式为

$$ES = -ei + \Delta \qquad \Delta = IT_n - IT_{n-1}$$

② 过盈配合（P～ZC）。同样，P～ZC 形成倒影，但不是简单的大小相等，方向相反。所采用的公式与过渡配合是一样的。

【例 3-4】 试计算 $\phi 60\dfrac{H7}{p6}$ 和 $\phi 60\dfrac{P7}{h6}$ 的过盈量。

解：（1）查标准公差：$IT6 = 0.019$，$IT7 = 0.030$

（2）计算极限偏差。

基孔制：$\phi 60H7\left(^{+0.030}_{0}\right)$

$\phi 60p6$ 的基本偏差：$ei = +0.032$

另一个极限偏差：$es = ei + IT6 = +0.051$

故 $$\phi 60p6\left(^{+0.051}_{+0.032}\right)$$

基轴制：$\phi 60h6\left(\begin{smallmatrix}0\\-0.019\end{smallmatrix}\right)$

ϕ60P7 的基本偏差：$\left.\begin{aligned}ES &= -ei + \Delta = -0.032 + 0.011 = -0.021\\ \Delta &= IT7 - IT6 = 0.030 - 0.019 = 0.011\end{aligned}\right\}$

另一个极限偏差：$EI = ES - IT7 = -0.021 - 0.030 = -0.051$

故 $$\phi 60P7\left(\begin{smallmatrix}-0.021\\-0.051\end{smallmatrix}\right)$$

（3）计算极限过盈：

（4）基孔制：$Y_{min} = ES - ei = +0.03 - 0.032 = -0.002$

$Y_{max} = EI - es = 0 - 0.051 = -0.051$

（5）基轴制：$Y_{min} = ES - ei = -0.021 - (-0.019) = -0.002$

$Y_{max} = EI - es = -0.051 - 0 = -0.051$

4. 极限与配合在图上的标注

1）零件图的标注

在零件图上，标注时除了标注公称尺寸，重要的尺寸和配合处应标注极限偏差、几何公差（参照第 4 章）和表面粗糙度（参照第 4 章）。重要尺寸和配合处的标注形式是在公称尺寸后标注基本偏差代号与公差等级数字，标注时要用同一字号的字体（两个符号等高）（GB/T 4458.5—2003）。如图 3-18 所示的减速机输出轴的零件图的尺寸标注。

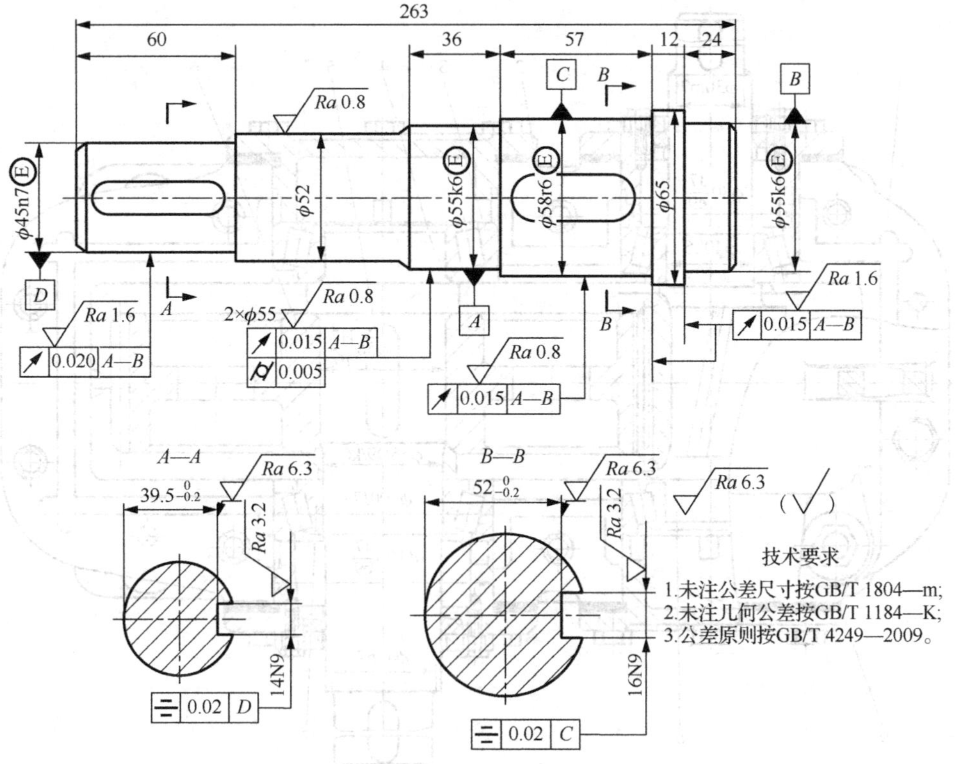

图 3-18 减速机输出轴

（1）孔ϕ55H7 轴ϕ55h7

（2）孔$\phi 55H7\left(\begin{smallmatrix}+0.030\\0\end{smallmatrix}\right)$轴$\phi 55h6\left(\begin{smallmatrix}0\\-0.019\end{smallmatrix}\right)$

（3）孔$\phi 55^{+0.030}_{0}$ 轴$\phi 55^{0}_{-0.019}$

其中，第一种应用广泛，第二种适用于批量生产，第三种用于单件小批量生产。

2）装配图上的标注

在装配图上，除了标注总体尺寸、重要的联系尺寸，在配合处应标注尺寸公差以及必要的几何公差。极限与配合的标注形式是在公称尺寸后标注公差代号和公差等级数字。孔与轴以分式形式表示，孔为分子，轴为分母，以三种形式表示：

（1）$\phi 55\dfrac{H7}{h6}$或ϕ55H7 / h6

（2）$\phi 55\dfrac{H7\left(\begin{smallmatrix}+0.030\\0\end{smallmatrix}\right)}{h6\left(\begin{smallmatrix}0\\-0.019\end{smallmatrix}\right)}$或$\phi 55H7\left(\begin{smallmatrix}+0.030\\0\end{smallmatrix}\right)/h6\left(\begin{smallmatrix}0\\-0.019\end{smallmatrix}\right)$

（3）$\phi 55\dfrac{\left(\begin{smallmatrix}+0.030\\0\end{smallmatrix}\right)}{\left(\begin{smallmatrix}0\\-0.019\end{smallmatrix}\right)}$或$\phi 55\left(\begin{smallmatrix}+0.030\\0\end{smallmatrix}\right)/\left(\begin{smallmatrix}0\\-0.019\end{smallmatrix}\right)$

其中，第一种应用广泛，第二种适用于批量生产，第三种用于单件小批量生产。

现以圆柱齿轮减速机装配图 3-19 为例，按照类比法对主要部件进行几何精度设计，包括尺寸公差、几何公差、表面粗糙度等的选择和确定。

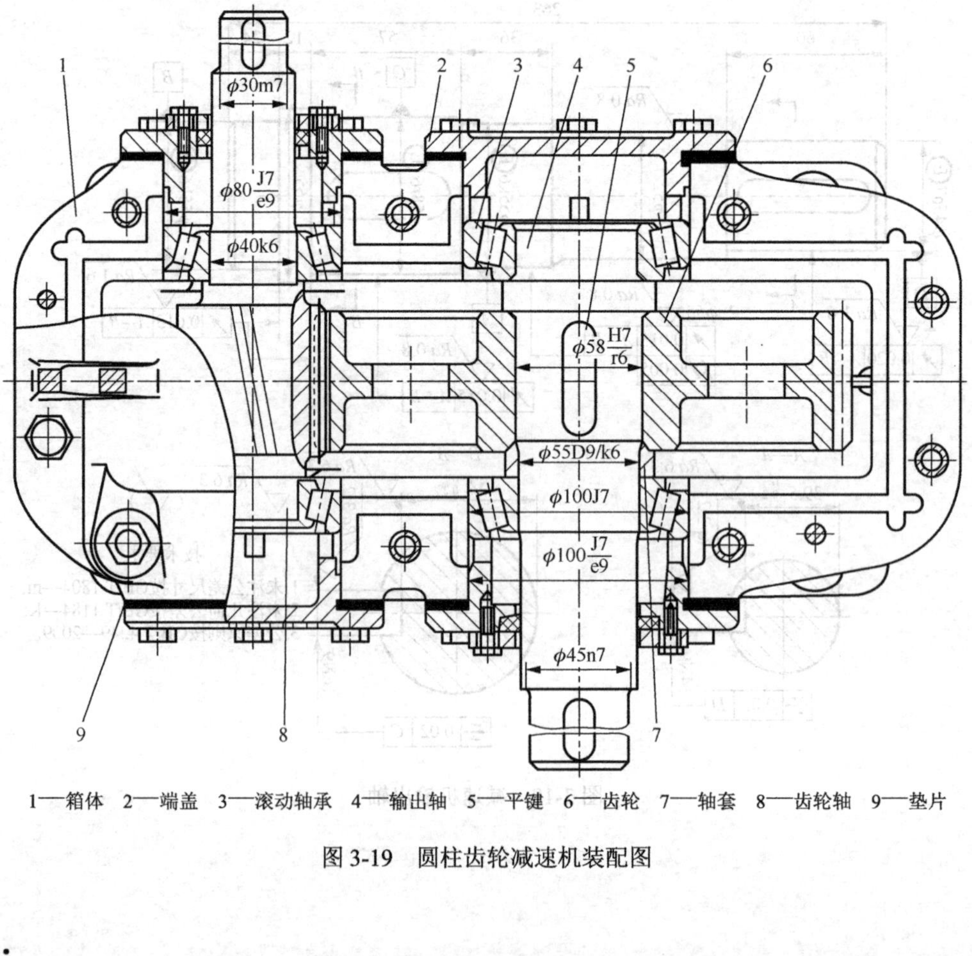

1—箱体 2—端盖 3—滚动轴承 4—输出轴 5—平键 6—齿轮 7—轴套 8—齿轮轴 9—垫片

图 3-19 圆柱齿轮减速机装配图

根据使用要求，该减速机所用轴承为 0 级，尺寸为一般精度。但与之相配合的轴颈和箱体孔是较为重要的配合，轴的轴颈处及与齿轮孔配合处公差选取 IT6 级，箱体孔及齿轮孔取 IT7 级。

（1）齿轮孔与轴之间的配合 H7/r6：为了保证对中性、传递运动的平稳性和拆装方便，故选较小的过盈配合。

（2）轴承内圈与轴颈处的配合 k6：轴承内圈与轴颈处的配合，应按照标准件滚动轴承的国家标准 GB/T 275—2015 选取。

（3）轴承外圈与外壳孔之间的配合 J7：为了保证轴在受热伸长时有轴向游隙。采用轴承外圈为游动套圈的结构形式。

（4）轴承端盖与外壳孔之间的配合 J7/e9：轴承端盖定心精度要求不高，要求拆装方便，因此应选用极限间隙稍大的间隙配合。考虑到箱体外壳孔加工方便，把它设计为光孔，选定级别为 J7。又由于此间隙的变动不会影响其使用要求，对轴承端盖选择 IT9 级符合经济性要求，这种间隙配合为非基准制配合 J7/e9。

（5）输入轴和联轴器之间的配合 m7：由于输入轴转速高，为了保证连接可靠、拆装方便，选择松紧适度的过渡配合 m7。

（6）定位轴套与输出轴的配合 D9/k6：输出轴定位轴套有轴向定位要求，轴套的孔的公差带选择 D9，使之与轴构成间隙配合。

（7）输出轴与链轮之间的配合 n7：由于输出轴转速较低，通过键连接来传递运动和扭矩，为了保证装拆方便，选用有微小过盈的过渡配合。

3.2.3 一般、常用和优先的公差带与配合

1. 一般、常用和优先公差带

按照国家标准中提供的标准公差及基本偏差系列，可将任一基本偏差与任一标准公差组合，从而得到大小与位置不同的大量公差带。在公称尺寸≤500mm 范围内，孔公差带有 20×27+3=543 个，轴的公差带有 20×27+4=544 个。这么多的公差带都使用是不经济的，因为它必然会导致定值刀具和量具规格的繁多。为此，GB/T1801—2009 规定了公称尺寸≤500mm 的一般用途轴的公差带 116 个和孔的公差带 105 个，再从中选出常用轴的公差带 59 个和孔的公差带 44 个。根据生产实际情况，国家标准对常用尺寸段推荐了孔、轴的一般、常用、优先公差带，并进一步挑选出孔和轴的优先用途公差带各 13 个，如图 3-20 和图 3-21 所示。图中方框中的为常用公差带，括号中的为优先选用的公差带。

2. 常用和优先配合

在上述推荐的轴、孔公差带的基础上，国家标准还推荐了孔、轴公差带的组合。对基孔制，规定了 59 种常用配合；对基轴制，规定了 47 种常用配合。在此基础上，又从中各选取了 13 种优先配合。选择时，应首先考虑选用优先配合，其次再选用常用配合，各类配合见表 3-6 和表 3-7。

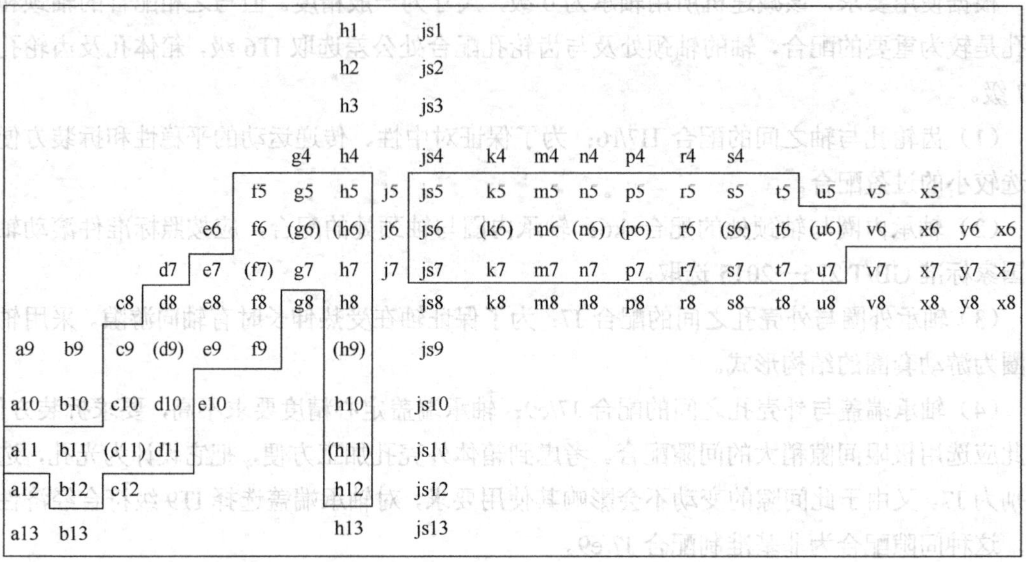

图 3-20　一般、常用和优先轴的公差带

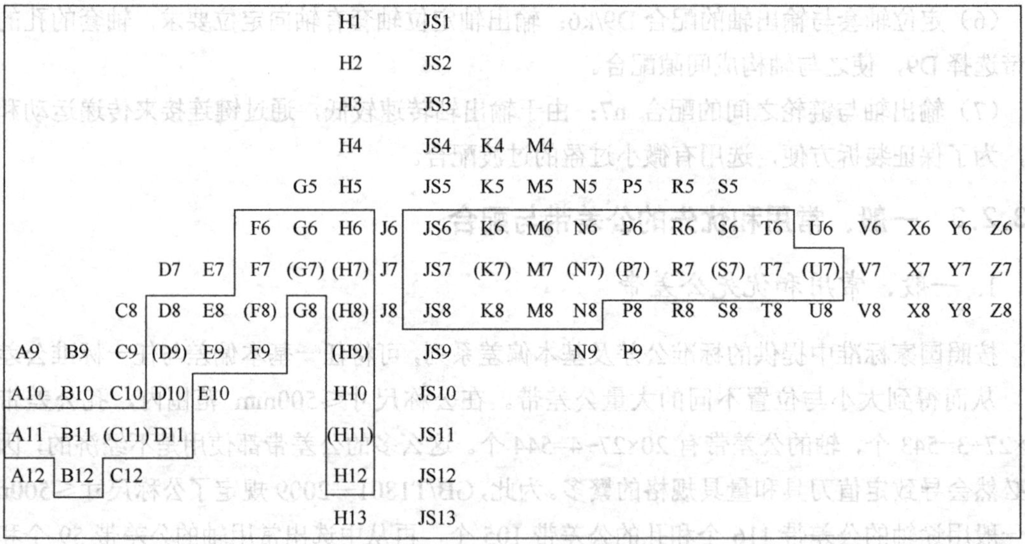

图 3-21　一般、常用和优先孔的公差带

3. 一般公差（线性尺寸的未注公差）

一般公差是指在车间普通工艺条件下机床设备一般加工能力可保证的公差。在正常维护和操作情况下，它代表车间的一般加工的经济加工精度。国家标准 GB/T 1804—2000《一般公差　未注公差的线性和角度尺寸的公差》等效地采用了国际标准中的有关部分。

表 3-6 公称尺寸≤500mm 的基孔制常用和优先配合

基准孔	轴																				
	a	b	c	d	e	f	g	h	js	k	m	n	p	r	s	t	u	v	x	y	z
	间隙配合								过渡配合			过盈配合									
H6						$\frac{H6}{f5}$	$\frac{H6}{g5}$	$\frac{H6}{h5}$	$\frac{H6}{js5}$	$\frac{H6}{k5}$	$\frac{H6}{m5}$	$\frac{H6}{n5}$	$\frac{H6}{p5}$	$\frac{H6}{r5}$	$\frac{H6}{s5}$	$\frac{H6}{t5}$					
H7						$\frac{H7}{f6}$	$\underline{\frac{H7}{g6}}$	$\underline{\frac{H7}{h6}}$	$\frac{H7}{js6}$	$\underline{\frac{H7}{k6}}$	$\frac{H7}{m6}$	$\underline{\frac{H7}{n6}}$	$\underline{\frac{H7}{p6}}$	$\frac{H7}{r6}$	$\underline{\frac{H7}{s6}}$	$\frac{H7}{t6}$	$\underline{\frac{H7}{u6}}$	$\frac{H7}{v6}$	$\frac{H6}{x6}$	$\frac{H7}{y6}$	$\frac{H7}{k5}$
H8					$\frac{H8}{e7}$	$\underline{\frac{H8}{f7}}$	$\frac{H8}{g7}$	$\underline{\frac{H8}{h7}}$	$\frac{H8}{js7}$	$\frac{H8}{k7}$	$\frac{H8}{m7}$	$\frac{H8}{n7}$	$\frac{H8}{p7}$	$\frac{H8}{r7}$	$\frac{H8}{s7}$	$\frac{H8}{t7}$	$\frac{H8}{u7}$				
				$\frac{H8}{d8}$	$\frac{H8}{e8}$	$\frac{H8}{f8}$		$\frac{H8}{h8}$													
H9			$\frac{H9}{c9}$	$\underline{\frac{H9}{d9}}$	$\frac{H9}{e9}$	$\frac{H9}{f9}$		$\underline{\frac{H9}{h9}}$													
H10			$\frac{H10}{c10}$	$\frac{H10}{d10}$				$\frac{H10}{h10}$													
H11	$\frac{H11}{a11}$	$\frac{H11}{b11}$	$\underline{\frac{H11}{c11}}$	$\frac{H11}{d11}$				$\underline{\frac{H11}{h11}}$													
H12		$\frac{H12}{b12}$						$\underline{\frac{H12}{h12}}$													

注：（1）H6/n5、H7/p6 在公称尺寸小于或等于 3mm 和 H8/r7 在小于或等于 100mm 时，为过渡配合。

（2）表格中配合类型标注下画线“____”的配合为优先配合。

表 3-7 基轴制常用和优先配合

基准轴	孔																				
	A	B	C	D	E	F	G	H	JS	K	M	N	P	R	S	T	U	V	X	Y	Z
	间隙配合								过渡配合			过盈配合									
h5						$\frac{F6}{h5}$	$\frac{G6}{h5}$	$\frac{H6}{h5}$	$\frac{JS6}{h5}$	$\frac{K6}{h5}$	$\frac{M6}{h5}$	$\frac{N6}{h5}$	$\frac{P6}{h5}$	$\frac{R6}{h5}$	$\frac{S6}{h5}$	$\frac{T6}{h5}$					
h6						$\frac{F7}{h6}$	$\underline{\frac{G7}{h6}}$	$\underline{\frac{H7}{h6}}$	$\frac{JS7}{h6}$	$\underline{\frac{K7}{h6}}$	$\frac{M7}{h6}$	$\underline{\frac{N7}{h6}}$	$\underline{\frac{P7}{h6}}$	$\frac{R7}{h6}$	$\underline{\frac{H7}{h6}}$	$\frac{T7}{h6}$	$\underline{\frac{U7}{h6}}$				
h7					$\frac{E8}{h7}$	$\underline{\frac{F8}{h7}}$		$\underline{\frac{H8}{h7}}$	$\frac{JS8}{h7}$	$\frac{K8}{h7}$	$\frac{M8}{h7}$	$\frac{N8}{h7}$									
h8				$\frac{D8}{h8}$	$\frac{E8}{h8}$	$\frac{F8}{h8}$		$\frac{H8}{h8}$													
h9				$\underline{\frac{D9}{h9}}$	$\frac{E9}{h9}$	$\frac{F9}{h9}$		$\underline{\frac{H9}{h9}}$													
h10				$\frac{D10}{h10}$				$\frac{H10}{h10}$													
h11	$\frac{A11}{h11}$	$\frac{B11}{h11}$	$\underline{\frac{C11}{h11}}$	$\frac{D11}{h11}$				$\underline{\frac{H11}{h11}}$													
h12		$\frac{B12}{h12}$						$\frac{H12}{h12}$													

注：表格中配合类型标注下画线“____”的配合为优先配合。

GB/T 1804—2000 对线性尺寸的一般公差规定了 4 个公差等级：精密级（f）、中等级（m）、粗糙级（c）和最粗级（v）。对尺寸也采用大的分段，具体数据见表 3-8。这 4 个公差等级相当于 IT12、IT14、IT16 和 IT17。

表 3-8 未注公差的线性尺寸极限偏差的数值（摘自 GB/T 1804—2000） 单位：mm

公差等级	尺寸分段							
	0.5～3	＞3～6	＞6～30	＞30～120	＞120～400	＞400～1000	＞1000～2000	＞2000～4000
f（精密级）	±0.05	±0.05	±0.1	±0.15	±0.2	±0.3	±0.5	—
m（中等级）	±0.1	±0.1	±0.2	±0.3	±0.5	±0.8	±1.2	±2
c（粗糙级）	±0.2	±0.3	±0.5	±0.8	±1.2	±2	±3	±4
v（最粗级）	-	±0.5	±1	±1.5	±2.5	±4	±6	±8

从表 3-8 中看出，不论孔和轴还是长度尺寸，其极限偏差的取值都采用对称分布的公差带。国家标准也同时对倒圆半径与倒角高度尺寸的极限偏差数值做了规定，见表 3-9。

表 3-9 倒圆半径与倒角高度尺寸的极限偏差的数值（摘自 GB/T 1804—2000） 单位：mm

<table>
<tr><th rowspan="2">公差等级</th><th colspan="4">尺寸分段</th></tr>
<tr><th>0.5～3</th><th>＞3～6</th><th>＞6～30</th><th>＞30</th></tr>
<tr><td>f（精密级）</td><td rowspan="2">±0.2</td><td rowspan="2">±0.5</td><td rowspan="2">±1</td><td rowspan="2">±2</td></tr>
<tr><td>m（中等级）</td></tr>
<tr><td>c（粗糙级）</td><td rowspan="2">±0.4</td><td rowspan="2">±1</td><td rowspan="2">±2</td><td rowspan="2">±4</td></tr>
<tr><td>v（最粗级）</td></tr>
</table>

注：倒圆半径与倒角高度的含义参见国家标准 GB/T 6403.4—2008《零件倒圆与倒角》

极限偏差的取值都采用对称分布的公差带。

在图样上标注线性尺寸的一般公差时，只须在图样或技术文件中用标准号和公差等级符号标注即可。例如，按产品精密程度和车间普通加工经济精度选用标准中规定的 m（中等级）时，可表示为 GB/T 1804-m，这表明图样上凡是未注公差的线性尺寸（包括倒圆半径尺寸及倒角尺寸）均按 m（中等级）加工和验收。

一般公差的线性尺寸是在加工精度有保证的情况下加工出来的，一般可以不加以检验。若生产方和使用方对此有争议时，应以表中查得的极限偏差作为依据来判断其合格性。

3.3 尺寸公差带与配合的选用

尺寸公差带与配合的选择是机械设计与制造中的一个重要环节，它是在公称尺寸已经确定的情况下进行的尺寸精度设计。选用得当与否，对于机械的使用性能和制造成本有很大的影响，有时甚至起决定性的作用。其内容包括 3 个方面：选择基准制、公差等级的确定和配合种类的选用。尺寸极限与配合选择的原则：在满足使用要求的前提下能够获得最佳的技术经济效益。选择的方法有计算法、试验法和类比法。

3.3.1 基准制的选用

选择基准制时，应从结构、工艺性及经济性几方面综合分析考虑。

1. 一般情况下应优先选用基孔制

由于选用基孔制配合的零部件生产成本低、经济效益好而广泛使用，主要因为选用基孔制可以减少孔用定值刀具和量具等的数目。由于加工轴的刀具和量具多是不定值的，因此，改变轴的尺寸不会增加刀具和量具的数目。

2. 下列情况应选用基轴制

（1）直接使用有一定公差等级（IT8～IT11）而不再进行机械加工的冷拔钢材（这种钢材是按基准轴的公差带制造的）做轴。

（2）加工尺寸小于 1 mm 的精密轴比同级孔要困难，因此，在仪器制造、钟表生产、无线电工程中，常使用经过光轧成型的钢丝直接做轴，这时采用基轴制较经济。

（3）根据结构上的需要，在同一公称尺寸的轴上装配有不同配合要求的几个孔件时应采用基轴制。例如，发动机的活塞销轴与连杆铜套孔和活塞孔之间的配合，如图 3-22（a）所示。根据工作需要及装配性，活塞销轴与活塞孔采用过渡配合，而与连杆铜套孔采用间隙配合。若采用基孔制配合，如图 3-22（b）所示，销轴将做成阶梯状。若采用基轴制配合，如图 3-22（c）所示，销轴可做成光轴。这种选择不仅有利于轴的加工，并且能够保证装配中的配合质量。

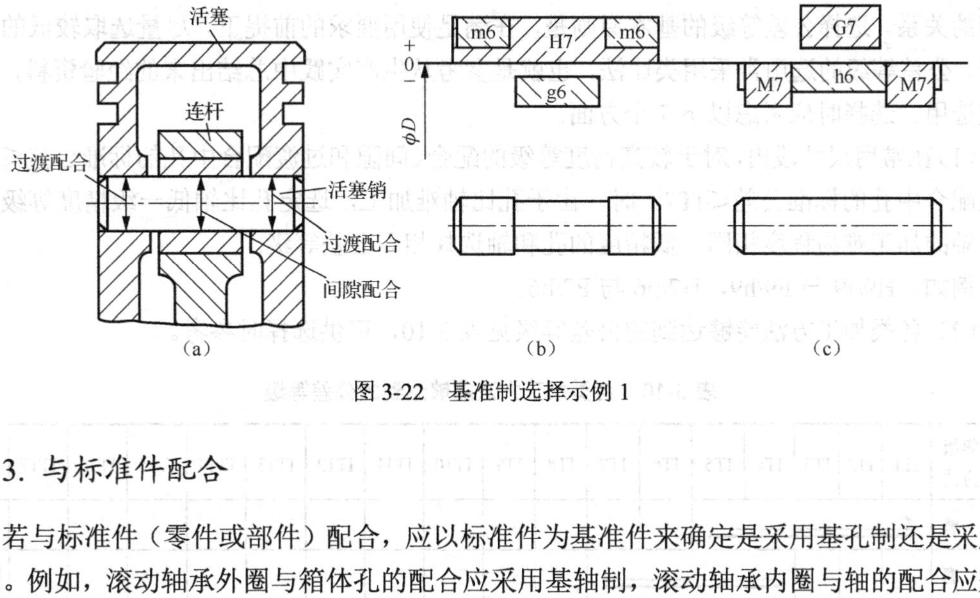

图 3-22 基准制选择示例 1

3. 与标准件配合

若与标准件（零件或部件）配合，应以标准件为基准件来确定是采用基孔制还是采用基轴制。例如，滚动轴承外圈与箱体孔的配合应采用基轴制，滚动轴承内圈与轴的配合应采用基孔制，如图 3-23 所示。选择箱体孔的公差带为 J7，选择轴颈的公差带为 k6。

4. 为满足配合的特殊要求，允许选用非基准制的配合

非基准制的配合是指相配合的两个零件既无基准孔 H 又无基准轴 h 的配合。当一个孔

与几个轴相配合或一个轴与几个孔相配合，其配合要求各不相同时，则有的配合要出现非基准制的配合，如图 3-23 所示。在箱体孔中装配有滚动轴承和轴承端盖，由于滚动轴承是标准件，它与箱体孔的配合是基轴制配合，箱体孔的公差带代号为 J7。这时，如果端盖与箱体孔的配合也要坚持基轴制，则配合为 J/h，属于过渡配合。但轴承端盖需要经常拆卸，显然这种配合过于紧密，而应选用间隙配合为好。端盖公差带不用能 h，只能选择非基准轴公差带，考虑到端盖的性能要求和加工的经济性，采用公差等级 9 级，最后选择端盖与箱体孔之间的配合为 J7/f9。

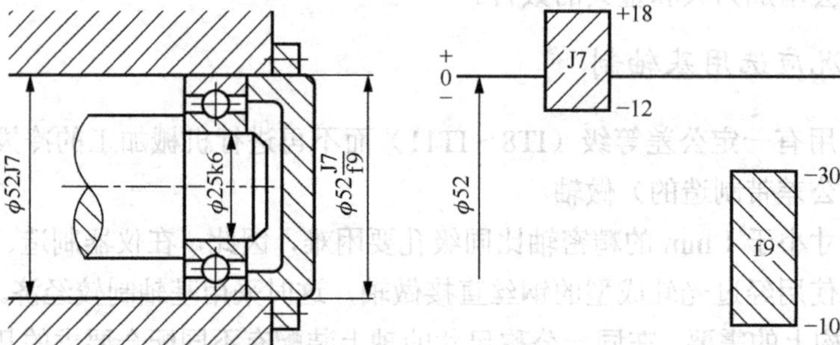

图 3-23　基准制选择示例 2

3.3.2　公差等级的选用

公差等级的选用就是确定尺寸的制造精度。由于尺寸精度与加工的难易程度、加工的成本和零件的工作质量有关，所以在选择公差等级时，要正确处理使用要求、加工工艺及成本之间的关系。选择公差等级的基本原则是，在满足使用要求的前提下，尽量选取较低的公差等级。公差等级的选用常采用类比法，也就是参考从生产实践中总结出来的经验资料，进行比较选用。选择时应考虑以下 7 个方面。

（1）在常用尺寸段内，对于较高精度等级的配合（间隙和过渡配合中孔的标准公差≤IT8，过盈配合中孔的标准公差≤IT7）时，由于孔比轴难加工，选定孔比轴低一级精度等级，使孔、轴的加工难易程度相同。低精度的孔和轴选择相同公差等级。

例如，H9/f9 与 F9/h9，H7/p6 与 P7/h6。

（2）各类加工方法能够达到的公差等级见表 3-10，可供选择时参考。

表 3-10　各类加工方法能够达到的公差等级

公差等级 加工方法	IT1	IT2	IT3	IT4	IT5	IT6	IT7	IT8	IT9	IT10	IT11	IT12	IT13	IT14	IT15	IT16	IT17	IT18
研　磨	——	——	——	——	——													
珩　磨				——	——	——	——											
圆　磨					——	——	——	——										
平　磨					——	——	——	——										
金刚石车					——	——	——											

续表

公差等级 加工方法	IT1	IT2	IT3	IT4	IT5	IT6	IT7	IT8	IT9	IT10	IT11	IT12	IT13	IT14	IT15	IT16	IT17	IT18
金刚石镗					●	●	●											
拉　削					●	●	●	●										
铰　孔						●	●	●	●	●								
精车、精镗							●	●	●									
粗　车										●	●	●						
粗　镗										●	●	●						
铣　削								●	●	●	●							
刨、插										●	●							
钻　削										●	●	●	●					
冲　压										●	●	●	●	●				
滚压、挤压										●	●							
锻　造															●	●		
砂型铸造														●	●			
金属型铸造														●	●			
气　割															●	●	●	●

注：研磨可以达到IT01和IT0级，其他的加工方法不能达到。

（3）公差等级的应用见表3-11。

表3-11　公差等级的应用

公差等级	应用条件说明	应用举例
IT5	用于机床、发动机和仪表中特别重要的配合，在配合公差要求很小、形状公差要求很低的条件下，能使配合性质比较稳定（相当于旧国标中最高精度，即1级精度轴），它对加工要求较高，一般机械制造中较少应用	与6级滚动轴承孔相配的机床主轴、机床尾架套筒、高精度分度盘轴颈、分度头主轴、精密丝杆基准轴颈、精度镗套的外径等，发动机主轴的外径、活塞销外径与活塞的配合，精密仪器的轴与各种传动件轴承的配合，航空、航海工业中仪表中重要的精密孔的配合，精密机械及高速机械的轴径，5级精度齿轮的基准孔及5级、6级精度齿轮的基准轴
IT6	广泛用于机械制造中的重要配合，对配合表面有较高均匀性要求，能保证相当高的配合性质，使用可靠（相当于旧国标中2级精度轴和1级精度孔的公差）	机床制造中，装配式齿轮、蜗轮、联轴器、带轮、凸轮的孔径，机床丝杆支承轴承轴颈，矩形花键的定心直径，摇臂钻床的立柱等，精密仪器、光学仪器、计量仪器的精密轴，无线电工业、自动化仪表、电子仪、邮电机械及手表中特别重要的轴，医疗器械中的X射线机齿轮箱的精密轴，缝纫机中重要轴类，发动机的汽缸外套外径，曲轴主轴颈，活塞销，连杆衬套，连杆和轴瓦外径外等，6级精度齿轮的基准孔和7级、8级精度齿轮的基准轴径，以及1、2级精度齿轮顶圆直径
IT7	应用条件与IT6相类似，但精度要求比IT6稍低一点，在一般机械制造业中应用相当普遍	机械制造中装配式铜蜗轮轮缘孔径、联轴器、皮带轮、凸轮等的孔径，机床卡盘座孔、摇臂钻床的摇臂孔、车床丝杆轴承孔、发动机的连杆孔、活塞孔、铰制螺栓定位孔等，纺织机械、印染机械中要求的较高的零件，手表的离合杆压簧等，自动化仪表、缝纫机、邮电机械中重要零件的内孔，7级、8级精度齿度的基准孔和9级、10级精度齿轮的基准轴

续表

公差等级	应用条件说明	应用举例
IT8	在机械制造中属中等精度，在仪表及钟表制造中，由于公称尺寸较小，属于较高精度范围。是应用较多的一个等级，尤其是在农业机械、纺织机械、印染机械、自行车、缝纫机械、医疗器械中应用最广	轴承座衬套沿宽度方向的尺寸配合，手表中跨齿轮，棘爪拔针轮等与夹板的配合，无线电仪表工业中的一般配合，电子仪器仪表中较重要的内孔，计算机中变数齿轮孔和轴的配合，医疗器械中牙科车头的钻头套的孔与车针柄部的配合，电机制造业中铁芯与机座的配合，发动机活塞油环槽宽，连杆轴瓦内径，低精度（9～12级精度）齿轮的基准孔和11～12级精度齿轮的基准轴，6～8级精度齿轮的顶圆
IT9	应用条件与IT8相类似，但精度要求低于IT8	机床制造中轴套外径与孔，操作件与轴、空转皮带轮与轴，操纵系统的轴与轴承等的配合，纺织机械、印染机械中的一般配合零件，发动机中机油泵体内孔，飞轮与飞轮套、汽缸盖孔径、活塞槽环的配合等，光学仪器、自动化仪表中的一般配合，手表中要求较高零件的未注公差尺寸的配合，单键连接中键宽配合尺寸，打字机中的运动件配合等
IT10	应用条件与IT9相类似，但精度要求低于IT9	电子仪器仪表中支架上的配合，打字机中铆合件的配合尺寸，闹钟机构中的中心管与前夹板，轴套与轴，手表中的未注公差尺寸，发动机中油封挡圈孔与曲轴皮带轮毂
IT11	配合精度要求较低，装配后可能有较大的间隙，特别适用于要求间隙较大且有显著变动而不会引起危险的场合	机床上法兰盘止口与孔、滑块与滑移齿轮、凹槽等，农业机械、机车车厢部件及冲压加工的配合零件，钟表制造中不重要的零件，手表制造用的工具及设备中的未注公差尺寸，纺织机械中的活动配合，印染机械中要求较低的配合，医疗器械中手术刀片的配合，不作为测量基准用的齿轮顶圆直径公差
IT12	配合精度要求很低，装配后有很大的间隙	非配合尺寸及工序间尺寸，发动机分离杆，手表制造中工艺装备的未注公差尺寸，计算机行业切削加工中未注公差尺寸的极限偏差，医疗器械中手术刀柄的配合，机床制造中扳手孔与扳手座的连接
IT13	应用条件与IT12相类似	非配合尺寸及工序间尺寸，计算机、打字机中切削加工零件及圆片孔、二孔中心距的未注公差尺寸
IT14	用于非配合尺寸及不包括在尺寸链中的尺寸	机床、汽车、拖拉机、冶金矿山、石油化工、电机、电器、仪器、仪表、造船、航空、医疗器械、钟表、自行车、造纸、纺织机械等工业中未注公差尺寸的切削加工零件
IT15	用于非配合尺寸及不包括在尺寸链中的尺寸	冲压件、木模铸造零件、重型机床中尺寸大于3150mm的未注公差尺寸
IT16	用于非配合尺寸及不包括在尺寸链中的尺寸	打字机中浇铸件尺寸，无线电制造中箱体外形尺寸，压弯延伸加工用尺寸，纺织机械中木制零件及塑料零件尺寸公差，木模制造和自由锻造时用
IT17/IT18	用非配合尺寸及不包括在尺寸链中的尺寸	塑料成型尺寸公差，医疗器械中的一般外形尺寸公差，冷作、焊接尺寸用公差

（4）相配零件或部件精度要匹配。如与滚动轴承相配合的轴和孔的公差等级与轴承的精度有关，参考图3-23所示。再如与齿轮相配合的轴的公差等级直接受齿轮的精度影响。

（5）过盈、过渡配合的公差等级不能太低，一般孔的标准公差≤IT8，轴的标准公差≤IT7，间隙配合不受此限制。但间隙小的配合公差等级应较高，而间隙大的公差等级可以低一些。例如，选用H6/g5和H11/a11是可以的，而选用H11/g11和H6/a5则不合适。

（6）在非基准制配合中，有的零件精度要求不高，可与相配合零件的公差等级差2～3级，参考图3-23中箱体孔与轴承端盖的配合。

（7）应熟悉表3-11中常用尺寸公差等级的应用。

3.3.3 配合种类的选用

(1)根据使用要求确定配合的类别。确定间隙、过渡或过盈配合应根据具体的使用要求，具体见表3-12。

表3-12 配合情况与间隙和过盈量的增减

具体工作情况	间隙应增大或减小	过盈量应增大或减小
材料许用应力小	—	减
经常拆卸	—	减
有冲击载荷	减	增
工作时孔的温度高于轴的温度	减	增
工作时孔的温度低于轴的温度	增	减
配合长度较大	增	减
零件形状误差较大	增	减
装配中可能歪斜	增	减
转速高	增	增
有轴向运动	增	—
润滑油黏度大	增	—
表面粗糙度值大	减	增
装配精度高	减	减

(2)选定基本偏差的方法。选择方法有3种：计算法、试验法和类比法。

(3)用类比法选择配合时应考虑的因素。首先要掌握各种配合的特征和应用场合，尤其是对国家标准所规定的常用与优先配合要更为熟悉。

表3-13为尺寸≤500mm的常用和优先配合的特征及应用场合。

表3-13 尺寸≤500mm的常用和优先配合的特征及应用场合

配合方式		装配方法	配合特性及使用条件		应用举例
基孔制	基轴制				
H7/z6	—	利用温差法	特重型压入配合	用于承受很大的转矩或变载、冲击振动载荷的配合处，配合处不加紧固件。材料的许用应力要求很大	中小型交流电机轴壳上绝缘体和接触环、柴油机传动轴壳体和分电器套的配合
H7/y6					小轴肩和环
H7/x6					钢和轻合金或塑料等不同材料的配合，如柴油机销轴与壳体、汽缸盖与进气门座等配合
H7/v6					柴油机销轴与壳体、连接杆和衬套外径配合
H7/v6 (H7/u6)	(U7/h6)	利用压力机或温差	重型压入配合	用于传递较大扭矩，配合处不加紧固件即可得到十分牢固的连接。材料的许用应力要求较大	车轮轮箍与轮芯、联轴器与轴、轧钢设备中的辊子与心轴、拖拉机活塞销和活塞壳、船舵尾轴和衬套等的配合

续表

配合方式		装配方法	配合特性及使用条件		应用举例
基孔制	基轴制				
H8/u7		利用压力机或温差	中型压入配合	不加紧固件可传递较小的转矩，当材料强度不够时，可用来代替重型压入配合，但需要紧固件	蜗轮青铜轮缘与钢轮心、安全联轴器销轴与套、螺纹车床蜗杆轴衬和箱体孔的配合
H6/t5	T6/h5				齿轮孔和轴的配合
H7/t6 H8/t7	T7/h6				联轴器与轴、含油轴承和轴承座、农业机械中的曲柄盘与销轴的配合
H6/s5	S6/h5				柴油机连杆衬套和轴瓦、主轴承孔和主轴瓦等的配合
（H7/s6）	（S7/h6）				减速机中的轴与蜗轮、空压机连杆头与衬套、辊道辊子和轴、大型减速机低速齿轮与轴的配合
H8/s7					青铜轮缘与轮芯、轴衬与轴承座、空气钻外壳盖与套筒、安全联轴器销钉和套、压气机活塞销与销套、拖拉机齿轮泵小齿轮与轴的配合
H7/r6	R7/h6	利用压力机或温差	轻型压入配合	用于不拆卸的轻型过盈配合，不依靠配合过盈量传递摩擦载荷，传递转矩时要增加紧固件，以及用于具有高的定位精度且达到部件的刚性及对中性要求	重载齿轮与轴、车床齿轮箱中齿轮与衬套、蜗轮青铜轮缘与轮芯、轴和联轴器、可换钻套与钻模板等的配合
H6/p5 （H7/p6）	P6/h5 （P7/h6）				冲击振动的重载荷齿轮和轴、压缩机的十字销轴和连杆衬套、柴油机缸体止口和主轴瓦、凸轮孔和凸轮轴等的配合
H8/p7		利用压力机	过盈概率 66.8%～93.6%	用于可承受很大转矩、振动及冲击（但须附加紧固件），不经常拆卸的地方，同轴度及配合紧密性较好	升降机用蜗轮或带轮的轮缘与轮芯、链轮轮缘与轮芯、高压循环泵缸和套等的配合
H6/n5	N6/h5		80%		可换钻套与钻模板、增压器主轴和衬套部分的配合
（H7/n6）	（N7/h6）		77.7%～82.4%		爪形联轴器与轴、蜗轮青铜轮缘与轮芯、破碎机等振动机械的齿轮和轴、柴油机泵座与泵缸，压缩机连杆衬套与曲轴衬套的配合
H8/n7	N7/h8		58.3%～67.6%		安全联轴器销钉和套、高压泵缸体和缸套、拖拉机活塞销和活塞毂等的配合
H6/m5	M6/h5	用铜锤打入	50%～62.1%	用于配合紧密且不经常拆卸的地方。当配合长度大于1.5倍直径时，用来代替H7/n6，同轴度好	压缩机连杆头与衬套、柴油机活塞孔与活塞销的配合
H7/m6	M7/h6				蜗轮青铜轮缘与铸铁芯、齿轮孔与轴，减速机轴与圆链齿轮、定位销与孔的配合
H8/m7	M8/h7				升降机构中的轴与孔、压缩机的十字销轴与座的配合
H6/k5	K6/h5	用手锤打入	46.2%～49.1%	用于承受不大的冲击载荷连接处，同轴度仍好，用于常拆卸部位。被广泛使用的一种过渡配合	精密螺纹车床床头箱体孔和主轴轴承外圆的配合
（H7/k6）	（K7/h6）		41.7%～45%		机床中不滑动的齿轮和轴、中型电机轴和联轴器或带轮、减速机蜗轮与轴、齿轮和轴的配合
H8/k7	K8/h7		41.5%～54.2%		压缩机连杆孔与十字头销、循环泵活塞与活塞杆的配合

续表

配合方式		装配方法	配合特性及使用条件		应用举例
基孔制	基轴制				
H6/js5	JS6/h5	用手锤或木锤装卸	19.2%～21.1%	用于频繁拆卸且同轴度要求不高的地方，是最松的一种过渡配合，大部分都将得到间歇	木工机械中轴与轴承的配合
H7/js6	JS7/h6		18.8%～20%		机床变速箱中的齿轮和轴、精密仪表中的轴和轴承、增压器衬套间的配合
H8/js7	JS8/h7		17.4%～20.8%		机床变速箱中的齿轮和轴、轴端可卸下的带轮和手轮、电机基座和端盖的配合
H6/h5	H6/h5	加油后用手旋紧	配合间隙较小，能较好地对准中心，一般多用于常拆卸或在调整时需要移动或转动的连接处，或工作时滑移较慢并要求具有较好导向精度的地方，对同轴度有一定要求，通过紧固传递转矩的固定连接		剃齿机主轴与剃刀衬套、车床尾座体与套筒、高精度分度盘与孔、光学仪器中变焦距系统的孔和轴配合
(H7/h7) (H8/h7)	H7/h7 (H8/h7)				机床变速箱的滑移齿轮和轴、离合器与轴、滚动轴承座与箱体、风动工具活塞与缸体、往复运动的精导向的压缩机连杆和十字头销、定心的凸缘与孔的配合，以及橡胶滚筒密封轴上的滚动轴承与筒体的配合
H8/h8 H9/h9	H8/h8 (H9/h9)		间隙定位配合，适用于同轴度要求较低、工作时一般无相对运动的配合，以及负载不大、无振动、拆卸方便、加键可传递转矩的情况		安全把手销钉和套、一般齿轮和轴带轮和轴、螺旋搅拌器叶轮与轴、离合器与轴操纵件与轴、拨叉和导向轴、滑块和导向轴、减速器油尺与箱体孔、剖分式滑动轴承和轴瓦、电动机座止口和端盖、连杆螺栓与连接头的配合
H10/h10 H11/h11	H10/h10 H11/h11				起重机的链轮与轴、对开轴瓦与轴承座两侧的配合，以及连接端盖的定心凸缘、一般的铰链、粗糙机构中的拉杆、杠杆的配合
H6/g5	G6/h5	用手旋紧	具有很小间隙，适用于有一定相对运动但运动速度不高并且精密定位的配合，以及运动可能有冲击但又能保证零件同轴度的或紧密性的配合		光学分度头主轴与轴承、刨床滑块与滑槽的配合
(H7/g6)	(G7/h6)				精密机床主轴与轴承、机床的传动齿轮与轴、中等精度的分度头与轴套、矩形花键定心直径、可换钻套与钻模板、柱塞油泵的轴承壳体与销轴，拖拉机连杆衬套与曲轴，钻套与衬套的配合
H8/g7					柴油机汽缸体与挺杆、手持电钻中的配合
H6/f5	F6/h5	用手推进	具有中等间隙，广泛适用于普通机械中转速不大、使用普通润滑油或润滑脂润滑的滑动轴承，以及要求在轴上自由转动或移动的配合		精密机床中的变速箱、进给箱的传动件的配合，或其他重要滑动轴承与轴、高精度齿轮轴套与轴承衬套及柴油机的凸轮轴与衬套孔的配合
H7/f6	F7/h6				爪形离合器与轴、机床中一般轴与滑动轴承、机床夹具钻模与镗模的套孔、柴油机机套孔与汽缸套、柱塞与缸体的配合
H8/f7	F7/h8				中等速度和中等载荷的滑动轴承、机床中的滑移齿轮与轴、蜗杆减速机的轴承端盖与孔、离合器的活动爪与轴、齿轮轴套与套的配合
H8/f8	F8/h8		配合间隙较大，能保证良好润滑，允许工作中存在发热现象，故可用于高转速或大跨度或多支点的轴和轴承，以及精度低、同轴度要求不高的在轴上转动的零件与轴的配合		滑块与导向槽、控制机构中的一般轴和孔、支持跨距较大或多支撑的传动轴和轴承的配合
H9/f9	F9/h9				安全联轴器轮毂与套、低精度含油轴承与轴、球形滑动轴承与轴承座及轴、链条张紧轮或皮带导轮与轴、柴油机活塞环与环槽宽等的配合

续表

配合方式		装配方法	配合特性及使用条件	应用举例
基孔制	基轴制			
H8/e7	E8/h7	用手轻轻推进	配合间隙较大，适用于高转速且载荷不大、方向不变的轴与轴承的配合，或虽是中等转速，但轴距跨距大或有 3 个以上支点的轴与轴承的配合	汽轮发电机或大电机的高速轴与滑动轴承、风扇电机的销轴与衬套的配合
H8/e8	E8/h8			外圆磨床的主轴与轴承、汽轮发电机的轴与轴承、柴油机的凸轮轴与轴承、船用链轮轴及中小型电机轴与轴承、手表中的分轮或时轮轮片与轴套的配合
H9/e9	E9/h9		用于精度不高且有较松间隙的传动配合	粗糙机构中的衬套与轴承圈、含油轴承与基座的配合
H8/d8	D8/h8		配合间隙比较大，用于精度不高、高速及负载不高的配合或高温条件下的传动配合，以及由于装配精度不高而引起的偏斜连接	机车车辆轴承与轴、缝纫机梭摆与梭床、空压机活塞环与环槽宽度的配合
(H9/d9)	(D9/h9)			通用机械中的平键连接、柴油机活塞环与环槽宽、空压机活塞与压杆的配合
(H11/c11)	(C11/h11)		间隙非常大，用于转动很慢、很松的配合；用于大公差与大间隙的外露组件；要求装配方便且很松的配合	起重机吊钩，带榫槽法兰与槽径的配合，农业机械中粗加工或不加工的轴与轴承的配合

注：括号中的配合为优先配合。

选择配合的时候，还应该考虑以下 7 个方面：

（1）受载荷情况。载荷过大时，过盈配合的过盈量要大，间隙配合要减小间隙；对于过渡配合，要选用过盈概率大的过渡配合。

（2）拆装情况。经常拆卸的配合比不常拆卸的配合要松，有时虽不常拆，但受到结构限制和装配困难的配合，也要选择较松的配合。

（3）配合件的结合面长度和几何误差。如果结合面较长，由于受到几何误差的影响，实际形成的配合比结合面短的配合紧。因此，在选择时应减小过盈或增大间隙。

（4）配合件的材料。若配合件中有较软的材料，如铜、铝或塑料等，则要考虑它们容易产生变形，须选择配合类型时可适当增大过盈量或减小间隙。

（5）温度的影响。主要考虑装配温度与工作温度的差异。

（6）装配变形的影响。

（7）生产类型。

3.3.4 选用实例

1. 用计算法确定配合

【例 3-5】 有一个孔、轴配合，公称尺寸为ϕ100mm，要求配合的过盈或间隙在−0.048～+0.041mm 范围内。试用计算法确定此配合的孔、轴公差带和配合代号。

解：（1）选择基准制。

由于没有特殊的要求，所以应优先选用基孔制，孔的基本偏差为 H。

（2）选择公差等级。

$$T_f = X_{max} - Y_{max} = 0.041 - (-0.048) = 0.089 \text{（mm）}$$

或

$$T_f = T_D + T_d = 0.089 \text{（mm）}$$

假设孔与轴同级配合

$$T_D = T_d = T_f / 2 = 0.089 / 2 = 0.0445 \text{（mm）}$$

查表可知

0.0445mm 介于 IT7 级和 IT8 级之间，又在这个公差等级范围内，要求孔的公差要比轴的公差低一级，故对孔选取 IT8，对轴选取 IT7。

$$T_d = IT7 = 0.035 \text{（mm）}, \quad T_D = IT8 = 0.054 \text{（mm）}$$

$$IT7 + IT8 = 0.089mm$$

（3）选择配合种类。

孔：因为 $EI = 0mm$，$T_D = 0.054mm$，所以 $ES = EI + T_D = 0.054$（mm）

轴：$X_{max} = ES - ei = 0.041mm$，$ei = ES - 0.041 = 0.054 - 0.041 = 0.013$（(mm)）

$$es = ei + T_d = 0.013 + 0.035 = 0.048 \text{（mm）}$$

确定选取 $\phi 100H8/m7$

经过验算，X_{max} 和 Y_{max} 符合配合要求。

2. 典型的配合实例

下面举例说明某些配合在实际中的应用，以供选择参考。

1）间隙配合的选用

基准孔 H 与相应公差等级的轴 a～h 形成间隙配合，其中，H/a 组成的配合间隙最大，H/h 的配合间隙最小，其最小间隙为零。

（1）H/a、H/b、H/c 配合。这三种配合间隙较大，不常使用，一般用于工作条件差、相对灵活动作的机械中，或用于受力变形大、轴在高温下工作须保证有较大间隙的场合，如起重机吊钩的铰链（见图 3-24）、带榫槽的法兰盘（见图 3-25）及内燃机的排气阀和导管（见图 3-26）。

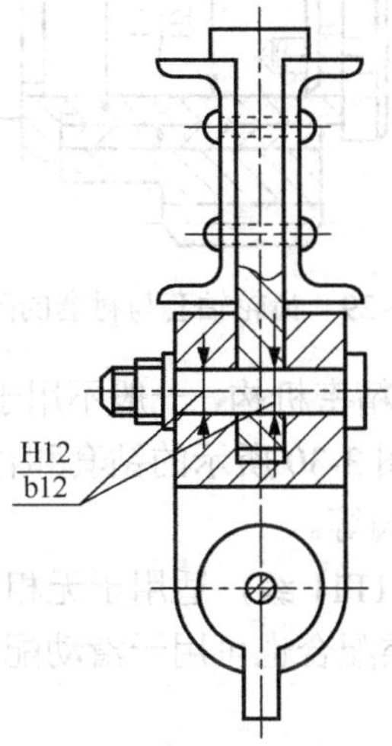

图 3-24 起重机吊钩的铰链

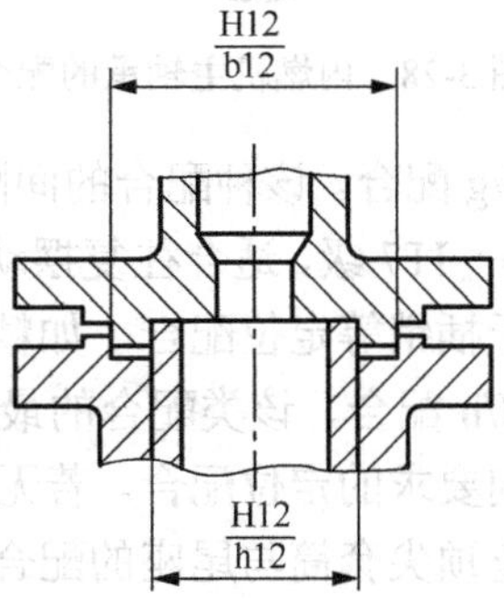

图 3-25 带榫槽的法兰盘

（2）H/d、H/e 配合。这两种配合间隙较大，用于要求不高且容易转动的支承。其中，H/d 适用于较松的转动配合，如密封盖、滑轮和空转带轮等与轴的配合；也适用于大直径滑动轴承的配合，如球磨机、轧钢机等重型机械的滑动轴承，适用于 IT7～IT11 级。例如，滑轮与轴的配合，如图 3-27 所示。H/e 主要用于有明显间隙、易于转动的支承配合，如大跨度支承、多点支承配合等。高等级适用于大的、高速、重载支承，如涡轮发电机、大的电动机的支承及凸轮轴支承等，图 3-28 所示为内燃机主轴承的配合。

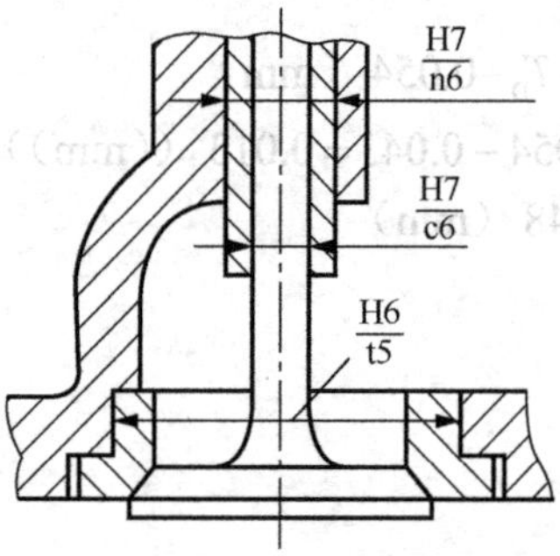

图 3-26　内燃机的排气阀和导管

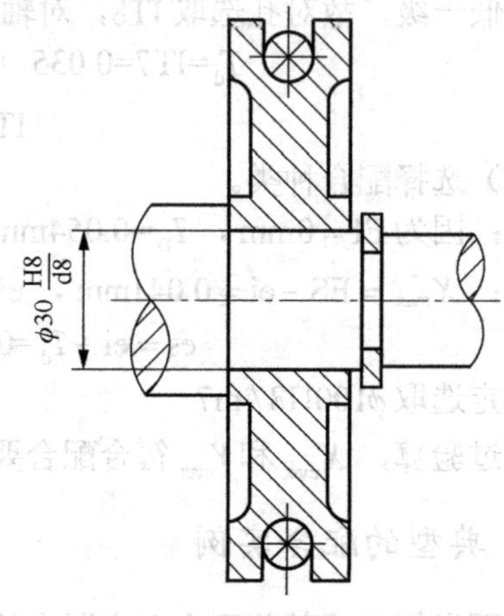

图 3-27　滑轮与轴的配合

（3）H/f 配合。该种配合间隙适中，多用于 IT7～IT9 级的一般转动配合，如齿轮箱、小电动机、泵等的转轴及滑动支承的配合，图 3-29 为齿轮轴套与衬套的配合。

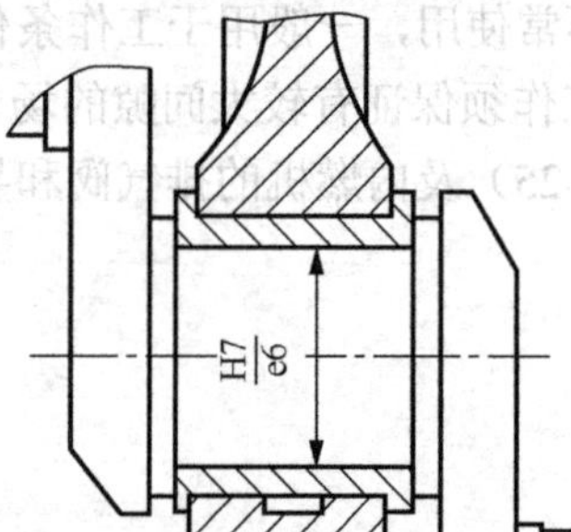

图 3-28　内燃机主轴承的配合

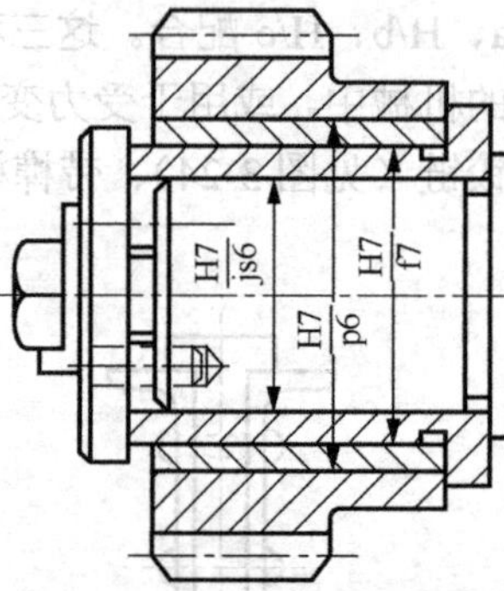

图 3-29　齿轮轴套与衬套的配合

（4）H/g 配合。该种配合的间隙较小，除了较轻载荷的精密机构，一般不用于转动配合，多用于 IT5～IT7 级，适合往复摆动和滑动的精密配合，如图 3-30 所示的钻套和衬套的配合。有时也用于插销等定位配合，如精密连杆轴承、活塞及滑阀等。

（5）H/h 配合。该类配合的最小间隙为零，用于 IT4～IT11 级，适用于无相对转动而有定心和导向要求的定位配合。若无温度和变形的影响，该类配合也可用于滑动配合。图 3-31 为车床尾座顶尖套筒与尾座的配合。

2）过渡配合的选用

（1）H/j、H/js 配合。这两种过渡配合获得间隙的机会较多，多用于 IT4～IT7 级，适用于要求间隙比 h 小并允许略有过盈的定位配合，如联轴器、齿圈与钢制轮毂，以及滚动轴承与箱体的配合等。图 3-32 为带轮与轴的配合。

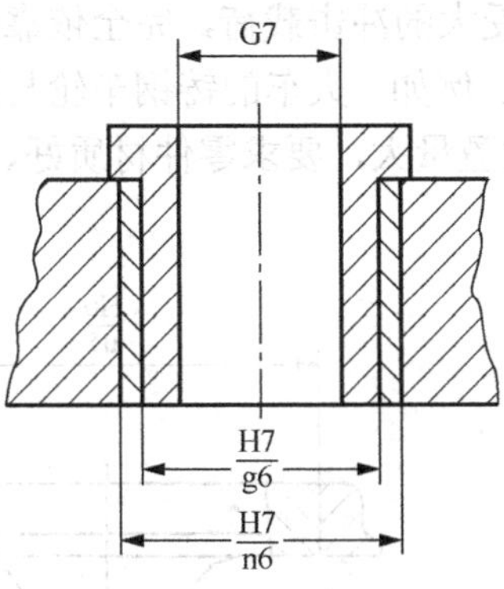

图 3-30 钻套与衬套的配合

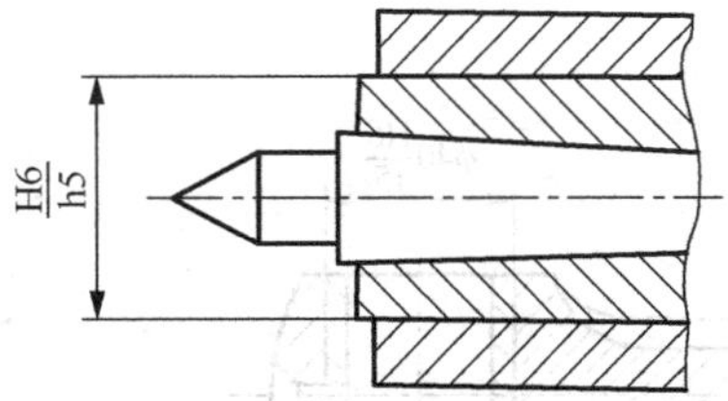

图 3-31 车床尾座顶尖套筒与尾座的配合

（2）H/k 配合。该种配合获得的平均间隙接近于零，定心较好，装配后零件受到的接触应力较小，能够拆解，适用于 IT4～IT7 级，如刚性联轴器的配合（见图 3-33）。

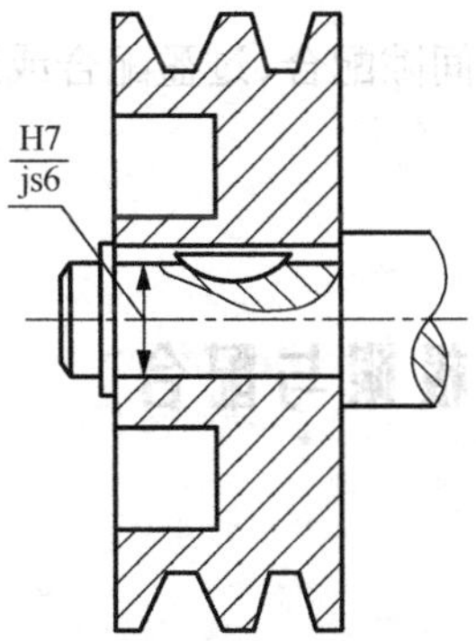

图 3-32 带轮与轴的配合

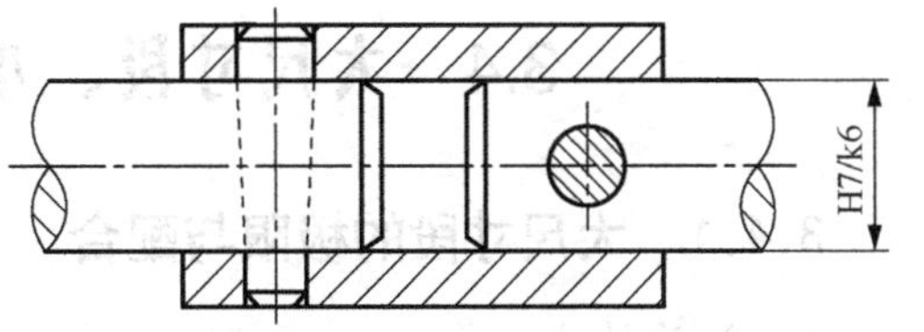

图 3-33 刚性联轴器的配合

（3）H/m、H/n 配合。这两种配合获得过盈的机会多，定心好，装配较紧密，适用于 IT4～IT7 级，如蜗轮青铜轮缘与铸铁轮辐的配合（见图 3-34）。

3）过盈配合的选用

基准孔 H 与相应公差等级的轴 p～zc 形成过盈配合（p、r 与较低精度的 H 孔形成过渡配合）。

（1）H/p、H/r 配合。该配合在较高公差等级时为过盈配合，可用锤打或压力机进行装配，只宜在大修时拆卸。该配合主要适用于定心精度很高、零件有足够的刚性、受冲击载荷的定位配合，多用于 IT6～IT8 级，如图 3-29 的齿轮轴套与衬套的配合和图 3-35 所示的连杆小头孔与衬套的配合。

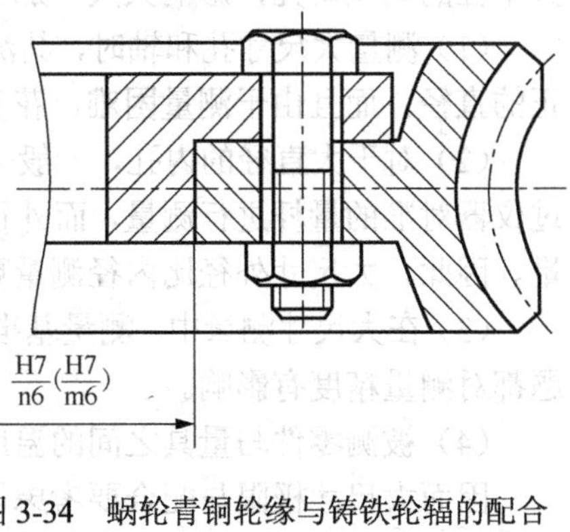

图 3-34 蜗轮青铜轮缘与铸铁轮辐的配合

（2）H/s、H/t 配合。这两种配合为中等过盈配合，多采用 IT6～IT7 级。它用于钢铁件的永久或半永久结合。不用辅助件，依靠过盈产生的结合力，可以直接传递中等载荷。一般用压力法装配，也有用冷轴或热套法装配的，如图 3-36 所示的联轴器和轴的配合。

（3）H/u、H/v、H/x、H/y、H/z 配合。这几种配合属于大过盈配合，过盈量依次增大，过盈与直径比在 0.001 以上，适用于传递大的转矩或承受大的冲击载荷，完全依靠过盈产生的结合力保证牢固的连接，通常采用热套或冷轴法装配。例如，火车的铸钢车轮与高锰钢轮箍要用 H7/u6 甚至 H6/u5 配合，如图 3-37 所示。由于过盈量大，要求零件材质好、强度高，否则，会将零件挤裂。

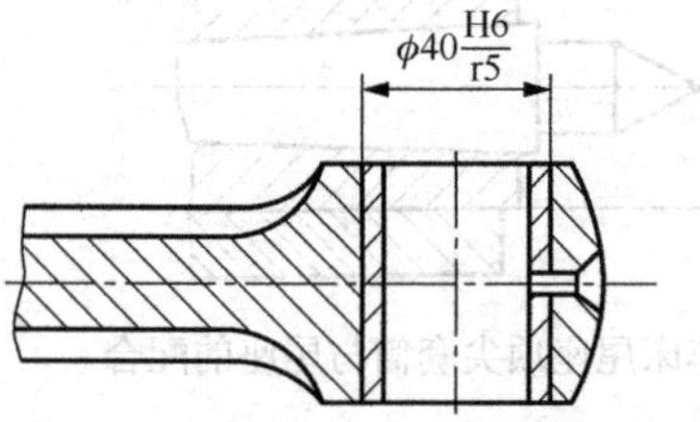

图 3-35　连杆小头孔与衬套的配合

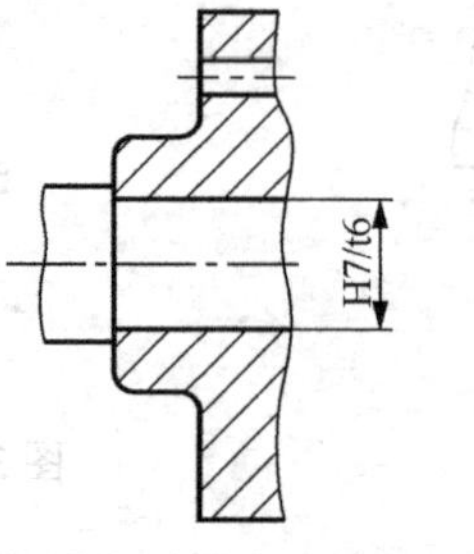

图 3-36　联轴器和轴的配合

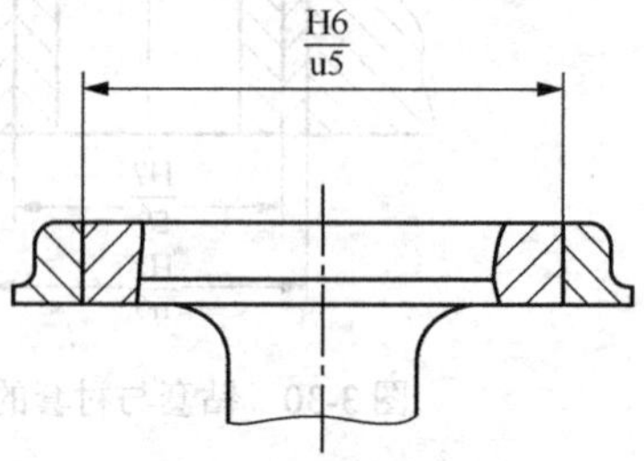

图 3-37　火车的铸钢车轮与高锰钢轮箍的配合

总之，配合的选择应先根据使用要求确定配合的类别（间隙配合、过盈配合或过渡配合），然后按工作条件选出具体的公差带代号。

具体的配合可参考图 3-19 所示公差与配合的选择。

3.4　大尺寸段、小尺寸段的极限与配合

3.4.1　大尺寸段的极限与配合

1. 公差特点

大尺寸是指 500mm＜公称尺寸≤3150mm 的零件尺寸。重型零件制造中常遇到大尺寸极限与配合的问题，如船舶制造、飞机制造、大型发电机组及石油钻井平台等。根据国内外有关单位的调查研究，影响大尺寸加工误差的主要原因是测量误差。

（1）测量大尺寸孔和轴时，其测得值往往小于实际值，原因在于在测量时不容易找到真正的直径。而且由于测量困难，花费时间长，致使量具的温升高而造成误差。

（2）对于大直径的内孔，一般采用结构简单、轻便、刚性较好的内径螺旋测微器或者经过仪器对准的量杆进行测量，而外径测量用的是自重大、易变形、操作找正不方便的卡尺测量。因此，大尺寸外径比内径测量更难掌握，测量误差更大。

（3）在大尺寸测量中，测量基准的准确性和测量时量具轴线与被测零件中心线的对准问题都对测量精度有影响。

（4）被测零件与量具之间的温度差对测量误差也有较大的影响。

因而大尺寸极限与配合要考虑以下几点。

① 在公差公式中，应充分反映测量误差影响，并注意测量误差对配合性质的影响。

② 由于制造和测量的困难，一般选用 IT6～IT12 级。

③ 由于大轴比大孔更难测量，所以推荐孔、轴采用同级配合。

④ 除采用国标规定的互换性配合外，根据其制造特点和装配特征，可采用配制配合。

配制公差是以一个零件的实际要素为基数，来配制另一个零件的工艺措施，适用于尺寸

较大、公差等级较高、单件小批生产的配合零件，也可用于中、小批零件生产中和公差等级较高的场合，代号为“MF”。

2. 标准公差

1）标准公差因子

由于大尺寸加工误差有其特殊性，因此，加工尺寸位于该大尺寸段的公差单位计算公式为

$$i=0.004D+2.1\ (\mu m)$$

从上式可以看出，公差单位与零件的公称尺寸呈线性关系。这是因为随着直径的增加，与直径成正比的误差因素在公差中所占比重增加很快，特别是受到温度变化的影响较大，它随直径的加大而呈线性增大，所以大尺寸公差单位才用了与直径呈线性关系的公式。

2）公差等级

国标规定了18个公差等级（IT1～IT18），常用公差等级为IT6～IT12。大尺寸段的标准公差计算公式见表3-14。大尺寸段的标准公差数值见表3-15。

表3-14 大尺寸段的标准公差计算公式

公差等级	公式	公差等级	公式	公差等级	公式
IT1	2i	IT7	16i	IT13	250i
IT2	2.7i	IT8	25i	IT14	400i
IT3	3.7i	IT9	40i	IT15	640i
IT4	5i	IT10	64i	IT16	1000i
IT5	7i	IT11	100i	IT17	1600i
IT6	10i	IT12	160i	IT18	2500i

注：表中i为公差单位，从IT6开始规律为：每增加5个等级，标准公差增加至10倍。

表3-15 大尺寸段的标准公差数值

公称尺寸	公差等级								
	IT1	IT2	IT3	IT4	IT5	IT6	IT7	IT8	IT9
	μm								
>500～630	9	11	16	22	32	44	70	110	175
>630～800	10	13	18	25	36	50	80	125	200
>800～1000	11	15	21	28	40	56	90	140	230
>1000～1250	13	18	24	33	47	66	105	165	260
>1250～1600	15	21	29	39	55	78	125	195	310
>1600～2000	18	25	35	46	65	92	150	230	370
>2000～2500	22	30	41	55	78	110	175	280	440
>2500～3150	26	36	50	68	96	135	210	330	540

公称尺寸	公差等级								
	IT10	IT11	IT12	IT13	IT14	IT15	IT16	IT17	IT18
	μm			mm					
>500～630	280	440	700	1.10	1.75	2.8	4.4	7.0	11.0
>630～800	320	500	800	1.25	2.0	3.2	5.0	8.0	12.5

续表

公称尺寸	公差等级								
	IT10	IT11	IT12	IT13	IT14	IT15	IT16	IT17	IT18
	μm			mm					
＞800～1000	360	560	900	1.40	2.3	3.6	5.6	9.0	14.0
＞1000～1250	420	660	1050	1.65	2.6	4.2	6.6	10.5	16.5
＞1250～1600	500	780	1250	1.95	3.1	5.0	7.8	12.5	19.5
＞1600～2000	600	920	1500	2.30	3.7	6.0	9.2	15.0	23.0
＞2000～2500	700	1100	1750	2.80	4.4	7.0	11.0	17.5	28.0
＞2500～3150	860	1350	2100	3.30	5.4	8.6	13.5	21.0	33.0

注：500mm＜公称尺寸≤3150mm 的 IT1～IT5 的标准公差值为试行。

大尺寸段的公称尺寸分段见表 3-16。

表 3-16　大尺寸段的公称尺寸分段　单位：mm

主段落		中间段落	
大于	至	大于	至
500	630	500	560
		560	630
630	800	630	710
		710	800
800	1000	800	900
		900	1000
1000	1250	1000	1120
		1120	1250
1250	1600	1250	1400
		1400	1600
1600	2000	1600	1800
		1800	2000
2000	2500	2000	2240
		2240	2500
2500	3150	2500	2800
		2800	3150

3. 基本偏差

大尺寸段的轴、孔基本偏差的确定可参考常用尺寸段（公称尺寸≤500mm）孔、轴基本偏差确定的有关规定，其基本偏差数值见表 3-17。

表 3-17　大尺寸段的轴、孔基本偏差数值

单位：μm

轴	代号	基本偏差代号	d	e	f	(g)	h	js	k	m	n	p	r	s	t	u
		公差等级	6～18													
	偏差	表中偏差为	es						ei							
		另一偏差计算式	ei=es-IT						es=ei+IT							
		表中偏差正负号	−	−	−	−				+	+	+	+	+	+	+
直径分段/mm	偏差数值/μm	>500～560	260	145	76	22	0	偏差等于±IT/2	0	26	44	78	150	280	400	600
		>560～630											155	310	450	660
		>630～710	290	160	80	24	0		0	30	50	88	175	340	500	840
		>710～800											185	380	560	840
		>800～900	320	170	86	26	0		0	34	56	100	210	430	620	940
		>900～1000											220	470	680	1050
		>1000～1120	350	195	98	28	0		0	40	66	120	250	520	780	1150
		>1120～1250											260	580	840	1300
		>1250～1400	390	220	110	30	0		0	48	78	140	300	640	960	1450
		>1400～1600											330	720	1050	1600
		>1600～1800	430	240	120	32	0		0	58	92	170	370	820	1200	1850
		>1800～2000											400	920	1350	2000
		>2000～2240	480	260	130	34	0		0	63	110	195	440	1000	1500	2300
		>2240～2500											460	1100	1650	2500
		>2500～2800	520	290	145	38	0		0	76	135	240	550	1250	1900	2900
		>2800～3150											580	1400	2100	3200
孔	偏差	表中偏差正负号	+	+	+	+				−	−	−	−	−	−	−
		另一偏差计算式	ES=EI+IT						EI=ES−IT							
		表中偏差为	EI						ES							
	代号	公差等级	6～18													
		基本偏差代号	D	E	F	G	H	JS	K	M	N	P	R	S	T	U

4. 常用孔、轴公差带

相关国标规定大尺寸段的孔、轴常用公差带分别见表 3-18 和表 3-19。

表 3-18　大尺寸段的孔常用公差带

			G6	H6	JS6	K6	M6	N6
		F7	G7	H7	JS7	K7	M7	N7
D8	E8	F8		H8	JS8			
D9	E9	F9		H9	JS9			
D10				H10	JS10			
D11				H11	JS11			
				H12	JS12			

表 3-19　大尺寸段的轴常用公差带

			g6	h6	js6	k6	m6	n6	p6	r6	s6	t6	u6
		f7	g7	h7	js7	k7	m7	n7	p7	r7	s7	t7	u7
d8	e8	f8		h8	js8								
d9	e9	f9		h9	js9								
d10				h10	js10								
d11				h11	js11								
				h12	js12								

3.4.2 小尺寸段的极限与配合

1. 特点

公称尺寸≤18mm 的零件特别是公称尺寸＜3mm 的零件，在加工、测量、装配和使用等方面都与常用尺寸段和大尺寸段有所不同。

（1）加工误差。理论上，零件的加工误差随公称尺寸的增大而增加，因此，尺寸小的零件加工误差应很小。但实际上，由于小尺寸零件刚性差，受切削力影响，变形很大，并且加工时定位、装夹等都比较困难，因而有时零件尺寸越小反而加工误差越大，而且小尺寸的轴比孔更难加工。

（2）测量误差。对小尺寸零件的测量误差进行一系列的调查分析后，发现公称尺寸≤10mm 的测量误差与零件尺寸不成正比，这主要是由于量具误差、温度变化及测量力等因素的影响造成的。

2. 孔、轴公差带与配合

GB/T 1803—2003《极限与配合 尺寸至 18 mm 孔、轴公差带》，规定了小尺寸段的孔、轴公差带主要适用于仪器仪表等工业。该标准规定的孔、轴公差带除包括 GB/T 1803—2003 中规定的一般用途的孔、轴公差带外，还根据仪器仪表工业的特点增加了孔、轴公差带。该标准规定了 163 种轴公差带，见表 3-20；规定了 145 种孔公差带，见表 3-21。该标准对这些公差带未指明优先、常用和一般的选用次序，也未推荐配合种类。各行业、工厂可根据实际情况，自行选用公差带并组成相应配合。

表 3-20　小尺寸段的轴公差带

										h1		js1													
										h2		js2													
						ef3	f3	fg3	g3	h3		js3	k3	m3	n3	p3	r3								
						ef4	f4	fg4	g4	h4		js4	k4	m4	n4	p4	r4	s4							
		c5	cd5	d5	e5	ef5	f5	fg5	g5	h5	j5	js5	k5	m5	n5	p5	r5	s5	u5	v5	x5	z5			
		c6	cd6	d6	e6	ef6	f6	fg6	g6	h6	j6	js6	k6	m6	n6	p6	r6	s6	u6	v6	x6	z6	za6		
		c7	cd7	d7	e7	ef7	f7	fg7	g7	h7	j7	js7	k7	m7	n7	p7	r7	s7	u7	v7	x7	z7	za7	zb7	zc7
	b8	c8	cd8	d8	e8	ef8	f8	fg8	g8	h8		js8	k8	m8	n8	p8	r8	s8	u8	v8	x8	z8	za8	zb8	zc8
a9	b9	c9	cd9	d9	e9	ef9	f9			h9		js9	k9			p9	r9	s9	u9		x9	z9	za9	zb9	zc9
a10	b10	c10	cd10	d10	e10					h10		js10	k10												
a11	b11	c11		d11						h11		js11													
a12	b12	c12								h12		js12													
a13	b13	c13								h13		js13													

表 3-21 小尺寸段的孔公差带

										H1		JS1													
										H2		JS2													
						EF3	F3	FG3	G3	H3		JS3	K3	M3	N3	P3	R3								
										H4		JS4	K4	M4											
					E5	EF5	F5	FG5	G5	H5		JS5	K5	M5	N5	P5	R5	S5							
			CD6	D6	E6	EF6	F6	FG6	G6	H6	J6	JS6	K6	M6	N6	P6	R6	S6	U6	V6	X6	Z6			
			CD7	D7	E7	EF7	F7	FG7	G7	H7	J7	JS7	K7	M7	N7	P7	R7	S7	U7	V7	X7	Z7	ZA7	ZB7	ZC7
	B8	C8	CD8	D8	E8	EF8	F8	FG8	G8	H8	J8	JS8	K8	M8	N8	P8	R8	S8	U8	V8	X8	Z8	ZA8	ZB8	ZC8
A9	B9	C9	CD9	D9	E9	EF9	F9			H9		JS9	K9		N9	P9	R9	S9	U9		X9	Z9	ZA9	ZB9	ZC9
A10	B10	C10	CD10	D10	E10		F10			H10		JS10	K10		N10										
A11	B11	C11		D11						H11		JS11													
A12	B12	C12								H12		JS12													
										H13		JS13													

在实际生产中，小尺寸零件在加工、测量、装配、使用等方面所产生的误差，并不随尺寸的减小而减小。由于其尺寸范围在常用尺寸段以内，故不另行规定公差单位，只是推荐了较多的孔、轴公差带，可根据实际情况加以选择。

小尺寸段的轴比孔难加工，故以基轴制为主。在配合过程中，孔和轴公差等级关系更为复杂。除孔、轴采用同级配合外，也采用相差 1～3 级的配合，而且往往是孔的公差等级高于轴的公差等级。

本章小结

极限与配合的基本术语和定义不仅是圆柱体零件尺寸极限制的基础部分，也是全书的基础部分。对极限与配合的术语和定义，必须牢固地掌握。不仅要明确定义，还要能熟练计算。

标准公差系列和基本偏差系列是公差标准的核心，也是本章的重点。公差标准就是以标准公差和基本偏差为基础制定的。标准公差决定了公差带的大小，而基本偏差则决定了公差带相对于零线的位置。标准公差与尺寸大小和加工难易程度有关，基本偏差则由尺寸的大小和使用要求（配合的松紧）决定，一般与公差等级无关。即同一尺寸分段，孔和轴以同一字母为代号的基本偏差在大多数情况下是相等的。只有在公差等级较高时，由于孔比轴难加工，需要不同等级配合，为了保证同一基本偏差代号的基孔制和基轴制的配合性质相同，而造成孔、轴基本偏差的绝对值不同。一般公差——线性尺寸的未注公差是学习中容易忽略的知识点。应该明确，图样上未注公差不等于没有公差要求，未注公差是各生产部门或车间，按照其生产条件一般能保证的公差。

习题与思考题

3-1 在《极限与配合》标准中孔与轴有何特定的含义？

3-2 什么是尺寸公差？它与极限尺寸、极限偏差有何关系？

3-3　公差与偏差概念有何根本区别?

3-4　设公称尺寸为30mm的N7孔和m6轴相配合，试计算极限间隙或过盈及配合公差。

3-5　设某配合的孔径为$\phi15^{+0.027}_{0}$ mm，轴径为$\phi15^{0}_{-0.039}$ mm，试分别计算其极限尺寸、尺寸公差、极限间隙（或过盈）、平均间隙（或过盈）、配合公差。

3-6　某孔、轴配合，公称尺寸为ϕ50mm，孔公差为IT8，轴公差为IT7，已知孔的上极限偏差为+0.039mm，要求配合的最小间隙是+0.009 mm，试确定孔、轴的尺寸。

3-7　某孔为$\phi20^{+0.013}_{0}$ mm与某轴配合，要求X_{max}=+0.011 mm，T_f=0.022 mm试求出轴的上、下极限偏差。

3-8　某孔、轴配合的公称尺寸为ϕ30mm，最大间隙X_{max}=+23μm，最大过盈Y_{max}=−20μm，孔的尺寸公差T_D=20μm，轴的上极限偏差es=0，试确定孔、轴的尺寸。

3-9　某孔、轴配合，已知轴的尺寸为ϕ10h8，X_{max}=+0.07mm，Y_{max}=−0.037mm，试计算孔的尺寸并说明该配合是什么基准制，什么配合类别。

3-10　已知公称尺寸为ϕ30mm，基孔制的孔、轴同级配合，T_f=0.066mm，Y_{max}=−0.081mm，求孔、轴的上、下极限偏差。

3-11　计算表3-22中空格处的数值，并按规定填写在表中（单位mm）。

表3-22　计算表中数值

公称尺寸	孔			轴			X_{max}或Y_{min}	X_{min}或Y_{max}	T_f
	ES	EI	T_D	es	ei	T_d			
ϕ25		0					+0.074		0.104

3-12　填写表3-23中三对配合的异同点（单位mm）。

表3-23　三对配合的异同点

组别	孔公差带	轴公差带	相同点	不同点
①	$\phi20^{+0.021}_{0}$	$\phi20^{-0.020}_{-0.033}$		
②	$\phi20^{+0.021}_{0}$	$\phi20\pm0.065$		
③	$\phi20^{+0.021}_{0}$	$\phi20^{0}_{-0.013}$		

3-13　某孔、轴配合，公称尺寸为ϕ35mm，孔公差为IT8，轴公差为IT7，已知轴的下极限偏差为−0.025mm，要求配合的最小过盈是−0.001mm，试写出该配合的公差带代号。

3-14　设孔、轴配合，公称尺寸为ϕ60 mm，要求X_{max}=+50μm，Y_{max}=−32μm，试确定配合公差带代号。

3-15　某与滚动轴承外圈配合的外壳孔尺寸为ϕ52J7，今设计与该外壳孔相配合的端盖尺寸，使端盖与外壳孔的配合间隙为+15～125μm，试确定端盖的公差等级和选用配合，说明该配合属于何种基准制。

3-16　选用公差等级要考虑哪些因素？是否公差等级越高越好？

3-17　什么是“未注公差尺寸”？这一规定的使用条件是什么？其公差等级和基本偏差是如何规定的？

第 4 章　几何公差与检测

教学重点

理解几何公差和几何误差的概念，掌握几何公差的标注、几何公差带四要素分析、公差原则（尤其是独立原则、包容要求、最大实体要求）的特点和应用，以及几何公差的选用原则。

教学难点

几何公差带的四要素分析、公差原则。

教学方法

讲授法、问题教学法、案例法、启发式教学法。

4.1　概　　述

为了保证机械产品的可装配性和可使用性能，零部件的精度仅依靠其尺寸精度来控制是远不能满足性能要求的，也不能保证其配合精度。例如，图 4-1 中的轴尽管在任一方向所测的直径量值均在尺寸公差范围内，但由于轴存在直线度误差，装配时发生了装不进去的现象。再如，内燃机配气机构中的凸轮线轮廓度误差（见图 4-2），会直接影响汽缸进气量和排气量的变化，从而影响发动机的功率。因此，几何误差会直接影响机械产品的工作精度、运动平稳性、密封性、耐磨性、使用寿命和可装配性等。规定合理的几何公差可保证零件的互换性，满足使用要求。

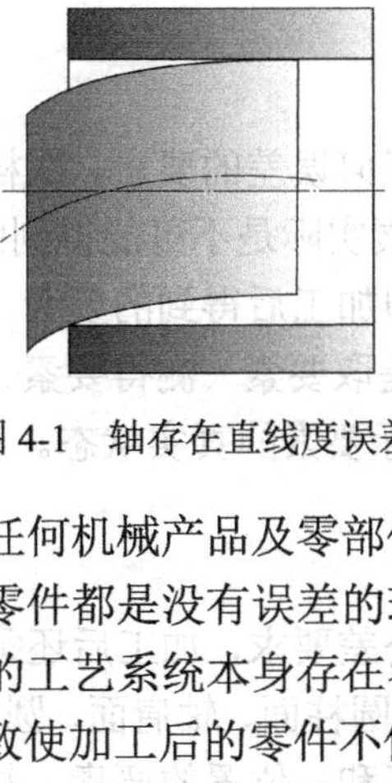

图 4-1　轴存在直线度误差

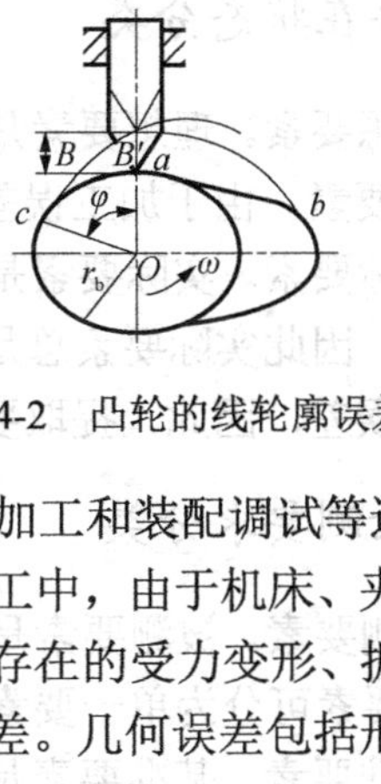

图 4-2　凸轮的线轮廓误差

另外，任何机械产品及零部件都要经过设计图样、机械加工和装配调试等过程。其中，图样给出的零件都是没有误差的理想几何体，但是在机械加工中，由于机床、夹具、刀具和工件所组成的工艺系统本身存在各种误差，以及加工过程中存在的受力变形、振动、磨损等各种干扰，致使加工后的零件不仅有尺寸误差，还有几何误差。几何误差包括形状误差、方向误差、位置误差和跳动误差等。

几何精度是零件的一项重要的质量指标，直接影响零件的使用功能和互换性。目前颁布实施的有关国家标准如下：

GB/T 1182—2018《产品几何技术规范（GPS）几何公差 形状、方向、位置和跳动公差标注》。

GB/T 1184—2008《形状和位置公差 未注公差值》。

GB/T 4249—2018《产品几何技术规范（GPS）基础 概念、原则和规则》。

GB/T 16671—2018《产品几何技术规范（GPS）几何公差 最大实体要求（MMR）、最小实体要求（LMR）和可逆要求（RPR）》。

GB/T 13319—2003《产品几何量技术规范（GPS）几何公差 位置度公差注法》。

GB/T 1958—2017《产品几何技术规范（GPS）几何公差 检测与验证》。

GB/T 17851—2010《产品几何技术规范（GPS）几何公差 基准和基准体系》。

4.1.1 几何要素及其分类

任何机械零件都是由点、线、面组合而成的，构成零件几何特征的点、线、面统称为几何要素（简称要素）。几何公差的研究对象是机械零件的几何要素。如图 4-3 所示的零件就是由多种要素组成的。

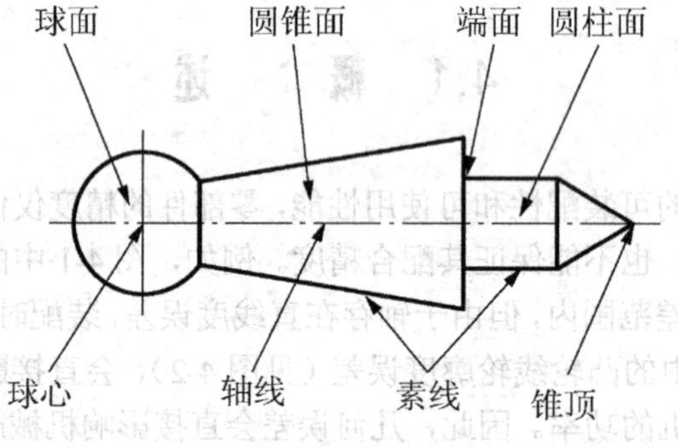

图 4-3 零件的几何要素

几何要素可分为以下 4 类。

1. 按存在状态分类

（1）理想要素。理想要素是具有几何学意义的、没有任何误差的要素。图样上表示的要素均为公称要素。由于加工误差不可避免，因此，理想要素实际是不可能得到的。

（2）实际要素。实际要素是零件上实际存在的要素，即加工后得到的要素。因为加工误差不可避免，因此实际要素总是偏离其理想要素，通常用提取要素（测得要素）来代替。由于存在测量误差，因此，提取要素（测得要素）并非该实际要素的真实状态。

2. 按检测要求分类

（1）被测要素。被测要素是指在图样上标出了的几何公差要求，加工后还须进行检测的要素。被测要素可分为单一要素和关联要素，如图 4-4 中的圆柱面、轴肩面、圆柱的轴线等。

（2）基准要素。基准要素是用来确定被测要素方向或（和）位置的要素，基准要素在图样上都标有基准符号或基准代号。理想的基准要素称为基准。

3. 按结构特征分类

按结构特征不同，要素分为组成要素和导出要素。

（1）组成要素（轮廓要素）。组成要素是构成零件外形的能直接感觉到的点、线、面各要素，如图 4-3 中球面、圆锥面、端面、圆柱面、素线等都属于组成要素。

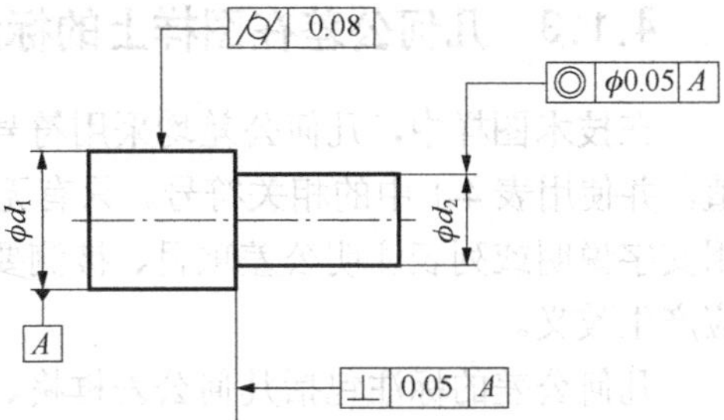

图 4-4 零件几何要素示例

（2）导出要素（中心要素）。导出要素是由一个或几个组成要素得到的中心点、中心线或中心面，导出要素不能被人直接感觉到，而是通过对应的组成要素才能体现出来。如图 4-3 中的球心是由球面得到的导出要素，圆柱的轴线是由圆柱面得到的导出要素。

4. 按功能关系分类

（1）单一要素。单一要素是仅对被测要素本身给出形状公差要求的被测要素，如图 4-4 中 ϕd_1 的圆柱面。单一要素仅对本身有要求，而与其他要素没有功能关系。

（2）关联要素。关联要素是相对于基准要素有功能要求且给出公差要求的被测要素，如图 4-4 中 ϕd_2 的轴线和轴肩面。该要素与基准要素之间有功能关系，如同轴、垂直和平行等。

4.1.2 几何公差的特征项目及其符号

根据国家标准 GB/T 1182－2018《产品几何技术规范（GPS）几何公差 形状、方向、位置和跳动公差标注》的规定，几何公差包括形状公差、方向公差、位置公差和跳动公差，其几何特征和符号见表 4-1。

表 4-1 几何公差的特征项目和符号（摘自 GB/T 1182－2018）

公差类型	几何特征	符号	有无基准	公差类型	几何特征	符号	有无基准
形状公差	直线度	—	无	位置公差	位置度	⌖	有或无
	平面度	▱	无		同心度（用于中心点）	◎	有
	圆度	○	无		同轴度（用于轴线）	◎	有
	圆柱度	⌭	无		对称度	⌯	有
	线轮廓度	⌒	无		线轮廓度	⌒	有
	面轮廓度	⌓	无		面轮廓度	⌓	有
方向公差	平行度	//	有	跳动公差	圆跳动	↗	有
	垂直度	⊥	有		全跳动	⌰	有
	倾斜度	∠	有				
	线轮廓度	⌒	有				
	面轮廓度	⌓	有				

4.1.3 几何公差在图样上的标注方法

在技术图样中，几何公差均采用符号标注。标注时，应绘制公差框格，注明几何公差数值，并使用表 4-1 中的相关符号。只有无法在图样上采用符号标注时，才允许在技术要求中用文字说明或列表注明公差项目、被测要素、基准要素和公差数值，但应做到内容完整，不应产生歧义。

几何公差的标注包括几何公差框格、指引线、基准符号等，图 4-5 所示为几何公差框格，即对被测要素的标注。基准字母采用大写字母，为了避免混淆和误解，规定不得采用 E、F、I、J、L、M、O、P、R 这 9 个字母。用一个字母表示单个基准或几个字母表示基准体系或公共基准。

国家标准 GB/T 1182－2018 规定，基准符号由带方框的大写基准字母用细实线与涂黑或空白的三角形相连而组成，如图 4-6 所示，涂黑的和空白的基准三角形含义相同。无论基准符号在图样上的方向如何，方框内的字母均应水平书写。图 4-7 为综合标注实例，后续章节的图例均可作为标注的参考案例。

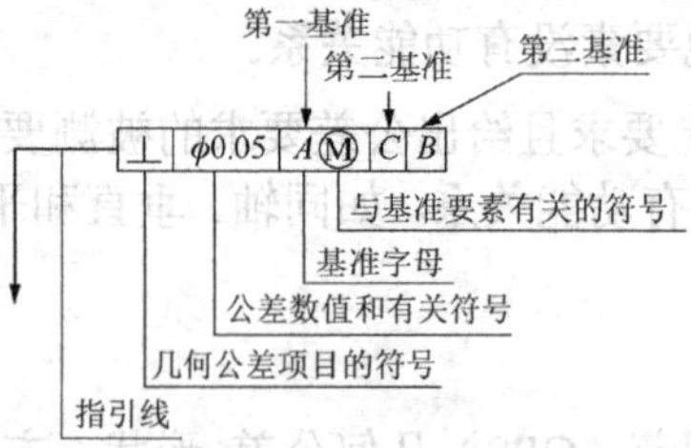

图 4-5 几何公差框格

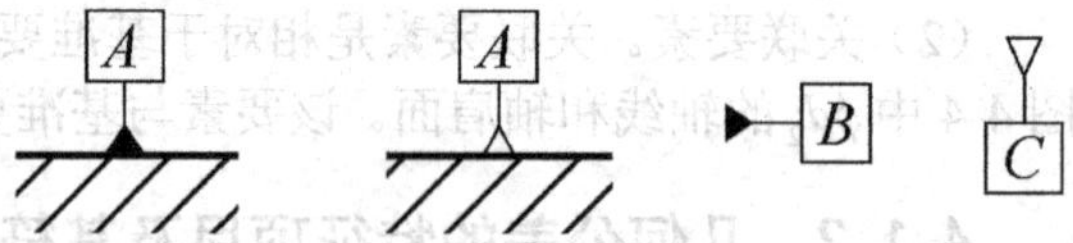

图 4-6 基准符号

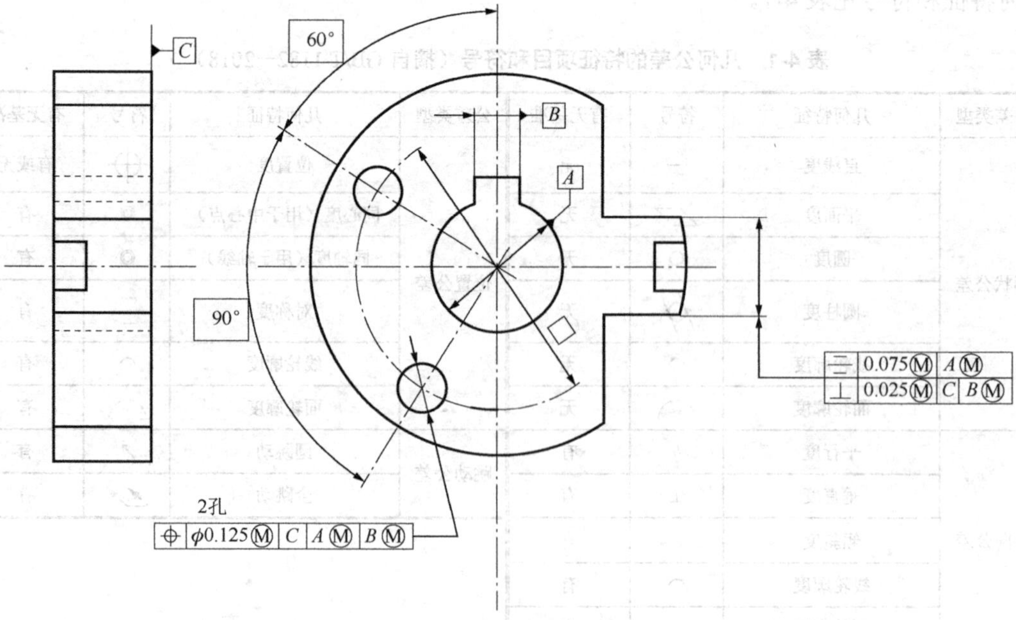

图 4-7 综合标注实例

4.1.4 几何公差和几何公差带的特征

几何公差是指实际被测要素相对于图样上给定的理想形状、理想位置所允许的变动量。几何公差带是由一个或几个理想的几何线或面所限定的、由线性公差值表示其大小的范围。几何公差带具有形状、大小、方向和位置这 4 个特征要素，这 4 个特征可在图样标注中体现出来。

1）形状

几何公差带的形状取决于被测要素的理想形状和给定的公差要求。几何公差带主要有 9 种形状，如图 4-8 所示。几何公差带必须包含实际被测要素，即实际被测要素在几何公差带内可以具有任何形状（除非附加说明）。

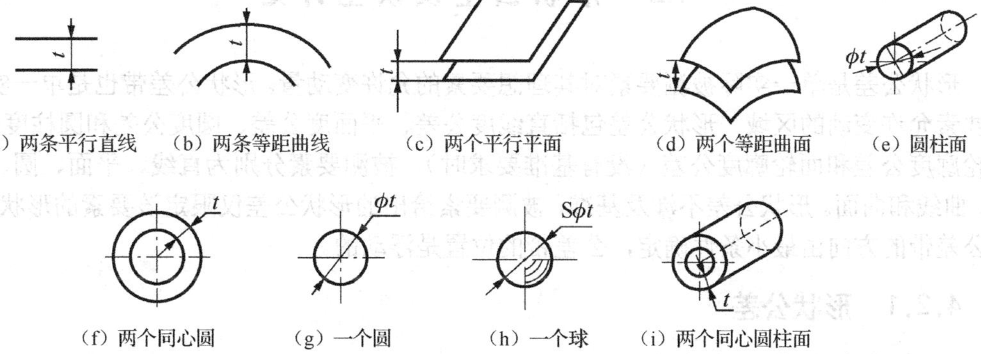

图 4-8 常用几何公差带的 9 种形状

2）大小

几何公差带的大小由公差框格中给定的公差数值 t 来确定，它指的是公差带的宽度或直径，这取决于被测要素的形状和公差要求。若公差带为圆形或圆柱形的，则在公差数值前加注"ϕ"；若公差带是球形的，则应加注"Sϕ"。公差带的大小是控制零件几何精度的重要指标，一般情况下应根据标准规定来选择。

3）方向

几何公差带的方向是指公差带的宽度方向，即沿被测要素的法向。对于形状公差带，其方向由实际要素决定。对于方向公差和位置公差，其公差带方向由基准要素决定。图 4-9 为公差标注及公差带方向，图 4-9（a）所示的标注表明，设计者对零件表面同时提出平面度和平行度的要求。公差带如图 4-9（b）所示，两个平行平面Ⅰ′－Ⅱ′表示的是上表面平面度公差带的方向，而两个平行平面Ⅰ－Ⅱ表示的是上表面相对于底面的平行度公差带的方向。可见，两组平行平面的方向是不同的。平行度公差限定的是被测要素相对基准在方向上的变动，故公差带的方向应与基准保持确定的方向。

4）位置

几何公差带的位置有固定和浮动两种。所谓固定是指公差带的位置是由图样上给定的基准和理论正确尺寸来确定的，不随实际要素的形状、尺寸或位置的变动而变化。所谓浮动是指公差带的位置随被测要素实际尺寸的变动而变化。位置公差对导出要素要求其公差带位置均是固定的，而其他的几何公差要求的公差带位置都是浮动的。

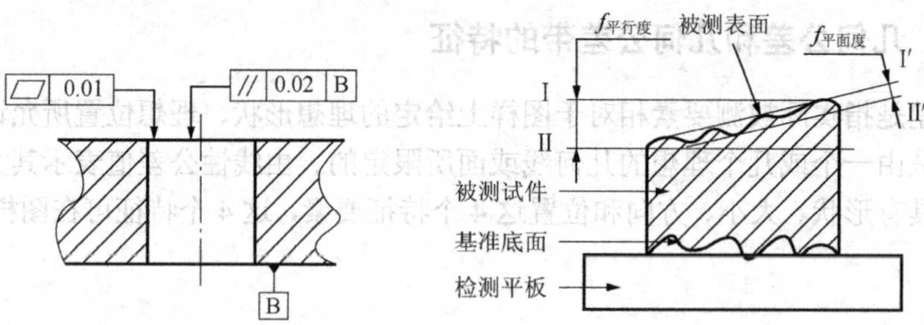

(a) 几何公差标注　　(b) 几何公差带方向

图 4-9　公差标注及公差带方向

4.2　形状公差及误差评定

形状公差是单一实际被测要素对其理想要素的允许变动量。形状公差带也是单一实际被测要素允许变动的区域。形状公差包括直线度公差、平面度公差、圆度公差和圆柱度公差、线轮廓度公差和面轮廓度公差（没有基准要求时），被测要素分别为直线、平面、圆、圆柱面、曲线和曲面。形状公差不涉及基准，被测要素给出的形状公差仅限定该要素的形状误差。其公差带的方向由最小条件确定，公差带的位置是浮动的。

4.2.1　形状公差

1. 直线度公差（符号为一）

直线度公差用来限制平面内或空间内直线的形状误差。根据零件的功能要求不同，可分为给定平面内、给定方向上和任意方向上 3 种情况。

（1）在给定平面内，直线度公差带是距离为公差值 t 的两条平行直线之间的区域，如图 4-10 所示。图中标注的意义：在任意平行于图示投影面的平面内，上平面的提取（实际）线必须位于间距等于 0.1mm 的两条平行直线之间。

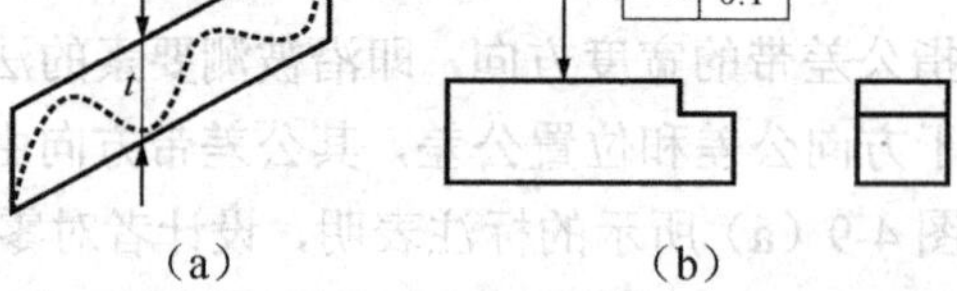

(a)　　(b)

图 4-10　给定平面内的直线度公差带

（2）在给定方向上，直线度公差带是距离为公差值 t 的两个平行平面之间的区域，如图 4-11 所示。图中标注的意义：提取（实际）素线必须位于间距等于 0.1mm 两个平行平面之间。

（3）在任意方向上，直线度公差带是直径为 ϕt 的圆柱面内的区域，此时在公差值前加注“ϕ”，如图 4-12 所示。图中标注的意义：外圆柱面的提取（实际）中心线必须位于直径等于 ϕ0.03mm 的圆柱面内。

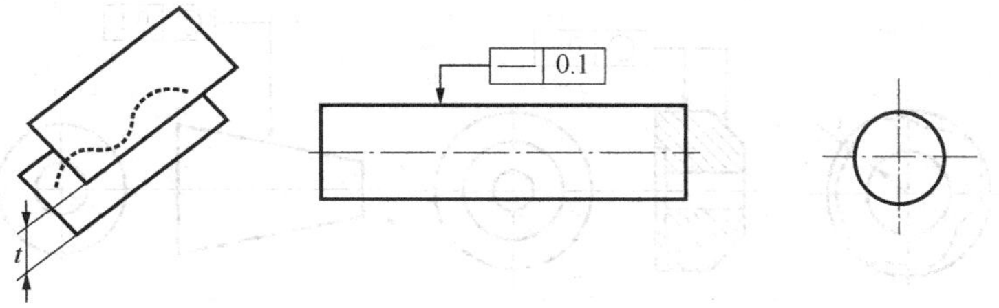

（a）（b）

图 4-11 给定方向上的直线度公差带

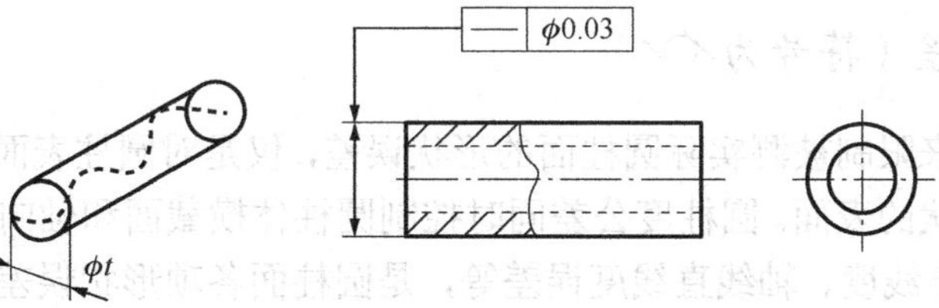

（a）（b）

图 4-12 任意方向上的直线度公差带

2. 平面度公差（符号为▱）

平面度公差用来限制被测实际表面的形状误差，是对平面要素的控制要求。平面度公差带是距离为公差值 t 的两个平行平面之间的区域，如图 4-13 所示。图中标注的意义：提取（实际）表面必须位于距离为公差值 0.08mm 的两个平行平面内。

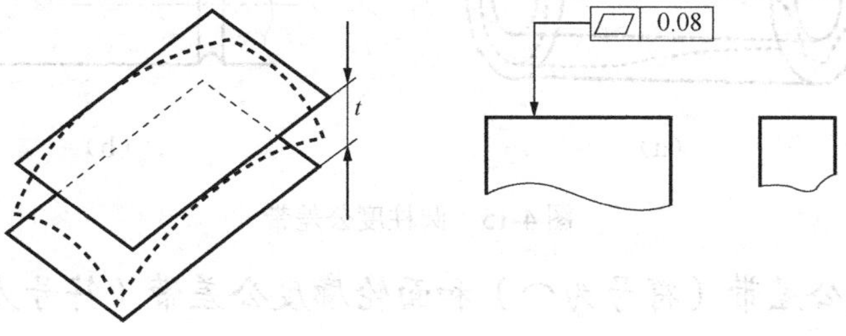

（a）（b）

图 4-13 平面度公差带

3. 圆度公差（符号为○）

圆度公差是限制圆柱形、圆锥形等回转体横截面的形状误差，它是对横截面是圆的要素提出的控制要求。圆度标注的指引线的箭头必须垂直指向回转体的轴线，且与尺寸线明显错开。圆度公差带（见图 4-14）是给定正截面内半径差为公差值 t 的两个同心圆之间的区域，如图 4-14（a）所示。图 4-14（b）的意义：在圆柱面和圆锥面的任意正截面内，提取（实际）圆周必须位于半径差为 0.1mm 的两个共面同心圆之间；图 4-14（c）的意义：在圆锥面的任意正截面内，提取（实际）圆周应限定在半径差等于 0.1mm 的两个同心圆之间。

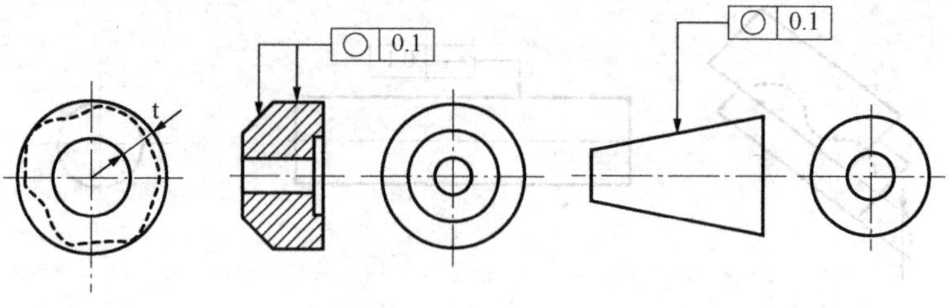

（a）　　（b）　　（c）

图 4-14　圆度公差带

4. 圆柱度公差（符号为⌭）

圆柱度公差用来限制被测实际圆柱面的形状误差，仅是对圆柱表面的控制要求，不能用于圆锥面或其他形状的表面。圆柱度公差同时控制圆柱体横截面和轴向剖面内的各项形状误差，如圆度、素线直线度、轴线直线度误差等，是圆柱面各项形状误差的综合控制指标，其公差框格指引线的箭头应垂直于轮廓表面。

圆柱度公差带（见图 4-15）是半径差为公差值 t 的两个同轴圆柱面之间的区域，如图 4-15（a）所示。图 4-15（b）标注的意义：提取（实际）圆柱面必须位于半径差等于 0.1mm 的两个同轴圆柱面之间。

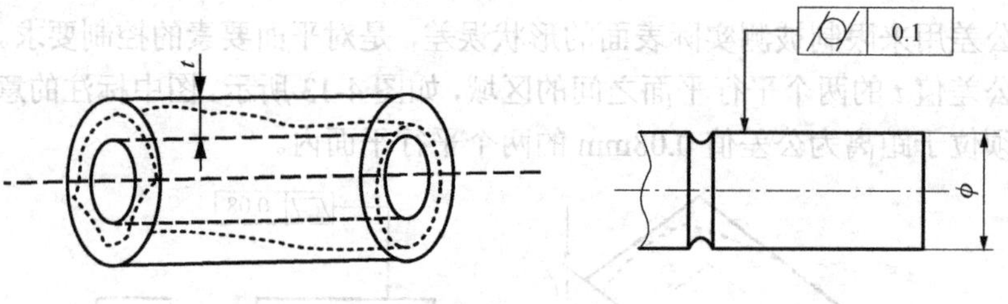

（a）　　（b）

图 4-15　圆柱度公差带

5. 线轮廓度公差带（符号为⌒）和面轮廓度公差带（符号为⌓）

轮廓度公差有两个项目：线轮廓度和面轮廓度。线轮廓度公差用来限制平面曲线（或曲面的截面轮廓）的形状误差，是对非圆曲线形状误差的控制要求；面轮廓度公差用来限制一般曲面的形状误差，是对任意曲面或锥面形状误差的控制要求。

轮廓度公差带有两种情况：一种是无基准要求的，属于形状公差，只能控制被测要素轮廓的形状；另一种是有基准要求的，属于方向公差或位置公差，在控制被测要素相对于基准方位误差的同时，能够自然地控制被测要素轮廓的形状误差。轮廓度公差带的特点如下：

（1）对于无基准要求的轮廓度，其公差带的形状只能由理论正确尺寸确定。

（2）对于有基准要求的轮廓度，其公差带的位置须由理论正确尺寸和基准来决定。

有无基准时两种轮廓度公差带形状、大小均相同，在无基准要求时，轮廓度公差带位置是浮动的；在有基准要求时，公差带位置是固定的。

线轮廓度公差带为包络直径等于公差数值 t、圆心位于具有理论正确几何形状的理想轮廓线上的一系列圆的两条包络线所限定的区域，如图 4-16 所示。

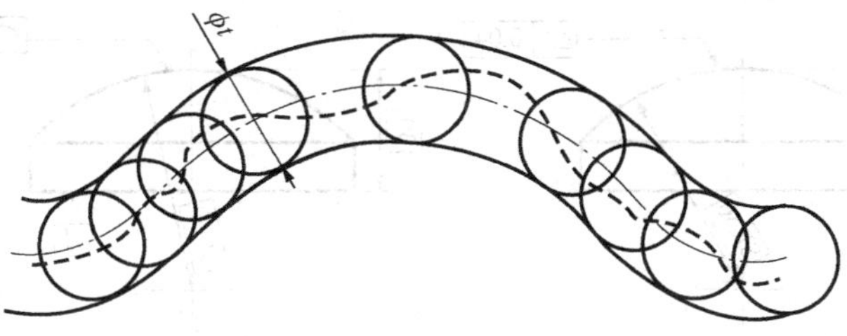

图 4-16　线轮廓度公差带

当被测轮廓线相对于基准有位置要求时，其理想轮廓线是指相对于基准为理想位置的理想轮廓线。

图 4-17 为线轮廓度公差，图 4-17（a）为无基准要求的线轮廓度公差，表示在任意平行于图示投影面的截面内，提取（实际）轮廓线应限定在包络直径等于 0.05mm 且圆心位于具有理论正确几何形状的线上的一系列圆的两条包络线之间。

图 4-17（b）为有基准要求的线轮廓度公差，表示在任意平行于图示投影面的截面内，提取（实际）轮廓线应限定在包络直径等于 0.05mm 且圆心位于由基准平面 *A* 确定的、具有理论正确几何形状的线上的一系列圆的两条包络线之间。

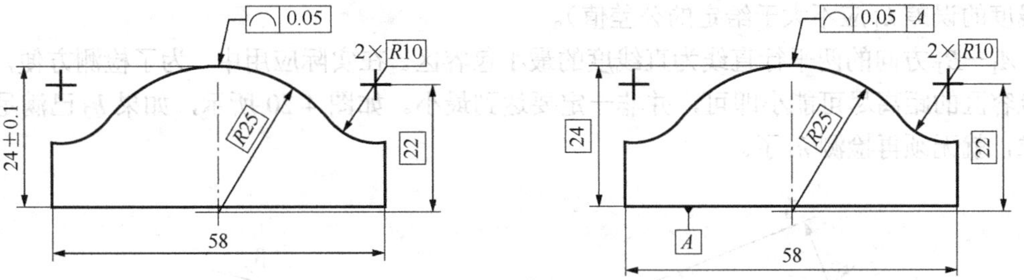

（a）无基准要求　　（b）有基准要求

图 4-17　线轮廓度公差

面轮廓度公差带为直径等于公差数值 *t*、球心位于具有理论正确几何形状的理想轮廓面上的一系列球的两个包络面所限定的区域，如图 4-18 所示。

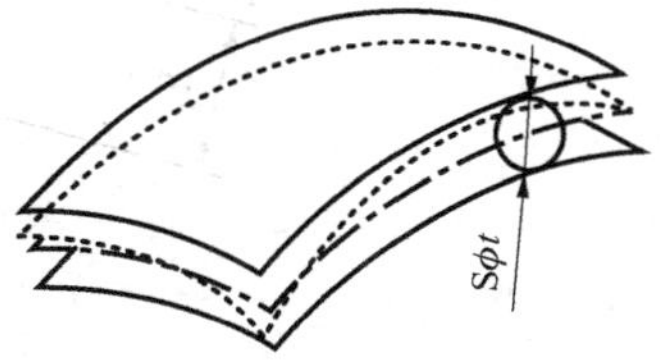

图 4-18　面轮廓度公差带

当被测轮廓面相对于基准有位置要求时，其理想轮廓面是指相对于基准为理想位置的理想轮廓面。

图 4-19 为面轮廓度公差，图 4-19（a）为无基准要求的面轮廓度公差，表示提取（实际）轮廓面应限定在包络直径等于 0.04mm、球心位于具有理论正确几何形状的面上的一系列球的两包络面之间。

图 4-19（b）为有基准要求的面轮廓度公差，表示提取（实际）轮廓面应限定在包络直径等于 0.04mm、球心位于由基准平面 *A* 确定的具有理论正确几何形状的面上的一系列球的两个包络面之间。

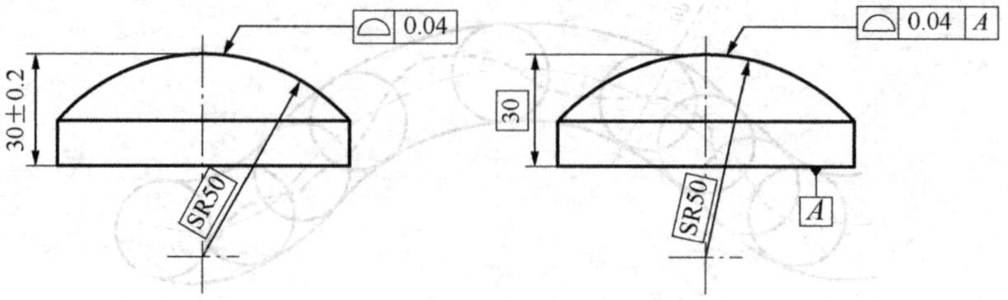

（a）无基准要求　　（b）有基准要求

图 4-19　面轮廓度公差

4.2.2　形状误差及其评定

形状误差是指被测实际要素对其理想要素的变动量，即实际要素与其理想要素比较，如果两者完全重合，那么实际要素形状误差是零；如果实际要素对其理想要素有偏差，那么最大偏差量就是其形状误差。例如，直线度误差的评定，限定直线的变化区域为两条平行的直线，这两条平行直线的方向必须符合最小条件，即它们之间的最大距离为最小，最大距离是要求两条平行直线能包容被测要素，图 4-20 所示为直线度误差评定，图中的 A_1-B_1、A_2-B_2、A_3-B_3 均为最大距离；其中，只有 A_1-B_1 的方向所对应的距离为最小，即 $h_1<h_2<h_3$（因此直线度的误差 h_1 应不大于给定的公差值）。

A_1-B_1 方向的两平行直线为直线度的最小包容区。在实际应用中，为了检测方便，只要该包容区的距离尽可能小即可，并非一定要达到最小。如图 4-20 所示，如果 h_2 已满足公差要求，就无须再检测 h_1 了。

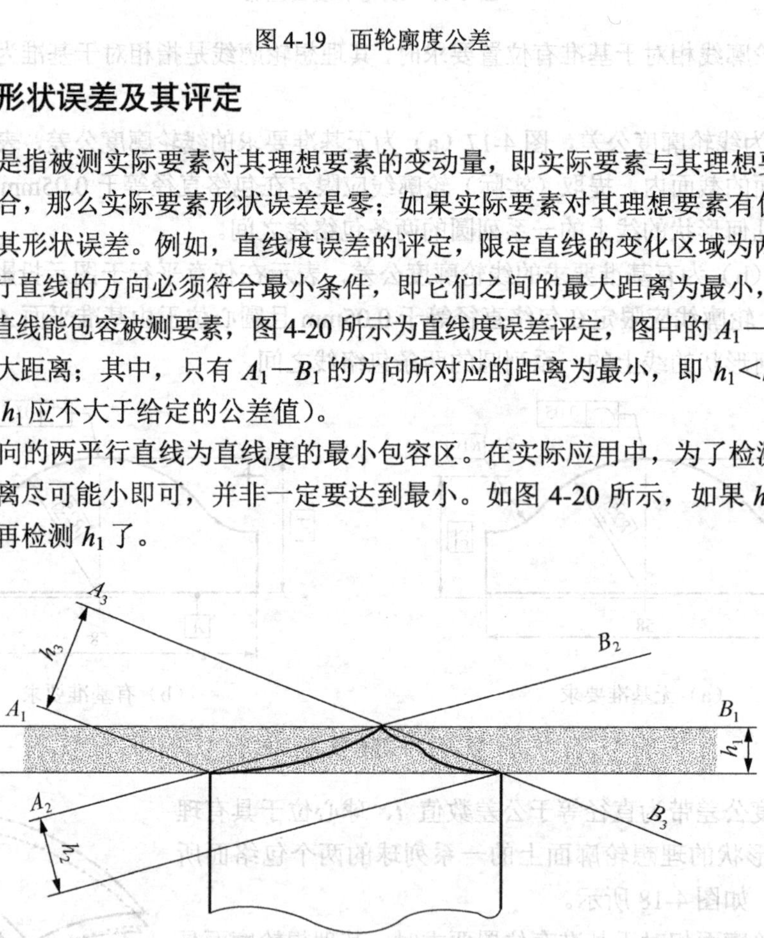

图 4-20　直线度误差评定

4.3　方向公差、位置公差和跳动公差及误差评定

国家标准 GB/T 1182—2018 规定，除形状公差外，还有方向公差、位置公差和跳动公差，而这 3 项公差都是有基准要求的。

4.3.1　基准及误差评定

基准是确定被测要素方向、位置的参考对象。设计时，在图样上标出的基准一般分为以下 3 种：

1）单一基准

由一个要素建立的基准称为单一基准，例如，由一个平面、一根轴线均可建立基准。图 4-21 所示为由一个平面建立的单一基准。

2）组合基准（公共基准）

由两个或两个以上的同类要素所建立的一个独立基准称为组合基准或公共基准，如图 4-22 所示，公共基准轴线 $A-B$ 是由两个直径皆为 ϕd_1 的圆柱面轴线 A、B 所建立的，它是包容两个实际轴线的理想圆柱的轴线，并作为一个独立基准使用。

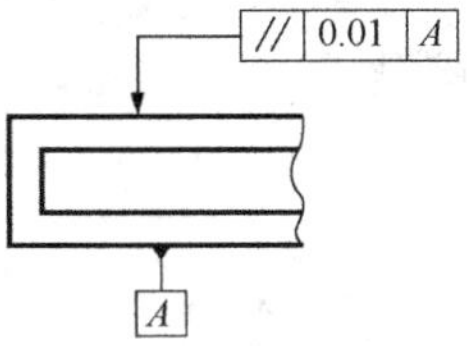

图 4-21　单一基准

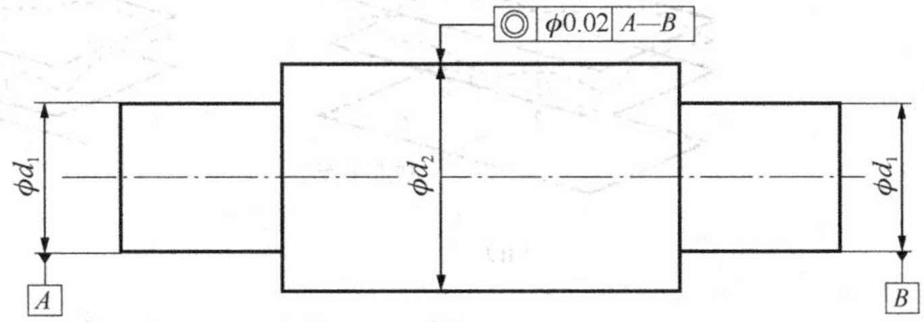

图 4-22　组合基准

3）多基准和三基准体系（三基面体系）

多基准是指有两个或三个基准，即在标注的第三和第四框格内，甚至于第五框格均有基准符号。若为三个基准，则称为三基面体系；该三个基准面必须是由三个两两互相垂直的平面所构成的基准体系。如图 4-23 所示，A、B 和 C 三个平面互相垂直，分别称为第一基准平面、第二基准平面和第三基准平面。应用三基面体系标注图样时，要特别注意基准的顺序。

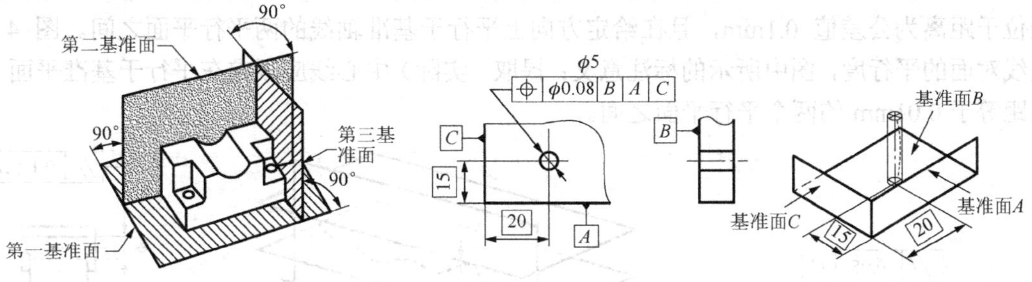

（a）三基面体系　（b）图样标注　（c）公差带

图 4-23　三基面体系

4.3.2　方向公差

方向公差是指关联实际要素对基准在方向上允许的变动全量，包括平行度、垂直度和倾斜度 3 项，它们的被测要素和基准要素都有直线和平面之分。

平行度、垂直度和倾斜度公差带分别相对于基准保持平行、垂直和倾斜一定理论正确角度。

所谓的理论正确尺寸和理论正确角度，即没有公差的尺寸或角度，是一个理想尺寸或角度。标注时需用长方形的框格，如 50° 、60° 。

1. 平行度公差

平行度公差要求被测要素和基准之间的关系是平行关系。当被测要素是平面时，无论基准是平面还是直线，其公差带的形状均是间距为公差值 *t*、平行于基准面（或基准线）的两个平行平面之间的区域，如图 4-24 所示。

在图 4-24 中，提取（实际）表面应限定在间距等于 *t*、平行于基准面 *A* 的两个平行平面之间。

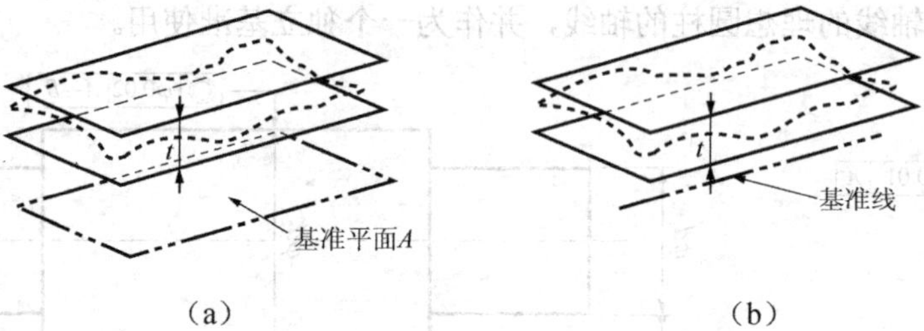

图 4-24　平面的平行度公差带

图 4-25 为面对线的平行度，提取（实际）表面应限定在间距等于 0.05mm、平行于基准轴线 *C* 的两个平行平面之间。

当被测要素为直线时，公差带形状应根据几何公差的要求而确定。当对空间的直线提出给定方向的平行度要求时，平行度公差带是间距为公差值 *t*，且平行于基准线（或基准面），并位于给定方向上的两个平行平面之间的区域。所谓给定方向是指在图样上平行度公差标注的 *X*、*Y*、*Z* 方向。图 4-26 是线对线的平行度，图中所示的标注意义：提取（实际）轴线必须位于距离为公差值 0.1mm，且在给定方向上平行于基准轴线的两平行平面之间。图 4-27 是线对面的平行度，图中所示的标注意义：提取（实际）中心线应限定在平行于基准平面 *A*、间距等于 0.01mm 的两个平行平面之间。

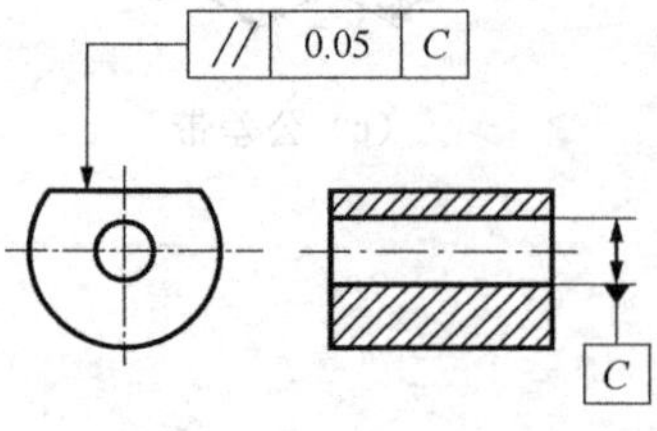

图 4-25　面对线的平行度

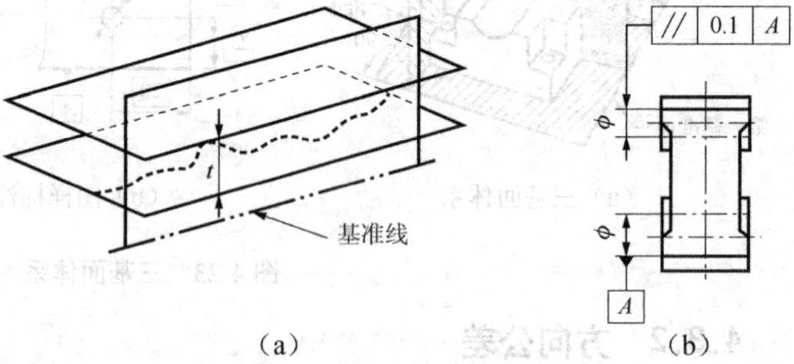

图 4-26　线对线的平行度

当对轴线提出任意方向上的平行度要求时，需在公差值前应加注 ϕ。公差带为轴线平行于基准轴线、直径为公差值 ϕt 的圆柱面所限定的区域，图 4-28 所示为任意方向上线对线的平行度，图中所示标注的意义：提取（实际）中心线应限定在平行于基准轴线 *A*、直径等于 0.03mm 的圆柱面内。

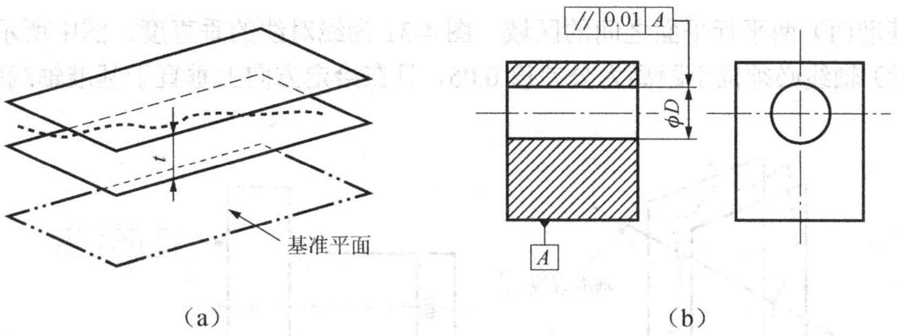

图 4-27 线对面的平行度

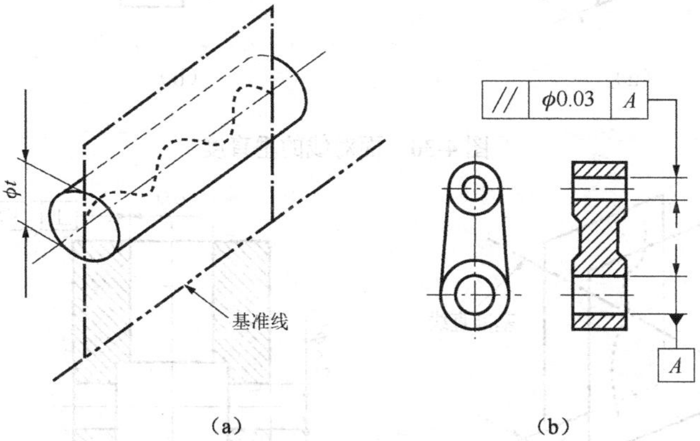

图 4-28 任意方向上线对线的平行度

2. 垂直度公差

垂直度公差要求被测要素和基准之间的关系是垂直关系。当被测要素是平面时，无论基准是平面还是直线，其公差带的形状均是间距为公差值 t、垂直于基准面（或基准线）的两个平行平面之间的区域。

图 4-29 为面对面的垂直度，图中所示标注的意义：提取（实际）表面应限定在间距等于 0.05mm、垂直于基准面 A 的两个平行平面之间。

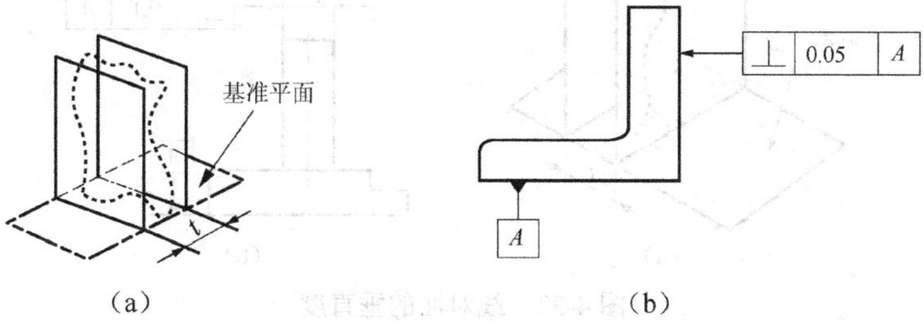

图 4-29 面对面的垂直度

图 4-30 为面对线的垂直度，图中所示标注的意义：提取（实际）表面应限定在间距等于 0.05mm 且垂直于基准轴线 A 的两个平行平面之间。

当被测要素为直线时，公差带形状根据几何公差的要求确定。

当对空间的直线提出给定方向的垂直度要求时，公差带是间距为公差值 t，且垂直于基准线（或基准面）两平行平面之间的区域。图 4-31 为线对线的垂直度，图中所示标注意义：提取（实际）轴线必须位于距离为公差值 0.05，且在给定方向上垂直于基准轴线的两个平行平面之间。

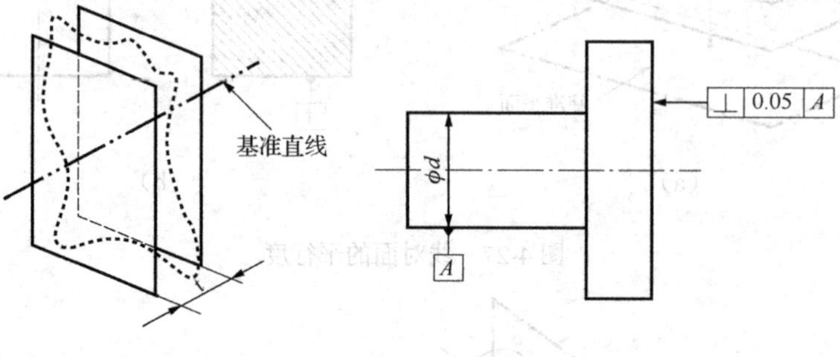

（a）　　　　　　　　　　　　　　　（b）

图 4-30　面对线的垂直度

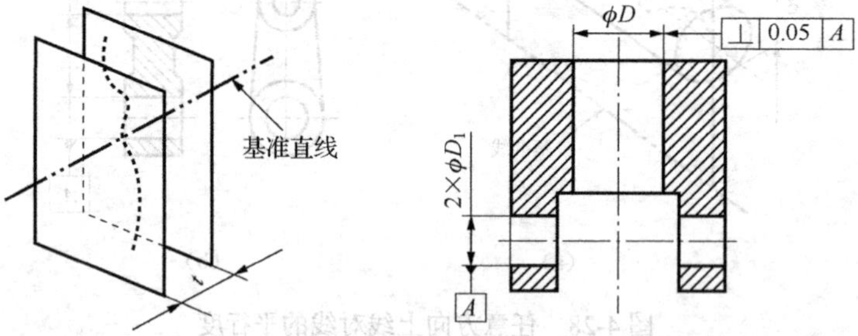

（a）　　　　　　　　　　　　　　　（b）

图 4-31　线对线的垂直度

图 4-32 为线对面的垂直度，图中所示标注意义：在给定的方向上，ϕd 的轴线必须位于距离为公差值 0.1mm，且垂直于基准平面 A 的两个平行平面之间。

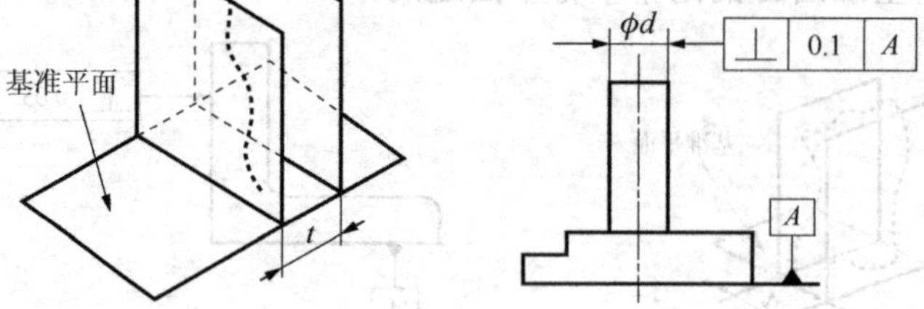

（a）　　　　　　　　　　　　　　　（b）

图 4-32　线对面的垂直度

当对轴线提出任意方向的垂直度要求时，即在公差值前加注 ϕ 时，公差带是直径等于公差值 ϕt 且轴线垂直于基准平面的圆柱面所限定的区域。图 4-33 为任意方向的线对面的垂直度，图中所示标注意义：提取（实际）轴线限定在垂直于基准面 A、直径等于 $\phi 0.01$mm 的圆柱面内。

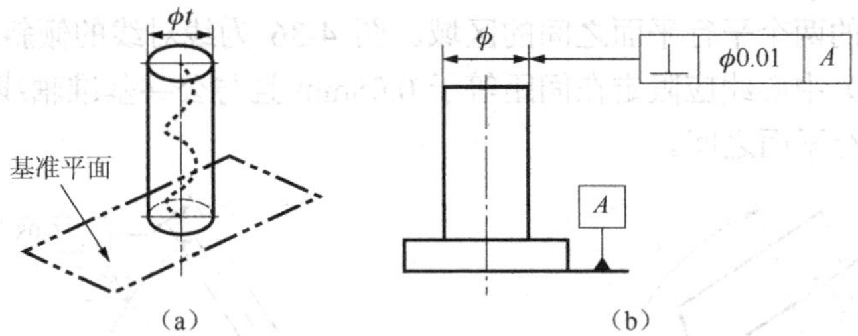

图 4-33　任意方向的线对面的垂直度

3. 倾斜度公差

倾斜度公差要求被测要素与基准要素成一定角度（0°<α<90°）的关系。被测要素与基准要素的倾斜角度必须用理论正确角度表示。

当被测要素是平面时，无论基准是平面还是直线，其公差带的形状均是间距为公差值 *t*、倾斜于基准面（或基准线）的两个平行平面之间的区域。

图 4-34 为面对线的倾斜度，图中所示标注意义：提取（实际）表面应限定在间距等于 0.04mm 且与基准轴线 *A* 成理论正确角度 60° 的两个平行平面之间。

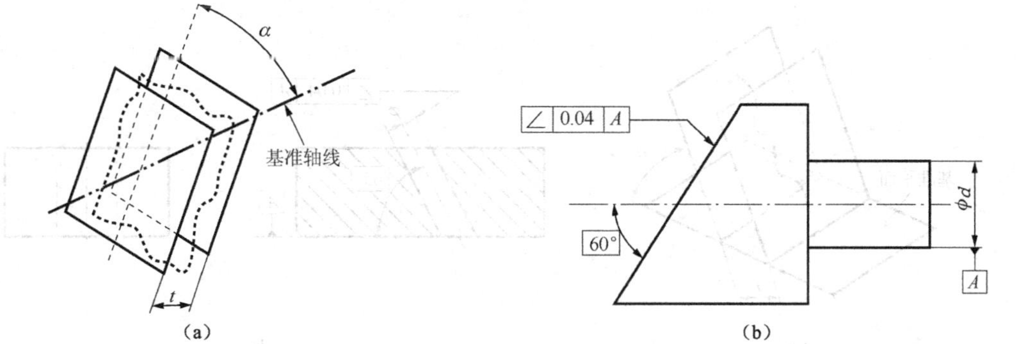

图 4-34　面对线的倾斜度

图 4-35 为面对面的倾斜度，图中所示标注意义：提取（实际）表面应限定在间距等于 0.04mm 且与基准轴平面 *A* 成理论正确角度 30° 的两个平行平面之间。

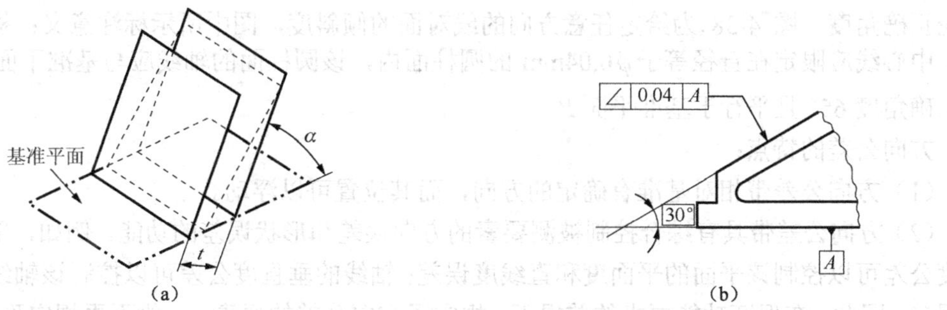

图 4-35　面对面的倾斜度

当被测要素为直线时，公差带形状应根据几何公差的要求而确定。当对空间的直线提出给定方向的倾斜度要求时，其公差带是间距等于公差值 *t*、并与基准线（或基准面）成一个给定理论正确角度的两个平行平面之间的区域。图 4-36 为线对线的倾斜度，图中所示标注意义：提取（实际）中心线应限定在间距等于 0.08mm 且与公共基准轴线 *A*—*B* 成理论正确角度 60° 的两个平行平面之间。

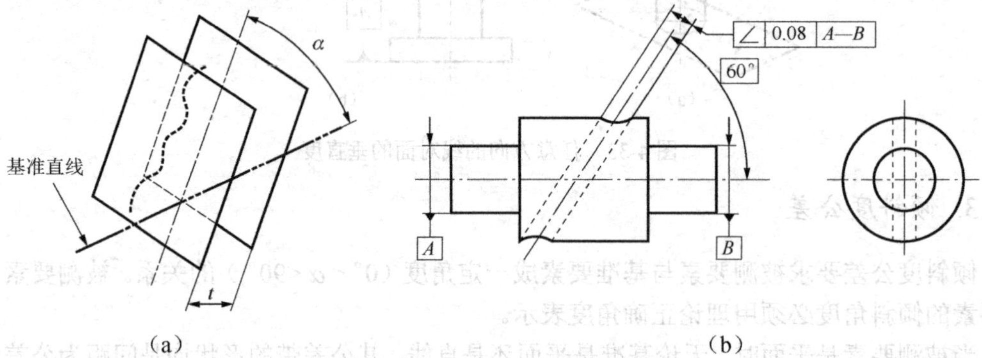

图 4-36　线对线的倾斜度

图 4-37 为线对面的倾斜度，图中所示标注意义：提取（实际）中心线应限定在间距等于 0.04mm 且与基准平面 *A* 成理论正确角度 65° 的两个平行平面之间。

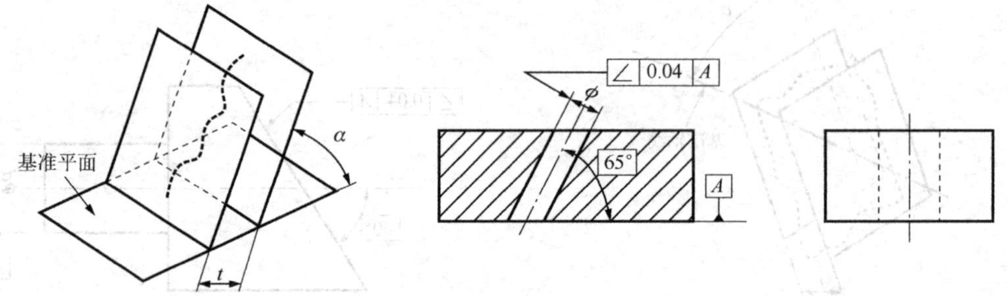

图 4-37　线对面的倾斜度

当设计人员对轴线提出任意方向上的倾斜度公差要求时，需在公差值前加注 ϕ，其公差带为直径等于公差值 ϕt 的圆柱面所限定的区域，该圆柱面的轴线须与基准平面成一给定的理论正确角度。图 4-38 为给定任意方向的线对面的倾斜度，图中所示标注意义：提取（实际）中心线应限定在直径等于 ϕ0.04mm 的圆柱面内，该圆柱面的轴线应与基准平面 *A* 成理论正确角度 65° 且平行于基准平面 *B*。

方向公差的特点：

（1）方向公差带相对基准有确定的方向，而其位置可以浮动。

（2）方向公差带具有综合控制被测要素的方向误差和形状误差的功能。例如，平面的平行度公差可以控制该平面的平面度和直线度误差；轴线的垂直度公差可以控制该轴线的直线度误差。因此，在保证功能要求的前提下，规定了方向公差的要素，一般不再规定形状公差。只有对被测要素的形状精度有进一步要求时，才同时给出形状公差，但形状公差值必须小于方向公差值。

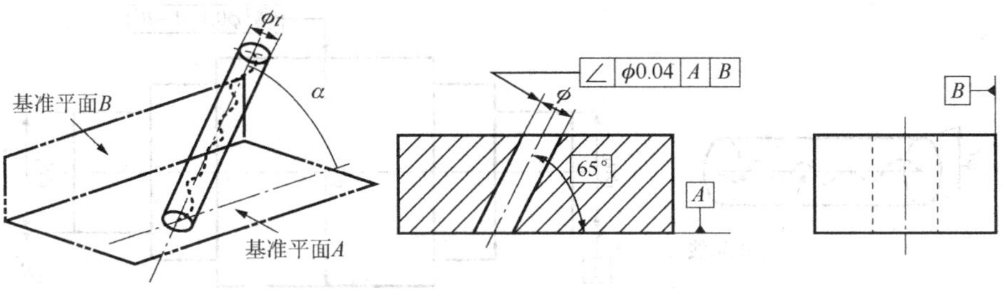

（a）　　（b）　　（c）

图 4-38　给定任意方向的线对面的倾斜度

4.3.3 位置公差

位置公差是关联实际要素对基准在方向和位置上允许的变动全量。根据被测要素和基准要素之间的功能关系，位置公差分为同轴度（同心度）、对称度和位置度。

1）同轴度

同轴度公差用于限制被测要素的轴线与基准要素的轴线同轴的位置误差，是指被测轴线与基准轴线重合的精度要求。当被测要素为点时，称为同心度。

（1）点的同心度。同心度是指被测圆心与基准圆心重合的精度要求，其公差带是直径为公差值 ϕt，且与基准圆心同心的圆内的区域。图 4-39 为点的同心度，图中所示标注意义：在任意横截面（ACS）内，内圆的提取（实际）中心应限定在直径等于 ϕ0.1mm 且与基准点 *A* 同心的圆周内。

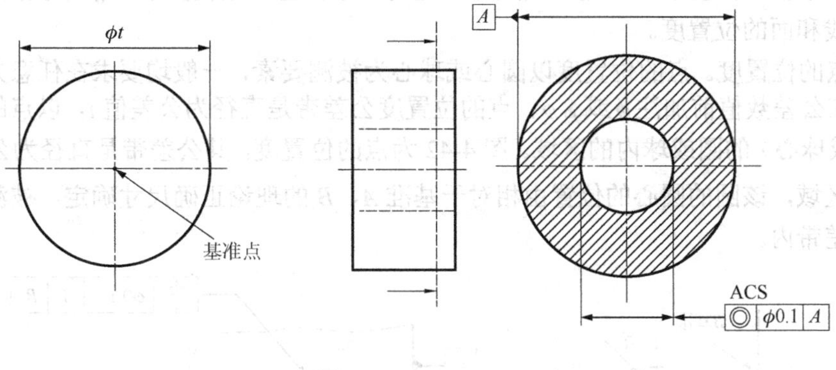

（a）　　（b）

图 4-39　点的同心度

（2）轴线的同轴度。同轴度要求被测要素和基准要素均为轴线。同轴度公差带是直径为公差值 ϕt，且与基准轴线同轴的圆柱面内的区域。图 4-40 为同轴度，图中所示标注意义：ϕd_2 圆柱面的提取（实际）轴线应限定在直径为 ϕ0.1mm 且与公共基准轴线 *A*—*B* 同轴的圆柱面内。

2）对称度

对称度公差涉及的要素是中心平面和轴线，它是指实际被测中心要素的位置对基准的允许变动量。图 4-41 所示为对称度，图中所示标注意义：提取（实际）中心面应限定在间距等于公差值 0.1mm 且相对于基准中心平面对称配置的两个平行平面之间。

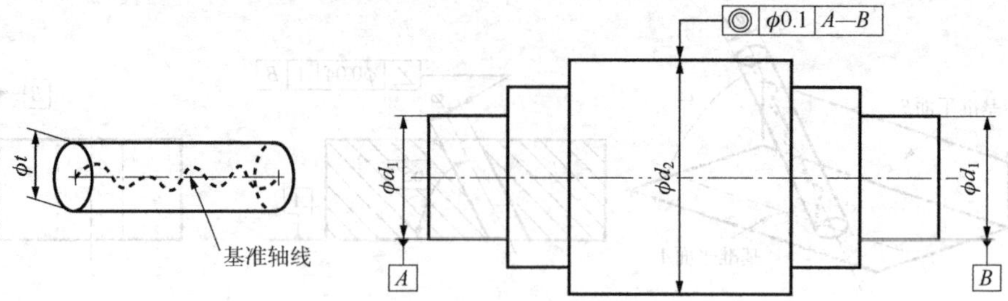

图 4-40　同轴度

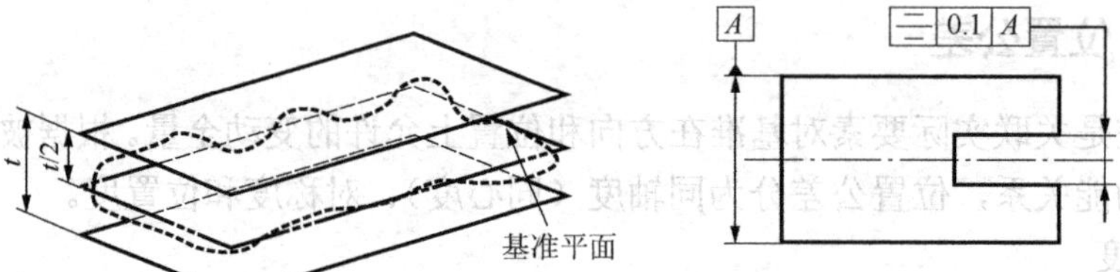

图 4-41　对称度

3）位置度

位置度公差用于限制被测要素（点、线、面）的实际位置对其理想位置的变动。位置度是指被测要素位于由基准和理论正确尺寸确定的理想位置的精度要求。根据被测要素不同，分为点、线和面的位置度。

（1）点的位置度。点的位置度以圆心或球心为被测要素，一般均要求在任意方向上加以控制，应在公差数值前加注ϕ或Sϕ，点的位置度公差带是直径为公差值t，以点的理想位置为圆心（或球心）的圆或球内的区域。图 4-42 为点的位置度，其公差带是直径为公差值$\phi 0.1$的圆内的区域，该圆的圆心的位置由相对于基准A、B的理论正确尺寸确定，被测圆心必须位于该公差带内。

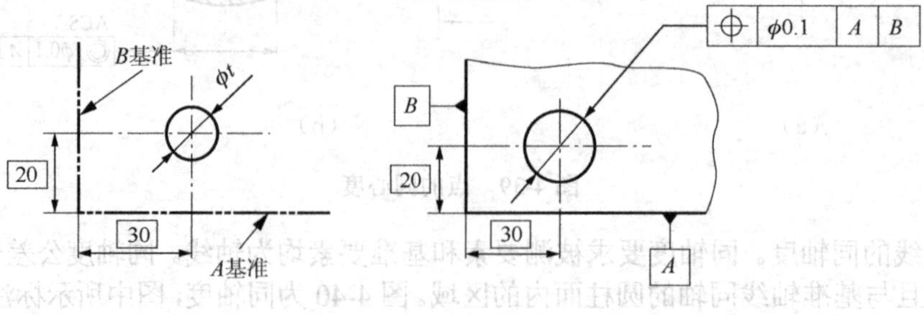

图 4-42　点的位置度

（2）线的位置度。线的位置度可以在一个方向上、互相垂直的两个方向上，以及任意方向上加以控制，如图 4-43 所示。图中所示标注意义：提取（实际）中心线应限定在直径等于$\phi 0.1$mm 的圆柱面内，该圆柱面的轴线的位置应处于由基准平面A、B、C和理论正确尺寸确定的理论正确位置上。

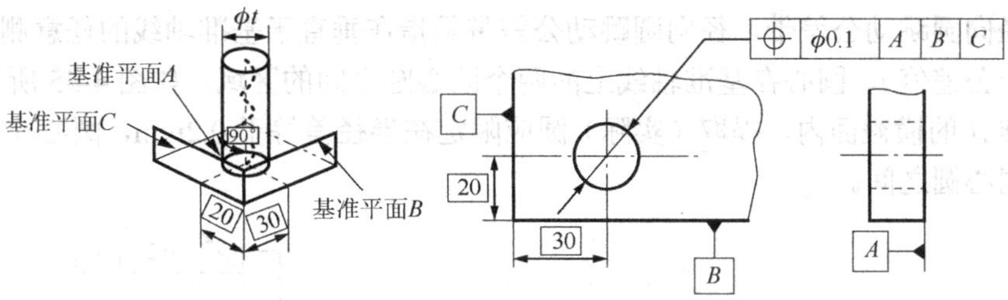

图 4-43　线的位置度

（3）面的位置度。面的位置度公差是对零件表面或中心平面的位置度要求，如图 4-44 所示。图中所示标注意义：提取（实际）表面应限定在间距等于 0.1mm，并以基准轴线 *A* 倾斜 70°，与基准平面 *B* 相距 25mm 的理论正确位置对称配置的两个平行平面之间。

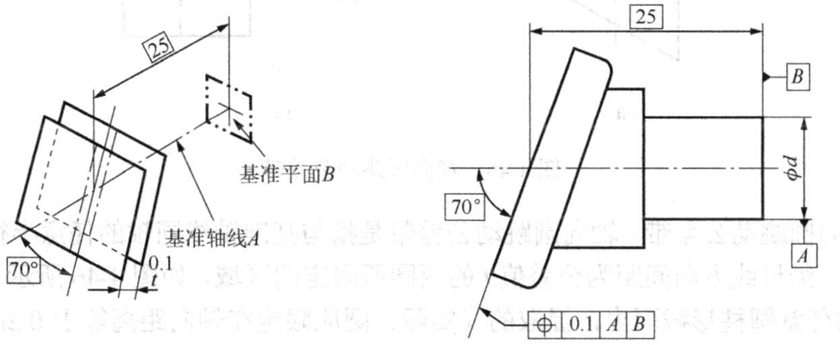

图 4-44　面的位置度

位置公差带的特点如下：

（1）位置公差带具有确定的位置，即固定公差带，公差带的位置由相对于基准的理论正确尺寸（或角度）确定。

（2）位置公差带具有综合控制被测要素位置、方向和形状的功能，例如，平面的位置度公差可以控制该平面的平面度误差和相对于基准的方向误差；同轴度公差可以控制被测轴线的直线度误差和相对于基准轴线的平行度误差。若对同一被测要素需要对方向和形状有进一步要求时，则可给出方向或形状公差，但其数值应小于位置公差值。

4.3.4　跳动公差

跳动公差是关联实际要素绕基准轴线回转一周或连续回转时所允许的最大跳动量。

跳动公差带是按特定的测量方法定义的公差项目，测量方法简便，其被测要素为圆柱面、端平面和圆锥面等组成要素，基准要素为轴线。

跳动公差是实际被测要素在无轴向移动的条件下绕基准轴线回转的过程中（回转一周或连续回转），由指示计在给定的测量方向上对其测得的最大示值与最小示值之差。

跳动公差分为圆跳动公差和全跳动公差。

1）圆跳动公差

圆跳动公差是指被测要素的某一固定参考点围绕基准轴线旋转一周时（零件和测量仪器间无轴向位移）测得的示值最大变动量的允许值。测量时，被测要素回转一周，指示计的位置固定。根据测量方向的不同，圆跳动分为径向圆跳动、轴向圆跳动和斜向圆跳动。

（1）径向圆跳动公差带。径向圆跳动公差带是指在垂直于基准轴线的任意测量平面内、半径差等于公差值 t、圆心在基准轴线上的两个同心圆之间的区域，如图 4-45 所示。在任一垂直于基准 A 的横截面内，提取（实际）圆应限定在半径差等于 0.2mm，圆心在基准轴线 A 上的两个同心圆之间。

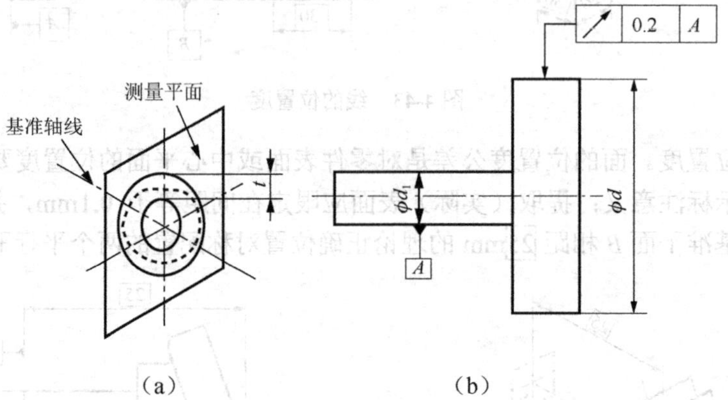

图 4-45　径向圆跳动公差带

（2）轴向圆跳动公差带。轴向圆跳动公差带是指与基准轴线同轴的任意半径位置的测量圆柱截面上，沿母线方向间距为公差值 t 的两圆所限定的区域，如图 4-46 所示。在与基准轴线 A 同轴的任意圆柱形截面内，提取的（实际）圆应限定在轴向距离等于 0.2mm 的两个等圆之间。

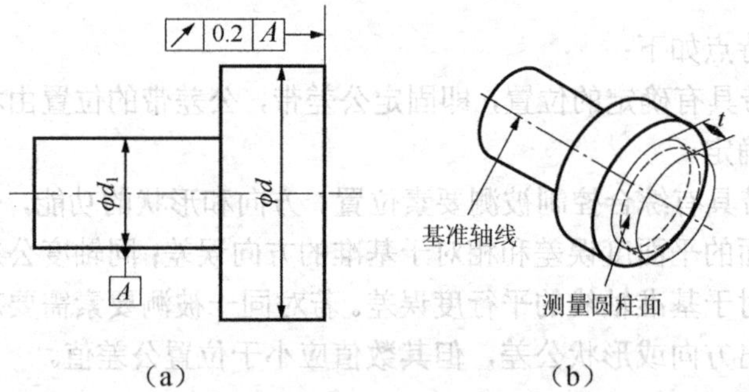

图 4-46　轴向圆跳动公差

（3）斜向圆跳动公差带。斜向圆跳动公差带是指与基准轴线同轴，且母线垂直于被测表面的任意测量圆锥面上，沿母线方向间距为公差值 t 的两圆所限定的圆锥面区域。除特殊规定外，其测量方向是被测面的法线方向，如图 4-47 所示。在与基准轴线 C 同轴的任意圆锥截面上，提取的（实际）线应限定在素线方向距离等于 0.1mm 的两个不等圆之间。

2）全跳动公差

全跳动公差是指被测要素绕基准轴线连续旋转多周，同时指示计作平行或垂直于基准轴线的直线移动时，测得的示值最大变动量的允许值。因此，全跳动是整个被测要素相对于基准轴线的变动量。根据测量方向的不同，可分为径向全跳动和轴向圆跳动。

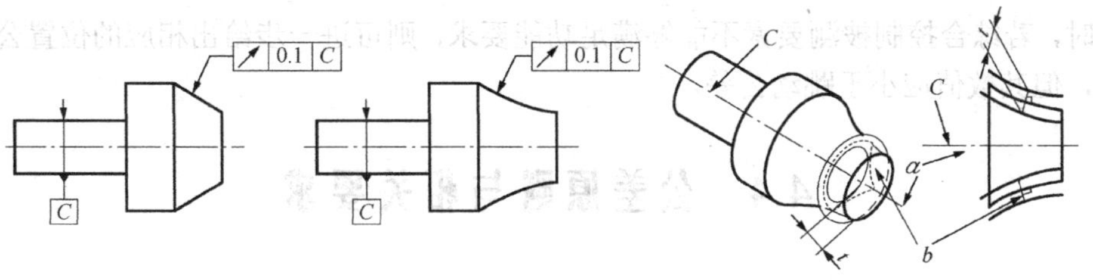

(a) (b) (c) (d)

a—基准轴线；b—公差带

图 4-47 斜向圆跳动公差带

（1）径向全跳动公差带。径向全跳动公差带是指半径差为公差值 t 且与基准轴线同轴的两个圆柱面所限定的区域，如图 4-48 所示。提取（实际）表面应限定在半径差等于 0.2mm 且与基准轴线同轴的两个圆柱面之间。

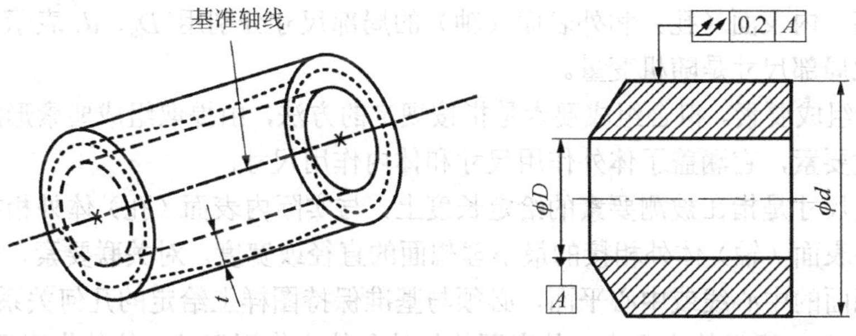

(a) (b)

图 4-48 径向全跳动公差

（2）轴向全跳动公差带。轴向全跳动公差带是指间距为公差值 t 且与基准轴线垂直的两平行平面之间的区域，如图 4-49 所示。提取（实际）端面应限定在间距等于 0.2mm，且垂直于基准轴线 A 的两个平行平面之间。

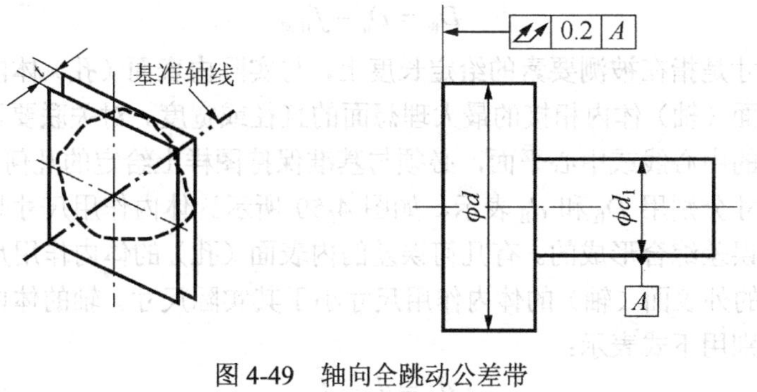

图 4-49 轴向全跳动公差带

跳动公差带的特点如下：

（1）跳动公差涉及基准，公差带的方位是由基准所确定的。

（2）跳动公差具有综合控制被测要素的位置、方向和形状的作用。例如，径向圆跳动公差带可综合控制同轴度和圆度误差；径向全跳动公差带可综合控制同轴度和圆柱度误差；轴向全跳动公差带可综合控制端面对基准轴线的垂直度误差和端面平面度误差。因此，采用跳动公差时，若综合控制被测要素不能够满足功能要求，则可进一步给出相应的位置公差和形状公差，但其数值应小于跳动公差。

4.4 公差原则与相关要求

对机械零件的同一被测要素既有尺寸公差要求，又有几何公差要求时，处理尺寸公差与几何公差两者之间关系的原则称为公差原则。公差原则分为独立原则和相关要求，根据被测要素所遵守的边界不同，相关要求又可分为包容要求、最大实体要求、最小实体要求和可逆要求。

4.4.1 基本概念

（1）提取组成要素的局部尺寸（提取圆柱面或两个平行提取表面），即要素上两个对应点之间的距离。内表面（孔）和外表面（轴）的局部尺寸分别用 D_a、d_a 表示。由于存在形状误差，因此局部尺寸是随机变量。

（2）拟合组成要素。拟合组成要素是指按规定的方法，由提取组成要素形成的且具有理想形状的组成要素，它涵盖了体外作用尺寸和体内作用尺寸。

体外作用尺寸是指在被测要素的给定长度上，与实际内表面（孔）体外相接的最大理想面或与实际外表面（轴）体外相接的最小理想面的直径或宽度。对关联要素，体现其体外作用尺寸的理想面的中心线或中心平面，必须与基准保持图样上给定的几何关系。

图 4-50 为单一要素的实际内、外表面的体外和体内作用尺寸。体外作用尺寸分别用 D_{fe} 和 d_{fe} 表示。体外作用尺寸是由被测要素的实际尺寸和几何误差综合形成的。有几何误差的内表面（孔）的体外作用尺寸小于其实际尺寸，有几何误差的外表面（轴）的体外作用尺寸大于其实际尺寸。通俗地讲，由于孔、轴存在几何误差 f，当孔和轴配合时，孔显得小了，轴显得大了。轴的体外作用尺寸和孔的体外作用尺寸分别用下式表示：

$$
\begin{aligned}
d_{fe} &= d_a + f_{几何} \\
D_{fe} &= D_a - f_{几何}
\end{aligned} \tag{4-1}
$$

体内作用尺寸是指在被测要素的给定长度上，与实际内表面（孔）体内相接的最小理想面或与实际外表面（轴）体内相接的最大理想面的直径或宽度。对关联要素，体现其体内作用尺寸的理想面的中心线或中心平面，必须与基准保持图样上给定的几何关系。

体内作用尺寸分别用 D_{fi} 和 d_{fi} 表示，如图 4-50 所示。体内作用尺寸是也由被测要素的实际尺寸和几何误差综合形成的。有几何误差的内表面（孔）的体内作用尺寸大于其实际尺寸，有几何误差的外表面（轴）的体内作用尺寸小于其实际尺寸。轴的体内作用尺寸和孔的体内作用尺寸分别用下式表示：

$$
\begin{aligned}
d_{fi} &= d_a - f_{几何} \\
D_{fi} &= D_a + f_{几何}
\end{aligned} \tag{4-2}
$$

（3）最大实体状态（MMC）、最大实体边界（MMB）与最大实体尺寸（MMS）。

最大实体状态（MMC）是指假定提取组成要素的局部尺寸处处位于极限尺寸内，且使其具有实体最大时的状态。

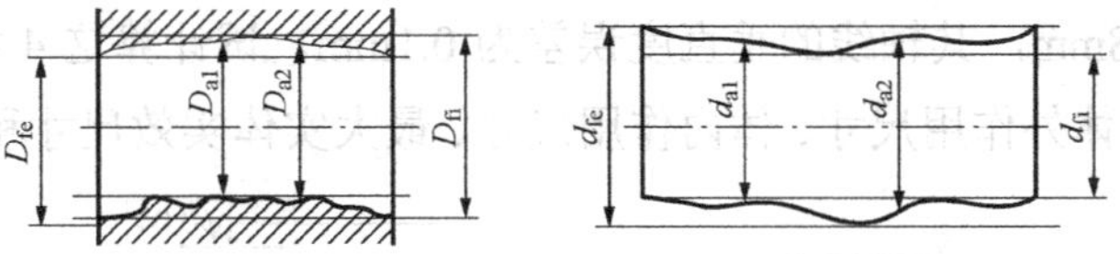

（a）内表面（孔）　　（b）外表面（轴）

图 4-50　单一要素的实际内、外表面的体外和体内作用尺寸

最大实体边界（MMB）为最大实体状态的理想形状的极限包容面。

最大实体尺寸（MMS）为要素最大实体状态的尺寸，即外尺寸要素的上极限尺寸（d_M），内尺寸要素的下极限尺寸（D_M），$D_M=D_{min}$，$d_M=d_{max}$。

（4）最小实体状态（LMC）、最小实体边界（LMB）与最小实体尺寸（LMS）。

最小实体状态（LMC）是指假定提取组成要素的局部尺寸处处位于极限尺寸，且使其具有实体最小时的状态。

最小实体边界（LMB）为最小实体状态的理想形状的极限包容面。

最小实体尺寸（LMS）为要素最小实体状态的尺寸，即外尺寸要素的下极限尺寸（d_L），内尺寸要素的上极限尺寸（D_L），$D_L=D_{max}$，$d_L=d_{min}$。

（5）最大实体实效状态（MMVC）、最大实体实效边界（MMVB）与最大实体实效尺寸（MMVS）。

最大实体实效状态（MMVC）是指拟合要素的尺寸为其最大实体实效尺寸（MMVS）时的状态。

最大实体实效状态对应的极限包容面称为最大实体实效边界（MMVB）。

最大实体实效尺寸（MMVS）是尺寸要素的最大实体尺寸与其导出要素的几何公差（形状、方向或位置）共同作用产生的尺寸。对于内尺寸（D_{MV}），它等于最大实体尺寸 D_M 与带有Ⓜ的几何公差值 t 之差；对于外尺寸（d_{MV}），它等于最大实体尺寸 d_M 与带有Ⓜ的几何公差值 t 之和，即

$$D_{MV}=D_M-t\,Ⓜ=D_{min}-t\,Ⓜ$$
$$d_{MV}=d_M+t\,Ⓜ=d_{max}+t\,Ⓜ \tag{4-3}$$

（6）最小实体实效状态（LMVC）、最小实体实效边界（LMVB）与最小实体实效尺寸（LMVS）。

最小实体实效状态（LMVC）是拟合要素的尺寸为其最小实体实效尺寸（LMVS）时的状态。

最小实体实效状态对应的极限包容面称为最小实体实效边界（LMVB）。

最小实体实效尺寸（LMVS）是指尺寸要素的最小实体尺寸与其导出要素的几何公差（形状、方向或位置）共同作用产生的尺寸。对于内尺寸（D_{LV}），它等于最小实体尺寸 D_L 与带有Ⓛ的几何公差值 t 之和；对于外尺寸（d_{LV}），它等于最小实体尺寸 d_L 与带有Ⓛ的几何公差值 t 之差，即

$$D_{LV}=D_L+t\,Ⓛ=D_{max}+t\,Ⓛ$$
$$d_{LV}=d_L-t\,Ⓛ=d_{min}-t\,Ⓛ \tag{4-4}$$

【例 4-1】 图 4-51 为孔、轴零件，按图 4-51（a）、（b）所示加工轴、孔零件，测得直径尺寸为 ϕ18mm，其轴线的直线度误差为 0.03mm；按图 4-51（c）、（d）所示加工轴、孔零件，

测得直径尺寸为ϕ18mm，其轴线的垂直度误差为0.1mm。试计算这4种情况的最大实体尺寸、最小实体尺寸、体外作用尺寸、体内作用尺寸、最大实体实效尺寸和最小实体实效尺寸。

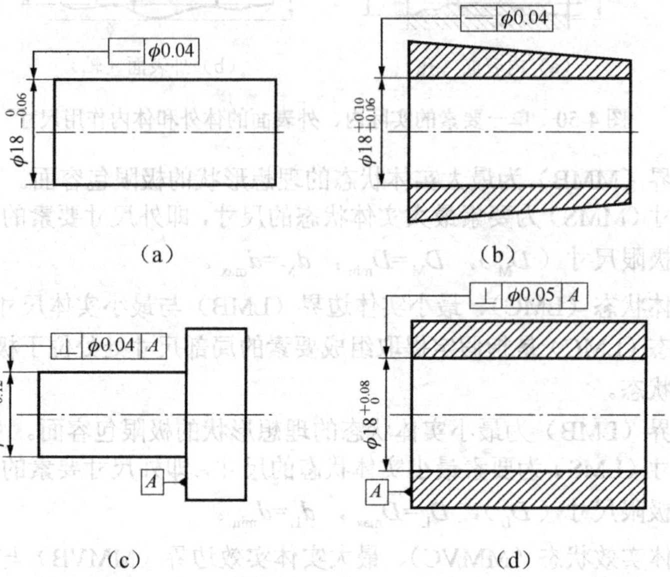

图4-51 孔、轴零件

解：（1）由图4-51（a）可知：

$d_a = 18$，$f_- = 0.03$

$d_M = d_{max} = 18$，　$d_L = d_{min} = 18 - 0.06 = 17.94$

$d_{fe} = d_a + f_- = 18 + 0.03 = 18.03$，　$d_{fi} = d_a - f_- = 18 - 0.03 = 17.97$

$d_{MV} = d_M + t = 18 + 0.04 = 18.04$，　$d_{LV} = d_L - t = 17.94 - 0.04 = 17.90$

（2）同理，可算出图4-51（b）的各项尺寸：

$D_a = 18$，$f_- = 0.03$

$D_M = D_{min} = 18 + 0.06 = 18.06$，　$D_L = D_{max} = 18 + 0.10 = 18.10$

$D_{fe} = D_a - f_- = 18 - 0.03 = 17.97$，　$D_{fi} = D_a + f_- = 18 + 0.03 = 18.03$

$D_{MV} = D_M - t = 18.06 - 0.04 = 18.02$，　$D_{LV} = D_L + t = 18.10 + 0.04 = 18.14$

（3）图4-51（c）中的各项尺寸计算如下：

$d_a = 18$，$f_\perp = 0.1$

$d_M = d_{max} = 18 - 0.06 = 17.94$，　$d_L = d_{min} = 18 - 0.12 = 17.88$

$d_{fe} = d_a + f_\perp = 18 + 0.1 = 18.1$，　$d_{fi} = d_a - f_\perp = 18 - 0.1 = 17.9$

$d_{MV} = d_M + t = 17.94 + 0.04 = 17.98$，　$d_{LV} = d_L - t = 17.88 - 0.04 = 17.84$

（4）图4-51（d）中的各项尺寸计算如下：

$D_a = 18$，$f_\perp = 0.1$

$D_M = D_{min} = 18$，　$D_L = D_{max} = 18 + 0.06 = 18.06$

$D_{fe} = D_a - f_\perp = 18 - 0.1 = 17.9$，　$D_{fi} = D_a + f_\perp = 18 + 0.1 = 18.1$

$D_{MV} = D_M - t = 18 - 0.05 = 17.95$，　$D_{LV} = D_L + t = 18.06 + 0.05 = 18.11$

4.4.2 独立原则

独立原则是指图样上给定的几何公差和尺寸公差相互无关、彼此独立，应分别满足各自要求的公差原则。它是几何公差和尺寸公差相互关系所遵循的基本原则。

遵守独立原则的公差要求无须在图样上特别注明。如果对尺寸和几何（形状、方向或位置）要求之间的相互关系有特定要求时，应在图样上单独标明。

独立原则的标注如图4-52所示，其含义：零件加工后的局部尺寸应在 19.979～20mm 之间变动，即19.979mm ≤ d_a ≤ 20 mm，任意正截面的圆度误差不得大于0.004mm，即 $f_{○}$ ≤ 0.004mm，素线的直线度误差不得大于 0.01mm，即 $f_{—}$ ≤ 0.01mm。其中，只有圆度误差和直线度误差的允许值与零件的实际尺寸无关，并且实际尺寸和圆度误差和直线度误差都合格，该零件才合格。只要有一项不合格，该零件就不合格。

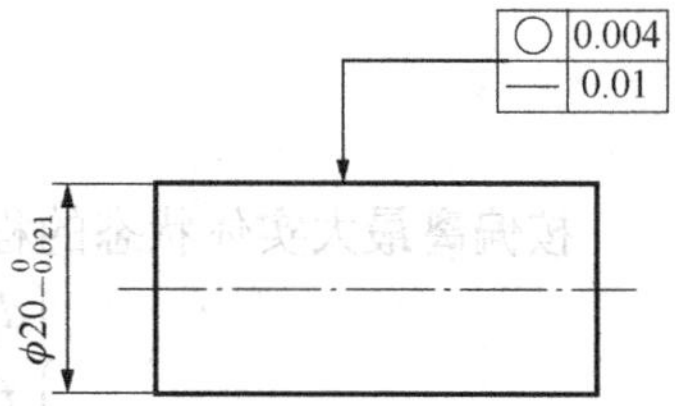

图4-52 独立原则的标注

4.4.3 包容要求（ER）

1. 包容要求的含义及在图样上的标注方法

包容要求是指尺寸要素的非理想要素不得违反其最大实体边界（MMVB）的一种尺寸要素要求。包容要求仅适用于单一要素，例如圆柱表面或两个平行平面，即仅对零件要素本身提出形状公差要求的要素。包容要求是要求提取组成要素不得超越其最大实体边界（MMB），其局部尺寸不得超出最小实体尺寸（LMS）的一种公差要求。

图4-53为包容要求标注示例及解释。采用包容要求的单一要素应在其尺寸极限偏差或公差带代号后加注符号Ⓔ，其标注方法如图4-53（a）所示。其中，被测轴的尺寸公差为0.021mm，$d_M=d_{max}=\phi 20$mm，$d_L=d_{min}=\phi 19.979$mm；其遵守的边界为最大实体边界，边界尺寸为最大实体尺寸20mm。在最大实体状态下，如图4-53（b）所示，给定的形状公差为0，此时不允许存在形状误差；当提取要素局部尺寸偏离最大实体尺寸时，形状公差得到补偿。当提取要素的局部尺寸为最小实体尺寸19.979mm时，形状公差获得补偿量最多。此时形状公差的最大值可以等于尺寸公差0.021mm，如图4-53（c）所示。其动态公差图如图4-53（d）所示。补偿量的一般计算公式为$t_{补}=|\mathrm{MMS}-d_a(D_a)|$；当要素的局部尺寸处处为最小实体尺寸时，形状公差获得的补偿量最多，即$t_{补max}=|\mathrm{MMS}-\mathrm{LMS}|=T_D(T_d)$。

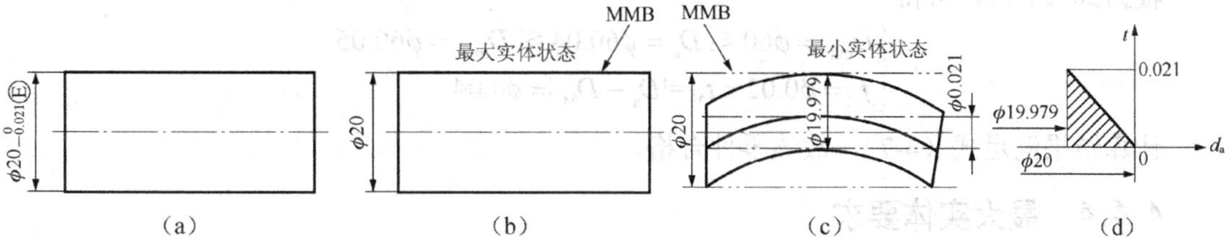

图4-53 包容要求标注示例及解释

2. 应用包容要求零件的合格条件

根据包容要求的含义，可以得出零件合格条件（泰勒原则）。

对于内尺寸：

$$\begin{cases} D_{fe} \geqslant D_M \\ D_a \leqslant D_L \end{cases} 即 \begin{cases} D_a - f_{形状} \geqslant D_{min} \\ D_a \leqslant D_{max} \end{cases} \tag{4-5}$$

对于外尺寸：

$$\begin{cases} d_{fe} \leqslant d_M \\ d_a \geqslant d_L \end{cases} 即 \begin{cases} d_a + f_{形状} \leqslant d_{max} \\ d_a \geqslant d_{min} \end{cases} \tag{4-6}$$

按偏离最大实体状态的程度，可计算出形状公差的补偿值：

$$\begin{cases} d_{min} \leqslant d_a \leqslant d_{max} \ 或\ D_{min} \leqslant D_a \leqslant D_{max} \\ f_{形状} = t_{补} \end{cases} \tag{4-7}$$

3. 包容要求的主要应用范围

包容要求主要用于严格保证配合性质的场合，即用最大实体边界保证所需要的最小间隙或最大过盈，用最小实体尺寸防止间隙过大或过盈过小。按包容要求给出单一要素的尺寸公差后，若对该要素的形状精度有更高的要求，则可进一步给出形状公差值，该形状公差值必须小于尺寸公差值。

【例 4-2】 按尺寸 $\phi 60_{-0.05}^{\ 0}$ Ⓔ加工一个轴，加工后测得该轴的实际尺寸 $d_a = \phi 59.97$mm，其轴线直线度误差 $f_- = \phi 0.02$mm，试判断该零件是否合格。

解：由题意可得

$$d_{max} = \phi 60\text{mm},\ d_{min} = \phi 59.95\text{mm}$$

根据式（4-6），可得

$$\begin{cases} d_{fe} = d_a + f_- = \phi 59.97 + \phi 0.02 = \phi 59.99 < d_M = d_{max} = \phi 60 \\ d_a = \phi 59.97 > d_L = d_{min} = \phi 59.95 \end{cases}$$

计算结果满足式（4-6），故该零件合格。

【例 4-3】 按尺寸 $\phi 60_{\ 0}^{+0.05}$ Ⓔ加工一个孔，加工后测得该孔的实际尺寸 $D_a = \phi 60.04$mm，其轴线直线度误差 $f_- = \phi 0.02$mm，试判断该零件是否合格。

解：由题意可得

$$D_{max} = \phi 60.05\text{mm},\ D_{min} = \phi 60\text{mm}$$

根据式（4-7），可得

$$\begin{cases} D_{min} = \phi 60 \leqslant D_a = \phi 60.04 \leqslant D_{max} = \phi 60.05 \\ f_- = \phi 0.02 < t_{补} = |D_a - D_M| = \phi 0.04 \end{cases}$$

计算结果满足式（4-7），故该零件合格。

4.4.4 最大实体要求

1. 最大实体要求的含义及在图样上的标注方法

当应用于注有公差要求的要素，其提取组成要素不得违反其最大实体实效状态，即在给定长度上处处不得超出最大实体实效边界；其提取局部尺寸不得超出最大和最小实体尺寸。

最大实体要求适用于中心要素。要素的几何公差值$t_{几何}$是在该要素处于最大实体状态时给出的，当提取组成要素偏离其最大实体状态，即拟合要素的尺寸偏离其最大实体尺寸时，几何误差值可以超出在最大实体状态下给出的几何公差值，补偿量的一般计算公式为$t_{补}=\left|\mathrm{MMS}-d_a(D_a)\right|$，若关联被测要素采用最大实体要求，而给出的最大实体状态下的几何公差值为零时，称为最大实体要求的零几何公差。此时，被测要素的最大实体实效边界等于最大实体边界，且该边界应与基准保持图样上给定的几何关系。

图 4-54 为最大实体要求的标注方法。最大实体要求既适用于被测要素，又适用于基准要素。当应用于被测要素，标注如图 4-54（a）所示；当应用于基准要素时，标注如图 4-54（b）所示。

图 4-54　最大实体要求的标注方法

图 4-55 为最大实体要求应用于单一要素，如图 4-55（d）所示，几何公差与尺寸公差的关系可以用动态公差图表示。由于给定的几何公差值不为零，故动态公差图的图形一般为直角梯形。

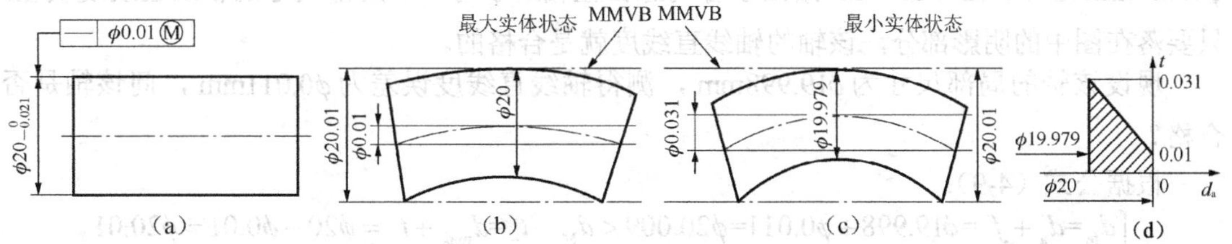

图 4-55　最大实体要求应用于单一要素

2. 应用最大实体要求零件的合格条件

1）零件合格条件

（1）根据最大实体要求的含义，可得出零件合格条件如下。

对于内表面（孔）：

$$\begin{cases} D_{fe} \geqslant D_{MV} \\ D_M \leqslant D_a \leqslant D_L \end{cases}，即 \begin{cases} D_a - f_{几何} \geqslant D_M - t_{几何} = D_{min} - t_{几何} \\ D_{min} \leqslant D_a \leqslant D_{max} \end{cases} \tag{4-8}$$

对于外表面（轴）：

$$\begin{cases} d_{fe} \leqslant d_{MV} \\ d_L \leqslant d_a \leqslant d_M \end{cases} 即 \begin{cases} d_a + f_{几何} \leqslant d_M + t_{几何} = d_{max} + t_{几何} \\ d_{min} \leqslant d_a \leqslant d_{max} \end{cases} \tag{4-9}$$

（2）根据偏离最大实体状态判断。

按偏离最大实体状态的程度可计算出几何公差的补偿值。

$$\begin{cases} d_{min} \leqslant d_a \leqslant d_{max} \text{ 或 } D_{min} \leqslant D_a \leqslant D_{max} \\ f_{几何} \leqslant t_{几何} + t_{补} \end{cases} \tag{4-10}$$

3. 最大实体要求应用范围

最大实体要求主要应用于保证装配要求的场合，一般只能用于导出要素（中心要素）。设计时如能正确地应用最大实体要求，就可以充分利用尺寸公差补偿几何公差，有利于制造和检验，将给生产带来有利的经济效果。例如，用螺栓或螺钉连接的圆盘零件上圆周布置的通孔的位置度公差就是广泛采用最大实体要求，以便充分利用图样上给出的通孔尺寸公差，获得最佳的技术经济效益。

【例 4-4】 以图 4-55（a）所示的轴为例，直径为$\phi 20_{-0.021}^{\ 0}$轴的轴线直线度公差与尺寸公差的关系采用最大实体要求。该轴应满足下列要求：

（1）轴的局部尺寸必须在最大实体尺寸ϕ20mm 和最小实体尺寸ϕ19.979mm 之间变化。

（2）提取组成要素不超出最大实体实效边界，即体外作用尺寸不得超出最大实体实效尺寸。该轴的最大实体实效尺寸为

$$d_{\rm MV}=d_{\rm M}+t_{几何}=d_{\max}+t_{-}=\phi 20+\phi 0.01=\phi 20.01\text{mm}$$

在图 4-55（b）中，当轴处于最大实体状态时，即轴的实际尺寸处处均为最大实体尺寸 20mm 时，轴线直线度误差的允许值为给定的公差值ϕ0.01 mm。在图 4-55（c）中，当轴处于最小实体状态时，即轴的局部尺寸处处为最小实体尺寸 19.979mm 时，轴线直线度误差的允许值达到最大值ϕ0.031mm，即图样上给定的直线度公差值ϕ0.01 mm 与轴的尺寸公差ϕ0.021mm 之和。图 4-55（d）给出了各动态公差相对于每一个局部尺寸的轴线直线度误差，只要落在图中的阴影部分，该轴的轴线直线度就是合格的。

现设该轴的局部尺寸为ϕ19.998mm，测得轴线直线度误差为ϕ0.011mm，问该轴是否合格？

根据公式（4-9）：

$$\begin{cases} d_{\rm fe}=d_{\rm a}+f_{-}=\phi 19.998+\phi 0.011=\phi 20.009<d_{\rm M}+t_{-}=d_{\max}+t_{-}=\phi 20+\phi 0.01=\phi 20.01 \\ d_{\min}=\phi 19.979<\phi 19.998<d_{\max}=\phi 20 \end{cases}$$

因此，该轴合格。

【例 4-5】 最大实体要求应用于关联要素的示例及解释，如图 4-56 所示。

图 4-56（a）所示的图样标注含义：直径为$\phi 50_{0}^{+0.13}$ mm 孔的轴线对基准平面 A 的垂直度公差与尺寸公差的关系采用最大实体要求，当孔处于最大实体状态时，其轴线垂直度公差值为 0.08mm，局部尺寸应在 50～50.13mm 范围内。按式（4-3）计算，孔的最大实体实效尺寸为

$$D_{\rm MV}=D_{\rm M}-t_{几何}=D_{\max}-t_{\perp}=\phi 50-\phi 0.08=\phi 49.92\text{mm}$$

当孔的局部尺寸处处皆为最大实体尺寸 50mm 时，轴线垂直度误差允许值为 0.08mm，如图 4-56（b）所示；当孔的局部尺寸处处皆为最小实体尺寸 50.13mm 时，轴线垂直度误差允许值可以增大到 0.21mm，如图 4-56（c）所示，即等于图样上标注的轴线垂直度公差值 0.08mm 与孔尺寸公差值 0.13mm 之和。图 4-56（d）给出了轴线垂直度公差 t 随孔实际尺寸 $D_{\rm a}$ 变化规律的动态公差图。相对于每一个局部尺寸，孔的轴线垂直度误差，只要落在图中的阴影部分，该孔的轴线垂直度就是合格的。

设孔的实际尺寸为ϕ50.12mm，若测得轴线垂直度误差值为ϕ0.12mm，则按偏离最大实体状态来判断。

$$\begin{cases} f_{几何}=f_{\perp}=\phi 0.12 < t_{\perp} = 给定值+补偿值=\phi 0.08+(\phi 50.12-\phi 50)=\phi 0.2 \\ \phi 50 < \phi 50.12 < \phi 50.13 \end{cases}$$

因此，该孔合格。

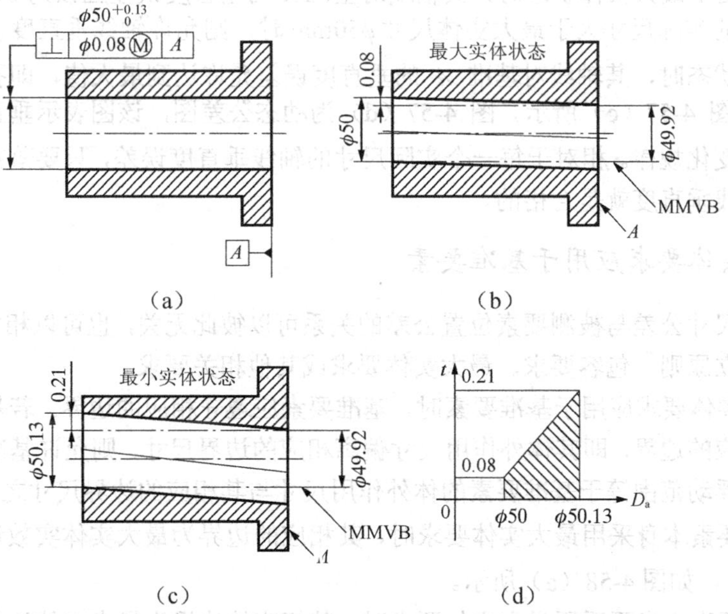

图 4-56 最大实体要求应用于关联要素的示例及解释

【例 4-6】 图 4-57 所示为最大实体要求的零几何公差，垂直度公差值为 0，即零公差。该孔应该满足下列要求：

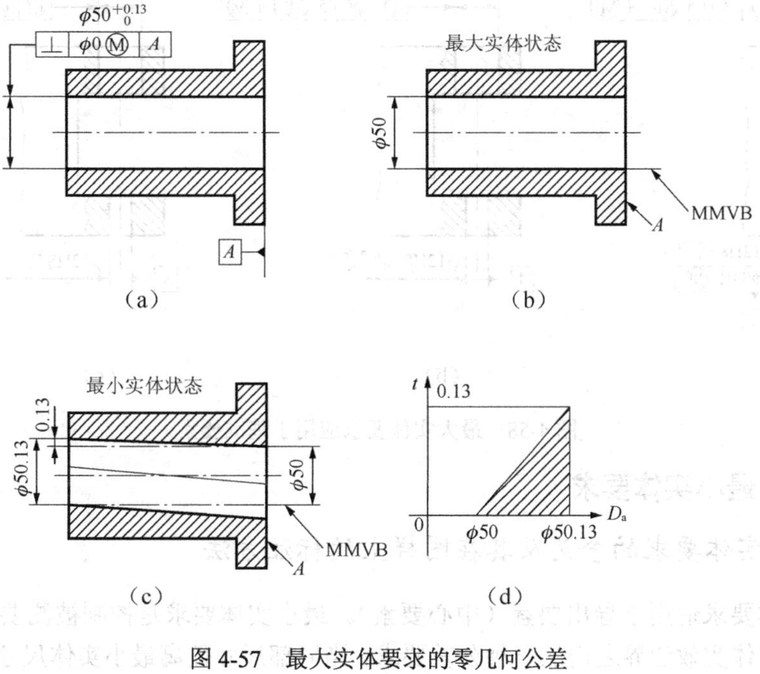

图 4-57 最大实体要求的零几何公差

（1）局部尺寸应在最大实体尺寸 ϕ50mm 和最小实体尺寸 ϕ50.13mm 之间变化。

（2）实际轮廓不超出关联最大实体边界，其关联体外作用尺寸不小于最大实体尺寸 ϕ50mm。

（3）当孔处于最大实体状态时，其轴线对基准 *A* 的垂直度误差应该为 0，如图 4-57（b）所示；若当孔的实际尺寸大于最大实体尺寸 ϕ50mm 时，则允许轴线垂直度误差存在；当孔处于最小实体状态时，其轴线对基准 *A* 的垂直度误差允许达到最大值，即孔的尺寸公差值 ϕ0.13mm，如图 4-57（c）所示。图 4-57（d）为动态公差图，该图表示垂直度误差允许值随实际尺寸的变化规律。相对于每一个实际尺寸的轴线垂直度误差，只要落在图中的阴影部分，该轴的轴线垂直度就是合格的。

4. 最大实体要求应用于基准要素

基准要素尺寸公差与被测要素位置公差的关系可以彼此无关，也可以相关。基准要素本身可以采用独立原则、包容要求、最大实体要求或其他相关要求。

（1）最大实体要求应用于基准要素时，基准要素应遵守相应的边界。若基准要素的实际轮廓偏离其相应的边界，即其体外作用尺寸偏离相应的边界尺寸，则允许基准要素在一定范围内浮动，其浮动范围等于基准要素的体外作用尺寸与其相应的边界尺寸之差。

（2）基准要素本身采用最大实体要求时，其相应的边界为最大实体实效边界。该边界尺寸为 ϕ11.99mm，如图 4-58（a）所示。

（3）基准要素本身不采用最大实体要求时，其相应的边界为最大实体边界。该边界尺寸为 ϕ12mm，图 4-58（b）所示为基准本身采用包容要求，图 4-58（c）所示为基准本身采用独立原则。

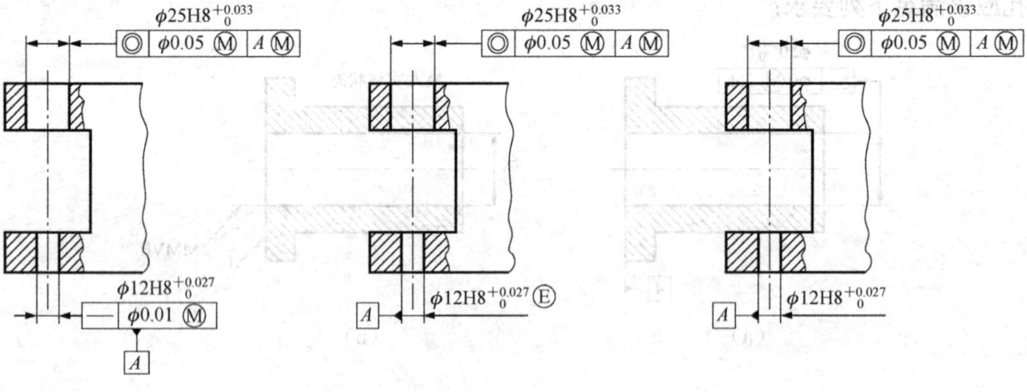

图 4-58　最大实体要求应用于基准要素

4.4.5　最小实体要求

1. 最小实体要求的含义及其在图样上的标注方法

最小实体要求适用于导出要素（中心要素）。最小实体要求是控制被测要素的实际轮廓处于其最小实体实效边界之内的一种公差要求。当局部尺寸偏离最小实体尺寸时，允许其几何误差值超出在最小实体状态下所给出的公差值。

图 4-59 为最小实体要求的标注方法。最小实体要求既适用于被测要素，又适用于基准要素。最小实体要求标注如图 4-59（a）所示；当应用于基准要素时，如图 4-59（b）所示。

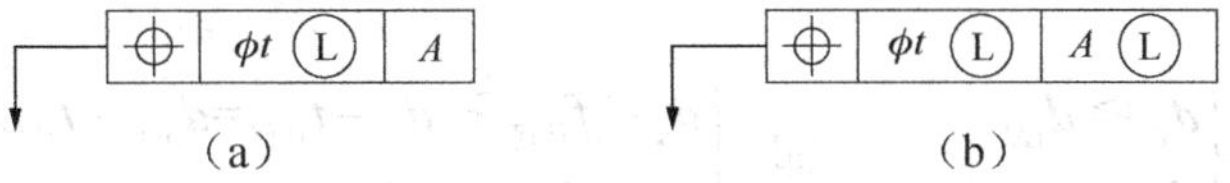

图 4-59　最小实体要求的标注方法

2. 最小实体要求应用于被测要素

（1）最小实体要求应用于被测要素，要求标注有公差的要素的提取组成要素不得超出其最小实体实效状态，即在给定长度上处处不得超出最小实体实效边界；其提取局部尺寸不得超出最大和最小实体尺寸，即其体内作用尺寸不超出最小实体实效尺寸；其局部尺寸必须在最大实体尺寸和最小实体尺寸之间变化。

（2）当被测实际要素处于最小实体状态时，允许的几何误差为图样上给定的几何公差值 $t_{几何}$；当被测实际要素偏离最小实体状态时，其偏离量补偿给几何公差（被测实际要素偏离最小实体状态的量，相当于尺寸公差的富余量，可作为补偿量），补偿量的一般计算公式为

$$t_{补}=|LMS-d_a(D_a)|$$

允许的几何误差为图样上给定的几何公差值与补偿量之和；当被测实际要素为最大实体状态时，几何公差获得补偿量最多，即将尺寸公差全部补偿给几何公差，此时允许的几何误差达到最大值 t_{max}，即尺寸公差值与图样上给定的几何公差值之和。

（3）几何公差与尺寸公差的关系可以用动态公差图表示，如图 4-60（c）所示。由于给定的几何公差值不为零，故动态公差图的图形一般为直角梯形。

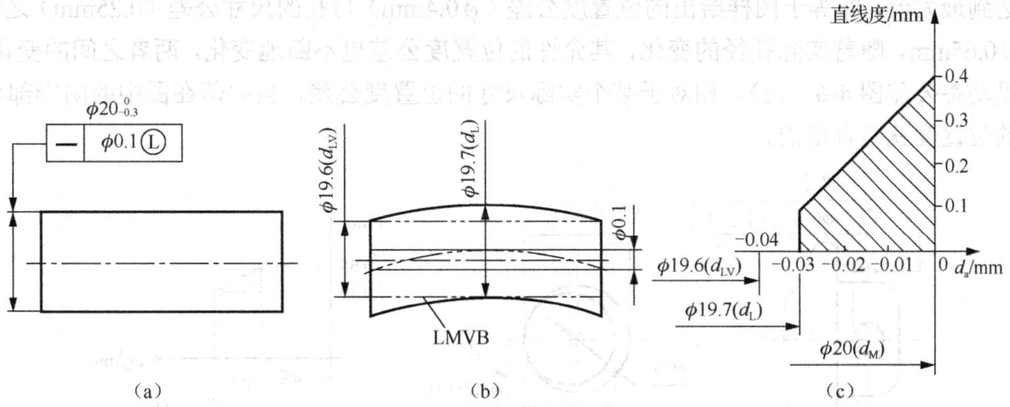

图 4-60　最小实体要求用于被测要素

（4）若关联被测要素采用最小实体要求，而给出的最小实体状态下的几何公差值为零时，几何公差称为最小实体要求的零几何公差。此时，被测要素的最小实体实效边界等于最小实体边界，且该边界应与基准保持图样上给定的几何关系。

（5）零件的合格条件。

① 根据最小实体要求的含义，可得出零件合格条件如下。

对于内尺寸：

$$\begin{cases} D_{fi} \leqslant D_{LV} \\ D_M \leqslant D_a \leqslant D_L \end{cases}，即 \begin{cases} D_a + f_{几何} \leqslant D_L + t_{几何} = D_{max} + t_{几何} \\ D_{min} \leqslant D_a \leqslant D_{max} \end{cases} \tag{4-11}$$

对于外尺寸：

$$\begin{cases} d_{fi} \geqslant d_{LV} \\ d_L \leqslant d_a \leqslant d_M \end{cases}，即 \begin{cases} d_a - f_{几何} \geqslant d_L - t_{几何} = d_{min} - t_{几何} \\ d_{min} \leqslant d_a \leqslant d_{max} \end{cases} \tag{4-12}$$

② 按偏离最小实体状态的程度可计算出几何公差的补偿值。

$$\begin{cases} d_{min} \leqslant d_a \leqslant d_{max} \ 或\ D_{min} \leqslant D_a \leqslant D_{max} \\ f_{几何} \leqslant t_{几何} + t_{补} \end{cases} \tag{4-13}$$

3. 最小实体要求的主要应用范围

最小实体要求仅适用于导出要素（中心要素），主要用于保证零件强度和最小壁厚。由于最小实体要求的被测要素不得超越最小实体实效边界，因而应用最小实体要求可以保证零件强度和最小壁厚尺寸。另外，当被测要素偏离最小实体状态时，可以扩大几何误差的允许值，以增加几何误差的合格范围，获得良好的经济效益。

【例 4-7】 图 4-60 为位置度公差采用最小实体要求，图 4-61（a）表示孔 $\phi 8^{+0.25}_{\ 0}$ mm 的轴线对 A 基准的位置度公差采用最小实体要求，以保证孔与边缘之间的最小距离。当被测要素处于最小实体状态时，其轴线对 A 基准的位置度公差为 ϕ0.4mm，如图 4-61（b）所示。按最小实体要求的含义，该孔应该满足下列要求：局部尺寸为 ϕ8mm～ϕ8.25mm；提取组成要素不超出关联最小实体实效边界，即其关联体内作用尺寸不大于最小实体实效尺寸 $D_{LV}=D_L+t=8.25+0.4=8.65$mm。当该孔处于最大实体状态时，其轴线对 A 基准的位置度误差允许达到最大值，即等于图样给出的位置度公差（ϕ0.4mm）与孔的尺寸公差（0.25mm）之和，即 ϕ0.65mm。随着实际孔径的变化，其允许的位置度公差也不断地变化，两者之间的变化关系见动态公差图 4-61（c）。相对于某个实际尺寸的位置度公差，只要落在图中的阴影部分，它的位置度就是合格的。

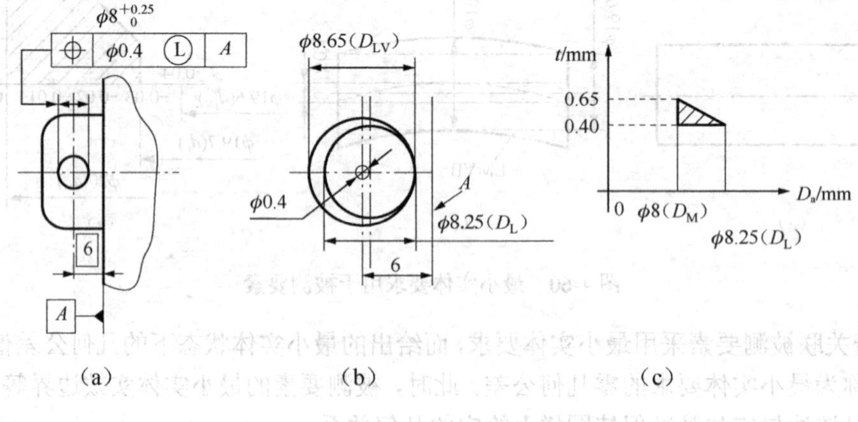

图 4-61　位置度公差采用最小实体要求

4.4.6　可逆要求

前面分析的最大实体要求与最小实体要求均是指局部尺寸偏离最大实体尺寸或最小实

体尺寸时，允许尺寸公差补偿给几何公差。而可逆要求是一种反补偿要求，即用几何公差补偿给尺寸公差，允许尺寸公差相应的增大。

所谓可逆要求是在满足零件功能要求的前提下，当导出要素的几何误差小于给出的几何公差值时，允许相应的尺寸公差增大。图 4-62 是可逆要求应用于最大实体要求。

1. 可逆要求及在图样上的标注方法

（1）可逆要求仅适用于导出要素，即轴线和中心平面。

（2）可逆要求是在不影响零件功能的前提下，当被测要素的几何误差值小于给出的几何公差值时，允许其相应的尺寸公差增大的一种相关要求。

（3）可逆要求本身不能单独使用，也没有自己的边界，必须与最大实体要求或最小实体要求一起使用。可逆要求与最大实体要求或最小实体要求一起用时，并没有改变它们原来所遵守的边界，只是在原有尺寸公差补偿几何公差的基础上，增加几何公差补偿尺寸公差的关系，为加工时根据需要分配尺寸公差和几何公差提供方便。

（4）可逆要求只能用于被测要素，不能用于基准要素。

（5）可逆要求的标注方法如图 4-62（a）所示。

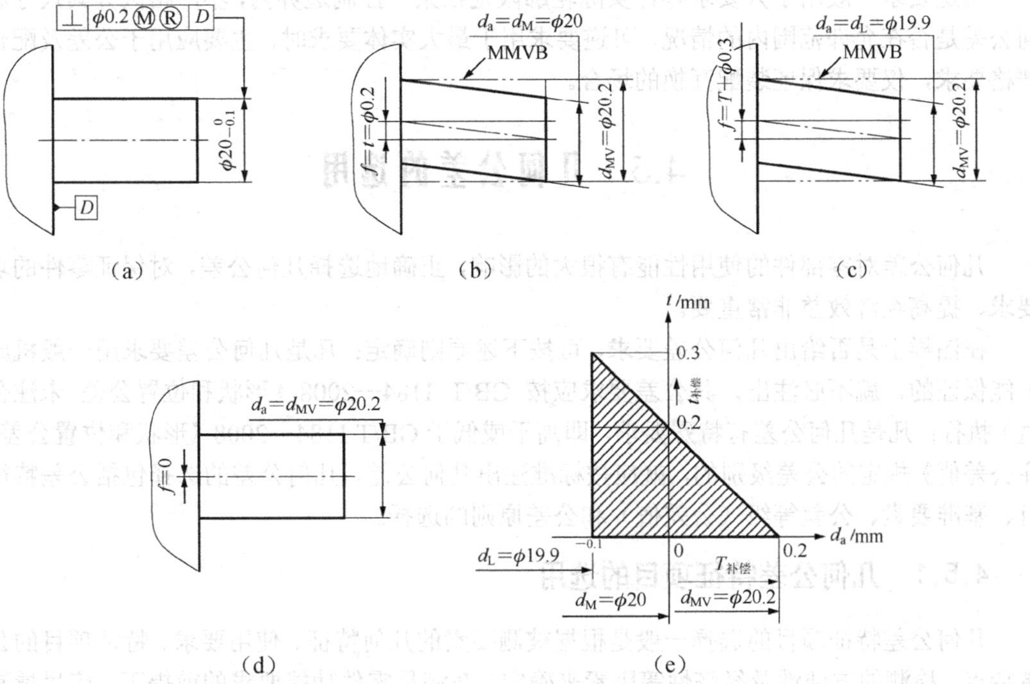

图 4-62 可逆要求应用于最大实体要求

2. 可逆要求应用于最大实体要求

（1）可逆要求应用于最大实体要求时，表示在被测要素的实际轮廓不超出其最大实体实效边界的条件下，允许被测要素的尺寸公差补偿其几何公差。同时，也允许被测要素的几何公差补偿其尺寸公差，当被测要素的几何误差值小于图样上标注的几何公差值或等于零时，允许被测要素的实际尺寸超出其最大实体尺寸，甚至可以等于其最大实体实效尺寸。

（2）零件合格条件。

对于内表面（孔）：

$$\begin{cases} D_{fe} \geqslant D_{MV} \\ D_{MV} \leqslant D_a \leqslant D_L \end{cases}，即 \begin{cases} D_a - f_{几何} \geqslant D_M - t_{几何} = D_{min} - t_{几何} \\ D_{min} - t_{几何} \leqslant D_a \leqslant D_{max} \end{cases} \tag{4-14}$$

对于外表面（轴）：

$$\begin{cases} d_{fe} \leqslant d_{MV} \\ d_L \leqslant d_a \leqslant d_{MV} \end{cases}，即 \begin{cases} d_a + f_{几何} \leqslant d_M + t_{几何} = d_{max} + t_{几何} \\ d_{min} \leqslant d_a \leqslant d_{max} + t_{几何} \end{cases} \tag{4-15}$$

式中，$t_{几何}$是图样上给定的几何公差值。当局部尺寸超过最大实体尺寸时，补偿量会出现负值。如图 4-62 所示，应用可逆要求时，垂直度公差补偿给尺寸公差是 0.2mm，轴的实际尺寸在ϕ19.9～ϕ20.2mm 范围内。此时，轴的实际直径虽然超出了允许的尺寸极限，但是，只要实际轴的轮廓被控制在最大实体实效边界以内，就是合格的。但是应注意，当 d_a=ϕ20.2 时，轴线的垂直度误差等于零。

3. 可逆要求的应用

可逆要求一般用于只要求零件实际轮廓限定在某一控制边界内，不严格区分其尺寸和几何公差是否在允许范围内的情况。可逆要求用于最大实体要求时，主要应用于公差及配合无严格要求，仅要求保证装配互换的场合。

4.5 几何公差的选用

几何公差对零部件的使用性能有很大的影响，正确地选择几何公差，对保证零件的功能要求、提高经济效益非常重要。

在图样上是否给出几何公差要求，可按下述原则确定：凡是几何公差要求用一般机床加工能保证的，就不必注出，其公差要求应按 GB/T 1184—2008《形状和位置公差 未注公差值》执行；凡是几何公差有特殊要求，即高于或低于 GB/T 1184—2008《形状和位置公差 未注公差值》规定的公差级别的，就应按标准注出几何公差。几何公差的选择包括公差特征项目、基准要素、公差等级（公差值）和公差原则的选择。

4.5.1 几何公差特征项目的选用

几何公差特征项目的选择一般是根据被测要素的几何特征、使用要求、特征项目的公差带特点、检测的方便性及经济性等因素来确定。在满足零件功能要求的前提下，应尽量减少几何公差项目，选用测量简便的项目，以获得好的经济效益。具体应考虑以下几点。

1. 零件的几何特征

零件本身的几何特征限定了可选择的形状公差特征项目，零件要素间的几何方位关系限定了位置公差特征项目的选择。例如，对于构成零件要素的点，可以选点的同心度和位置度；对于线又分为直线和曲线，当零件要素为直线时，可选直线度、平行度、垂直度、倾斜度、同轴度、对称度和位置度等；当零件要素为曲线时，可选线轮廓度；当零件要素为平面时，可选直线度、平面度、平行度、垂直度、倾斜度、对称度、位置度、端面圆跳动和端面全跳动；当零件要素为曲面时，可选面轮廓度；当零件要素为圆柱时，可选轴线直线度、素线直线度，圆度、圆柱度、径向圆跳动、径向全跳动等；当零件要素为圆锥时，可选择素线直线度、圆度、斜向圆跳动等。

2. 零件的使用要求

按零件的几何特征，一个零件通常有多个可选择的公差项目。没有必要全部选用，可通过分析要素的几何误差对零件在机器中使用性能的影响，确定所要控制的几何公差特征项目。如圆柱形零件，当仅需要顺利装配，或保证轴、孔之间的相对运动以减少磨损时，可选轴线的直线度公差；如果轴、孔之间既有相对运动，又要求密封性能好，为了保证在整个配合表面有均匀的小间隙，需要标注圆柱度公差，以综合控制圆度、素线直线度和轴线直线度。

3. 几何公差的控制能力

各项几何公差的控制能力不尽相同，选择时应尽量发挥能综合控制的公差项目的职能，以减少几何公差项目。例如，跳动公差可以控制与之相关的位置、方向和形状误差；位置公差可以控制与之相关的方向误差和形状误差；方向公差可以控制与之相关的形状误差等。因此，规定了跳动公差，就不再规定其他几何公差；同理，规定了位置公差就不再规定相应的方向公差和形状公差，规定了方向公差就不再规定形状公差等。如果对被测要素有进一步的要求，允许对同一要素规定多项几何公差，但是必须满足跳动公差值＞位置公差值＞方向公差值＞形状公差值。

4. 检测的方便性

确定几何公差项目必须考虑检测的方便性、可能性与经济性。当同样满足零件的使用要求时，应选用检测方便的项目。例如，考虑到跳动误差检测方便，对于轴类零件，可用径向全跳动或径向圆跳动同时控制同轴度、圆柱度以及圆度误差，用端面全跳动或端面圆跳动代替端面对轴线的垂直度公差等。

总之，合理、恰当地确定零件各个要素几何公差项目的前提是，设计者必须充分明确所设计零件的几何特征、功能要求，熟悉零件的加工工艺并具有一定的检测经验。

4.5.2 公差原则的选用

对同一个零件上的同一要素，当既有尺寸公差要求又有几何公差要求时，还要确定它们之间的关系，即确定选用何种公差原则或公差要求。选择公差原则应根据被测要素的功能要求，充分发挥公差的职能和采取该公差原则的可行性和经济性。

1. 独立原则

独立原则是处理尺寸公差与几何公差关系的基本原则，以下情况应采用独立原则：

（1）尺寸精度和几何精度要求都较严，且需要分别满足要求。例如，齿轮箱体孔的尺寸精度与两条孔轴线的平行度；连杆活塞销孔的尺寸精度与圆柱度；滚动轴承内、外圈滚道的尺寸精度与形状精度均应采用独立原则。

（2）尺寸精度与几何精度要求相差较大。例如，滚筒类零件的尺寸精度要求很低，而形状精度要求较高；平板的形状精度要求较高，而尺寸精度要求不高；冲模架的下模座尺寸精度要求不高，而平行度要求较高；通油孔的尺寸精度有一定要求，而形状精度无要求。

（3）尺寸精度与几何精度无联系。例如，齿轮箱体孔的尺寸精度与孔的轴线间的位置精度；发动机连杆孔的尺寸精度与孔轴线间的位置精度均无联系。

（4）保证运动精度。例如，导轨的形状精度要求较严格，尺寸精度要求次之。

（5）保证密封性。例如，汽缸套的形状精度要求较严格，尺寸精度要求次之。

（6）未注公差。凡是未注尺寸公差与未注几何公差的要素，都要采用独立原则。例如，退刀槽的倒角、圆角等非功能要素。

2. 包容要求

包容要求主要用于须严格保证配合性质的场合，即保证相配合件的极限间隙或极限过盈满足设计要求的场合。由于包容要求对零件的要求很严，因此，选择包容要求时要慎重。

（1）保证符合国家标准《极限与配合》规定的配合性质。例如，ϕ20H7Ⓔ孔与ϕ20h6Ⓔ轴的配合可以保证配合的最小间隙为零。对于需要严格保证配合性质的齿轮内孔与轴的配合，可以采用包容要求。当采用包容要求时，形状误差由尺寸公差来控制，若用尺寸公差控制形状误差仍满足不了要求，则可以在采用包容要求的前提下，对形状公差提出更严格的要求。

（2）尺寸公差与几何公差间无严格比例关系。对一般孔与轴的配合，只要作用尺寸不超过最大实体尺寸，局部实际尺寸不超过最小实体尺寸，均可采用包容要求。

3. 最大实体要求

最大实体要求主要用于导出要素（中心要素），保证可装配性（无配合性质要求）的场合。例如，用于盖板、箱体及法兰盘上孔系的位置度公差采用最大实体要求，可极大地满足可装配性，提高零件的合格率，降低成本。

4. 最小实体要求

当保证零件强度或最小壁厚不小于某个极限值，当要求某个表面到理想中心的最大距离不大于某个极限等功能要求，或者保证零件的对中性时，应该选用最小实体要求来满足要求。

5. 可逆要求

可逆要求只能与最大实体要求或最小实体要求一起连用。当与最大实体要求一起连用时，按最大实体要求选用；当与最小实体要求一起连用时，按最小实体要求选用。

可逆要求与最大（最小）实体要求连用，能充分利用公差带，扩大被测要素实际尺寸变动范围，使尺寸超过最大（最小）实体尺寸而体外（体内）作用尺寸未超过最大（最小）实体实效边界的“废品”变为合格品，提高了经济效益。因此，在不影响使用性能的前提下可以选用。

4.5.3 基准要素的选用

基准要素的选用包括零件上基准部位的选择、基准数量的确定、基准顺序的合理安排等。

1. 基准部位的选择

选择基准部位时，主要应根据设计和使用要求、零件的结构特征，并兼顾基准统一等原则进行。具体应考虑以下几点：

（1）选用零件在机器中定位的结合面作为基准部位。例如，箱体的底平面和侧面、盘类零件的轴线、回转零件的支撑轴颈或支撑孔等。

（2）基准要素应具有足够的刚度和尺寸，以保证定位稳定可靠。

（3）选用加工精度较高的表面作为基准部位。

（4）尽量使装配基准、加工基准和检验基准统一。

2. 基准数量的确定

一般来说，应根据公差项目的定向、定位几何功能要求来确定基准的数量。方向公差在大多数情况下只需要一个基准，而位置公差则需要一个或多个基准。例如，对于平行度、垂直度、同轴度和对称度等，一般只用一个平面或一条轴线作基准要素；对于位置度，可能用到两个或三个基准要素。

3. 基准顺序的安排

当选用两个或两个以上基准要素时，就要明确基准要素的顺序，并按顺序填入公差框格中。安排基准顺序时，必须考虑零件的结构特点以及装配和使用要求。通常选择对被测要素使用要求影响最大的表面或定位最稳的表面作为第一基准要素，第二基准要素次之，第三基准要素最次。所选基准顺序正确与否，将直接影响零件的装配质量和使用性能，还会影响零件的加工工艺及工艺装备的设计等。

4.5.4 几何公差值的选用

几何公差值（给定几何公差带的宽度或直径）是控制零件制造精度的直接指标。合理给出几何公差值，对于保证产品功能、提高产品质量、降低制造成本十分重要。图样上的几何公差值有两种标注形式：一种是在框格内注出公差值；另一种是不在图样中注出，而采用GB/T 1184—2008 中规定的未注公差值，并在图样的技术要求中说明。一般来说，对零件几何公差要求较高时，应该标注出公差值；功能要求允许大于未注公差值，而这个较大的公差值会给工厂带来经济效益时，这个较大的公差值也应该采用注出公差值。不论采用哪种方法，均应遵循 GB/T 1184—2008 中规定的基本要求和表示方法。

1. 几何公差未注公差值的规定

（1）对于直线度、平面度、垂直度、对称度和圆跳动的未注公差，标准中规定了 H、K、L 这三个公差等级，它们的数值分别见表 4-2～表 4-5。

表 4-2 直线度、平面度未注公差值（摘自 GB/T 1184—2008） 单位：mm

公差等级	基本长度范围					
	≤10	>10~30	>30~100	>100~300	>300~1000	>1000~3000
H	0.02	0.05	0.1	0.2	0.3	0.4
K	0.05	0.1	0.2	0.4	0.6	0.8
L	0.1	0.2	0.4	0.8	1.2	1.6

注：表中“基本长度”对于直线度是指其被测长度，对平面度是指平面较长一边的长度，对圆平面则指其直径。

表 4-3 垂直度未注公差值（摘自 GB/T 1184—2008） 单位：mm

公差等级	基本长度范围			
	≤100	>100~300	>300~1000	>1000~3000
H	0.2	0.3	0.4	0.5
K	0.4	0.6	0.8	1
L	0.6	1	1.5	2

表 4-4 对称度未注公差值（摘自 GB/T 1184—2008） 单位：mm

公差等级	基本长度范围			
	≤100	>100~300	>300~1000	>1000~3000
H	0.5			
K	0.6		0.8	1
L	0.6	1	1.5	2

表 4-5 圆跳动未注公差值（摘自 GB/T 1184—2008） 单位：mm

公差等级	基本长度范围
H	0.1
K	0.2
L	0.5

（2）圆度的未注公差值等于给出的直径公差值，但不能大于径向圆跳动的未注公差值，即表 4-5 中的圆跳动公差值。

（3）对圆柱度的未注公差值不做规定。圆柱度公差由圆度、直线度和相对素线的平行度公差组成，其中每一项公差均由它们的注出公差或未注公差控制。如果因功能要求，圆柱度要小于圆度、直线度和平行度的未注公差的综合结果，应在被测要素上按 GB/T 1182—2008 的规定注出圆柱度公差值。

（4）平行度的未注公差值等于给出的尺寸公差值，或是直线度和平面度未注公差值中的相应公差值取较大者。应取两要素中的较长者作为基准，两要素的长度相等则可选任一要素为基准。

（5）同轴度的未注公差值未作规定。在极限状况下，同轴度的未注公差值可以与规定的径向圆跳动的未注公差值相等。

（6）线轮廓度、面轮廓度、倾斜度、位置度和全跳动的未注几何公差均由各要素的注出或未注出线性尺寸公差或角度公差来控制，对这些项目的未注公差不必做特殊标注。

（7）未注公差值的图样表示方法：在标题栏附近或在技术要求、技术文件中注出标准号及未注几何公差等级代号，如 GB/T 1184－K。

2. 几何公差注出公差值的规定

（1）除线轮廓度和面轮廓度外，其他特征项目都规定有公差数值。其中，除位置度外，又都规定了公差等级。

（2）圆度和圆柱度的公差等级分别规定了 13 个公差等级，即 0 级、1 级、2 级、…12 级，其中，0 级最高，等级依次降低，12 级最低。

（3）其余 9 个特征项目的公差等级分别规定了 12 个公差等级，即 1 级、2 级、…12 级，1 级最高，等级依次降低，12 级最低。

（4）规定了位置度公差值数系，见表 4-6。

表 4-6　位置度公差值数系（摘自 GB/T 1184—2008）　　单位：μm

1	1.2	1.5	2	2.5	3	4	5	6	8
1×10^n	1.2×10^n	1.5×10^n	2×10^n	2.5×10^n	3×10^n	4×10^n	5×10^n	6×10^n	8×10^n

注：*n* 为正整数。

（5）几何公差数值除和公差等级有关外，还与主参数有关。主参数 *B*、*L*、*d* 如图 4-63 所示。

在图 4-63（a）中，主参数为键槽宽度 *B*；在图 4-63（b）和 4-63（c）中，主参数为长度和高度 *L*；图 4-63（d）和图 4-63（e）中，主参数是直径 *d*；图 4-63（f）中表示的是锥台，其主参数应该是 $d=\dfrac{d_1+d_2}{2}$，其中，d_1 和 d_2 分别是大圆锥和小圆锥直径。几何公差值随主参数的增加而增大。

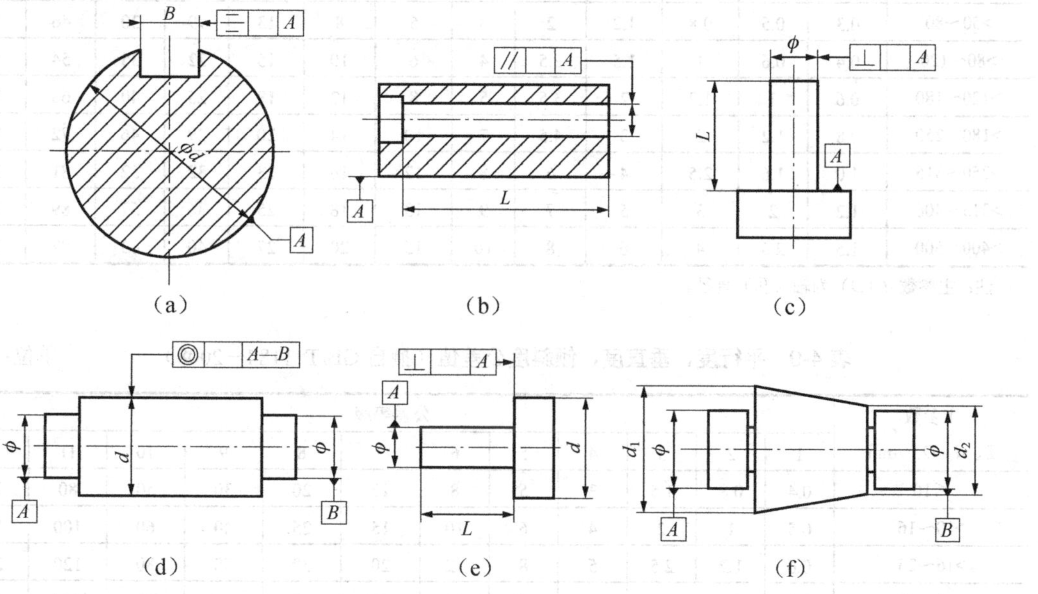

图 4-63　主参数 *B*、*L*、*d*

几何公差的注出公差值见表4-7～表4-10。

表4-7　直线度、平面度公差值（摘自GB/T 1184—2008）　　单位：μm

主参数 *L*/mm	公差等级											
	1	2	3	4	5	6	7	8	9	10	11	12
≤10	0.2	0.4	0.8	1.2	2	3	5	8	12	20	30	60
>10～16	0.25	0.5	1	1.5	2.5	4	6	10	15	25	40	80
>16～25	0.3	0.6	1.2	2	3	5	8	12	20	30	50	100
>25～40	0.4	0.8	1.5	2.5	4	6	10	15	25	40	60	120
>40～63	0.5	1	2	3	5	8	12	20	30	50	80	150
>63～100	0.6	1.2	2.5	4	6	10	15	25	40	60	100	200
>100～160	0.8	1.5	3	5	8	12	20	30	50	80	120	250
>160～250	1	2	4	6	10	15	25	40	60	100	150	300
>250～400	1.2	2.5	5	8	12	20	30	50	80	120	200	400
>400～630	1.5	3	6	10	15	25	40	60	100	150	250	500

注：主参数*L*为轴、直线、平面的长度。

表4-8　圆度、圆柱度公差值（摘自GB/T 1184—2008）　　单位：μm

主参数 *d*（*D*）/mm	公差等级												
	0	1	2	3	4	5	6	7	8	9	10	11	12
≤3	0.1	0.2	0.3	0.5	0.8	1.2	2	3	4	6	10	14	25
>3～6	0.1	0.2	0.4	0.6	1	1.5	2.5	4	5	8	12	18	30
>6～10	0.12	0.25	0.4	0.6	1	1.5	2.5	4	6	9	15	22	36
>10～18	0.15	0.25	0.5	0.8	1.2	2	3	5	8	11	18	27	43
>18～30	0.2	0.3	0.6	1	1.5	2.5	4	6	9	13	21	33	52
>30～50	0.25	0.4	0.6	1	1.5	2.5	4	7	11	16	25	39	62
>50～80	0.3	0.5	0.8	1.2	2	3	5	8	13	19	30	46	74
>80～120	0.4	0.6	1	1.5	2.5	4	6	10	15	22	35	54	87
>120～180	0.6	1	1.2	2	3.5	5	8	12	18	25	40	63	100
>180～250	0.8	1.2	2	3	4.5	7	10	14	20	29	46	72	115
>250～315	1.0	1.6	2.5	4	6	8	12	16	23	32	52	81	130
>315～400	1.2	2	3	5	7	9	13	18	25	36	57	89	140
>400～500	1.5	2.5	4	6	8	10	15	20	27	40	63	97	155

注：主参数*d*（*D*）为轴（孔）直径。

表4-9　平行度、垂直度、倾斜度公差值（摘自GB/T 1184—2008）　　单位：μm

主参数 *L*、*d*（*D*）/mm	公差等级											
	1	2	3	4	5	6	7	8	9	10	11	12
≤10	0.4	0.8	1.5	3	5	8	12	20	30	50	80	120
>10～16	0.5	1	2	4	6	10	15	25	40	60	100	150
>16～25	0.6	1.2	2.5	5	8	12	20	30	50	80	120	200
>25～40	0.8	1.5	3	6	10	15	25	40	60	100	150	250
>40～63	1	2	4	8	12	20	30	50	80	120	200	300

续表

主参数 L、d（D）/mm	公差等级											
	1	2	3	4	5	6	7	8	9	10	11	12
>63～100	1.2	2.5	5	10	15	25	40	60	100	150	250	400
>100～160	1.5	3	6	12	20	30	50	80	120	200	300	500
>160～250	2	4	8	15	25	40	60	100	150	250	400	600
>250～400	2.5	5	10	20	30	50	80	120	200	300	500	800
>400～630	3	6	12	25	40	60	100	150	250	400	600	1000

注：（1）主参数 L 为给定平行度时轴线或平面的长度，或给定垂直度、倾斜度时被测要素的长度。

（2）主参数 d（D）为给定面对线的垂直度时，被测要素的轴（孔）直径。

表 4-10　同轴度、对称度、圆跳动和全跳动公差值（摘自 GB/T 1184—2008）　单位：μm

主参数 d（D）、B、L /mm	公差等级											
	1	2	3	4	5	6	7	8	9	10	11	12
≤1	0.4	0.6	1.0	1.5	2.5	4	6	10	15	25	40	60
>1～3	0.4	0.6	1.0	1.5	2.5	4	6	10	20	40	60	120
>3～6	0.5	0.8	1.2	2	3	5	8	12	25	50	80	150
>6～10	0.6	1	1.5	2.5	4	6	10	15	30	60	100	200
>10～18	0.8	1.2	2	3	5	8	12	20	40	80	120	250
>18～30	1	1.5	2.5	4	6	10	15	25	50	100	150	300
>30～50	1.2	2	3	5	8	12	20	30	60	120	200	400
>50～120	1.5	2.5	4	6	10	15	25	40	80	150	250	500
>120～250	2	3	5	8	12	20	30	50	100	200	300	600
>250～500	2.5	4	6	10	15	25	40	60	120	250	400	800

注：（1）主参数 d（D）为给定同轴度时轴的直径，或给定圆跳动、全跳动时轴（孔）的直径。

（2）圆锥体斜向圆跳动公差的主参数为平均直径。

（3）主参数 B 为给定对称度时槽的宽度。

（4）主参数 L 为给定两孔对称度时的孔心距。

3. 几何公差值的选用原则

几何公差值（几何公差等级）的选择原则：在满足零件使用要求的前提下，尽量选用较大的公差值，即选用低的公差等级。

选择方法常采用类比法，主要考虑以下几个问题：

（1）几何公差和尺寸公差的关系。除采用相关要求外，一般情况下，同一要素所给出的形状公差、位置公差和尺寸公差应满足关系式：$T_{形状} < T_{方向} < T_{位置} < T_{尺寸}$。若要求两个平面平行，则其平面度公差值应小于该平面相对基准的平行度公差，平行度公差应小于相应的距离公差值。

（2）有配合要求时形状公差与尺寸公差的关系。有配合要求并要严格保证其配合性质的要素，应采用包容要求。在工艺上，其形状公差大多按分割尺寸公差的百分比来确定，即 $T_{形状} = KT_{尺寸}$。在常用尺寸公差等级 IT5～IT8 级的范围内，通常取 K 为 25%～65%。

（3）形状公差与表面粗糙度的关系。一般情况下，表面粗糙度 Ra 值约占形状公差值的 20%～25%。

（4）整个表面的几何公差比某个截面上的几何公差值大。

（5）一般来说，尺寸公差、形状公差和位置公差同级。

（6）对以下情况，考虑到加工的难易程度和除主参数外其他参数的影响，在满足零件功能要求的前提下，可适当降低 1～2 级选用。

① 孔相对于轴。

② 细长比（长度与直径之比）较大的轴或孔。

③ 距离较大的轴或孔。

④ 宽度较大（一般大于 1/2 长度）的零件表面。

⑤ 线对线和线对面相对于面对面的平行度或垂直度。

（7）凡有关国家标准已对几何公差做出规定的，应按相应的国家标准确定。例如，与滚动轴承相配的轴颈和壳体孔的圆柱度公差、机床导轨的直线度公差、齿轮箱体孔的轴线的平行度公差等。

一般来说，根据上述原则，几何公差值按表 4-2～表 4-10 选用即可，但位置度公差，国家标准只规定了公差值数系，而未规定公差等级。位置度公差值一般与被测要素的类型、连接方式等有关，应通过计算得出。例如，用螺栓作为连接件，被连接零件上的孔均为通孔，其孔径大于螺栓的直径，位置度可用下式计算：

$$t = X_{\min}$$

式中，t——位置度公差；

$X_{\min}$——通孔与螺栓间的最小间隙。

当用螺钉连接时，被连接零件中有一个零件上的孔是螺纹，而其余零件上的孔都是通孔，且孔径大于螺钉直径，位置度公差可用下式计：

$$t = 0.5X_{\min}$$

按上式计算确定的公差，经化整并按表 4-6 选择公差值。

公差等级具体选用时要考虑各种因素，表 4-11～4-14 列出了部分几何公差常用等级的应用举例，供选用时参考。

表 4-11　直线度和平面度公差常用等级的应用举例

公差等级	应用举例
5	1 级平板，2 级宽平尺，平面磨床的纵导轨、垂直导轨、立柱导轨及工作台，液压龙门刨床和转塔车床床身导轨，柴油机进气、排气阀门导杆
6	普通机床导轨面，如卧式车床、龙门刨床、滚齿机、自动车床等的床身导轨、立柱导轨，柴油机壳体
7	2 级平板，机床主轴箱、摇臂钻床底座和工作台，镗床工作台，液压泵盖，减速器壳体结合面
8	机床传动箱体，交换齿轮箱体，车床溜板箱体，柴油机汽缸体，连杆分离面，缸盖结合面，汽车发动机缸盖、曲轴箱结合面，液压管件和法兰连接面
9	3 级平板，自动车床床身底面，摩托车曲轴箱体，汽车变速器壳体，手动机械的支承面

表 4-12　圆度和圆柱度公差常用等级的应用举例

公差等级	应用举例
5	一般计量仪器主轴、测杆外圆柱面，陀螺仪轴颈，一般机床主轴轴颈及主轴轴承孔，柴油机、汽油机活塞、活塞销、与 6 级滚动轴承配合的轴颈
6	仪表端盖外圆柱面，一般机床主轴及前轴承孔，泵、压缩机的活塞、汽缸、汽车发动机凸轮轴，减速器轴颈，高速船用柴油机、拖拉机曲轴主轴颈，与 6 级滚动轴承配合的外壳孔，与 0 级滚动轴承配合的轴颈

续表

公差等级	应用举例
7	大功率低速柴油机曲轴轴颈、活塞、活塞销、连杆、汽缸，高速柴油机箱体轴承孔，千斤顶或压力液压缸活塞，机车传动轴，水泵及通用减速器轴颈，与0级滚动轴承配合的外壳孔
8	低速发动机，减速器，大功率曲柄轴轴颈，拖拉机汽缸体、活塞、印刷机传墨辊，内燃机曲轴，柴油机凸轮轴承孔、凸轮轴，拖拉机、小型船用柴油机汽缸套等
9	空气压缩机缸体，液压传动筒，通用机械杠杆与拉杆用套筒销子，拖拉机活塞环、套筒孔等

表4-13　同轴度、对称度和跳动公差常用等级的应用举例

公差等级	应用举例
5，6，7	应用范围较广的公差等级。用于几何精度要求较高、尺寸公差等级为IT8及高于IT8的零件。5级常用于机床主轴轴颈，计量仪器的测杆，汽轮机主轴，柱塞油泵转子，高精度滚动轴承外圈，一般精度滚动轴承内圈；6、7级用于内燃机曲轴、凸轮轴轴颈、齿轮轴、水泵轴、汽车后轮输出轴，电动机转子、印刷机传墨辊的轴颈、键槽等
8，9	常用于几何精度要求一般、尺寸公差等级为IT9至IT11的零件。8级主要用于拖拉机发动机分配轴轴颈，与9级精度以下齿轮相配的轴，水泵叶轮，离心泵体，棉花精梳机前后滚子，键槽等；9级用于内燃机汽缸套配合面，自行车中轴等

表4-14　平行度、垂直度公差常用等级的应用举例

公差等级	面对面平行度应用举例	面对线、线对线平行度应用举例	垂直度应用举例
4，5	普通机床，测量仪器，量具基准面和工作面，高精度轴承座圈，端盖，挡圈的端面等	机床主轴孔对基准面要求，重要轴承孔对基准面要求，主轴箱体重要孔间要求，齿轮泵的端面等	普通机床导轨，精密机床重要零件，机床重要支撑面，普通机床主轴偏摆，测量仪器，刀具，量具，液压传动轴瓦端面，刀具、量具的工作面和基准面等
6，7，8	一般机床零件的工作面和基准面，一般刀、量、夹具等	机床一般轴承孔对基准面要求，主轴箱一般孔间要求，主轴花键对定心直径的要求，刀具，量具，模具等	普通精密机床主要基准面和工作面，回转工作台端面，一般导轨，主轴箱体孔、刀架、砂轮架及工作台回转中心，一般轴肩对其轴线等
9，10	低精度零件，重型机械滚动轴承端盖等	柴油机和燃气发动机的曲轴孔、轴颈等	花键轴轴肩端面，带式运输机法兰盘等对端面、轴线，手动卷扬机及传动装置中轴承端面，减速器壳体平面等

本章小结

本章重点阐述了几何公差的研究对象，主要介绍了几何公差带的形状、大小、方向和位置四个特征，分析了各项目的特点和在图样上的标注规定。介绍了公差原则，分析了几何公差与尺寸公差的关系，并且就几何精度设计中几何公差应用、公差原则的选择进行了阐述。

习题与思考题

4-1　几何公差项目分类如何？其名称和符号是什么？

4-2　几何公差的研究对象是什么？如何分类？各自的含义是什么？

4-3　几何公差带与尺寸公差带有何区别？几何公差的四要素是什么？

4-4　组成要素和导出要素的几何公差标注有什么区别？

4-5　公差原则有哪些？独立原则和包容要求的含义、标注方法和适用范围是什么？

4-6　图 4-64 所示为销轴的三种几何公差标注，它们的公差带有何不同？

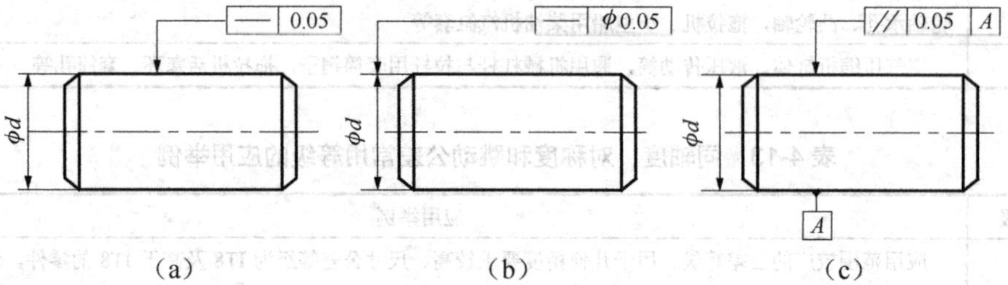

图 4-64　习题 4-6

4-7　将零件的技术要求标注在图 4-65 上。

（1）$2\times\phi d$ 轴线对其公共轴线的同轴度公差为 0.02mm。

（2）ϕD 轴线对 $2\times\phi d$ 公共轴线的垂直度公差为 0.02/100mm。

（3）ϕD 轴线对 $2\times\phi d$ 公共轴线的偏离量不大于±10μm。

4-8　将下列几何公差要求标注在图 4-66 中。

（1）ϕ50 圆柱面素线的直线度公差为 0.02mm。

（2）ϕ30 圆柱面的圆柱度公差为 0.05mm。

（3）整个零件的轴线必须位于直径为 0.04mm 的圆柱面内。

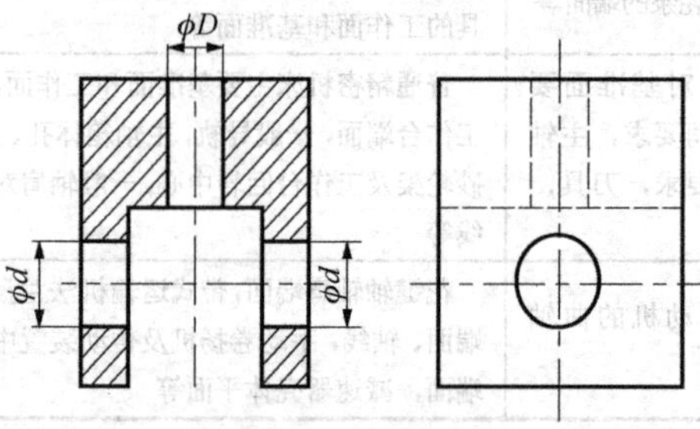

图 4-65　习题 4-7

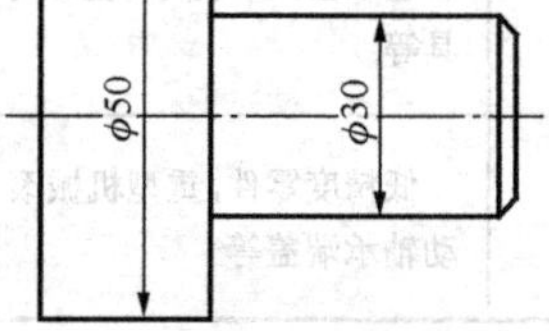

图 4-66　习题 4-8

4-9　将下列几何公差要求标注在图 4-67 中。

（1）ϕ20d7 圆柱面任一素线的直线度公差为 0.05mm。

（2）ϕ40m7 轴线相对于 ϕ20d7 轴线的同轴度公差为 ϕ0.01mm。

（3）10H6 槽的中心平面对 ϕ40m7 轴线的对称度公差为 0.01mm。

（4）ϕ20d7 圆柱面的轴线对 ϕ40m7 圆柱右肩面的垂直度公差为 ϕ0.02mm。

4-10　将下列几何公差要求标注在图 4-68 中。

（1）$\phi 40_{-0.03}^{\ 0}$ 圆柱面对两 $\phi 25_{-0.021}^{\ 0}$ 公共轴线的圆跳动公差为 0.015mm。

（2）两 $\phi 25_{-0.021}^{\ 0}$ 轴颈的圆度公差为 0.01mm。

（3）$\phi 40_{-0.03}^{\ 0}$ 左、右端面对 $2\times\phi 25_{-0.021}^{\ 0}$ 公共轴线的端面圆跳动公差为 0.02mm。

（4）键槽 $10_{-0.036}^{\ 0}$ 中心平面对 $\phi 40_{-0.03}^{\ 0}$ 轴线的对称度公差为 0.015mm。

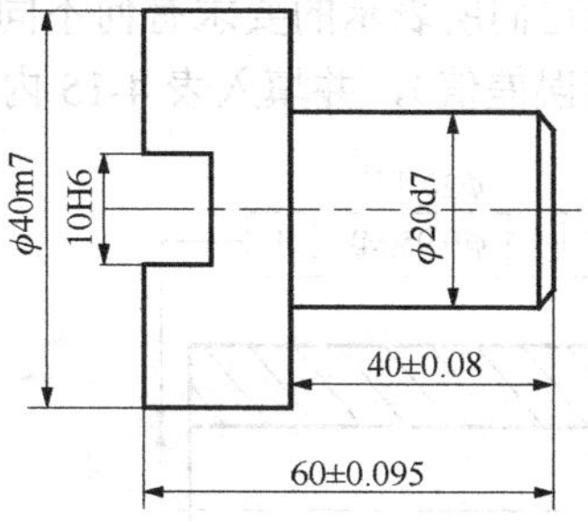

图 4-67　习题 4-9

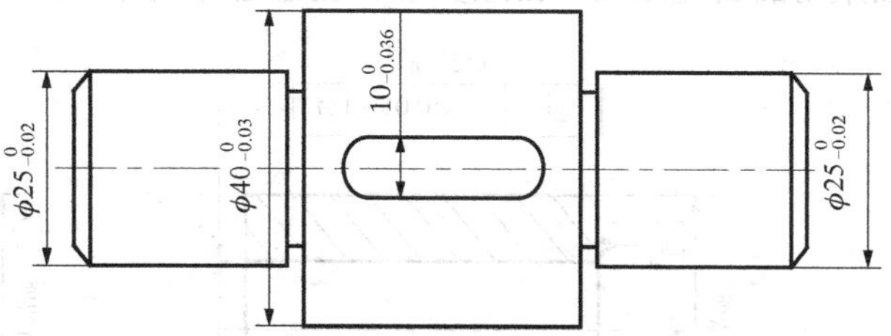

图 4-68　习题 4-10

4-11　指出图 4-69 中几何公差的标注错误，并加以改正（不允许改变几何公差的特征符号）。

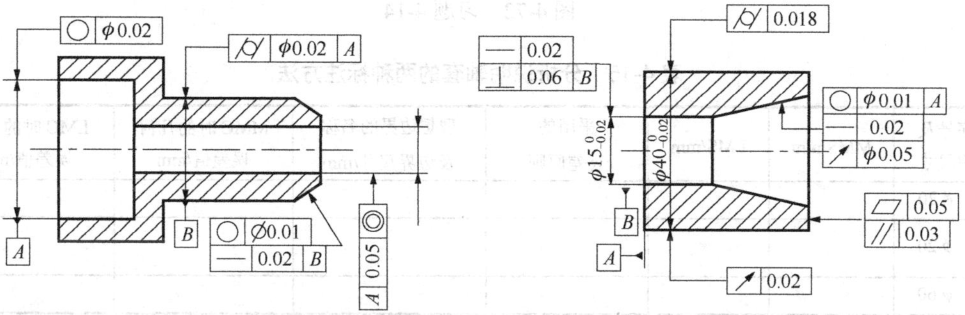

（a）　（b）

图 4-69　习题 4-11

4-12　指出图 4-70 中几何公差的标注错误，并加以改正（不允许改变几何公差的特征符号）。

4-13　如图 4-71 所示，要求：

（1）指出被测要素遵守的公差原则。

（2）求出单一要素的最大实体实效尺寸，关联要素的最大实体实效尺寸。

（3）求被测要素的形状、位置公差的给定值，最大允许值的大小。

（4）若被测要素实际尺寸处处为 ϕ19.97mm，轴线对基准 A 的垂直度误差为 ϕ0.09mm，判断其垂直度的合格性，并说明理由。

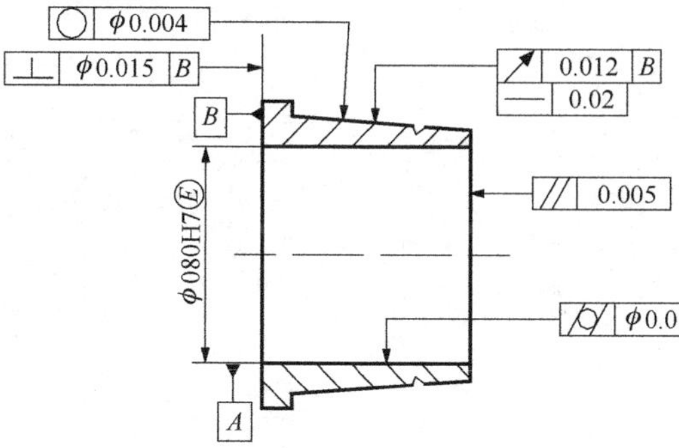

图 4-70　习题 4-12

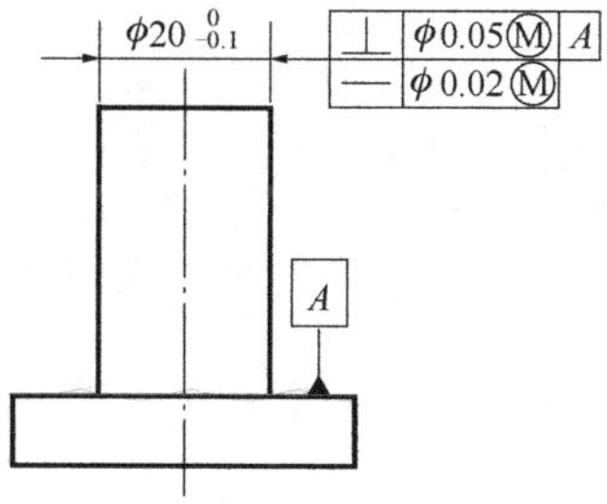

图 4-71　习题 4-13

4-14 如图4-72所示轴套的两种标注方法，试分析说明它们所表示的要求有何不同（包括采用的公差原则、公差要求、理想边界尺寸、允许的几何误差值），并填入表4-15内。

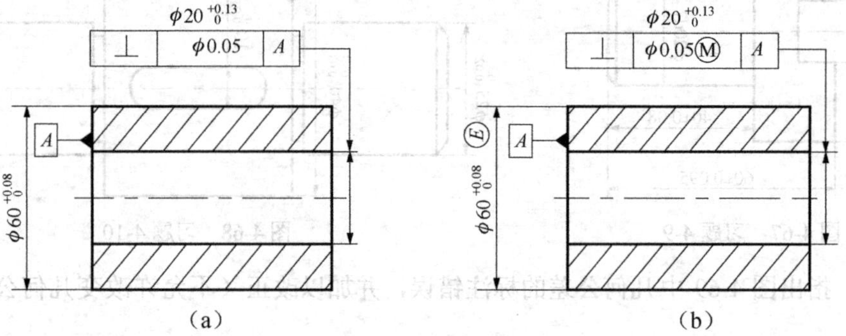

图4-72 习题4-14

表4-15 分析说明轴套的两种标注方法

图序号及公称尺寸	MMS/mm	LMS/mm	采用的公差原则	理想边界的名称及边界尺寸/mm	MMC时的几何误差值/mm	LMC时的几何误差值/mm
（a）$\phi 20$						
（b）$\phi 20$						
（b）$\phi 60$						

第 5 章　表面粗糙度与检测

教学重点

掌握表面粗糙度轮廓的评定参数和标注，为合理选用表面粗糙度打下基础。从微观几何误差的角度理解表面粗糙度轮廓的概念；了解表面粗糙度对机械零件使用性能的影响；理解规定取样长度及评定长度的目的及中线的作用；掌握表面粗糙度轮廓的幅度参数及其检测方法；熟悉表面粗糙度轮廓的间距特性及相关参数。

教学难点

表面粗糙度参数和参数值的选用原则和方法，表面粗糙度技术要求在零件图上标注的方法。

教学方法

讲授法、实物法、案例法。

5.1　概　　述

无论是用机械加工方法，还是采用其他加工方法获得的零件表面，在其表面上都会存在着由较小的间距和峰谷形成的微观几何误差。这种几何形状误差又称为微观不平度，一般用表面粗糙度来表示。零件轮廓的表面粗糙度值越小，表面越光滑。零件表面粗糙度对该零件的功能要求、使用寿命、美观程度都有重大影响。

为了保证零件的互换性、正确测量和评定表面粗糙度，参照国际标准（ISO），我国制定并发布了 GB/T 3505—2009《产品几何技术规范（GPS） 表面结构　轮廓法　术语、定义及表面结构参数》、GB/T 10610—2009《产品几何技术规范（GPS） 表面结构　轮廓法　评定表面结构的规则和方法》、GB/T 1031—2009《产品几何技术规范（GPS） 表面结构　轮廓法　表面粗糙度参数及其数值》、GB/T 131—2006《产品几何技术规范（GPS）技术产品文件中表面结构的表示法》、GB/T 7220—2004《产品几何量技术规范（GPS） 表面结构 轮廓法 表面粗糙度 术语 参数测量》等国家标准。

5.1.1　表面粗糙度的概念

为了研究被加工零件的表面结构特性，需要利用轮廓法，描述一个理想平面与实际表面相交所得的轮廓，即表面结构轮廓，如图 5-1 所示。

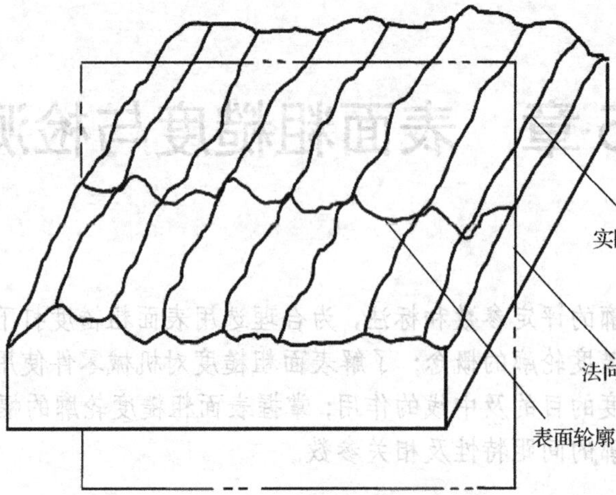

图 5-1 表面结构轮廓

在零件的同一表面上，运用不同截止波长的轮廓滤波器滤波后获得 3 种表面轮廓：原始轮廓、波纹度轮廓及表面粗糙度轮廓。它们的形状一般呈起伏的波状，通常以波距"λ"的大小来区分。波距大于 10mm 的，属于形状误差；波距在 1～10mm 之间的，属于表面波纹度；波距小于 1mm 的，属于微观几何形状误差。图 5-2 所示的 3 种类型误差曲线叠加在一起，即所加工零件的截面实际轮廓形状。

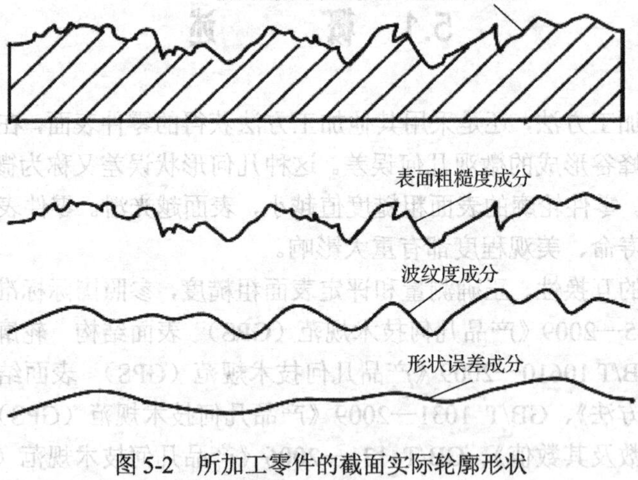

图 5-2 所加工零件的截面实际轮廓形状

因此，表面粗糙度是指加工表面所具有的较小间距和微小峰谷的不平度。

5.1.2 表面粗糙度对零件使用性能的影响

1）表面粗糙度影响零件的耐磨性

零件表面越粗糙，则摩擦系数就越大，两个相对运动的表面有效接触面积越小，零件运动表面磨损越快。而零件表面过于光滑，不利于接触表面润滑油的存储，很容易导致相对运动的工作表面形成干摩擦，摩擦阻力增大，加剧磨损。

2）表面粗糙度影响配合的稳定性

对于间隙配合，相对运动的表面因粗糙不平而迅速磨损，导致间隙增大；对于过盈配合，由于装配时孔、轴表面上微观小凸峰被挤平，产生塑性变形，实际有效过盈减小，致使连接强度降低。因此，表面粗糙度影响配合的可靠性和稳定性。

3）表面粗糙度影响疲劳强度

零件表面越粗糙，凹痕越深，波谷的曲率半径也越小，对应力集中越敏感。尤其是在交变应力的作用下，影响更大，使疲劳强度降低，导致零件表面产生裂纹。

4）表面粗糙度影响抗腐蚀性

零件表面越粗糙，接触面积越大，则越容易使腐蚀性物质存积在表面的微观凹谷处（见图 5-3），且通过零件表面渗透腐蚀，加剧损坏速率。因此，通过提高零件表面质量，减小表面粗糙度值，可增强其耐腐蚀的能力。

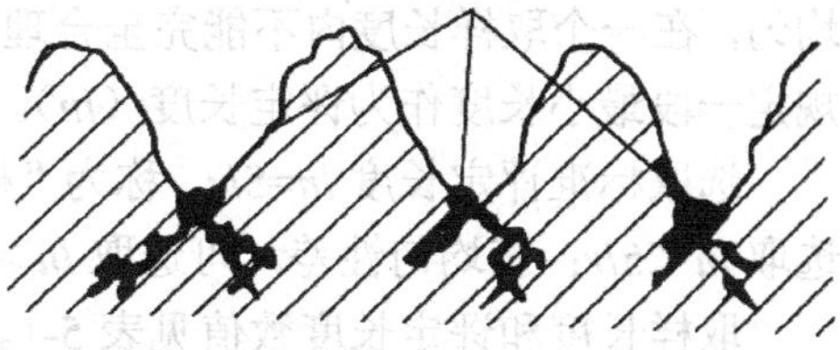

图 5-3　表面粗糙度对零件表面耐蚀性影响

此外，表面粗糙度对接触刚度、密封性、产品外观质量及表面精度测量等都有很大影响。因此，为保证机械零件的使用性能，在进行精度设计时，对零件表面粗糙度提出合理的技术要求十分重要。

5.2　表面粗糙度的评定

加工后获得的零件表面粗糙度是否满足使用要求，须要进行一定的测量和评定。因此，必须规定取样长度、评定长度、中线和评定参数等技术参数，以限制和减弱表面波纹度等其他因素对表面粗糙度测量结果造成的影响。

5.2.1　取样长度与评定长度

1. 取样长度 lr

取样长度是用于判别被评定轮廓的不规则特征的 X 轴方向上的长度，即测量或者评定表面粗糙度所规定的一段基准线长度，它至少包含 5 个以上轮廓波峰和波谷，如图 5-4 所示，取样长度 lr 在数值上与 λ_c 滤波器的截止波长相等，X 轴的方向与轮廓总的走向一致。

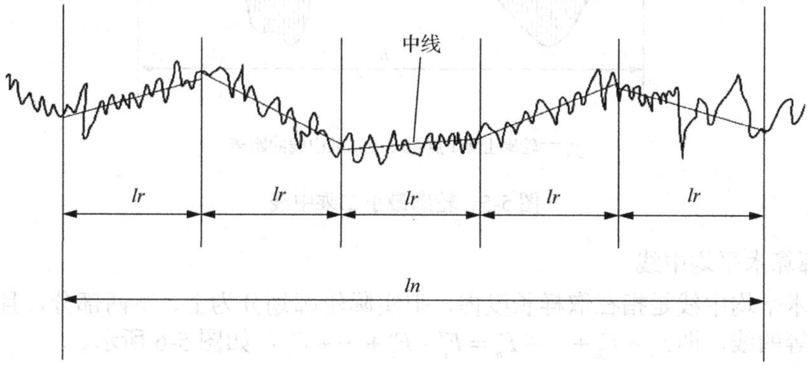

图 5-4　取样长度 lr 和评定长度 ln

确定取样长度的目的在于限制和减弱其他几何形状误差的影响，一般情况下表面越粗糙，取样长度越大。因为表面越粗糙，波距也越大，只有选择较大的取样长度才能反映一定数量的微量高低不平的痕迹。

2. 评定长度 *ln*

评定长度是用于判别被评定轮廓的 *X* 轴方向上的长度。一个零件的表面粗糙度不一定很均匀，在一个取样长度内不能完全合理地反映某一表面粗糙度。因此，在测量和评定时，须规定一段最小长度作为评定长度（*ln*）。

选取标准评定长度 *ln*=5*lr*，称为“标准长度”，如图 5-4 所示。若被测表面比较均匀，可选取 *ln*＜5*lr*；若均匀性差，可选取 *ln*＞5*lr*。

取样长度和评定长度数值见表 5-1。

表 5-1　取样长度和评定长度数值（摘自 GB 10610—2009）

Ra/μm	*Rz*/μm	*lr*/mm	*ln*/mm	*Ra*/μm	*Rz*/μm	*lr*/mm	*ln*/mm
0.008～0.02	0.025～0.1	0.08	0.4	2～10	10～50	2.5	12.5
0.02～0.1	0.1～0.5	0.25	1.25	10～80	50～200	8	40
0.1～2	0.5～10	0.8	4	—	—	—	—

5.2.2　中线

粗糙度轮廓中线是具有理想几何轮廓形状并划分轮廓的基准线。基准线有以下两种：

1）轮廓最小二乘中线

轮廓最小二乘中线是指在一个取样长度 *lr* 范围内，具有几何轮廓形状并能划分轮廓的基准线，使轮廓上各点至基准线的距离 y_i 的平方和最小，如图 5-5 所示。

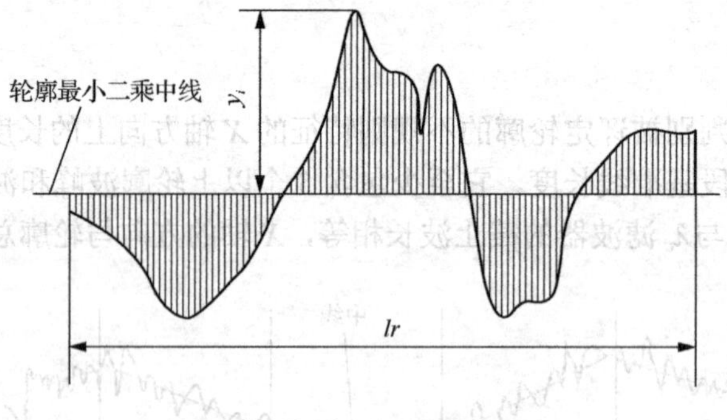

y_i—轮廓上第 *i* 点至最小二乘中线的距离

图 5-5　轮廓最小二乘中线

2）轮廓算术平均中线

轮廓算术平均中线是指在取样长度内，把实际轮廓划分为上、下两部分，且使上、下两部分面积相等的线，即 $F_1+F_2+\cdots+F_n=F_1'+F_2'+\cdots+F_n'$，如图 5-6 所示。

在图形上确定轮廓最小二乘中线的位置比较困难时，可用轮廓算术平均中线代替。通常用目测估计法确定轮廓算术平均中线，以此作为评定表面粗糙度值的基准线。

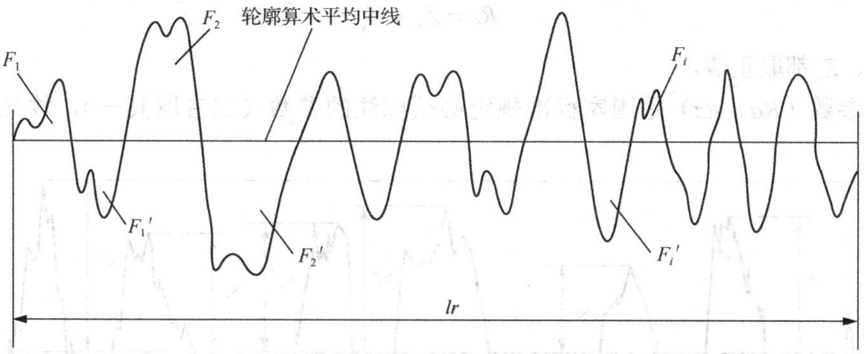

图 5-6 轮廓算术平均中线

5.2.3 评定参数

表面粗糙度的评定参数是用来定量描述零件表面微观几何形状特征的。国家标准 GB/T 3505—2009 规定，评定粗糙度轮廓的参数有幅度参数、间距参数、混合参数以及曲线和相关参数四类。

1. 幅度参数

1）轮廓的算术平均偏差 *Ra*

轮廓的算术平均偏差是指在一个取样长度 *lr* 内，实际被测轮廓上各点至轮廓中线距离 $Z(x)$ 绝对值之和的平均值，如图 5-7 所示，用 *Ra* 表示。用公式表示为

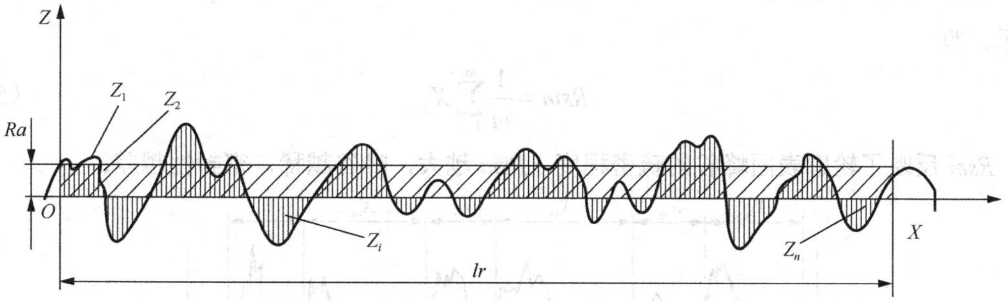

图 5-7 轮廓的算术平均偏差

$$Ra = \frac{1}{lr}\int_0^{lr} \left|Z(x)\right| \mathrm{d}x \tag{5-1}$$

或近似为

$$Ra = \frac{1}{n}\sum_{i=1}^{n}\left|Z_i\right| \tag{5-2}$$

一般情况下，测得的 *Ra* 值越大，则表面越粗糙。*Ra* 能较客观地反映表面微观几何形状的特征。

2）轮廓的最大高度 *Rz*

轮廓的最大高度是指在一个取样长度 *lr* 内，最大轮廓峰高 Z_p 和最大轮廓峰谷深 Z_v 之和，如图 5-8 所示，用 *Rz* 表示。即

$$Rz = Z_p + Z_v \tag{5-3}$$

式中，Z_p、Z_v都取正值。

幅度参数（*Ra*、*Rz*）是国家标准规定必须标注的参数（二者取其一），故又称为基本参数。

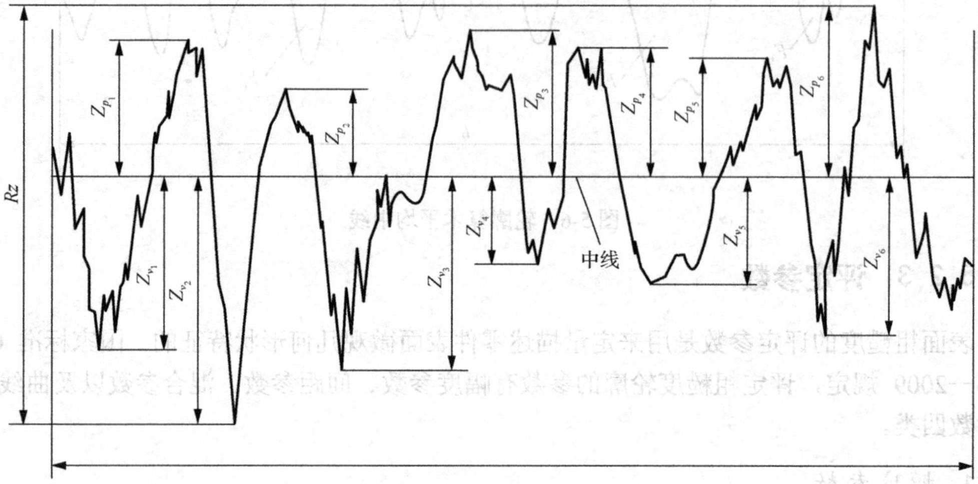

图 5-8　轮廓的最大高度

2. 间距参数

轮廓单元的平均宽度 *Rsm* 是指在一个取样长度内轮廓单元宽度 X_{s_i} 的平均值，如图 5-9 所示。即

$$Rsm = \frac{1}{m}\sum_{i=1}^{m} X_{s_i} \tag{5-4}$$

Rsm 反映了轮廓表面峰谷的疏密程度，*Rsm* 越大，峰谷越稀，密封性越差。

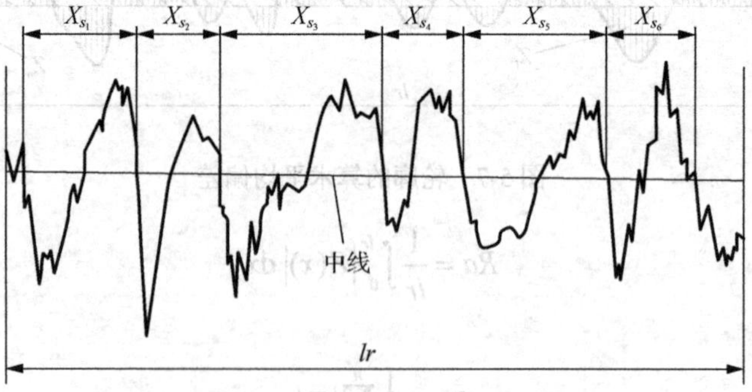

图 5-9　轮廓单元的宽度与轮廓单元的平均宽度

3. 混合参数

混合参数主要有轮廓的均方根斜率，轮廓的均方根斜率 $R\Delta q$ 是指在取样长度内纵坐标斜率为 dz/dx 的均方根值。

$$R\Delta q=\sqrt{\frac{1}{lr}\int_0^{lr}\left(\frac{\mathrm{d}z}{\mathrm{d}x}\right)^2\mathrm{d}x} \tag{5-5}$$

4. 曲线和相关参数

曲线和相关参数主要有以下 3 种。

（1）轮廓的支承长度率 $Rmr(c)$是指在给定水平位置 c 上轮廓的实体材料长度 Ml（c）与评定长度的比率，如图 5-9 所示。即

$$Rmr(c)=\frac{Ml(c)}{ln} \tag{5-6}$$

（2）轮廓实体材料长度 $Ml(c)$是指在评定长度内，一平行于 X 轴的直线从峰顶线向下移一水平截距 c 时，与轮廓相截所得的各段截线长度之和，如图 5-10 所示。

$$Ml(c)=b_1+b_2+\cdots+b_n=\sum_{i=1}^{n}b_i \tag{5-7}$$

（3）轮廓的水平截距 c 可用微米或用它占轮廓最大高度的百分比表示。由图 5-10（b）可以看出，支承长度率是随着水平位置不同而变化的，其关系曲线称为支承长度率曲线。支承长度率曲线反映表面耐磨性。

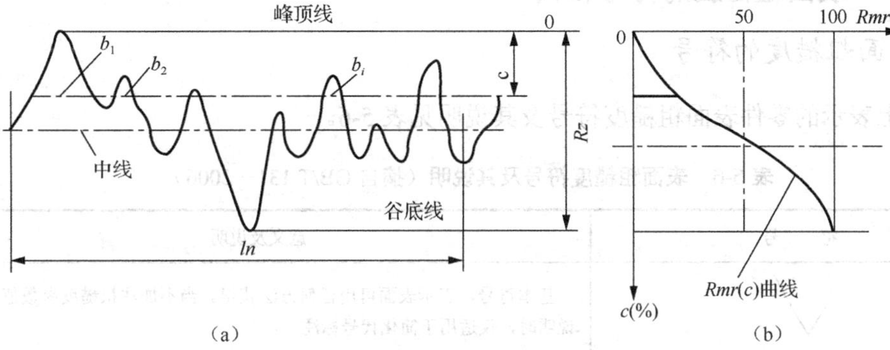

图 5-10 轮廓的支承长度率

5.2.4 评定参数的数值规定

表面粗糙度的参数值已经标准化，设计时应按国家标准 GB/T 1031—2009《产品几何技术规范（GPS）表面结构 轮廓法 表面粗糙度参数及其数值》规定的参数值系列选取。

Ra、*Rz* 和 *Rsm* 的规范数值分主系列和补充系列，其主系列分别列于表 5-2、表 5-3 和表 5-4。表 5-5 所列为轮廓支承长度的数值。

表 5-2 *Ra* 的数值（摘自 GB/T 1031—2009） 单位：μm

0.012	0.025	0.05	0.1	0.2	0.4	0.8	1.6	3.2	6.3
12.5	25	50	100						

表 5-3 *Rz* 的数值（摘自 GB/T 1031—2009） 单位：μm

0.025	0.05	0.1	0.2	0.4	0.8	1.6	3.2	6.3	12.5
25	50	100	200	400	800	1600			

表 5-4　*Rsm* 的数值（摘自 GB/T 1031—2009）　　单位：μm

0.006	0.0125	0.025	0.05	0.1	0.2	0.4	0.8	1.6	3.2	6.3	12.5

表 5-5　*Rmr*（*c*）（%）的数值（摘自 GB/T 1031—2009）　　单位：μm

10	15	20	25	30	40	50	60	70	80	90

注：选用 *Rmr*（*c*）时，必须同时给出轮廓水平截距 *c* 的数值。*c* 值多用 *Rz* 的百分数表示，其系列如下：5%，10%，15%，20%，25%，30%，40%，50%，60%，70%，80%，90%。

5.3　表面粗糙度的标注

图样上所标注的表面粗糙度符号、代号是该表面加工后的技术要求。表面粗糙度的标注应符合国家标准 GB/T 131—2006《产品几何技术规范（GPS）技术产品文件中表面结构的表示法》的规定。

5.3.1　表面粗糙度的符号和代号

1. 表面粗糙度的符号

图样上表示的零件表面粗糙度符号及其说明见表 5-6。

表 5-6　表面粗糙度符号及其说明（摘自 GB/T 131—2006）

符　号	意义及说明
	基本符号，表示表面可用任何方法获得。当不加注粗糙度参数值或有关说明时，仅适用于简化代号标注
	基本符号加一条短横线，表示表面是用去除材料的方法获得，如车削、铣削、钻削、磨削、电加工等获得的表面。若单独使用仅表示所标注表面“被加工并去除材料”
	基本符号加一个小圆，表示表面是用不去除材料的方法获得，如铸造、锻造、冲压变形、热轧、粉末冶金等或用于保持原供应状况的表面（包括保持上道工序的状况）
	在上述 3 个符号的长边上均可加一条横线，用于标注有关参数和说明
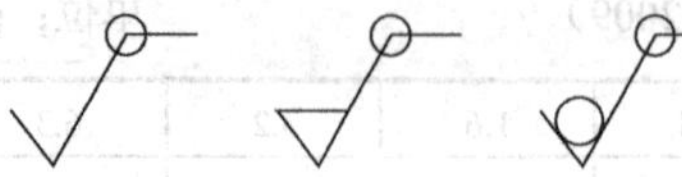	在上述 3 个符号上均可加一个小圆，表示所有表面具有相同的表面粗糙度要求

2. 表面粗糙度的代号

表面粗糙度的代号由表面粗糙度符号和表面粗糙度参数字母代号及数值和各种有关规定注写内容组成。

表面粗糙度的代号、数值及其有关规定在符号中标注的位置，见表 5-7。

表 5-7 表面粗糙度的代号、数值及其有关规定在符号中标注的位置

表面粗糙度的代号	表面粗糙度的代号、数值和有关规定注写位置的解释
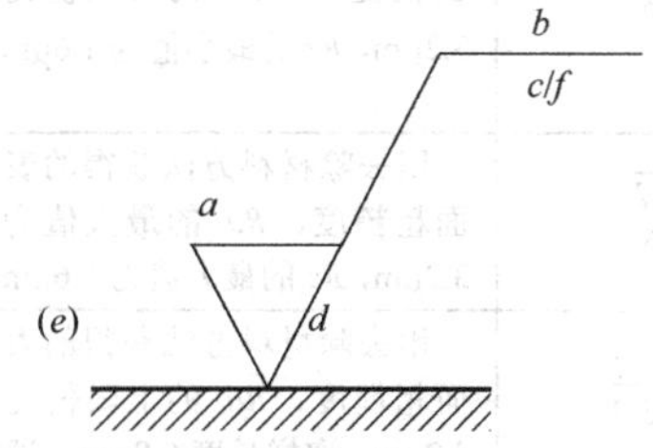	*a*—表面粗糙度高度参数代号及其数值，单位为μm，*Ra* 可省略
	b—加工方法、镀覆、表面处理或其他说明等
	c—取样长度（单位为 mm）或波纹度（单位为μm）
	d—加工纹理方向符号
	e—加工余量，单位为 mm
	f—表面粗糙度间距参数代号及其（单位为μm）或轮廓支承长度率

5.3.2 极限值判断规则

表面粗糙度参数中给定的极限值的判断规则有两种：

（1）“16%规则”：在同一评定长度下的表面粗糙度参数的全部实测值中，最多允许有16%超过允许值，称为“16%规则”。

（2）“最大规则”：当要求表面粗糙度参数的所有实测值不得超过规定值时，称为“最大规则”。

其中，“16%规则”是表面粗糙度标注的默认规则。而如果“最大规则”应用于表面粗糙度要求，则参数符号后面增加一个“max”（见表 5-8）。

5.3.3 表面粗糙度在图样上的标注

1. 表面粗糙度基本参数的标注

表面粗糙度幅度参数 *Ra* 和 *Rz* 是基本参数。表面粗糙度幅度参数的各种标注方法及其意义见表 5-8。

表 5-8 表面粗糙度幅度（高度）参数的各种标注方法及其意义（摘自 GB/T 131—2006）

代 号	意 义	代 号	意 义
*Ra*3.2	用任何方法获得的表面粗糙度，*Ra* 的上限值为 3.2μm	*Ra* max3.2	用任何方法获得的表面粗糙度，*Ra* 的最大值为 3.2μm
*Ra*3.2	用去除材料方法获得的表面粗糙度，*Ra* 的上限值为 3.2μm	*Ra* max3.2	用去除材料方法获得的表面粗糙度，*Ra* 的最大值为 3.2μm
*Ra*3.2	用不去除材料方法获得的表面粗糙度，*Ra* 的上限值为 3.2μm	*Ra* max3.2	用不去除材料方法获得的表面粗糙度，*Ra* 的最大值为 3.2μm
U *Ra*3.2 L *Ra*1.6	用去除材料方法获得的表面粗糙度，*Ra* 的上限值为 3.2μm，*Ra* 的下限值为 1.6μm	*Ra* max3.2 *Ra* min1.6	用去除材料方法获得的表面粗糙度，*Ra* 的最大值为 3.2μm，*Ra* 的最小值为 1.6μm
*Rz*3.2	用任何方法获得的表面粗糙度，*Rz* 的上限值为 3.2μm	*Rz* max3.2	用任何方法获得的表面粗糙度，*Rz* 的最大值为 3.2μm

续表

代　号	意　义	代　号	意　义
U *Rz* 3.2 L *Rz* 1.6 *Rz* 3.2 *Rz* 1.6	用去除材料方法获得的表面粗糙度，*Rz* 的上限值为 3.2μm，*Rz* 的下限值为 1.6μm（在不引起误会的情况下，也可省略标注 U、L）	*Rz* max3.2 *Rz* min1.6	用去除材料方法获得的表面粗糙度，*Rz* 的最大值为 3.2μm，*Rz* 的最小值为 1.6μm
U *Ra* 3.2 U *Rz* 1.6	用去除材料方法获得的表面粗糙度，*Ra* 的上限值为 3.2μm，*Rz* 的上限值为 1.6μm	*Ra* max3.2 *Rz* min1.6	用去除材料方法获得的表面粗糙度，*Ra* 的最大值为 3.2μm，*Rz* 的最大值为 1.6μm
0.008～0.8/*Ra* 3.2	用去除材料方法获得的表面粗糙度，*Ra* 的上限值为 3.2μm，传输带带 0.008～0.8mm	-0.8/*Ra*3 3.2	用去除材料方法获得的表面粗糙度，*Ra* 的上限值为 3.2μm，取样长度 0.8mm，评定长度包含 3 个取样长度

2. 表面粗糙度附加参数的标注

表面粗糙度幅度以外的参数为附加参数。图 5-11（a）为 *Rsm* 上限值的标注示例；图 5-11（b）为 *Rsm* 最大值的标注示例；图 5-11（c）为 *Rmr*(*c*)的标注示例，表示水平截距 *c* 在 *Rz* 的 50%位置上，*Rmr*(*c*)为 70%，此时 *Rmr*(*c*)为下限值；图 5-11（d）为 *Rmr*(*c*)最小值的标注示例。

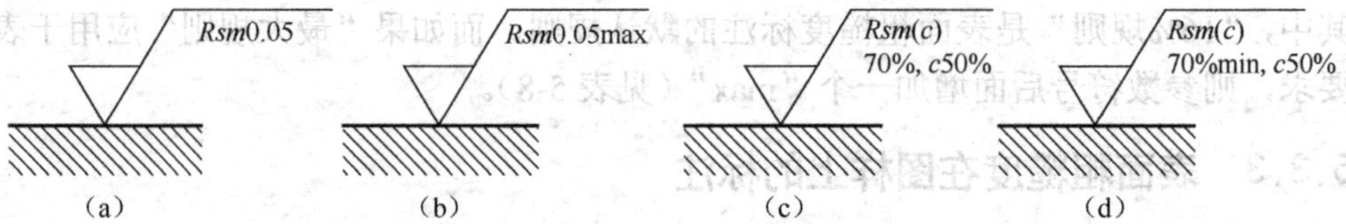

图 5-11　表面粗糙度附加参数标注

3. 表面粗糙度其他项目的标注

取样长度若按标准规定的默认值且评定长度为 5 个取样长度，则在图样上可以省略标注；若选用非标准值或评定长度不为 5 个取样长度，则应在相应位置标注取样长度的值（见表 5-8）或取样长度的个数（如图 5-11（b）表示评定长度为 3 个取样长度）。

若某表面的粗糙度要求由指定的加工方法（如铣削）获得，可用文字标注在图 5-12 规定之处，如图 5-12（c）所示。

若需要标注加工余量（设加工总余量为 7mm），应将其标注在表 5-12 规定之处，如图 5-12（d）所示。

若需要控制表面加工纹理方向，可在如图 5-12（d）所示加注加工纹理方向符号。

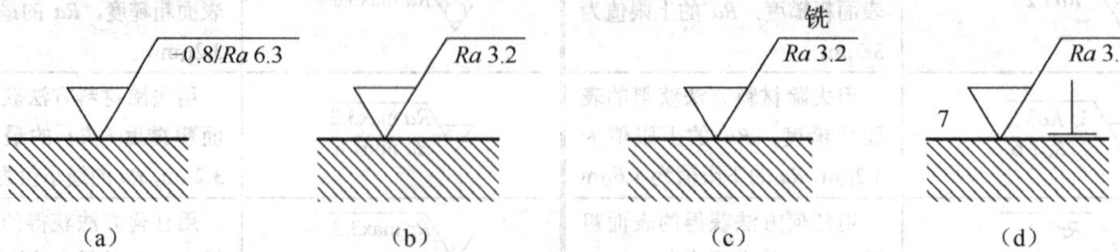

图 5-12　表面粗糙度其他项目标注

相关标准还规定了加工纹理符号，如图 5-13 所示。

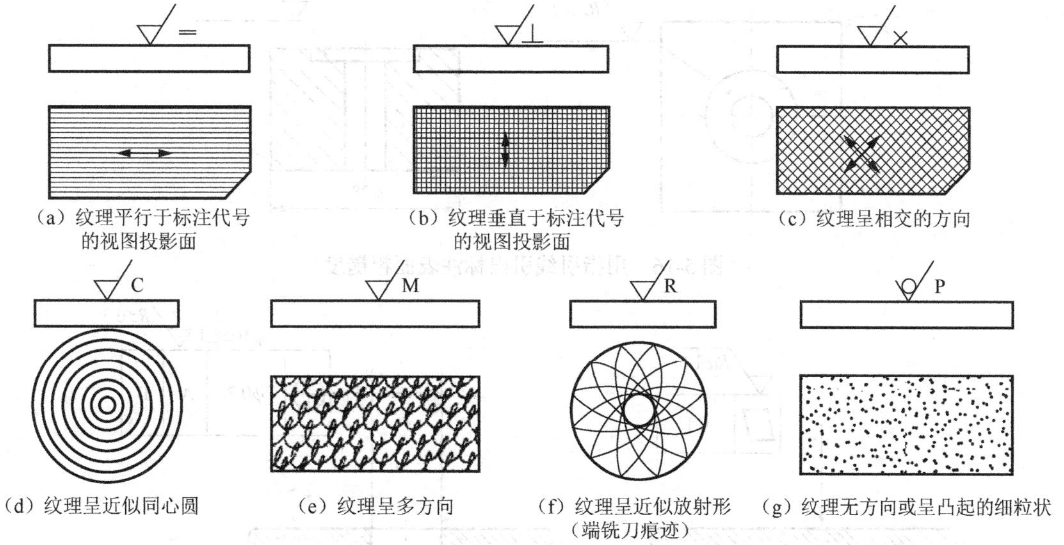

图 5-13　常见的加工纹理方向符号

4. 表面粗糙度在图样上的标注方法

在同一图样上，表面粗糙度要求尽量与其他技术要求（如尺寸精度和形状、方向、位置精度）标注在同一视图上。一个表面一般只标注一次符号、代号，并尽可能靠近有关的尺寸线。表面粗糙度的注写和读取方向与尺寸的注写和读取方向一致。

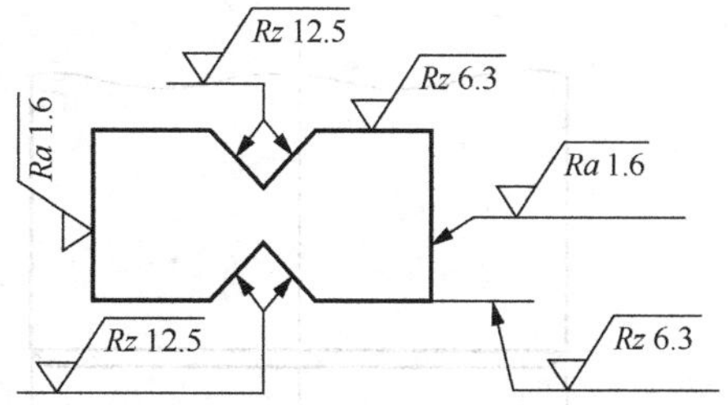

图 5-14　表面粗糙度在轮廓线上的标注

表面粗糙度符号、代号一般标注在可见轮廓线或其延长线（见图 5-14 和图 5-15）和指引线（见图 5-16）、尺寸线（见图 5-18a）、尺寸界线[见图 5-18（b）]上，也可标注在几何公差框格上方（见图 5-17）或圆柱和棱柱表面上。当标注在轮廓线或其延长线上时，符号的尖端必须从材料外指向需要说明的表面。

键槽、倒角和圆角的表面粗糙度标注方法可参照图 5-18（b）和图 5-19。

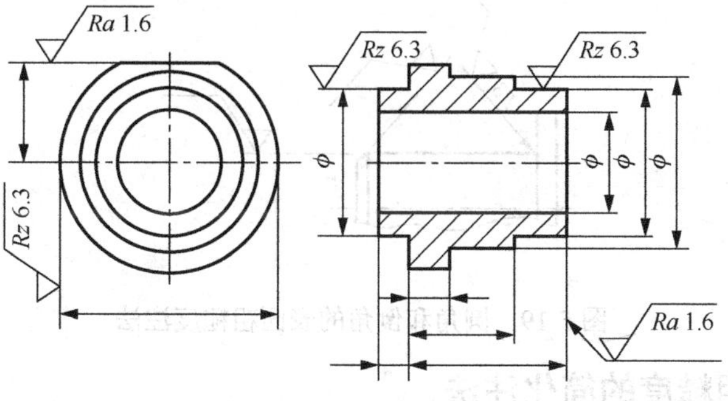

图 5-15　表面粗糙度标注在圆柱特征的延长线上

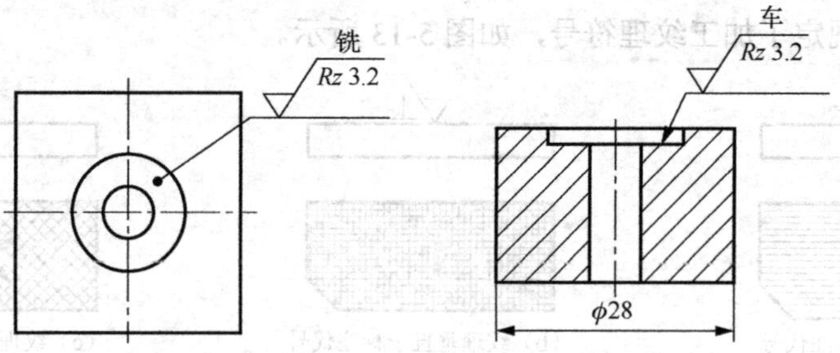

图 5-16　用指引线引出标注表面粗糙度

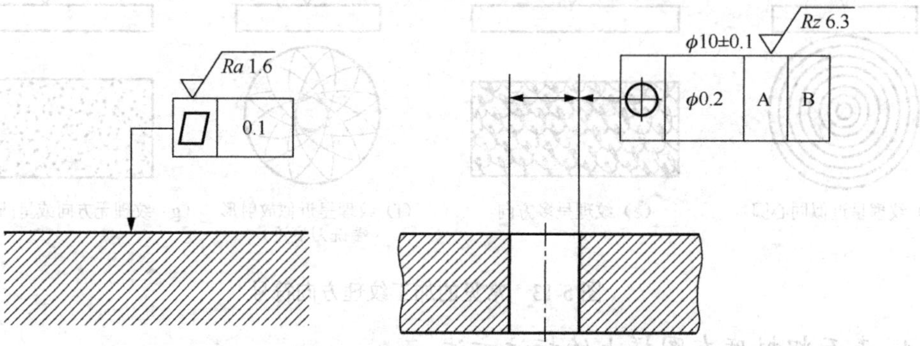

图 5-17　表面粗糙度标注在几何公差框格的上方

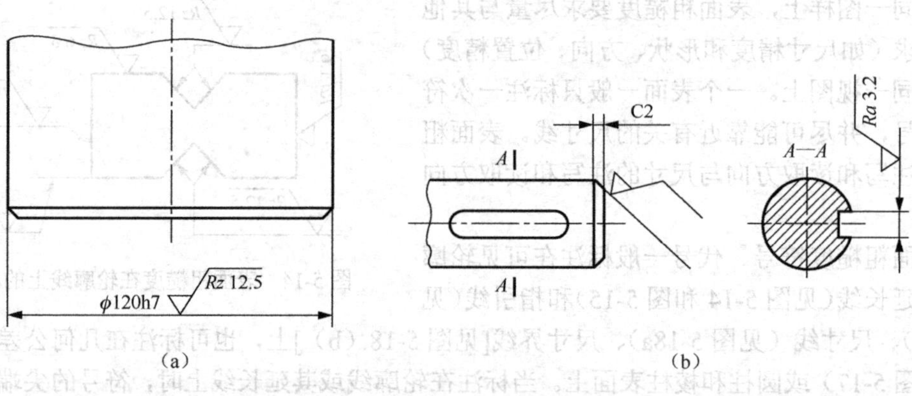

图 5-18　圆柱面及键槽的表面粗糙度注法

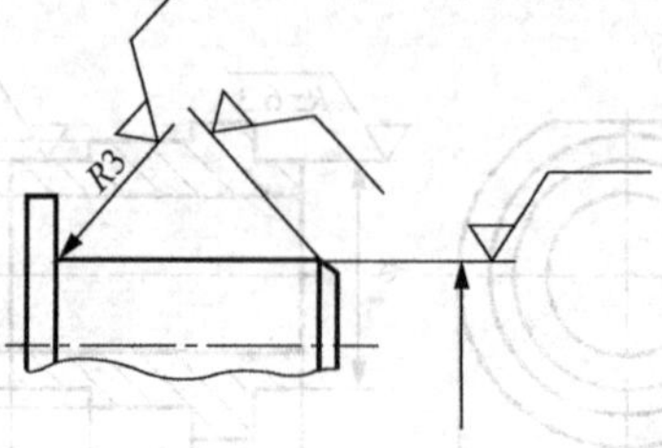

图 5-19　圆角和倒角的表面粗糙度注法

5.3.4　表面粗糙度的简化注法

当零件除注写表面外其余所有表面具有相同的表面粗糙度要求时，其符号、代号可在图样上统一标注，并采用简化方法，如图 5-20 和图 5-21 所示。此时，要求表面粗糙度符号后面应有必要的解释。例如，在圆括号内给出无任何其他标注的基本符号（见图 5-20）；或者在圆括号内给出其他已注出的表面粗糙度要求（见图 5-21）。图 5-20 和图 5-21 均表示除 *Rz* 值为 1.6μm 和 6.3μm 的表面外，其余所有表面粗糙度 *Ra* 值均为 3.2μm。

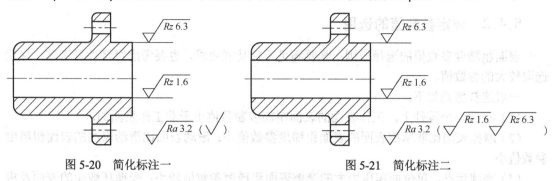

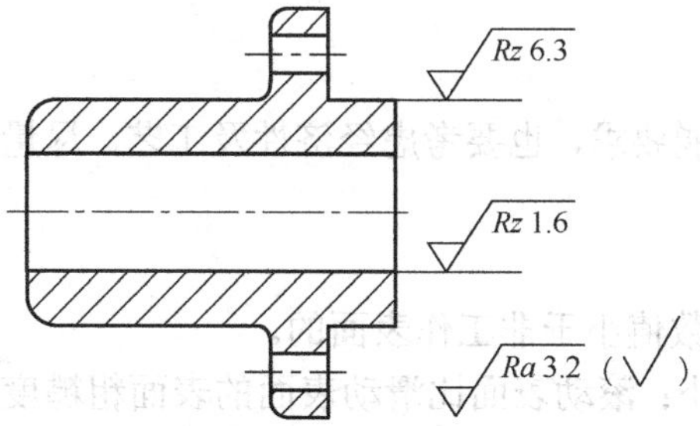

图 5-20　简化标注一

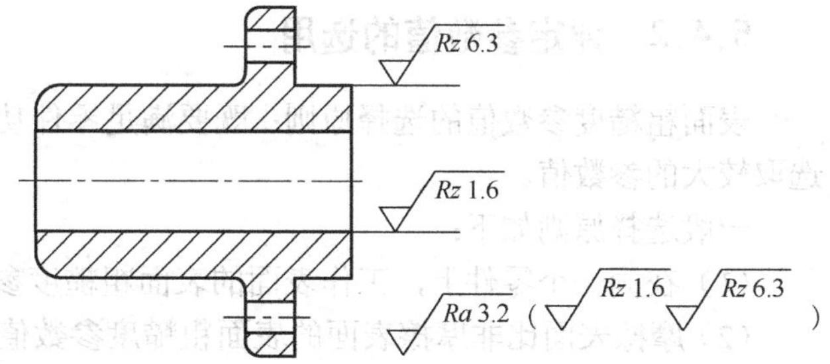

图 5-21　简化标注二

当图样上的标注空间有限时，对具有相同的表面粗糙度要求的表面也可采用图 5-22 和图 5-23 的简化标注：先用简单的符号标注，再在标题栏附近以等式的形式给出。

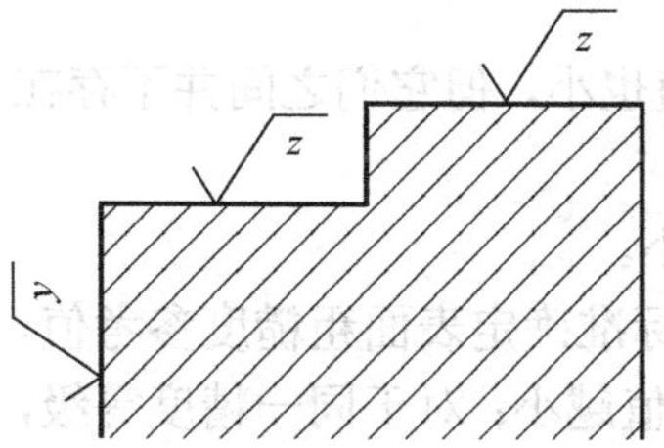

图 5-22　图样空间有限时的简化注法

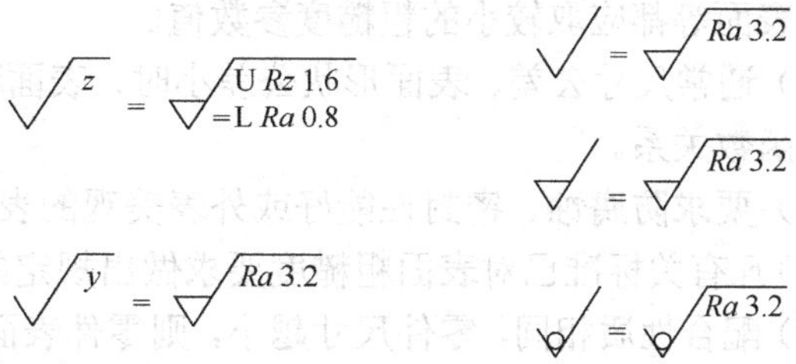

图 5-23　只用符号的简化注法

5.4　表面粗糙度的选用

5.4.1　评定参数的选用

设计机械零件精度时，要根据零件的功能要求、材料性能、结构特点以及测量的条件等情况适当选用一个或几个评定参数。在选用表面粗糙度的评定参数时，*Ra*、*Rz* 两个幅度特性参数为常用基本参数。为进一步满足零件的功能要求，可附加选用间距参数或其他评定参数。选择表面粗糙度参数时应注意以下几点：

（1）若加工表面没有特殊要求，则一般考虑选用幅度（高度）参数。在高度特性参数常用的参数值范围内（*Ra* 为 0.025～6.3μm，*Rz* 为 0.1～25μm），通常优先选用 *Ra* 值。因为参数 *Ra* 能较充分合理地反映零件整体表面的粗糙度特征，特别对于光滑表面和半光滑表面，但在特殊情况下不宜选用 *Ra*。

① 当表面过于粗糙（*Ra*＞6.3）或过于光滑（*Ra*＜0.025）时，选用 *Rz*。因为此范围便于选择用于测量 *Rz* 的仪器测量。

② 当零件材料较软时，选用 *Rz*。因为 *Ra* 一般采用触针测量，在此条件下测量误差较大。

③ 当测量面积很小时，如顶尖、刀具的刃部、仪表的小元件的表面，可选用 *Rz* 值。

（2）若表面有特殊功能要求时，为了提高产品质量，保证功能要求，可以同时选用几个参数综合控制表面质量。

① 当表面要求耐磨时，可选用 *Rmr*(*c*)。

② 当表面要求承受交变载荷时，可选用 *Rz*，外加 *Rsm*。

③ 当表面要求外观质量和可漆性时，可选用 *Rsm*。

5.4.2 评定参数值的选用

表面粗糙度参数值的选择原则：既要满足零件功能要求，也要考虑经济性及工艺，尽量选取较大的参数值。

一般选择原则如下：

（1）在同一个零件上，工作表面的表面粗糙度参数值小于非工作表面的。

（2）摩擦表面比非摩擦表面的表面粗糙度参数值小；滚动表面比滑动表面的表面粗糙度参数值小。

（3）高速运动、单位面积压力大的摩擦表面粗糙度参数值较小；受循环载荷的表面及极易引起应力集中的部分，如钢质零件圆角、沟槽处，零件表面粗糙度参数值较小。

（4）配合性质要求高的结合表面，间隙小的配合表面以及要求连接可靠、受重载荷的过盈配合表面等都应取较小的粗糙度参数值。

（5）通常尺寸公差、表面形状公差小时，表面粗糙度参数值也小，但它们之间并不存在确定的函数关系。

（6）要求防腐蚀、密封性能好或外表美观的表面粗糙度值小。

（7）凡有关标准已对表面粗糙度要求做出规定的，则应按该标准确定表面粗糙度参考值。

（8）配合性质相同，零件尺寸越小，则零件表面粗糙度参数值越小；对于同一精度等级，小尺寸比大尺寸、轴比孔零件表面粗糙度参数值小。

选择常用表面粗糙度的参数值及表面粗糙度参数值与所适应的零件表面时，可参考表 5-9 及表 5-10。

表 5-9 常用表面粗糙度的参数值

<table>
<tr><th colspan="4">经常装拆的配合表面</th><th colspan="6">过盈配合的配合表面</th><th colspan="3">定心精度高的配合表面</th><th colspan="3">滑动轴承表面</th></tr>
<tr><th rowspan="3">公差等级</th><th rowspan="3">表面</th><th colspan="2">公称尺寸/mm</th><th colspan="2" rowspan="3">公差等级</th><th rowspan="3">表面</th><th colspan="3">公称尺寸/mm</th><th rowspan="3">径向跳动/μm</th><th>轴</th><th>孔</th><th rowspan="3">公差等级</th><th rowspan="3">表面</th><th rowspan="3">Ra/μm</th></tr>
<tr><th>～50</th><th>>50～100</th><th>～50</th><th>>50～120</th><th>>120～500</th><th colspan="2" rowspan="2">Ra/μm</th></tr>
<tr><th colspan="2">Ra/μm</th><th colspan="3">Ra/μm</th></tr>
<tr><td rowspan="2">IT5</td><td>轴</td><td>0.2</td><td>0.4</td><td rowspan="6">装配时按机械压入法</td><td rowspan="2">IT5</td><td>轴</td><td>0.1～0.2</td><td>0.4</td><td>0.4</td><td>2.5</td><td>0.05</td><td>0.1</td><td rowspan="2">IT6～IT9</td><td>轴</td><td>0.4～0.8</td></tr>
<tr><td>孔</td><td>0.4</td><td>0.8</td><td>孔</td><td>0.2～0.4</td><td>0.8</td><td>0.8</td><td>4</td><td>0.1</td><td>0.2</td><td>孔</td><td>0.8～1.6</td></tr>
<tr><td rowspan="2">IT6</td><td>轴</td><td>0.4</td><td>0.8</td><td rowspan="2">IT6至IT7</td><td>轴</td><td>0.4</td><td>0.8</td><td>1.6</td><td>6</td><td>0.1</td><td>0.2</td><td rowspan="2">IT10～IT12</td><td>轴</td><td>0.8～3.2</td></tr>
<tr><td>孔</td><td>0.4～0.8</td><td>0.8～1.6</td><td>孔</td><td>0.8</td><td>1.6</td><td>1.6</td><td>10</td><td>0.2</td><td>0.4</td><td>孔</td><td>1.6～3.2</td></tr>
<tr><td rowspan="2">IT7</td><td>轴</td><td>0.4～0.8</td><td>0.8～1.6</td><td rowspan="2">IT8</td><td>轴</td><td>0.8</td><td>0.8～1.6</td><td>1.6～3.2</td><td>16</td><td>0.4</td><td>0.8</td><td rowspan="2">流体润滑</td><td>轴</td><td>0.1～0.4</td></tr>
<tr><td>孔</td><td>0.8</td><td>1.6</td><td>孔</td><td>1.6</td><td>1.6～3.2</td><td>1.6～3.2</td><td>25</td><td>0.8</td><td>1.6</td><td>孔</td><td>0.2～0.8</td></tr>
<tr><td rowspan="2">IT8</td><td>轴</td><td>0.8</td><td>1.6</td><td colspan="2" rowspan="2">热装法</td><td>轴</td><td colspan="3">1.6</td><td colspan="6" rowspan="2"></td></tr>
<tr><td>孔</td><td>0.8～1.6</td><td>1.6～3.2</td><td>孔</td><td colspan="3">1.6～3.2</td></tr>
</table>

表 5-10 表面粗糙度参数值与所适用的零件表面

Ra/μm	适应的零件表面
12.5	粗加工非配合表面，如轴端面、倒角、钻孔、键槽非工作表面、垫圈接触面、不重要的安装支承面、螺钉、铆钉孔表面等
6.3	半精加工表面。用于不重要零件的非配合表面，如支柱、轴、支架、外壳、衬套、盖等的端面；螺钉、螺栓和螺母的自由表面；不要求定心和配合特性的表面，如螺栓孔、螺钉通孔、铆钉孔等；飞轮、带轮、离合器、联轴器、凸轮、偏心轮的侧面；平键及键槽上下面、花键非定心表面、齿顶圆表面；所有轴和孔的退刀槽等
3.2	半精加工表面。外壳、箱体、盖、套筒、支架等和其他零件连接面而不形成配合的表面；不重要的紧固螺纹表面，非传动用梯形螺纹、锯齿形螺纹表面；燕尾槽表面；键和键槽的工作面；需要发蓝的表面；需要滚花的预加工表面；低速滑动轴承和轴的摩擦面；张紧链轮、导向滚轮与轴的配合表面；滑块及导向面（速度 20～50m/min）,收割机械切割器的摩擦动刀片、压力片的摩擦面，脱粒机格板工作表面等
1.6	要求有定心及配合特性的固定支承、衬套、轴承和定位销的压入孔表面；不要求定心及配合特性的活动支承面，活动关节及花键结合面；8 级齿轮的齿面，齿条齿面；传动螺纹工作面；低速传动的轴颈；楔形键及键槽上、下面；轴承盖凸肩（对中心用），V 带轮槽表面，电镀前的金属表面等
0.8	要求保证定心及配合特性的表面。锥销和圆柱销表面；与 G 和 E 级滚动轴承相配合的孔和轴颈表面；中速转动的轴颈，过盈配合的孔 IT7，间隙配合的孔 IT8，花键轴定心表面，滑动导轨面
0.4	不要求保证定心及配合特性的活动支承面；高精度的活动球状接头表面，支承垫圈、榨油机螺旋榨辊表面等
0.2	要求能长期保持配合特性的孔（IT6、IT5），6 级精度齿轮齿面，蜗杆齿面（6～7 级），与 D 级滚动轴承配合的孔和轴颈表面；要求保证定心及配合特性的表面；滚动轴承轴瓦工作表面；分度盘表面；工作时受交变应力的重要零件表面；受力螺栓的圆柱表面，曲轴和凸轮轴工作表面，发动机气门圆锥面，与橡胶油封相配的轴表面等
0.1	工作时受较大交变应力的重要零部件表面，保证疲劳强度、防腐蚀性及在活动接头工作中耐久性的一些表面；精密机床主轴箱与套筒配合的孔；活塞销的表面；液压传动用孔的表面、阀的工作表面，汽缸内表面，保证精确定心的锥体表面；仪器中承受摩擦的表面，如导轨、槽面等
0.05	滚动轴承套圈滚道、滚珠及滚柱表面，摩擦离合器的摩擦表面，工作量规的测量表面，精密刻度盘表面，精密机床主轴套筒外圆面等
0.025	特别精密的滚动轴承套圈滚道、滚珠及滚柱表面；量仪中较高精度间隙配合零件的工作表面；柴油机高压泵柱塞副的配合表面；保证高度气密的接合表面等
0.012	仪器的测量面；量仪中高精度间隙配合零件的工作表面；尺寸超过 100mm 的量块工作表面等

在选择参数值时，通常可参照一些经过验证的实例，用类比法来确定。一般尺寸公差、表面几何公差与表面粗糙度参数值是有一定的对应关系的。设表面几何公差值为 T（代号），尺寸公差值为 IT（代号），对应关系如下：

$T \cong 0.6IT \quad Ra \leqslant 0.05IT \quad Rz \leqslant 0.2IT$

$T \cong 0.4IT \quad Ra \leqslant 0.025IT \quad Rz \leqslant 0.1IT$

$T \cong 0.25IT \quad Ra \leqslant 0.012IT \quad Rz \leqslant 0.05IT$

$T < 0.25IT \quad Ra \leqslant 0.15T \quad Rz \leqslant 0.6T$

选用实例时可参照图 3-19 所示标注。

5.5 表面粗糙度的检测

表面粗糙度的检测方法主要有比较法、光切法、针触法和干涉法。

5.5.1 比较法

比较法是将被测零件表面与已知评定参数值的表面粗糙度样板相比较，两个比较表面的形状、加工方法和材料应尽量相同。若被测表面精度较高时，可借助放大镜、显微镜进行比较，以提高检测精度。

比较法简单实用，适于车间条件下的粗糙度表面检验。缺点是精度较差，只能用于定性分析比较。

5.5.2 光切法

光切法是应用光切原理来测量表面粗糙度的一种测量方法。光切法常用的仪器是光切显微镜（见图 5-24），也称为双管显微镜，适于测量用车削、铣削、刨削等加工方法所加工的金属零件的平面或外网表面。光切法主要用于测量轮廓的最大高度 *Rz* 值，测量范围为 0.5～80μm。

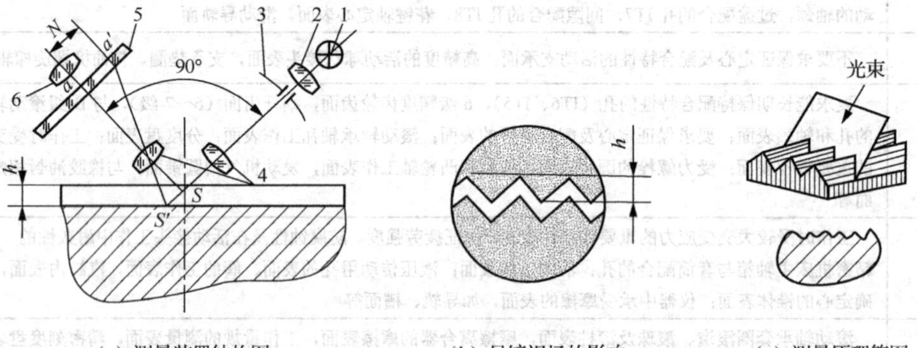

（a）测量装置结构图　（b）目镜视场的影响　（c）测量原理简图

1—光源　2—聚光镜　3—狭缝　4—物镜　5—分划板　6—目镜

图 5-24　光切显微镜工作原理

光切显微镜的工作原理如图 5-24 所示。根据光切原理设计的光切显微镜由两个镜管组成，一个是投影照明镜管，另一个是观察镜管，两个镜管轴线互成90°。在照明镜管中，光源发出的光线经聚光镜、狭缝及物镜后，以45°的倾斜角照射在具有微小峰谷的被测件表面，形成一束平行的光带，表面轮廓的波峰在 *S* 点处产生反射，波谷在 *S'* 点处产生反射。通过观察镜管的物镜，分别成像在分划板上的 *a* 与 *a'* 点，从目镜中可以观察到一条与被测表面相似的齿状亮带，通过目镜分划板与测微器，可测出 *aa'* 之间的距离 *N*，被测表面的微观不平度的峰至谷的高度 *h* 为

$$h=\frac{N}{V}\cos 45^\circ=\frac{N}{\sqrt{2}V} \tag{5-8}$$

式中，*V*——观察镜管的物镜放大倍数。

5.5.3 针触法

针触法是利用仪器的触针在被测表面上轻轻划过，被测表面的微观不平度将使触针作垂直方向的位移；再通过传感器将位移量转换成电量，经信号放大后输入计算机，在显示器上

显示出被测表面粗糙度的评定参数值 Ra。也可由记录器绘制出被测表面轮廓的误差图形，其工作原理如图 5-25 所示。

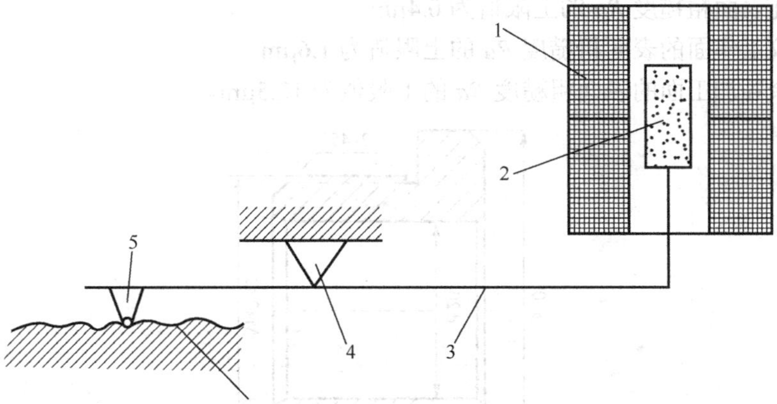

1—电感线圈　2—铁芯　3—杠杆　4—支点　5—触针

图 5-25　针触法测量原理示意

5.5.4　干涉法

干涉法是利用光波干涉原理来测量表面粗糙度的方法。常采用的仪器是干涉显微镜，适于测量极光滑的表面 Rz 值，即 Rz=0.025～0.8μm 的表面。

本章小结

本章阐述了表面粗糙度轮廓的概念，重点介绍了相关国家标准规定的取样长度、评定长度、中线、幅度参数、间距特征参数、表面粗糙度的标注方法和选用要求。通常只给出幅度参数，必要时可规定轮廓的其他评定参数、表面加工纹理方向、加工方法或（和）加工余量等附加要求。此外，本章还介绍了表面粗糙度轮廓的检测方法：比较法、光切法、针触法和干涉法。

习题与思考题

5-1　表面粗糙度的含义是什么？表面粗糙度对零件的工作性能有哪些影响？

5-2　轮廓中线的含义和作用是什么？为什么规定了取样长度还要规定评定长度？两者之间有什么关系？

5-3　表面粗糙度的基本评定参数有哪些？简述其含义。

5-4　常用的表面粗糙度测量方法有哪几种？举例说明其测量原理及各用于测量哪些参数。

5-5　将下列要求标注在图 5-26 上，零件的加工均采用去除材料的方法。

（1）直径为ϕ50mm 的圆柱外表面粗糙度 Ra 的上限值为 3.2μm。

（2）左端面的表面粗糙度 *Ra* 的上限值为 1.6μm。

（3）直径为ϕ50mm 的圆柱右端而的表面粗糙度 *Rz* 的最大值为 1.6μm。

（4）内孔表面粗糙度 *Ra* 的上限值为 0.4μm。

（5）螺纹工作面的表面粗糙度 *Ra* 的上限值为 1.6μm。

（6）其余各加工面的表面粗糙度 *Ra* 的上限值为 12.5μm。

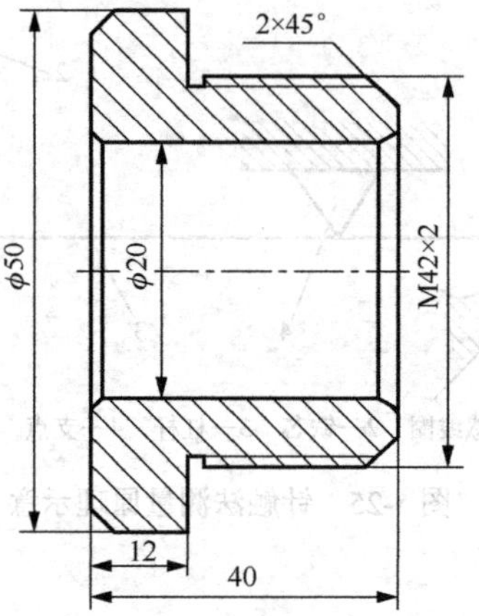

图 5-26　习题 5-5

第6章 光滑工件尺寸检测与量规设计

教学重点

了解光滑工件尺寸的检测，掌握验收极限的确定方法，明确光滑极限量规的作用、种类，熟悉工作量规公差带的分布特点；理解泰勒原则的含义，掌握符合泰勒原则的量规的设计要求，能够进行简单的设计计算。

教学难点

计量器具的选择，光滑极限量规的设计。

教学方法

讲授法，实物法。

6.1 光滑工件尺寸的检验

检验光滑工件尺寸时，可以用通用测量器具，也可使用极限量规。通用测量器具可以有具体的指示值，能直接测量出工件的尺寸，但是其结构复杂，制造困难，且测量速度较慢，如图 6-1 所示的游标卡尺。而光滑极限量规是一种没有刻线的专用量具，它不能确定工件实际要素的确切数值，只能判断工件合格与否。然而，由于量规的结构简单，制造相对容易，使用方便，并且可以保证工件在生产中的互换性，因此广泛应用于批量生产中，如图 6-2 所示的光滑极限量规。

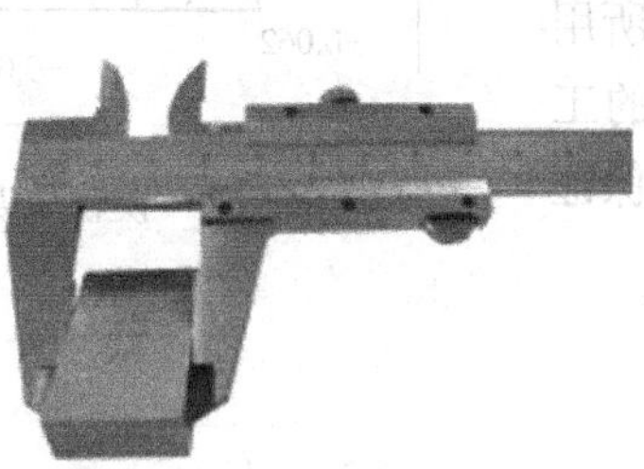

图 6-1 游标卡尺（测量工件）

图 6-2 光滑极限量规（测量光孔）

光滑工件尺寸的检测通常采用普通计量器具和极限量规。当孔、轴（被测要素）的尺寸公差与几何公差的关系采用独立原则时，它们的实际要素和几何误差分别使用普通计量器具来测量。当孔、轴采用包容要求时，它们的实际要素和形状误差的综合结果可以使用光滑极限量规来检验，也可以分别使用普通计量器具来测量实际要素和形状误差（如圆度、直线度等），并把这些形状误差的测量结果与尺寸的测量结果综合起来，以判定工件表面各部位是否超出其最大实体边界。

普通计量器具是按两点量法测量工件的，测得值为孔、轴的局部实际要素。该方法常用于单件小批量生产中。

为了保证检测的产品质量，国家标准 GB/T 3177—2009《产品几何技术规范（GPS）光滑工件尺寸的检验》规定的检验原则如下：

（1）所有检验方法应只针对位于规定的尺寸极限之内的工件。

（2）在使用游标卡尺、螺旋测微器，以及生产车间所使用的分度值不小于 0.0005mm（放大倍数不大于 2000 倍）的比较仪等计量器具，检验图样上注出的公称尺寸≤500mm，标准公差等级为 IT6～IT18 的有配合要求的光滑工件尺寸时，按内缩方案确定验收极限。

（3）对非配合和一般公差尺寸，验收极限分别等于标定的最大极限尺寸和最小极限尺寸。

由于计量器具和计量系统都存在误差，这些误差必然会影响被测工件的测量精度，所以任何测量方法都不能测出其真值。考虑到车间的实际情况，通常工件的形状误差取决于加工设备及工艺装备的精度，工件合格与否只按一次测量来判断，对温度、压陷效应以及计量器具和标准器的系统误差均不进行修正。因此，在测量孔、轴实际要素时，常常存在误判的情况，也就是所谓的误收和误废现象。

6.1.1 误收与误废

在测量过程中，由于测量误差对测量结果的影响，当零件的实际尺寸处于最大极限尺寸和最小实限尺寸附近时，有可能出现以下两种“误检”情况。

（1）若按测得尺寸验收工件，就有可能把实际要素超过极限尺寸范围的工件误认为合格而被接受（误收），即把废品判为合格品。

（2）也可能把实际要素在极限尺寸范围内的工件误认为不合格而废除（误废），即把合格的零件判为废品。

例如，用测量不确定度为±0.004mm 的杠杆螺旋测微器测量轴 $\phi40_{-0.062}^{\ 0}$ mm，可能出现的误检情况如图 6-3 所示。

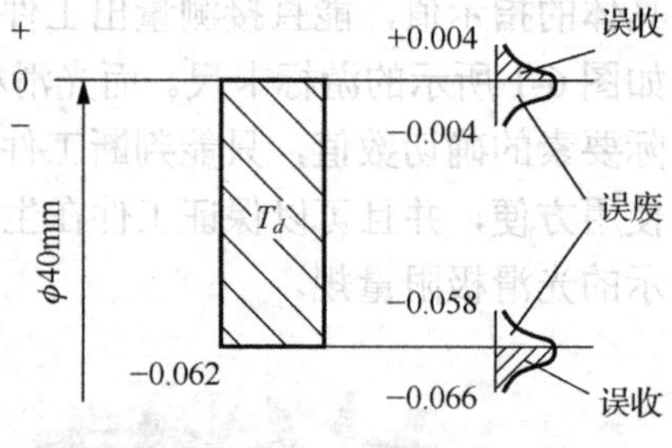

图 6-3 误收与误废

误收会影响产品质量，而误废会造成经济损失，影响产品的成品率。国家标准规定的工件验收原则：所用的验收方法原则上只针对位于规定尺寸极限之内的工件，即只允许有误废，不允许有误收。因此，为了保证产品的质量，须要规定合理的验收极限。

6.1.2 验收极限

验收极限是检验工件尺寸时判断其合格与否的尺寸界限，GB/T 3177—2009《产品几何技术规范（GPS）光滑工件尺寸的检验》，对用普通计量器具检测工件尺寸规定了两种验收极限：内缩方式与非内缩方式。

1）内缩方式

验收极限从规定的最大极限尺寸和最小极限尺寸分别向工件的公差带内移动一个安全裕度 A（$A=T/10$，T 为工件的公差）。

孔和轴的验收极限的计算方式相同，如图 6-4 所示。

上验收极限=最大极限尺寸−安全裕度（A）

下验收极限=最小极限尺寸＋安全裕度（*A*）

其中，安全裕度 *A* 的确定必须从如下的技术和经济两个方面考虑：

（1）若 *A* 值较大时，则可选用较低精度的计量器具进行检验，但减少了生产公差，因而加工经济性差。

（2）若 *A* 值较小时，要用较精密的计量器具，加工经济性好，但计量器具费用高，提高了生产成本。

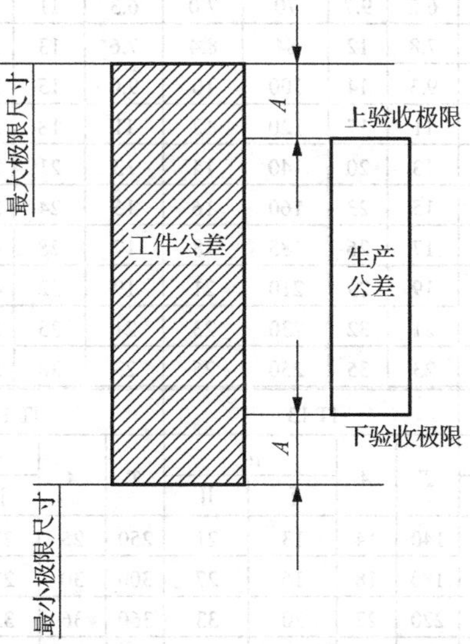

图 6-4　验收极限计算示意

因此，*A* 值应按被检验工件的公差大小来确定，一般把它确定为工件公差的 1/10。其数值见表 6-1。

表 6-1　安全裕度（*A*）与计量器具的测量不确定度允许值（u_1）　　单位：μm

公差等级		IT6					IT 7					IT 8				
公称尺寸/mm		*T*	*A*	u_1			*T*	*A*	u_1			*T*	*A*	u_1		
大于	至			Ⅰ	Ⅱ	Ⅲ			Ⅰ	Ⅱ	Ⅲ			Ⅰ	Ⅱ	Ⅲ
—	3	6	0.6	0.54	0.9	1.4	10	1.0	0.9	1.5	2.3	14	1.4	1.3	2.1	3.2
3	6	8	0.8	0.72	1.2	1.8	12	1.2	1.1	1.8	2.7	18	1.8	1.6	2.7	4.1
6	10	9	0.9	0.81	1.4	2.0	15	1.5	1.4	2.3	3.4	22	2.2	2.0	3.3	5.0
10	18	11	1.1	1.0	1.7	2.5	18	1.8	1.7	2.7	4.1	27	2.7	2.4	4.1	6.1
18	30	13	1.3	1.2	2.0	2.9	21	2.1	1.9	3.2	4.7	33	3.3	3.0	5.0	7.4
30	50	16	1.6	1.4	2.4	3.6	25	2.5	2.3	3.8	5.6	39	3.9	3.5	5.9	8.8
50	80	19	1.9	1.7	2.9	4.3	30	3.0	2.7	4.5	6.8	46	4.6	4.1	6.9	10
80	120	22	2.2	2.0	3.3	5.0	35	3.5	3.2	5.3	7.9	54	5.4	4.9	8.1	12
120	180	25	2.5	2.3	3.8	5.6	40	4.0	3.6	6.0	9.0	63	6.3	5.7	9.5	14
180	250	29	2.9	2.6	4.4	6.5	46	4.6	4.1	6.9	10	72	7.2	6.5	11	16
250	315	32	3.2	2.9	4.8	7.2	52	5.2	4.7	7.8	12	81	8.1	7.3	12	18
315	400	36	3.6	3.2	5.4	8.1	57	5.7	5.1	8.4	13	89	8.9	8.0	13	20
400	500	40	4.0	3.6	6.0	9.0	63	6.3	5.7	9.5	14	97	9.7	8.7	15	22

续表

公差等级		IT 9					IT 10					IT 11				
公称尺寸/mm		T	A	u_1			T	A	u_1			T	A	u_1		
大于	至			Ⅰ	Ⅱ	Ⅲ			Ⅰ	Ⅱ	Ⅲ			Ⅰ	Ⅱ	Ⅲ
—	3	25	2.5	2.3	3.8	5.6	40	4	3.6	6.0	9.0	60	6.0	5.4	9.0	14
3	6	30	3.0	2.7	4.5	6.8	48	4.8	4.3	7.2	11	75	7.5	6.8	11	17
6	10	36	3.6	3.3	5.4	8.1	58	5.8	5.2	8.7	13	90	9.0	8.1	14	20
10	18	43	4.3	3.9	6.5	9.7	70	7.0	6.3	11	16	110	11	10	17	25
18	30	52	5.2	4.7	7.8	12	84	8.4	7.6	13	19	130	13	12	20	29
30	50	62	6.2	5.6	9.3	14	100	10	9.0	15	23	160	16	14	24	36
50	80	74	7.4	6.7	11	17	120	12	11	18	27	190	19	17	29	43
80	120	87	8.7	7.8	13	20	140	14	13	21	32	220	22	20	33	50
120	180	100	10	9.0	15	23	160	16	15	24	36	250	25	23	38	56
180	250	115	12	10	17	26	185	18	17	28	42	290	29	26	44	65
250	315	130	13	12	19	29	210	21	19	32	47	320	32	29	48	72
315	400	140	14	13	21	32	230	23	21	35	52	360	36	32	54	81
400	500	155	16	14	23	35	250	25	23	38	56	400	40	36	60	90

公差等级		IT 12				IT 13				IT 14				IT 15			
公称尺寸/mm		T	A	u_1		T	A	u_1		T	A	u_1		T	A	u_1	
大于	至			Ⅰ	Ⅱ			Ⅰ	Ⅱ			Ⅰ	Ⅱ			Ⅰ	Ⅱ
—	3	100	10	9.0	15	140	14	13	21	250	25	23	38	400	40	36	60
3	6	120	12	11	18	180	18	16	27	300	30	27	45	480	48	43	72
6	10	150	15	14	23	220	22	20	33	360	36	32	54	580	58	52	87
10	18	180	18	16	27	270	27	24	41	430	43	39	65	700	70	63	110
18	30	210	21	19	32	330	33	30	50	520	52	47	78	840	84	76	130
30	50	250	25	23	38	390	39	35	59	620	62	56	93	1000	100	90	150
50	80	300	30	27	45	460	46	41	69	740	74	67	110	1200	120	110	180
80	120	350	35	32	53	540	54	49	81	870	87	78	130	1400	140	130	210
120	180	400	40	36	60	630	63	57	95	1000	100	90	150	1600	160	150	240
180	250	460	46	41	69	720	72	65	110	1150	115	100	170	1850	180	170	280
250	315	520	52	47	78	810	81	73	120	1300	130	120	190	2100	210	190	320
315	400	570	57	51	86	890	89	80	130	1400	140	130	210	2300	230	210	350
400	500	630	63	57	95	970	97	87	150	1500	150	140	230	2500	250	230	380

公差等级		IT 16				IT 17				IT 18			
公称尺寸/mm		T	A	u_1		T	A	u_1		T	A	u_1	
大于	至			Ⅰ	Ⅱ			Ⅰ	Ⅱ			Ⅰ	Ⅱ
—	3	600	60	54	90	1000	100	90	150	1400	140	125	210
3	6	750	75	68	110	1200	120	110	180	1800	180	160	270
6	10	900	90	81	140	1500	150	140	230	2200	220	200	330
10	18	1100	110	100	170	1800	180	160	270	2700	270	240	400
18	30	1300	130	120	200	2100	210	190	320	3300	330	300	490
30	50	1600	160	140	240	2500	250	220	380	3900	390	350	580
50	80	1900	190	170	290	3000	300	270	450	4600	460	410	690
80	120	2200	220	200	330	3500	350	320	530	5400	540	480	810
120	180	2500	250	230	380	4000	400	360	600	6300	630	570	940
180	250	2900	290	260	440	4600	460	410	690	7200	720	650	108
250	315	3200	320	290	480	5200	520	470	780	8100	810	730	121
315	400	3600	360	320	540	5700	570	510	860	8900	890	800	133
400	500	4000	400	360	600	6300	630	570	950	9700	970	870	145

2）不内缩方式

上验收极限=最大极限尺寸

下验收极限=最小极限尺寸

应选择哪种验收极限方式，须考虑被测工件的尺寸功能要求及其重要程度、尺寸公差等级、测量不确定度和工艺能力等因素。

（1）对于遵守包容要求的尺寸和公差等级高的尺寸，其验收极限按两边内缩方式确定。

（2）当工艺能力指数 $C_p \geqslant 1$ 时（$C_p=T/6\sigma$），验收极限可按不内缩方式确定；但对于遵循包容要求的孔、轴，其最大实体尺寸一边的验收极限应按内缩方式确定，如图 6-5 所示。

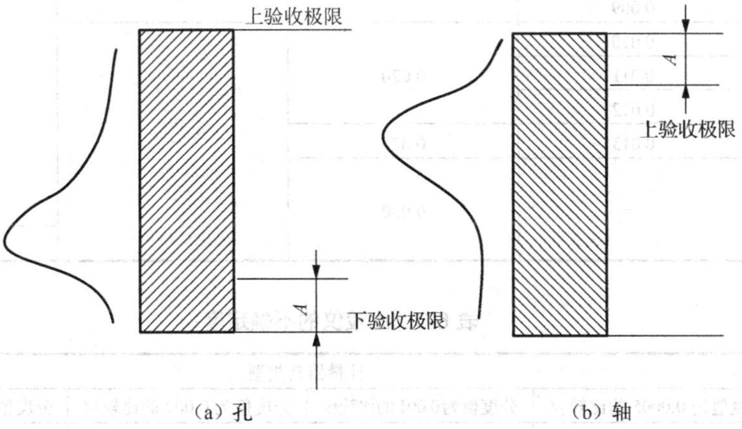

图 6-5　验收极限方式选择

（3）对呈偏态分布的尺寸，其验收极限可只对尺寸偏向的一侧选择内缩方式。

（4）对非配合尺寸和采用一般公差的尺寸，其验收极限选择不内缩方式。

（5）确定工件尺寸验收极限后，还须要正确地选择计量器具才能进行测量。

6.1.3　检验光滑工件尺寸的计量器具的选择

测量误差的来源主要是计量器具的误差和环境的误差。国家标准规定测量的标准温度为 20℃。如果工件与测量器具的线膨胀系数相同，测量时只要保证计量器具与工件温度相同就可以了，最大可以偏离 20℃。

计量器具是根据计量器具的测量不确定度允许值 u_1 来选择的。选择时，应使所选用的计量器具的测量不确定度数值等于或小于不确定度允许值 u_1。测量不确定度允许值 u_1 根据表 6-1 选择，IT6～IT11 级的，分为 I、II、III 三挡，IT12～IT18 级的，分为 I、II 两挡，测量不确定度的 I、II、III 三挡数值分别为公差的 1/10、1/6、1/4。其三挡数值列于表 6-1 中，一般情况下优先选用 I 挡。有关计量器具的不确定度见表 6-2～表 6-4。

目前，螺旋测微器是一般工厂的车间最常用的计量器具，为了提高螺旋测微器的测量精度，扩大其使用范围，可采用比较测量法。进行比较测量时，可用形状与工件形状相同的标准器，如从同规格的一批工件中挑选一件，经精密测量得到其实际要素后并把它作为标准器，也可用量块作为标准器。不过，前者比后者更有利于减小螺旋测微器的不确定度。

表 6-2　螺旋测微器与游标卡尺不确定度　　单位：mm

尺寸范围	计量器具类型			
	分度值为 0.01 的外径螺旋测微器	分度值为 0.01 的内径螺旋测微器	分度值为 0.02 的游标卡尺	分度值为 0.05 的游标卡尺
0～50	0.004			
50～100	0.005	0.008		
100～150	0.006			0.050
150～200	0.007		0.020	
200～250	0.008	0.013		
250～300	0.009			
300～350	0.010			
350～400	0.011	0.020		
400～450	0.012			0.100
450～500	0.013	0.025	—	
500～600				
600～700	—	0.030		
700～800				0.150

表 6-3　比较仪的不确定度　　单位：mm

尺寸范围	计量器具类型			
	分度值为 0.0005 的比较仪	分度值为 0.001 的比较仪	分度值为 0.002 的比较仪	分度值为 0.005 的比较仪
～25	0.0006	0.0010	0.0017	
>25～40	0.0007			
>40～65	0.0008	0.0011	0.0018	
>65～90	0.0008			0.0030
>90～115	0.0009	0.0012	0.0019	
>115～165	0.0010	0.0013		
>165～215	0.0012	0.0014	0.0020	
>215～265	0.0014	0.0015	0.0021	0.0035
>265～315	0.0016	0.0017	0.0022	

表 6-4　指示表的不确定度　　单位：mm

尺寸范围	计量器具类型			
	分度值为 0.001 的千分表（0 级在全程范围内，1 级在 0.2mm 范围内）、分度值为 0.002 的千分表（在 1 转范围内）	分度值为 0.001、0.002、0.005 的千分表（1 级在全程范围内）、分度值为 0.01 的百分表（0 级在任意 1mm 内）	分度值为 0.01 的百分表（0 级在全程范围内，1 级在任意 1mm 内）	分度值为 0.01 的百分表（1 级在全程范围内）
～25				
>25～40				
>40～65	0.005	0.010	0.018	0.030
>65～90				
>90～115				
>115～165				
>165～215				
>215～265	0.006	—	—	—
>265～315				

下面以实例说明如何确定工件的验收极限及选择相应的计量器具。

【例 6-1】 被测工件为轴ϕ35e9，试确定验收极限并选择合适的计量器具。

解：

先确定安全裕度 A 和计量器具不确定度允许值（u_1），

已知该工件的公差为 0.062mm

从表 6-1 中，查得 A=0.0062mm，u_1=0.0056mm。

选择测量器具：

工件尺寸 35mm 在表 6-2 中 0～50mm 的尺寸范围内，

查表 6-2 可知，分度值为 0.01mm 的外径螺旋测微器的不确定度允许值为 0.004mm，小于 0.0056mm

计算验收极限

上验收极限=最大极限尺寸−安全裕度

$$=d_{max}-A=(35-0.050-0.0062)$$
$$=34.9438(\text{mm})$$

下验收极限=最小极限尺寸+安全裕度

$$=d_{min}+A=(35-0.112+0.0062)$$
$$=34.8942(\text{mm})$$

工件公差带及验收极限如图 6-6 所示。

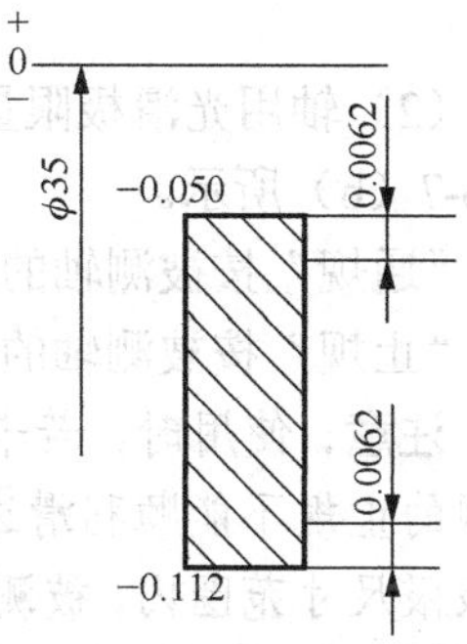

图 6-6 工件公差带及验收极限

经计算，本例所选择的计量器具可满足使用要求。

6.2 光滑极限量规的设计

光滑极限量规是一种没有刻度的专用计量器具，具有以孔或轴的最大极限尺寸和最小极限尺寸为公称尺寸的标准测量面，能反映被测孔或轴边界条件的无刻度线长度计量器具。当孔、轴采用包容要求时，可以使用光滑极限量规来检验。用这种量规检验工件时，只能判断工件合格与否，而不能获得工件的实际要素的数值。

6.2.1 光滑极限量规的功用及种类

1. 按工件形状不同分类

光滑极限量规一般分为光滑极限轴用量规和光滑极限孔用量规。

（1）孔用光滑极限量规（塞规）。检验孔径的光滑极限量规称为塞规，塞规分为通端（通规）和止端（止规），如图 6-7（a）所示。

“通规”按被测孔的最大实体尺寸（孔的下极限尺寸）制造。“止规”按被测孔的最小实体尺寸（孔的上极限尺寸）制造。

注意：使用时，若塞规的通规通过被测孔，则说明被测孔径大于最小极限尺寸；若塞规的止规塞不进被测孔，则说明被测孔径小于最大极限尺寸，即孔的实际要素在规定的极限尺寸范围内，被测孔是合格的。

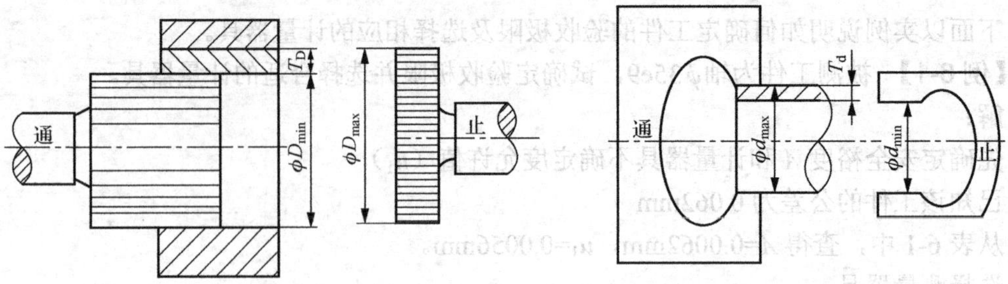

(a) 用于检验孔的塞规　　(b) 用于检验轴的环规

图 6-7　检验用的工作量规

（2）轴用光滑极限量规（环规或卡规）。检验轴径的光滑极限量规称为卡规或环规，如图 6-7（b）所示。

“通规”按被测轴的最大实体尺寸（轴的上极限尺寸）制造。

“止规”按被测轴的最小实体尺寸（轴的下极限尺寸）制造。

注意：使用时，若卡规的通规能顺利滑过被测轴，则说明被测轴径比上极限尺寸小；若卡规的止规不能顺利滑进被测轴，则说明被测轴径比下极限尺寸大，即轴的实际要素在规定的极限尺寸范围内，被测轴是合格的。用符合泰勒原则的量规检验工件时，若通规能够通过，而止规不能通过，就表示该工件合格；否则，就不合格。

2. 按用途分类

按用途可分为以下 3 类：

（1）工作量规。即工人在加工工件时用来检验工件的量规，其通端和止端的代号分别为“T”和“Z”。

（2）验收量规。即检验部门或用户代表验收产品时所使用的量规。

（3）校对量规。用以检验工作量规的量规。只有轴用工作量规才有校对量规，因为孔用工作量规的形状为轴，故可使用通用的计量器具校对。

校对量规又可分为以下 3 类：

（1）“校通—通”量规（TT）。检验轴用工作量规通规的校对量规。检验时应通过，否则该通规不合格。

（2）“校止—通”量规（ZT）。检验轴用工作量规止规的校对量规。检验时应通过，否则该止规不合格。

（3）“校通—损”量规（TS）。检验轴用工作量规通规是否达到磨损极限的校对量规。检验时，不应通过轴用工作量规的通规；否则，说明该通规已达到或超过磨损极限，不应继续使用。

6.2.2　量规的设计

量规的设计包括选择量规结构形式、确定结构尺寸、计算工作尺寸和绘制量规工作图等。

1. 泰勒原则

泰勒原则是指遵守包容要求的单一要素，孔或轴的实际尺寸和形状误差综合形成的体外作用尺寸不允许超越最大实体尺寸，在孔或轴的任何位置上的实际尺寸不允许超越最小实体尺寸。孔的实际尺寸应大于或等于孔的下极限尺寸（最大实体尺寸），并在任何位置上孔的实际要素不允许超过上极限尺寸（最小实体尺寸）；轴的作用尺寸应小于或等于轴的上极限尺寸（最大实体尺寸），并在任何位置上轴的实际要素应大于或等于轴的下极限尺寸（最小实体尺寸）。

综上所述，泰勒原则就是指孔或轴的体外作用尺寸不允许超过最大实体尺寸；在任何位置上的实际要素不允许超过最小实体尺寸。

用光滑极限量规来检验工件时，必须符合泰勒原则。“通规”用于控制工件的作用尺寸，其公称尺寸等于孔或轴的最大实体尺寸，且量规的长度等于配合长度。“止规”用于控制工件的实际要素，其公称尺寸等于孔或轴的最小实体尺寸，它的测量面应是点状的，且测量面长度可以短些，止规表面与被测件是点接触。

符合泰勒原则的通规在理论上应为全形量规，即除尺寸为最大实际要素外，其轴线长度还应与被检验工件的长度相同。若通规为不全形量规，可能会造成检验错误。如图 6-8 所示，孔的实际轮廓已超出尺寸公差带，应为废品。用全形通规检验时，不能通过；用两点状止规检验，水平摆放时沿 x 轴方向不能通过，但竖直摆放时沿 y 轴方向能够通过，于是该孔被判断为废品。若用两点状通规检验，则可能沿 y 方向通过；用全形止规检验，则不能通过。这样因量规形状选择不当，有可能把该孔误判为合格品。

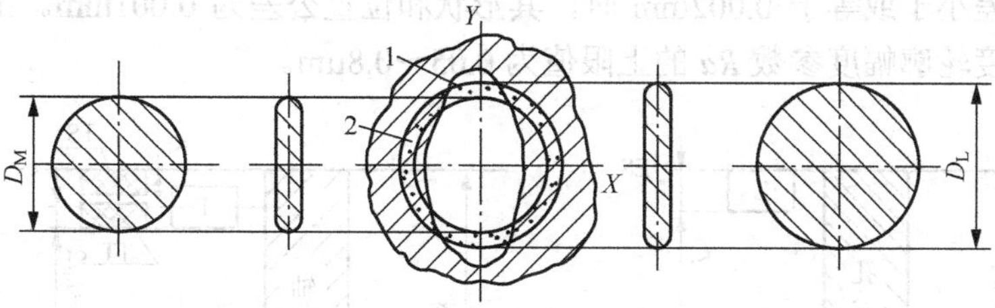

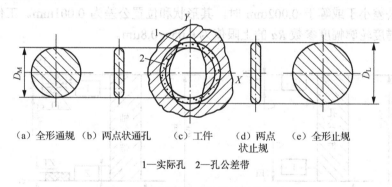

（a）全形通规 （b）两点状通孔 （c）工件 （d）两点状止规 （e）全形止规

1—实际孔 2—孔公差带

图 6-8 量规形状对检验结果的影响

止规用于检验工件任何位置上的实际要素，理论上应为点状的（不全形止规），否则，也会造成检验错误。如图 6-9 所示，轴的 *I—I* 位置处的实际尺寸已超出最小实体尺寸，为不合格件。若用全形止规检验时，使该轴不能通过，而判断为合格品，造成判断失误。

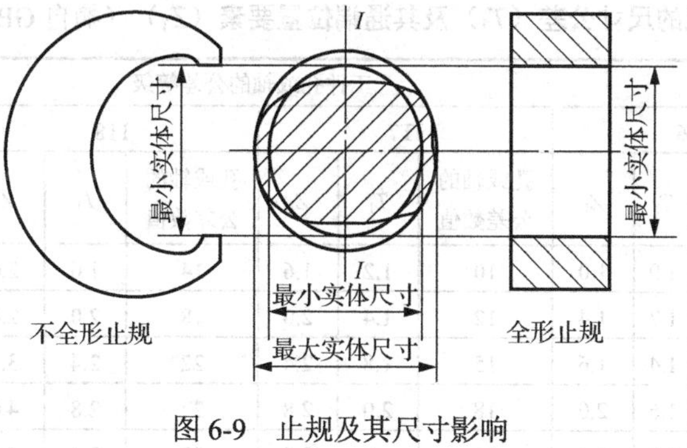

图 6-9 止规及其尺寸影响

由以上分析可知，理论上，通规应为全形量规，止规应为点状即不全形量规。但在实际应用中，由于量规的制造和使用方便等原因，允许通规的长度小于结合长度；而止规也不一定是两点接触式。由于点接触易磨损，一般常用小平面、圆柱面或球面代替。

2. 量规的公差与公差带

1）量规的公差带

量规的制造精度比工件高得多，但不可能绝对准确地按某一指定尺寸制造。因此，对量规要规定制造公差。量规公差标志着对量规精度的合理要求，以保证量规能以一定的准确度进行检验。量规公差带的大小及位置，取决于工件公差带大小与位置、量规用途以及量规公差制。为了确保产品质量，GB/T 1957—2006 规定量规定形尺寸公差不得超出被测孔、轴公差带，具体的孔、轴量规尺寸公差带的位置如图 6-10 所示。工作量规的公差带宽度为公差数值 T_1，通规应接近工件的最大实体尺寸，其尺寸公差带的中心距离最大实体尺寸为 Z_1，Z_1 也称为位置要素。止规应接近工件的最小实体尺寸，其公差带宽度与通规相同，也是用 T_1 表示。表 6-5 为工作量规的尺寸公差（T_1）及其通端位置要素（Z_1），位置要素 Z_1 和工作量规的尺寸公差 T_1 可通过表 6-5 查得。当用量规检验工件有争议时，应使用的量规尺寸条件：通规应等于或接近工件的最大实体尺寸，止规应等于或接近工件的最小实体尺寸。

工作量规的形状和位置误差应在其尺寸公差带内，其公差为量规制造尺寸公差的 50%。当量规尺寸公差小于或等于 0.002mm 时，其形状和位置公差为 0.001mm。工作量规的工作面的表面粗糙度轮廓幅度参数 Ra 的上限值为 0.05～0.8μm。

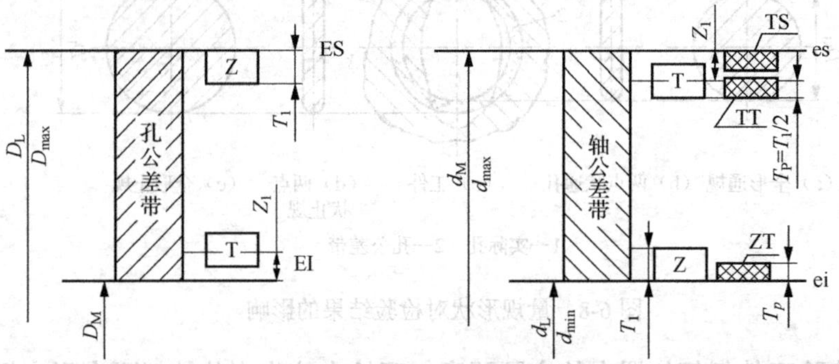

(a) 检验孔所用的工作量规公差带　　(b) 检验轴所用的工作量规公差带和校对量规公差带

图 6-10　量规尺寸公差带的位置

表 6-5 工作量规的尺寸公差（T_1）及其通端位置要素（Z_1）（摘自 GB/T 1957—2006）

工件孔或轴的公称尺寸/mm		工件孔或轴的公差等级											
		IT6			IT7			IT8			IT9		
大于	至	孔或轴的公差数值	T_1	Z_1	孔或轴的公差数值	T_1	Z_1	孔或轴的公差数值	T_1	Z_1	孔或轴的公差数值	T_1	Z_1
—	3	6	1.0	1.0	10	1.2	1.6	14	1.6	2.0	25	2.0	3
3	6	8	1.2	1.4	12	1.4	2.0	18	2.0	2.6	30	2.4	4
6	10	9	1.4	1.6	15	1.8	2.4	22	2.4	3.2	36	2.8	5
10	18	11	1.6	2.0	18	2.0	2.8	27	2.8	4.0	43	3.4	6
18	30	13	2.0	2.4	21	2.4	3.4	33	3.4	5.0	52	4.0	7

续表

工件孔或轴的公称尺寸/mm		工件孔或轴的公差等级											
		IT6			IT7			IT8			IT9		
大于	至	孔或轴的公差数值	T_1	Z_1	孔或轴的公差数值	T_1	Z_1	孔或轴的公差数值	T_1	Z_1	孔或轴的公差数值	T_1	Z_1
30	50	16	2.4	2.8	25	3.0	4.0	39	4.0	6.0	62	5.0	8
50	80	19	2.8	3.4	30	3.6	4.6	46	4.6	7.0	74	6.0	9
80	120	22	3.2	3.8	35	4.2	5.4	54	5.4	8.0	87	7.0	10
120	180	25	3.8	4.4	40	4.8	6.0	63	6.0	9.0	100	8.0	12
180	250	29	4.4	5.0	46	5.4	7.0	72	7.0	10.0	115	9.0	14
250	315	32	4.8	5.6	52	6	8	81	8	11	130	10	16
315	400	36	5.4	6.2	57	7	9	89	9	12	140	11	18
400	500	40	6	7	63	8	10	97	10	14	155	12	20

2）校对量规的尺寸公差带和各项公差

用于检验轴用工作量规的量规称为校对量规，由于孔用工作量规使用通用计量器具检验，所以不需要校对量规。校对量规的尺寸公差 T_p 为轴用工作量规尺寸公差的一半（$T_p=T_1/2$），其位置如图 6-10（b）所示，校对量规的校通-通（代号为 TT）的下极限尺寸等于工作量规的通规的下极限尺寸；校对量规的校通—损（代号为 TS）的上极限尺寸等于轴的上极限尺寸；校对量规的校止—通（代号为 ZT）的下极限尺寸等于工作量规的止规的下极限尺寸。

校对量规的形状误差应在其尺寸公差带内，校对量规的工作面的表面粗糙度轮廓幅度参数 *Ra* 值比工作量规更小，常取 0.05～0.4μm。

3）量规的形式和应用尺寸范围

量规形式分为全形塞规、不全形塞规、片状塞规、球端杆规、环规及卡规。

量规形式的选择首先应根据测量工件是轴还是孔来决定，其次是根据工件的公称尺寸来决定。

按泰勒原则的要求设计的光滑极限量规，其通规的测量面应是与孔或轴形状相对应的完整表面（通常称为全形量规），其尺寸等于工件的最大实体尺寸，且长度等于配合长度，这样才能控制作用尺寸。止规的测量面应是点状的，两测量面之间的尺寸等于工件的最小实体尺寸，因为它只须控制局部实际尺寸。

但实际应用中，由于生产制造及实际使用的原因，对于符合泰勒原则的量规，若在某些场合下应用不方便或有困难时，可在保证被检验工件的形状误差不至于影响配合性质的条件下，允许使用偏离泰勒原则量规。为此，国家标准对光滑极限量规的设计偏离做了规定，参见表 6-6 推荐的量规形式应用尺寸范围。当检验大孔时，通端允许采用不全形量规，甚至用球端杆规，以保证制造和使用方便。

当使用偏离泰勒原则的量规检验时，国家标准规定必须首先保证被检测工件的形状误差不至于影响配合性质。同时，须多测量几个方向的值，以保证检验时不出现误判。

表 6-6　推荐的量规形式应用尺寸范围（摘自 GB/T 1957—2006）

用　途	推荐顺序	量规的工作尺寸/mm			
		~18	大于 18~100	大于 100~315	大于 315~500
工件孔用的通端量规形式	1	全形塞规		全形塞规	球端杆规
	2	—	不全形塞规或片形塞规	片形塞规	—
工件孔用的止端量规形式	1	全形塞规	全形塞规或片形塞规		球端杆规
	2	—	不全形塞规		—
工件轴用的通端量规形式	1	环规		卡规	
	2	卡规		—	
工件轴用的止端量规形式	1	卡规			
	2	环规	—		

4）量规的技术要求

量规的技术要求主要包括材料、几何公差、表面粗糙度等。其材料主要包括合金工具钢、碳素钢、渗碳钢等。手柄用 Q235 钢、LY11 铝。测量面不应有锈迹、毛刺、黑斑、划痕等明显影响外观和影响使用质量的缺陷，其他表面不应有锈蚀和裂纹；测头与手柄的连接应牢固可靠，在使用过程中不应松动；测量面的硬度不应小于 700HV（或 60HRC）；量规需经稳定性处理。工作量规测量面的表面粗糙度 *Ra* 上限值为 0.0025~0.4μm（见表 6-7）。

表 6-7　量规测量面的表面粗糙度参数值（摘自 GB/T 1957—2006）

工作量规	工作量规的公称尺寸/mm		
	公称尺寸≤120	120<公称尺寸≤315	315<公称尺寸≤500
	工作量规的表面粗糙度 *Ra* 值/μm		
IT6 级孔用工作塞规	0.05	0.1	0.20
IT7~IT9 级孔用工作塞规	0.10	0.2	0.40
IT10~IT12 级孔用工作塞规	0.20	0.4	0.80
IT13~IT16 级孔用工作塞规	0.40	0.8	
IT6~IT9 级轴用工作环规	0.10	0.2	0.40
IT10~IT12 级轴用工作环规	0.20	0.4	0.80
IT13~IT16 级轴用工作环规	0.40	0.8	

注：校对量规测量面的表面粗糙度参数值比被校对的轴用量规测量面的表面粗糙度参数值略高一级。

5）工作量规的设计

（1）查出被检测工件的极限偏差。

（2）查出工作量规的制造公差 T_1 和位置要素 Z_1，确定量规的几何公差。

（3）画出工件和量规的公差带。

（4）计算量规的极限偏差。

（5）计算量规的极限尺寸及磨损极限尺寸。

（6）按量规的常用形式绘制并标注量规图样。

【例 6-2】 设计检验 $\phi 30\,H8/f7$ 孔、轴用工作量规。

解：

（1）查极限与配合标准。

$\phi 30$H8 的上极限偏差 ES = +0.033mm，下极限偏差 EI = 0；

$\phi 30f7$ 的上极限偏差 $es=-0.020mm$，下极限偏差 $ei=-0.041mm$。

（2）选择量规的结构形式分别为锥柄双头圆柱塞规和单头双极限圆形片状卡规。

（3）确定工作量规制造公差 T_1 和位置要素 Z_1，查表 6-5 可知，

塞规：$T_1=0.0034mm$，$Z_1=0.005mm$

卡规：$T_1=0.0024mm$，$Z_1=0.0034mm$

（4）计算工作量规的极限偏差

① $\phi 30H8$ 孔用塞规。

对于通规，上极限偏差：$EI+Z_1+\dfrac{T_1}{2}=0+0.005+\dfrac{0.0034}{2}=+0.0067$

下极限偏差：$EI+Z_1-\dfrac{T_1}{2}=0+0.005-\dfrac{0.0034}{2}=+0.0033$

磨损极限：$EI=0$

所以塞规通端尺寸为 $\phi 30^{+0.0067}_{+0.0033}$，磨损极限尺寸为 $\phi 30$。

对于止规，上极限偏差：$ES=+0.033mm$

下极限偏差：$ES-T_1=+0.033-0.0034=+0.0296$

因此，塞规止端尺寸为 $\phi 30^{+0.033}_{+0.0296}$。

② $\phi 30f7$ 轴用卡规。

对于通规，上极限偏差$=es-Z_1+\dfrac{T_1}{2}=-0.020-0.0034+\dfrac{0.0024}{2}=-0.0222$

下极限偏差$=es-Z-\dfrac{T}{2}=-0.020-0.0034-\dfrac{0.0024}{2}=-0.0246$

磨损极限$=es=-0.020$

因此，卡规通端尺寸为 $\phi 30^{-0.0222}_{-0.0246}$，磨损极限尺寸为 $\phi 29.980$。

对于止规，上极限偏差$=ei+T_1=-0.041+0.0024=-0.0386$

下极限偏差$=ei=-0.041$

因此，卡规止端尺寸为 $\phi 30^{-0.0386}_{-0.041}$

（5）绘制量规的工作图，如图 6-11 所示。

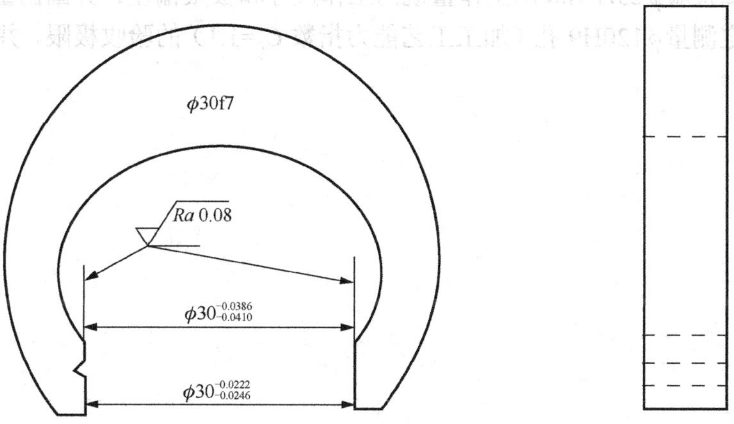

（a）

图 6-11 量规的工作图

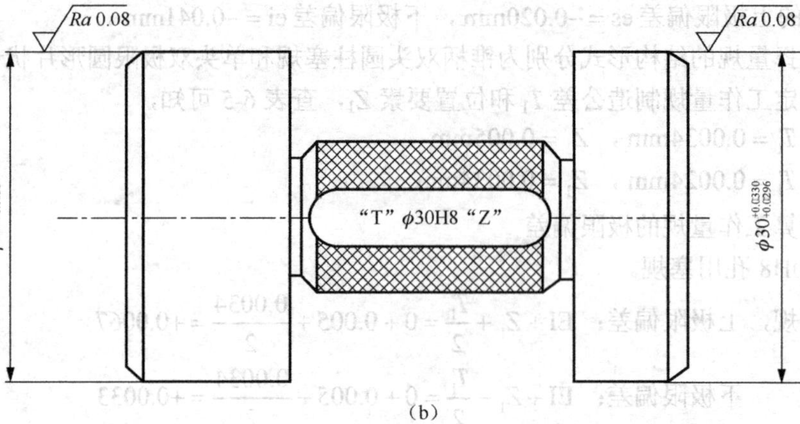

（b）

图 6-11　量规的工作图（续）

本章小结

本章主要介绍了如何根据工件精度选择相应的计量器具和光滑极限量规的设计原则及方法，还介绍了普通计量器具和极限量规的不同之处。

习题与思考题

6-1　光滑极限量规有何特点？

6-2　试述光滑极限量规的分类及用途，为什么孔用量规不设校对量规？

6-3　光滑极限量规的设计原则是什么？

6-4　孔、轴用工作量规公差带的布置有何特点？

6-5　试计算检验ϕ25H7/n6 用工作量规的工作尺寸和极限偏差，并画出量规公差带图。

6-6　试确定测量ϕ120H9 孔（加工工艺能力指数 C_p=1.1）的验收极限，并选择相应的计量器具。

第 7 章　典型零部件的公差与检测

教学重点

理解和掌握有关平键、花键、普通螺纹、梯形螺纹和滚动轴承的公差特点及一般检测方法、连接的极限与配合特点、几何公差和表面粗糙度的选用与标注方法。

教学难点

普通螺纹的几何参数及其对互换性的影响，普通螺纹作用中径的概念和中径合格性的判断方法，与滚动轴承配合的轴颈和外壳孔的尺寸公差带的选用与标注方法。

教学方法

讲授法、实物法、网络演示法。

7.1　键与花键的用途和分类

7.1.1　键连接的用途

键连接在机械工程中应用广泛，通常用于轴和轴上零件（齿轮、带轮、链轮、联轴器等）之间的可拆连接，用以传递扭矩和运动。必要时，配合件之间还可以有轴向相对运动，如变速箱中的齿轮可以沿花键轴移动以达到变换速度的目的。

本节涉及的国家标准有 GB/T 1095—2003《平键 键槽的剖面尺寸》、GB/T 1096—2003《普通型　平键》和 GB/T 1144—2001《矩形花键尺寸、公差和检验》。

7.1.2　键连接的分类

键连接可分为单键连接和花键连接两大类。

1. 单键连接

键由型钢制成，是标准件，键宽和键槽宽的配合采用基轴制，相当于轴与不同基本偏差代号的孔配合。采用单键连接时，在孔和轴上均加工键槽，再通过单键连接在一起。单键按其结构形状不同分为 4 种：

① 平键，包括普通型平键、导向平键。

② 半圆键。

③ 楔键，包括普通楔键和钩头楔键。

④ 切向键。

在4种单键连接中，以普通型平键应用最为广泛，GB/T 1095—2003《平键 键槽的剖面尺寸》从GB/T 1801—2009中选取公差带，对键宽规定了一种公差带h8，对轴槽宽和轮毂槽宽各规定3种公差带，从而构成3种不同性质的配合，即松连接、正常连接和紧密连接，以满足各种不同用途的需要。平键连接的3种配合及应用见表7-1。

表7-1 平键连接的3种配合及其应用

<table>
<tr><th rowspan="2">配合种类</th><th colspan="3">尺寸 b 的公差</th><th rowspan="2">配合性质及应用</th></tr>
<tr><th>键</th><th>轴槽</th><th>轮毂槽</th></tr>
<tr><td>松连接</td><td rowspan="3">h8</td><td>H9</td><td>D10</td><td>键在轴上及轮毂中均能滑动，主要用于导向平键，轮毂可在轴上作轴向移动</td></tr>
<tr><td>正常连接</td><td>N9</td><td>JS9</td><td>键在轴上及轮毂中均固定，用于载荷不大的场合</td></tr>
<tr><td>紧密连接</td><td colspan="2">P9</td><td>键在轴上及轮毂中均固定，而且比上一种配合更紧，主要用于载荷较大、载荷具有冲击性以及双向传递转矩的场合</td></tr>
</table>

2. 花键连接

花键连接按其键齿形状分为矩形花键、渐开线花键和三角形花键3种，如图7-1所示。目前，生产中应用最多的是矩形花键。

花键连接有如下优点：

（1）键与轴或孔为一整体，强度高，载荷分布均匀，可传递较大的扭矩。

（2）连接可靠，导向精度高，定心性好，易达到较高的同轴度要求。

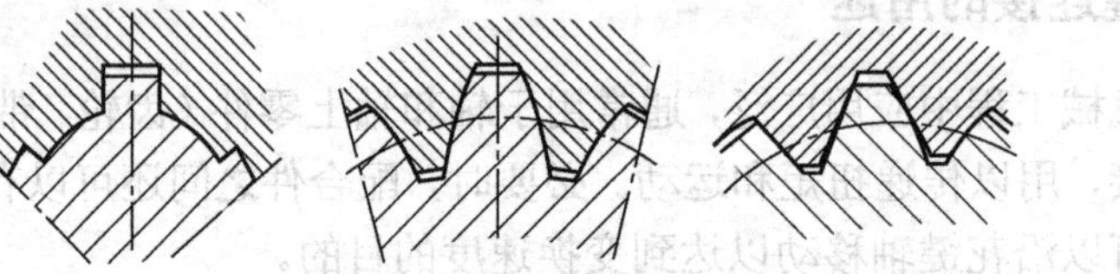

(a) 矩形花键　(b) 渐开线花键　(c) 三角形花键

图7-1 花键的类型

但是，由于花键的加工制造比单键复杂，故其成本较高。本章只讨论普通型平键和矩形花键连接的公差与配合。

7.2 平键连接的公差与配合

7.2.1 平键的结构和尺寸

平键连接由平键、轴槽、轮毂槽3部分组成。平键连接的主要尺寸有键宽和键槽宽（轴槽宽和轮毂槽宽）、键高、轴槽深 t_1、轮毂槽深 t_2、键长 L 及轴的公称直径 d。通常情况下，键的上表面和轮毂槽底面留有一定的间隙。

GB/T 1095—2003《平键 键槽的剖面尺寸》规定了普通型平键键槽的尺寸与公差。普通型平键的连接结构形式如图7-2所示，尺寸与公差见表7-2。

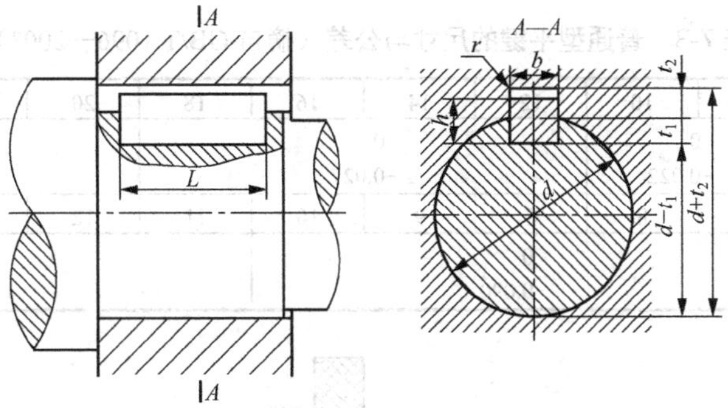

图 7-2 普通型平键的连接结构形式

表 7-2 普通型平键、键槽的尺寸与公差（摘自 GB/T 1095—2003） 单位：mm

<table>
<tr><th>轴</th><th>键</th><th colspan="12">键 槽</th></tr>
<tr><th rowspan="4">公称
直径
d</th><th rowspan="4">公称
尺寸
b×h</th><th colspan="6">宽度 b</th><th colspan="4">深度</th><th colspan="2" rowspan="2">半径 r</th></tr>
<tr><th rowspan="3">公称
尺寸</th><th colspan="5">极限偏差</th><th colspan="2">轴 t1</th><th colspan="2">毂 t2</th></tr>
<tr><th colspan="2">正常连接</th><th>紧密连接</th><th colspan="2">松连接</th><th rowspan="2">公称
尺寸</th><th rowspan="2">极限
偏差</th><th rowspan="2">公称
尺寸</th><th rowspan="2">极限
偏差</th><th rowspan="2">最小</th><th rowspan="2">最大</th></tr>
<tr><th>轴 N9</th><th>毂 JS9</th><th>轴和毂 P9</th><th>轴 H9</th><th>毂 D10</th></tr>
<tr><td>>6～8</td><td>2×2</td><td>2</td><td rowspan="2">−0.004
−0.029</td><td rowspan="2">±0.0125</td><td rowspan="2">−0.006
−0.031</td><td rowspan="2">+0.025
0</td><td rowspan="2">+0.060
+0.020</td><td>1.2</td><td rowspan="6">+0.1
0</td><td>1.0</td><td rowspan="6">+0.1
0</td><td rowspan="3">0.08</td><td rowspan="3">0.16</td></tr>
<tr><td>>8～10</td><td>3×3</td><td>3</td><td>1.8</td><td>1.4</td></tr>
<tr><td>>10～12</td><td>4×4</td><td>4</td><td rowspan="3">0
−0.030</td><td rowspan="3">±0.015</td><td rowspan="3">−0.012
−0.042</td><td rowspan="3">+0.030
0</td><td rowspan="3">+0.078
+0.030</td><td>2.5</td><td>1.8</td></tr>
<tr><td>>12～17</td><td>5×5</td><td>5</td><td>3.0</td><td>2.3</td><td rowspan="3">0.16</td><td rowspan="3">0.25</td></tr>
<tr><td>>17～22</td><td>6×6</td><td>6</td><td>3.5</td><td>2.8</td></tr>
<tr><td>>22～30</td><td>8×7</td><td>8</td><td rowspan="2">0
−0.036</td><td rowspan="2">±0.018</td><td rowspan="2">−0.015
−0.051</td><td rowspan="2">+0.036
0</td><td rowspan="2">+0.098
+0.040</td><td>4.0</td><td>3.3</td></tr>
<tr><td>>30～38</td><td>10×8</td><td>10</td><td>5.0</td><td rowspan="9">+0.2
0</td><td>3.3</td><td rowspan="9">+0.2
0</td><td rowspan="5">0.25</td><td rowspan="5">0.40</td></tr>
<tr><td>>38～44</td><td>12×8</td><td>12</td><td rowspan="4">0
−0.043</td><td rowspan="4">±0.215</td><td rowspan="4">−0.018
−0.061</td><td rowspan="4">+0.043
0</td><td rowspan="4">+0.120
+0.050</td><td>5.0</td><td>3.3</td></tr>
<tr><td>>44～50</td><td>14×9</td><td>14</td><td>5.5</td><td>3.8</td></tr>
<tr><td>>50～58</td><td>16×10</td><td>16</td><td>6.0</td><td>4.3</td></tr>
<tr><td>>58～65</td><td>18×11</td><td>18</td><td>7.0</td><td>4.4</td></tr>
<tr><td>>65～75</td><td>20×12</td><td>20</td><td rowspan="4">0
−0.052</td><td rowspan="4">±0.026</td><td rowspan="4">−0.022
−0.074</td><td rowspan="4">+0.052
0</td><td rowspan="4">+0.149
+0.065</td><td>7.5</td><td>4.9</td><td rowspan="4">0.40</td><td rowspan="4">0.60</td></tr>
<tr><td>>75～85</td><td>22×14</td><td>22</td><td>9.0</td><td>5.4</td></tr>
<tr><td>>85～95</td><td>25×14</td><td>25</td><td>9.0</td><td>5.4</td></tr>
<tr><td>>95～110</td><td>28×16</td><td>28</td><td>10.0</td><td>6.4</td></tr>
</table>

注：在零件图中，轴槽深用（$d-t_1$）标注，其尺寸偏差按相应 t_1 的极限偏差取负号；轮毂槽深用（$d+t_2$）标注，其尺寸偏差按相应 t_2 的极限偏差选取。

7.2.2 平键连接的公差与配合

在键连接中，扭矩是通过键的侧面与键槽的侧面相互接触来传递的。因此，键宽与键槽宽是主要的配合尺寸。GB/T 1096—2003《普通型 平键》规定了普通型平键的尺寸与公差，见表 7-3，平键连接键宽与键槽宽的公差带如图 7-3 所示。

表 7-3　普通型平键的尺寸与公差（摘自 GB/T 1096—2003）　　　　单位：mm

b	公称尺寸	8	10	12	14	16	18	20	22	25	28
	极限偏差（h8）	0 −0.022		0 −0.027				0 −0.033			
h	公称尺寸	7	8	8	9	10	11	12	14	14	16
	极限偏差（h11）	0 −0.090					0 −0.110				

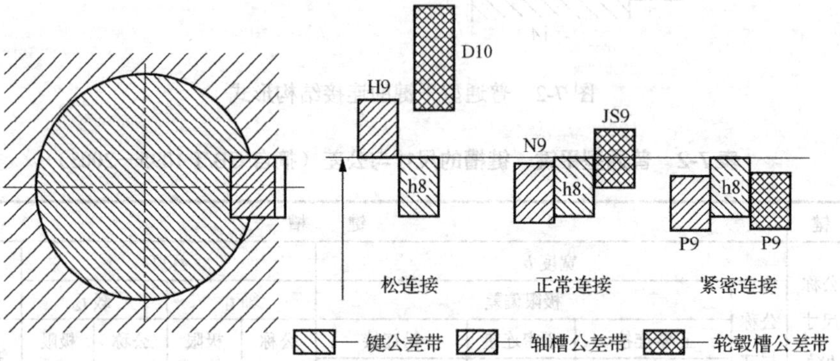

图 7-3　平键连接键宽与键槽宽的公差带

国家标准对键连接中的非配合尺寸也规定了相应的公差带。键高 h 的公差带为 h11，对于正方形截面的平键，键宽和键高相等，都选用 h8。键长 L 的公差带为 h14，轴槽长度的公差带为 H14。轴槽深 t_1 和轮毂槽深 t_2 的公差见表 7-2。

7.2.3　平键的图样标注

为了保证键宽和键槽宽之间具有足够的接触面积，避免出现装配困难，应分别规定轴槽及轮毂槽的宽度 b 对轴及轮毂轴心线的对称度，以键宽为公称尺寸，按照 GB/T 1184—1996 中的对称度公差 7～9 级选取。当键长 L 与键宽 b 之比大于或等于 8 时，键的两侧面的平行度应符合 GB/T 1184—1996 的规定，当 $b \leqslant 6$mm 时，选取 7 级；$b \geqslant 8$～36mm，选取 6 级；$b \geqslant 40$mm，选取 5 级。同时还规定轴槽、轮毂槽宽 b 的两侧面的表面粗糙度参数 Ra 的值推荐为 1.6～3.2μm，轴槽底面、轮毂槽底面的表面粗糙度参数 Ra 值为 6.3～10μm。当几何误差的控制可由工艺保证时，图样也可不给出公差。

某齿轮的轴孔配合为 ϕ56H7/r6 平键采用正常连接，键的图样标注如图 7-4 所示。

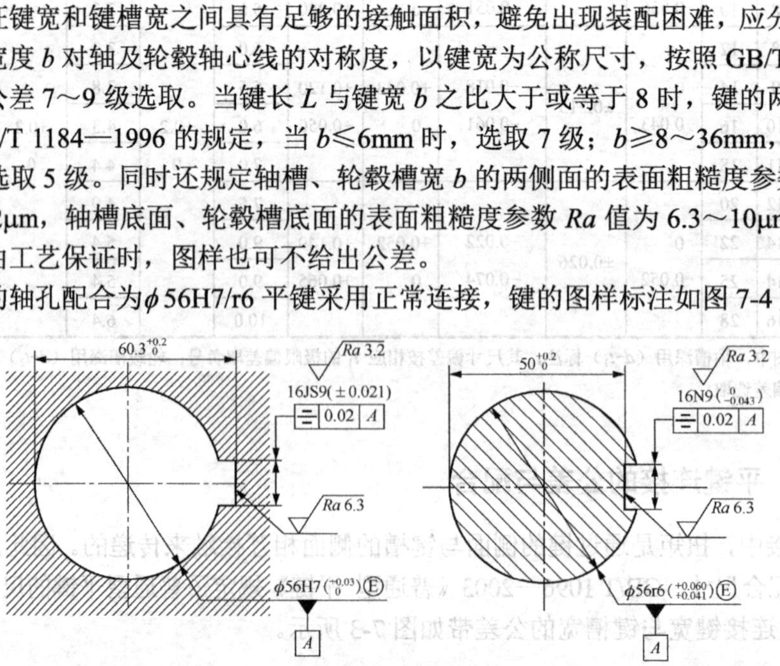

图 7-4　轴槽和轮毂槽的标注

7.2.4 平键的检测

键和键槽的尺寸检测比较简单，在单件小批量生产时，通常采用游标卡尺、螺旋测微器测量。键槽的几何公差特别是键槽对其轴线的对称度误差，经常造成装配困难，严重影响键连接的质量。

在单件小批量生产中，键槽轴线的对称度误差的检验方法如图 7-5 所示。在槽中塞入与键槽等宽的定位块，用指示表将定位块的上表面校平，即定位块上表面沿径向与平板平行，记下指示表读数 a_1 后；将工件旋转 180°，在同一横截面方向，再将定位块校平，记下读数 a_2，两次读数差为 a，则该截面的对称度误差为 $f_{截} = at/(d-t)$，式中，d 为轴的直径，t 为轴槽深。

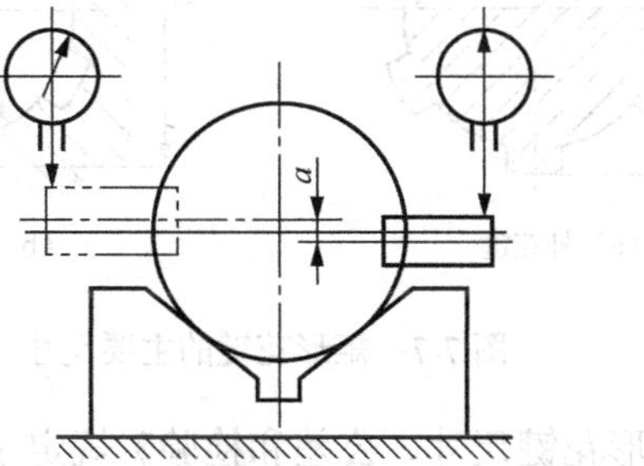

图 7-5　键槽轴线的对称度误差检验方法

再沿键槽长度方向测量，取长度方向两点的最大读数差为长度方向对称度误差，即 $f_{长} = a_{高} - a_{低}$，取以上两个方向测得的误差的最大值为该零件键槽的对称度误差。

在批量生产中，键槽尺寸及其轴线的对称度误差可用量规检验，如图 7-6 所示。图 7-6（a）为检验槽宽 b 的板式量规；图 7-6（b）为检验轮毂槽深（$d+t_2$）的深级式量规；图 7-6（c）为检验轴槽深（$d-t_1$）的深规；图 7-6（d）为检验轮毂槽对称性的综合量规；图 7-6（e）为检验轴槽对称性的综合量规。

图 7-6（a）、（b）和（c）所示的 3 种量规为检验尺寸误差的极限量规，具有通端和止端，检验时通端能通过而止端不能通过时才合格。图 7-6（d）和（e）两种量规为检验几何误差的综合量规，只有通端通过时才算合格。

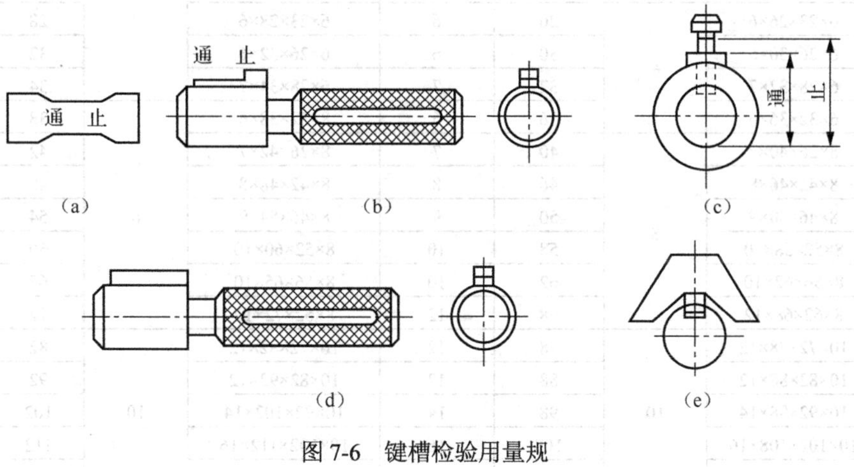

图 7-6　键槽检验用量规

7.3 矩形花键连接的公差与配合

7.3.1 矩形花键的结构和尺寸

矩形花键几何参数有大径 D、小径 d、键数 N、键宽与键槽宽 B，如图 7-7 所示。

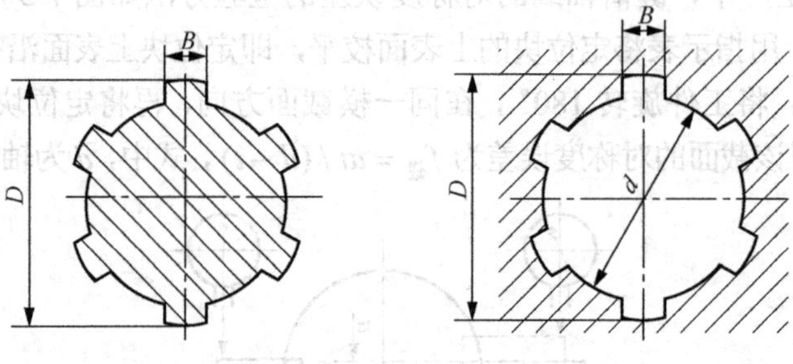

（a）外花键　　（b）内花键

图 7-7　矩形花键的主要尺寸

GB/T 1144—2001《矩形花键尺寸、公差和检验》规定了矩形花键连接的公称尺寸系列、定心方式、公差与配合、标注方法和检验规则。为了便于加工和测量，矩形花键的键数 N 为偶数，有 6、8、10 共 3 种。按承载能力的不同，矩形花键可分为中、轻两个系列，中系列的键高尺寸较大，承载能力强；轻系列的键高尺寸较小，承载能力相对较弱。矩形花键尺寸系列见表 7-4。

表 7-4　矩形花键尺寸系列（摘自 GB/T 1144—2001）　单位：mm

小径 d	轻系列				中系列			
	规格 N×d×D×B	键数 N	大径 D	键宽 B	规格 N×d×D×B	键数 N	大径 D	键宽 B
11					6×11×14×3		14	3
13					6×13×16×3.5		16	3.5
16	—	—	—	—	6×16×20×4		20	4
18					6×18×22×5	6	22	5
21					6×21×25×5		25	5
23	6×23×26×6		26	6	6×23×28×6		28	6
26	6×26×30×6	6	30	6	6×26×32×6		32	6
28	6×28×32×7		32	7	6×28×34×7		34	7
32	6×32×36×6		36	6	8×32×38×6		38	6
36	8×26×40×7		40	7	8×26×42×7		42	7
42	8×42×46×8		46	8	8×42×48×8		48	8
46	8×46×50×9	8	50	9	8×46×54×9	8	54	9
52	8×52×58×10		58	10	8×52×60×10		60	10
56	8×56×62×10		62	10	8×56×65×10		65	10
62	8×62×68×12		68	12	8×62×72×12		72	12
72	10×72×78×12		78	12	10×72×82×12		82	12
82	10×82×88×12		88	12	10×82×92×12		92	12
92	10×92×98×14	10	98	14	10×92×102×14	10	102	14
102	10×102×108×16		108	16	10×102×112×16		112	16
112	10×112×120×18		120	18	10×112×125×18		125	18

7.3.2 矩形花键连接的定心方式

花键连接的主要要求是保证内、外花键连接后具有较高的同轴度，并能传递扭矩。矩形花键有大径 *D*、小径 *d* 和键宽与键槽宽 *B* 这 3 个主要尺寸参数。若要求这 3 个尺寸都起定心作用是很困难的，而且也没有必要。定心尺寸应按较高的精度制造，以保证定心精度。

非定心尺寸则可按较低的精度制造，由于传递扭矩是通过键和键槽侧面的相互接触进行的，因此，键和键槽不论是否作为定心尺寸，都要求较高的尺寸精度。

根据定心要求的不同，分为 3 种定心方式：小径 *d* 定心、大径 *D* 定心和键宽 *B* 定心，如图 7-8 所示。

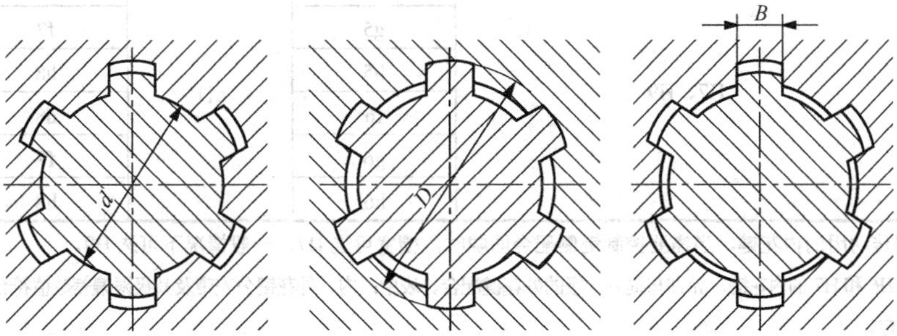

（a）小径定心　　（b）大径定心　　（c）键宽定心

图 7-8　矩形花键的主要尺寸

国家标准 GB/T 1144—2001 规定了矩形花键用小径定心，因为小径定心有一系列优点。当用大径定心时，内花键定心表面的精度依靠拉刀保证。而当内花键定心表面硬度要求高时（如硬度在 40HRC 以上），热处理后的变形难以用拉刀进行修正；而当内花键定心表面粗糙度要求高时，如 Ra<6.3μm，用拉削工艺也难以保证；在单件小批量生产及大规格花键中，内花键不能采用用拉削工艺，因为该种加工方法不经济。采用小径定心，内花键小径热处理后的变形可用内圆磨修复，而且内圆磨可达到更高的尺寸精度和更高的表面粗糙度要求，外花键小径可用成型砂轮磨削。因此，小径定心的定心精度高，定心稳定性好，使用寿命长，有利于产品质量的提高。

7.3.3 矩形花键连接的公差与配合

1. 矩形花键的公差与配合

国家标准 GB/T 1144—2001 规定，矩形花键的尺寸公差采用基孔制，目的是减少拉刀的数目。

矩形花键连接的公差与配合可分为一般用和精密传动用两大类。对一般用的内花键槽宽，还分别规定了拉削后热处理和无须热处理两种公差带。该标准还规定，按装配形式分为滑动、紧滑动和固定 3 种配合（见表 7-5）。其区别在于，前两种在工作过程中，既可传递扭矩也可使花键套在轴上移动；后者只用来传递扭矩，花键套在轴上无轴向移动。不同的配合性质或装配形式可通过改变外花键的小径和键宽的尺寸公差带来达到，其公差带见表 7-5。

表 7-5　内、外花键的尺寸公差带（摘自 GB/T 1144—2001）

内花键				外花键			装配形式
d	*D*	*B* 拉削后不热处理	*B* 拉削后热处理	*d*	*D*	*B*	
一般用							
H7	H10	H9	H11	f7	a11	d10	滑动
				g7		f9	紧滑动
				h7		h10	固定
精密传动用							
H5	H10	H7、H9		f5	a11	d8	滑动
				g5		f7	紧滑动
				h5		h8	固定
H6				f6		d8	滑动
				g6		f7	紧滑动
				h6		h8	固定

注：（1）精密传动用的内花键，当需要控制键侧配合间隙时，槽宽可选 H7，一般情况下可选 H9。

（2）*d* 为 H6 和 H7 的内花键，允许与提高一级的外花键配合。表中：内、外花键公差带及其极限偏差数值符合 GB/T 1801—2009 的规定。

根据规定，矩形花键选用尺寸公差带的一般原则如下：

① 当定心精度要求高时，应选择精密传动用尺寸公差带；反之，可选用一般用尺寸公差带。

② 当要求传递扭矩较大或经常须要正反转时，应选择紧一些的配合；反之，可选择松一些的配合。

③ 当内、外花键须频繁相对滑动或配合长度较大时，可选择松一些的配合。

2. 矩形花键的几何公差和表面粗糙度

矩形花键除尺寸公差外，还有几何公差要求，包括小径 *d* 的形状公差和花键的位置度公差等。

1）小径 *d* 的极限尺寸应遵守包容要求

小径 *d* 是花键连接中的定心配合尺寸，保证花键的配合性能，其定心表面的形状公差和尺寸公差的关系应遵守包容要求。即当小径 *d* 的实际尺寸处于最大实体状态时，它必须具有理想形状，只有当小径 *d* 的实际尺寸偏离最大实体状态时，才允许有形状误差。

2）花键的位置度公差遵守最大实体要求

为保证装配顺利，并能传递扭矩，一般应使用综合花键量规检验，控制其几何误差。花键的位置度公差综合控制花键各键之间的角位置，各键对轴线的对称度误差，以及各键对轴线的平行度误差等，采用综合量规进行检验。位置度公差遵守最大实体要求，其图样标注如图 7-9 所示。国家标准对键和键槽规定的位置度公差见表 7-6。

3）键和键槽的对称度公差和等分度公差遵守独立原则

在单件小批量生产时不使用综合量规，为控制花键几何误差，一般在图样上分别规定花键的对称度和等分度公差。花键的对称度和等分度公差可适用于单项检验法。花键的对称度公差、等分度公差均遵守独立原则，其对称度公差图样上标注如图 7-10 所示。国家标准规定，花键的等分度公差等于花键的对称度公差值。表 7-7 为花键的对称度公差。

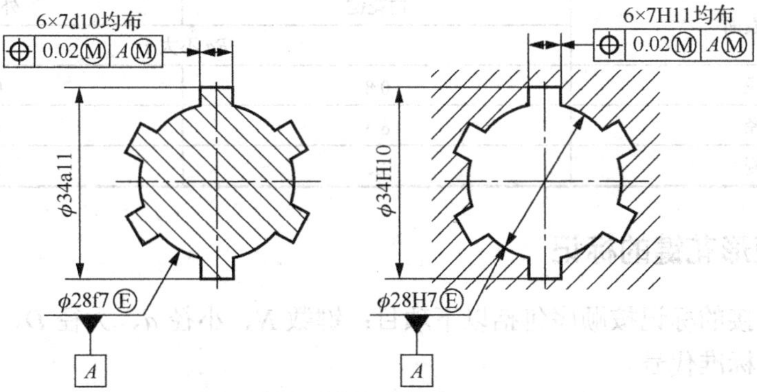

（a）外花键　（b）内花键

图 7-9　花键位置度公差标注

表 7-6　矩形花键的位置度公差（摘自 GB/T 1144—2001）　单位：mm

键槽宽或键宽 B			3	3.5～6	7～10	12～18
t_1	键槽宽		0.010	0.015	0.020	0.025
	键宽	滑动、固定	0.010	0.015	0.020	0.025
		紧滑动	0.006	0.010	0.013	0.016

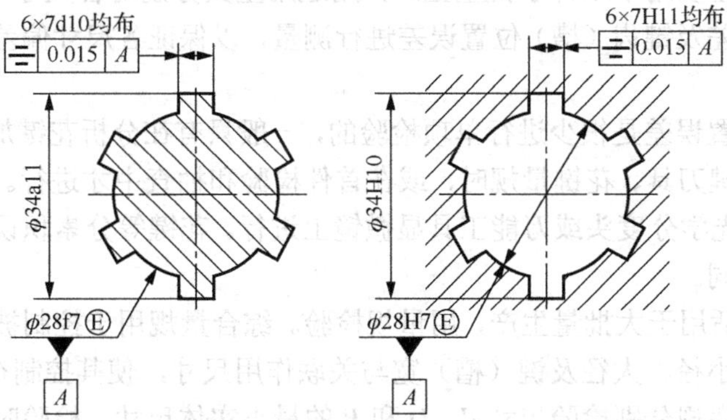

（a）外花键　（b）内花键

图 7-10　花键对称度公差标注

表 7-7　矩形花键的对称度公差（摘自 GB/T 1144—2001）　单位：mm

键槽宽或键宽 B		3	3.5～6	7～10	12～18
t_2	一般用	0.010	0.012	0.015	0.018
	精密传动用	0.006	0.008	0.009	0.011

对较长的花键，可根据产品性能自行规定键侧对轴线的平行度公差。以小径定心时，花键各表面的表面粗糙度推荐值见表 7-8。

表 7-8 矩形花键表面粗糙度推荐值（摘自 GB/T 1144—2001） 单位：μm

加工表面	内花键	外花键
	Ra 不大于	
小径	0.8	0.8
大径	6.3	3.2
键侧	3.2	1.6

7.3.4 矩形花键的标记

矩形花键连接的标记按顺序包括以下项目：键数 *N*、小径 *d*、大径 *D*、键宽 *B*、花键的公差带代号以及标准代号。

对 *N*=6，*d*=23mm，*D*=26mm，*B*=6mm 的花键标记如下。

花键规格：*N*×*d*×*D*×*B*=6×23×26×6

花键副：6×23H7/f7×26H10/a11×6H11/d10 （GB/T 1144—2001）

内花键：6×23H7×26H10×6H11 （GB/T 1144—2001）

外花键：6×23f7×26a11×6d10 （GB/T 1144—2001）

7.3.5 矩形花键的检测

矩形花键检测分为单项检验和综合检验两种情况：

（1）单项检验主要用于单件小批量生产，用通用量具分别对各尺寸（*d*、*D* 和 *B*）、大径对小径的同轴度误差及键齿（槽）位置误差进行测量，以保证各尺寸偏差及几何误差在其公差范围内。

花键表面的位置误差是很少进行单项检验的，一般只有在分析花键加工质量（如机床检修后）以及制造花键刀具、花键量规时，或在首件检验和抽查中才进行。若须对位置误差进行单项检验，可在光学分度头或万能工具显微镜上进行。花键等分累积误差与齿轮周节累积误差的测量方法相同。

（2）综合检验适用于大批量生产，用量规检验。综合量规用于控制被测花键的最大实体边界，即综合检验小径、大径及键（槽）宽与关联作用尺寸，使其控制在最大实体边界内。然后，用单项止端塞规分别检验尺寸 *d*、*D* 和 *B* 的最小实体尺寸。检验时，综合量规能通过工件而单项止规通不过工件，则可判断工件合格。

综合量规的形状与被检测花键相对应，检验花键孔采用花键塞规，检验花键轴采用花键环规。矩形花键综合量规如图 7-11 所示。

检验小径定心用的综合塞规如图 7-11（a）所示，塞规两端的圆柱做导向及检验花键孔的小径用。综合塞规花键部分的小径做成比公称尺寸小 0.5～1mm，不起检验作用，而使导向圆柱体的直径代替综合塞规内径，这样就可以使综合塞规的加工大为简化。

图 7-11（b）为检验外花键用的综合环规。与综合塞规一样，综合环规的外径也适当加大，而在环规后面的圆柱孔直径相当于环规的外径，外花键的外径即用此孔检验。这种结构便于磨削综合量规的内孔及花键槽侧面。

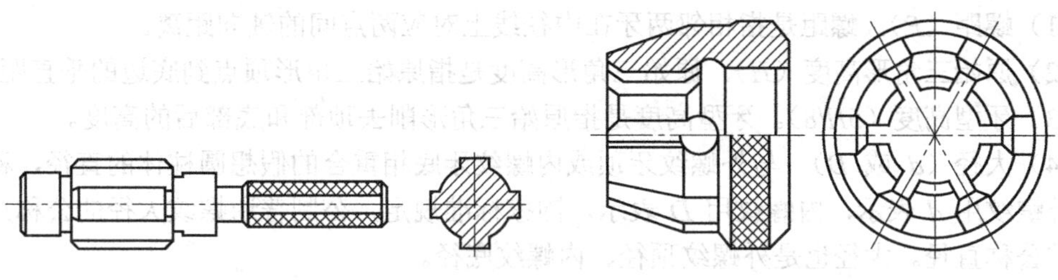

图 7-11 矩形花键综合量规

7.4 螺纹连接的公差与检测

螺纹在机电产品中的应用十分广泛，按用途不同可分为三大类：

(1) 紧固螺纹（普通螺纹）。紧固螺纹主要用于连接和紧固各种机械零件。紧固螺纹是各种螺纹中使用最普遍的一种，通常牙型的形状采用三角形。对这种螺纹结合的主要要求是可旋合性和连接的可靠性。

(2) 传动螺纹。传动螺纹主要用于传递动力和精确位移，如丝杠等。其牙型为梯形、矩形等。对这种螺纹结合的主要要求是传递动力的可靠性，或传动比的稳定性（保持恒定）。这种螺纹结合要求保证一定的间隙，以便传动和储存润滑油。

(3) 紧密螺纹（密封螺纹）。紧密螺纹主要用于使两个零件紧密而无泄漏的结合，如连接管道用的螺纹，多为三角形牙型的圆锥螺纹。对这种螺纹结合的主要要求是结合紧密，以保证不漏水、漏气、漏油。

7.4.1 普通螺纹的基本牙型和主要几何参数

普通螺纹基本牙型的原始形状是等边三角形。所谓的基本牙型是指在螺纹的轴剖面内，截去原始三角形的顶部和底部后所形成的螺纹牙型。普通螺纹的公称尺寸和基本牙型如图 7-12 所示（小写字母为外螺纹的几何参数，大写字母为内螺纹的几何参数）。从图 7-12 中可以看出，螺纹的主要几何参数有以下几种。

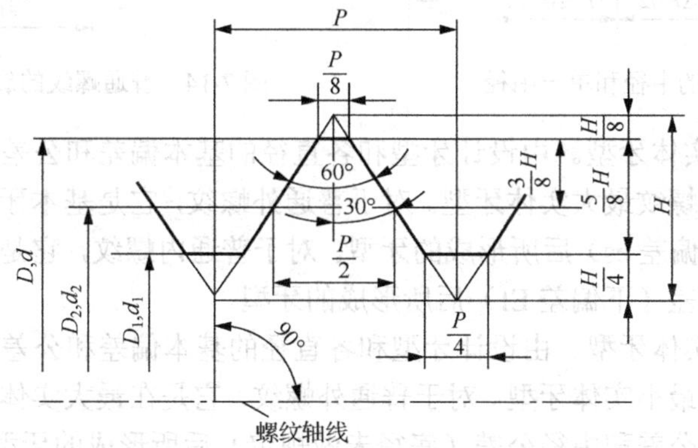

图 7-12 普通螺纹的公称尺寸和基本牙型

（1）螺距（P）。螺距是指相邻两牙在中径线上对应两点间的轴向距离。

（2）原始三角形高度（H）。原始三角形高度是指原始三角形顶点到底边的垂直距离。

（3）牙型高度（$5H/8$）。牙型高度是指原始三角形削去顶部和底部后的高度。

（4）大径（d 或 D）。与外螺纹牙顶或内螺纹牙底相重合的假想圆柱体的直径，称为大径。外螺纹用 d 表示，内螺纹用 D 表示。国家标准规定，公制普通螺纹大径的公称尺寸为螺纹的公称直径。大径也是外螺纹顶径、内螺纹底径。

（5）小径（d_1或 D_1）。与外螺纹牙底或内螺纹牙顶相重合的假想圆柱体的直径，称为小径。外螺纹用 d_1 表示，内螺纹用 D_1 表示。小径也是外螺纹的底径、内螺纹的顶径。

（6）中径（d_2或 D_2）。中径是一个假想圆柱的直径，该圆柱的母线通过牙型上沟槽和凸起宽度相等且等于 $P/2$ 的地方。外螺纹用 d_2 表示，内螺纹用 D_2 表示。

（7）单一中径。一个假想圆柱的直径，该圆柱的母线通过牙型上沟槽宽度等于螺距公称尺寸一半的地方。当螺距无误差时，螺纹的中径就是螺纹的单一中径。当螺距有误差时，单一中径与中径是不相等的，如图 7-13 所示。

（8）牙型角α、牙侧角β。牙型角是指通过螺纹轴线的剖面内，螺纹牙型两侧间的夹角，用α来表示。对于普通螺纹，牙型角$\alpha=60°$。

牙侧角是指通过螺纹轴线的剖面内，螺纹牙型的一侧与螺纹轴线的垂线间的夹角，用 β 表示。对于普通螺纹，理论上牙侧角$\beta=30°$。牙型角正确时，牙侧角仍可能有偏差，如左右两牙侧角分别为 29° 和 31°，故对牙侧角的控制尤其重要。

（9）螺纹旋合长度。螺纹旋合长度是指两相配合螺纹，沿螺纹轴线方向相互旋合部分的长度，如图 7-14 所示。

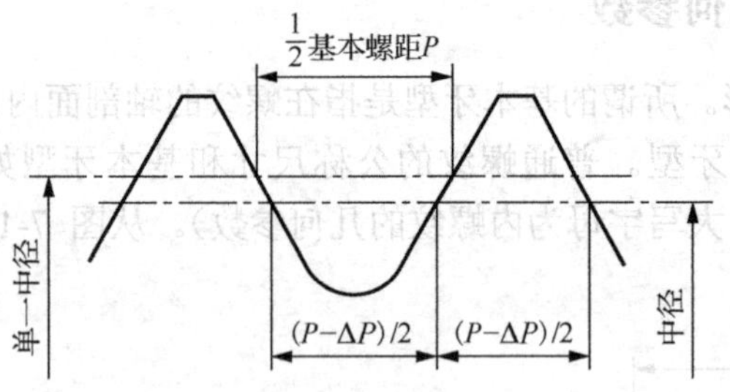

图 7-13　螺纹的中径和单一中径

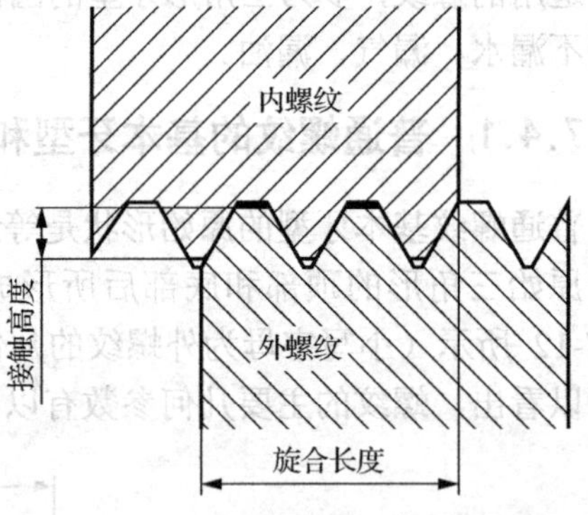

图 7-14　普通螺纹的旋合长度和接触高度

（10）螺纹最大实体牙型。由设计牙型和各直径的基本偏差和公差所决定的最大实体状态下的螺纹牙型称为螺纹最大实体牙型。对于普通外螺纹，它是基本牙型的 3 个基本直径分别加上基本偏差（上偏差 es）后所形成的牙型。对于普通内螺纹，它是基本牙型的 3 个基本直径分别加上基本偏差（下偏差 EI）后所形成的牙型。

（11）螺纹最小实体牙型。由设计牙型和各直径的基本偏差和公差所决定的最小实体状态下的螺纹牙型称为最小实体牙型。对于普通外螺纹，它是在最大实体牙型的顶径和中径上分别减去它们的顶径公差和中径公差（底径未做规定）后所形成的牙型。对于普通内螺纹，它是在最大实体牙型的顶径和中径上分别加上它们的顶径公差和中径公差（底径未做规定）后所形成的牙型。

7.4.2 普通螺纹几何参数误差对互换性的影响

螺纹结合是机械制造和仪器制造中应用最广泛的结合形式。螺钉、螺栓和螺母作为连接和紧固件在人们的日常生活中扮演着重要角色，是具有完全互换性的零件。国家颁布了有关螺纹精度设计的系列标准及选用方法，保证了螺纹的互换性要求。

本部分所涉及的国家标准主要有GB/T 192—2003《普通螺纹基本牙型》、GB/T 193—2003《普通螺纹直径与螺距系列》、GB/T 196—2003《普通螺纹公称尺寸》、GB/T 197—2018《普通螺纹 公差》、GB/T 2516—2003《普通螺纹极限偏差》、GB/T 9144—2003《普通螺纹优选系列》、GB/T 9145—2003《普通螺纹中等精度、优选系列的极限尺寸》、GB/T 9146—2003《普通螺纹 粗糙精度、优选系列的极限尺寸》等。

影响螺纹结合互换性的主要几何参数有螺纹的螺距、牙侧角和直径。

1. 螺距误差的影响

对紧固螺纹来说，螺距误差主要影响螺纹的可旋合性和连接的可靠性；对传动螺纹来说，螺距误差直接影响传动精度，影响螺牙上载荷分布的均匀性。

螺距误差包括局部误差和累积误差。螺距局部误差ΔP是指螺距的实际值与其理论值之差，其与旋合长度无关。螺距累积误差ΔP_Σ是指在规定的螺纹长度内，包含若干个螺距的任意两个螺牙的同一侧在中径线交点间的实际轴向距离与其理论值之差的最大绝对值，与旋合长度有关。ΔP_Σ对螺纹互换性的影响更为明显。

螺距误差对旋合性的影响如图 7-15 所示。假定内螺纹具有理想牙型，与之相配合的外螺纹只存在螺距误差，且外螺纹的螺距$P_{外}$略大于内螺纹的螺距$P_{内}$（P），结果使内、外螺纹的牙型产生干涉，不能旋合。

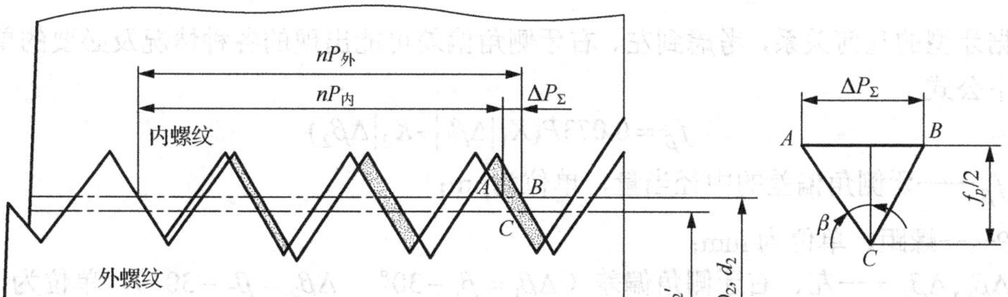

图 7-15 螺距累积误差对旋合性的影响

为了使有螺距误差的外螺纹可旋入标准的内螺纹，在实际生产中，可把外螺纹中径减去一个数值f_p，这个f_p值称为螺距误差的中径当量。

同理，当内螺纹存在螺距累积误差ΔP_Σ时，为了保证旋合性，必须将内螺纹的中径增大一个数值f_p。

从图 7-15 的△ABC 中可看出

$$f_p = \left|\Delta P_\Sigma\right| \cot\beta \tag{7-1}$$

对于公制普通螺纹，则

$$f_{\mathrm{P}}=1.732\left|\Delta P_{\Sigma}\right| \tag{7-2}$$

2. 牙侧角偏差的影响

牙侧角偏差是指牙侧角的实际值与其理论值之差。它包括螺纹牙侧的形状误差和牙侧相对于螺纹轴线的位置误差，它对螺纹的旋合性和连接强度均有影响。

如图 7-16 所示，假设内螺纹 1 具有理想牙型（左、右牙侧角的大小均为 30°），外螺纹 2 仅存在牙侧角偏差，且外螺纹左牙侧角偏差为负值，右牙侧角偏差为正值，则会在内、外螺纹牙侧产生干涉而不能旋合。为使内、外螺纹能旋合，应把外螺纹的实际中径减小 f_β（图中虚线 3 处）或把内螺纹的实际中径增加 f_β 值，f_β 值称为牙侧角偏差中径当量。

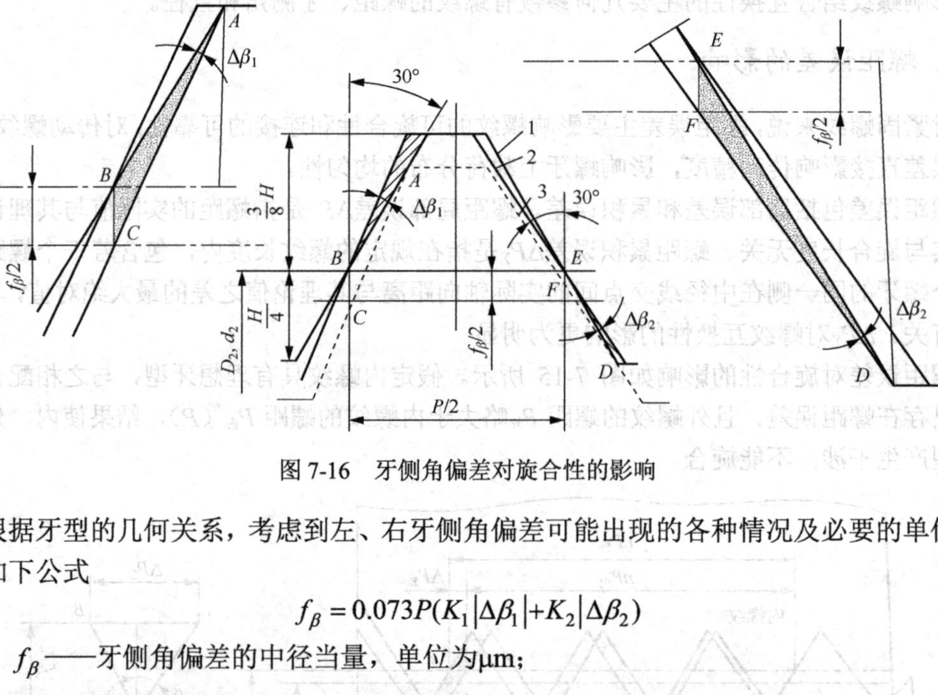

图 7-16　牙侧角偏差对旋合性的影响

根据牙型的几何关系，考虑到左、右牙侧角偏差可能出现的各种情况及必要的单位换算得出如下公式

$$f_\beta = 0.073P(K_1|\Delta\beta_1| + K_2|\Delta\beta_2|) \tag{7-3}$$

式中，f_β——牙侧角偏差的中径当量，单位为μm；

P——螺距，单位为 mm；

$\Delta\beta_1, \Delta\beta_2$——左、右牙侧角偏差（$\Delta\beta_1=\beta_1-30°$，$\Delta\beta_2=\beta_2-30°$），单位为“′”；

K_1, K_2——左、右牙侧角偏差系数。对外螺纹，当牙侧角偏差为正值时，K_1, K_2 取值为 2；为负值时，K_1, K_2 的取值为 3；内螺纹左、右牙侧角偏差系数的取值正好相反。

3. 螺纹直径偏差的影响

螺纹实际直径的大小直接影响螺纹结合的松紧程度。为了保证螺纹的可旋合性，就必须使内螺纹的实际直径大于或等于外螺纹的实际直径。由于相配合关系，内、外螺纹的直径公称尺寸相同，因此，如果使内螺纹的实际直径大于或等于其公称尺寸（内螺纹直径实际偏差为正值），而外螺纹的实际直径小于或等于其公称尺寸（外螺纹直径实际偏差为负值），就能保证内、外螺纹的旋合性。但是，内螺纹实际小径不能过大，外螺纹实际大径不能过小；否则，会使螺纹接触高度减小，导致螺纹连接强度不足。内螺纹实际中径也不能过大，外螺纹实际中径也不能过小；否则，削弱螺纹连接强度。因此，必须限制螺纹直径的实际尺寸，使之既不过大也不过小。在螺纹的3个直径参数中，中径的实际尺寸的影响是主要的，它直接决定了螺纹结合的配合性质。

7.4.3 作用中径和螺纹中径合格性的判断

1. 螺纹作用中径（d_{2m}、D_{2m}）

螺纹作用中径是在规定的旋合长度内，恰好包容实际螺纹的一个假想螺纹的中径。此假想螺纹具有基本牙型的螺距、牙侧角、牙型高度，并在牙顶和牙底处留有间隙，以保证不与实际螺纹的大、小径发生干涉，故螺纹作用中径是螺纹旋合时起实际作用的中径。

2. 螺纹作用中径的计算

由于螺距误差和牙侧角偏差均用中径补偿，对外螺纹讲相当于螺纹中径变大，对内螺纹讲相当于螺纹中径变小，即

$$d_{2m} = d_{2a} + (f_p + f_\beta) \tag{7-4}$$

$$D_{2m} = D_{2a} - (f_p + f_\beta) \tag{7-5}$$

为了使相互结合的内、外螺纹能自由旋合，应保证：

$$D_{2m} \geqslant d_{2m} \tag{7-6}$$

3. 中径公差

由于螺距和牙侧角偏差的影响均可折算为中径当量，所以螺纹中径公差具有3个作用：控制中径本身的尺寸误差、控制螺距误差和控制牙侧角偏差，无须单独规定螺距公差和牙侧角公差。可见，中径公差是一项综合公差。

4. 中径合格性判断原则（泰勒原则）

作用中径的大小影响螺纹可旋合性，实际中径的大小影响连接的可靠性。国家标准规定中径合格性判断应遵循泰勒原则，即实际螺纹的作用中径不能超越最大实体牙型的中径，并且任意位置的实际中径（单一中径）不能超越最小实体牙型的中径。根据中径合格性的判断原则，合格的螺纹应满足下列关系式。

对于外螺纹：

$$d_{2m} \leqslant d_{2MMS} = d_{2\,max} \tag{7-7}$$

$$d_{2a} \geqslant d_{2LMS} = d_{2\,min} \tag{7-8}$$

对于内螺纹：

$$D_{2m} \geqslant D_{2MMS} = D_{2\,min} \tag{7-9}$$

$$D_{2a} \leqslant D_{2LMS} = D_{2\,max} \tag{7-10}$$

7.4.4 普通螺纹的公差与配合

1. 螺纹公差带

螺纹配合由内外螺纹公差带组合而成，国家标准（GB/T 197—2018）《普通螺纹 公差》

将普通螺纹公差带的两个要素——公差等级（公差带的大小）和基本偏差（公差带位置）进行了标准化，组成各种螺纹公差带。考虑旋合长度对螺纹精度的影响，由螺纹公差带与旋合长度构成螺纹精度，形成了较为完整的螺纹公差体系。普通螺纹的公称尺寸见表 7-9。

表 7-9　普通螺纹的公称尺寸（摘自 GB/T 196—2003）　单位：mm

公称直径（大径） （D、d）	螺　距 P	中　径 （D_2、d_2）	小　径 （D_1、d_1）
8	1.25	7.188	6.647
	1	7.350	6.917
	0.75	7.513	7.188
9	1.25	8.188	7.647
	1	8.350	7.917
	0.75	8.513	8.188
10	1.5	9.026	8.376
	1.25	9.188	8.647
	1	9.350	8.917
	0.75	9.513	9.188
11	1.5	10.026	9.376
	1	10.350	9.917
	0.75	10.513	10.188
12	1.75	10.863	10.106
	1.5	11.026	10.376
	1.25	11.188	10.647
	1	11.350	10.917
14	2	12.701	11.835
	1.5	13.026	12.376
	1.25	13.188	12.647
	1	13.350	12.917
15	1.5	14.026	13.376
	1	14.350	13.917
16	2	14.701	13.835
	1.5	15.026	14.376
	1	15.350	14.917
17	1.5	16.026	15.376
	1	16.350	15.917
18	2.5	16.376	15.294
	2	16.701	15.835
	1.5	17.026	16.376
	1	17.350	16.917
20	2.5	18.376	17.294
	2	18.701	17.835
	1.5	19.026	18.376
	1	19.350	18.917

续表

公称直径（大径）（D、d）	螺距 P	中径（D_2、d_2）	小径（D_1、d_1）
22	2.5	20.376	19.294
	2	20.701	19.835
	1.5	21.026	20.376
	1	21.350	20.917
24	3	22.051	20.752
	2.5	22.701	21.835
	1.5	23.026	22.376
	1	23.350	22.917
25	2	23.701	22.835
	1.5	24.026	23.376
	1	24.350	23.917
26	1.5	25.026	24.376
27	3	25.051	23.752
	2	25.701	24.835
	1.5	26.026	25.376
	1	26.350	25.917
28	2	26.701	25.835
	1.5	27.026	26.376
	1	27.350	26.917

1）公差等级

从螺纹作用中径的概念和中径合格性判断原则可知，无须规定螺距、牙侧角公差，只规定中径公差就可综合控制它们对互换性的影响。因此，国家标准仅对螺纹的中径和顶径分别规定了若干个公差等级，见表 7-10。

表 7-10　普通螺纹公差等级（摘自 GB/T 197—2018）

螺纹直径	公差等级	螺纹直径	公差等级
内螺纹中径 D_2	4，5，6，7，8	外螺纹中径 d_2	3，4，5，6，7，8，9
内螺纹小径 D_1	4，5，6，7，8	外螺纹大径 d	4，6，8

在各个公差等级中，3 级最高，公差值最小，等级依次降低，9 级最低。6 级是基本级，公差值可查表 7-11 和表 7-12。在同一公差等级中，内螺纹中径公差比外螺纹的中径公差大 32%左右，这是因为内螺纹加工较困难。

表 7-11　普通螺纹中径公差（摘自 GB/T 197—2018）　单位：μm

公称直径/mm		螺距 P/mm	内螺纹中径公差 T_{D_2}					外螺纹中径公差 T_{d_2}						
			公差等级					公差等级						
>	≤		4	5	6	7	8	3	4	5	6	7	8	9
5.6	11.2	0.75	85	106	132	170	—	50	63	80	100	125	—	—
		1	95	118	150	190	236	56	71	90	112	140	180	224
		1.25	100	125	160	200	250	60	75	95	118	150	190	236
		1.5	112	140	180	224	280	67	85	106	132	170	212	265

续表

公称直径/mm		螺距 P/mm	内螺纹中径公差 T_{D_2}					外螺纹中径公差 T_{d_2}						
			公差等级					公差等级						
>	≤		4	5	6	7	8	3	4	5	6	7	8	9
11.2	22.4	1	100	125	160	200	250	60	75	95	118	150	190	236
		1.25	112	140	180	224	280	67	85	106	132	170	212	265
		1.5	118	150	190	236	300	71	90	112	140	180	224	280
		1.75	125	160	200	250	315	75	95	118	150	190	236	300
		2	132	170	212	265	335	80	100	125	160	200	250	315
		2.5	140	180	224	280	355	85	106	132	170	212	265	335
22.4	45	1	106	132	170	212	—	63	80	100	125	160	200	250
		1.5	125	160	200	250	315	75	95	118	150	190	236	300
		2	140	180	224	280	355	85	106	132	170	212	265	335
		3	170	212	265	335	425	100	125	160	200	250	315	400
		3.5	180	224	280	355	450	106	132	170	212	265	335	425
		4	190	236	300	375	475	112	140	180	224	280	355	450
		4.5	200	250	315	400	500	118	150	190	236	300	375	475

表 7-12　普通螺纹顶径公差（摘自 GB/T 197—2018）　单位：μm

螺距 P/mm	内螺纹顶径（小径）公差 T_{D_1}					外螺纹顶径（大径）公差 T_d		
	公差等级					公差等级		
	4	5	6	7	8	4	6	8
0.75	118	150	190	236	—	90	140	—
0.8	125	160	200	250	315	95	150	236
1	150	190	236	300	375	112	180	280
1.25	170	212	265	335	425	132	212	335
1.5	190	236	300	375	475	150	236	375
1.75	212	265	335	425	530	170	265	425
2	236	300	375	475	600	180	280	450
2.5	280	355	450	560	710	212	335	530

由于底径（内螺纹大径 D 和外螺纹小径 d_1）在加工时和中径一起由刀具切出，其尺寸由刀具保证，因此国标没有规定具体公差等级，而是规定内外螺纹牙底实际轮廓不得超过按基本偏差所确定的最大实体牙型，以保证旋合时不发生干涉。

2）基本偏差

国家标准 GB/T 197—2018《普通螺纹　公差》中对大径、中径和小径规定了相同的基本偏差。内、外螺纹的公差带位置如图 7-17 和图 7-18 所示。内螺纹的基本偏差为下偏差 EI，外螺纹的基本偏差为上偏差 es。根据公式 T=ES（es）-EI（ei），即可求出另一个偏差。内、外螺纹的基本偏差见表 7-13。

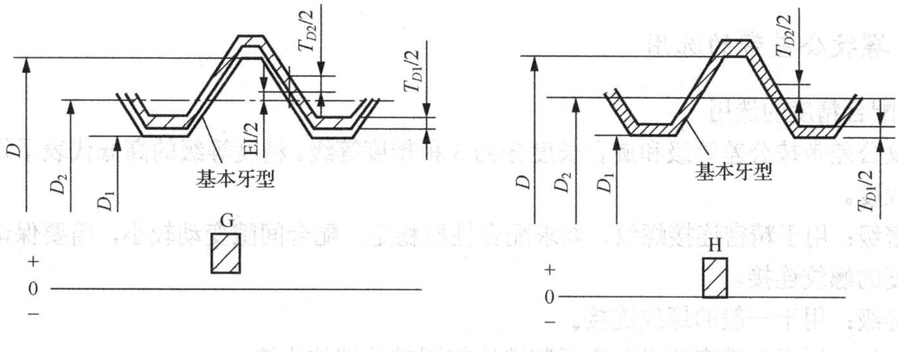

图 7-17　内螺纹的公差带位置

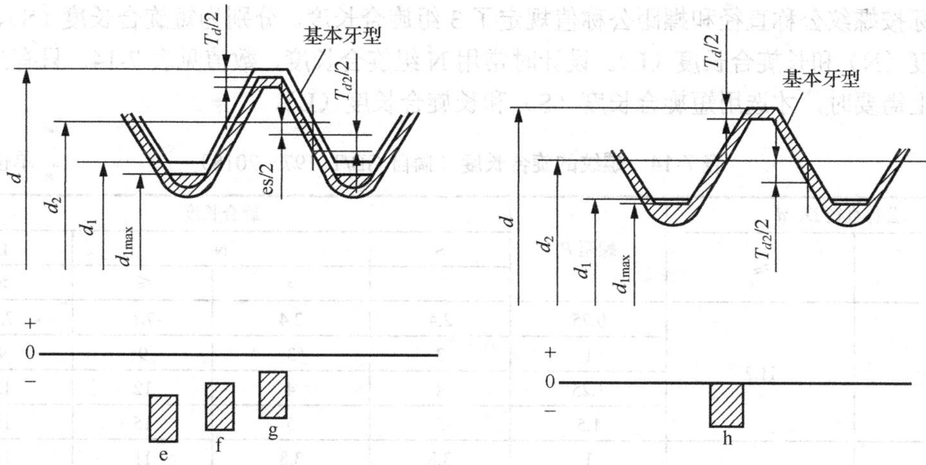

图 7-18　外螺纹的公差带位置

表 7-13　普通螺纹基本偏差（摘自 GB/T 197—2018）　　　　单位：μm

螺距	内螺纹的基本偏差 EI		外螺纹的基本偏差 es			
P/mm	G	H	e	f	g	h
0.75	+22		−56	−38	−22	
0.8	+24		−60	−38	−24	
1	+26		−60	−40	−26	
1.25	+28		−63	−42	−28	
1.5	+32	0	−67	−45	−32	0
1.75	+34		−71	−48	−34	
2	+38		−71	−52	−38	
2.5	+42		−80	−58	−42	
3	+48		−85	−63	−48	

3）螺纹公差带代号

将螺纹公差等级数字和基本偏差代号组合，就组成了螺纹公差带代号。例如，内螺纹公差带代号 7H、6G，外螺纹公差带代号 6g、6f 等。注意螺纹公差带代号与一般尺寸公差带符号不同，其公差等级数字在前，基本偏差代号在后。

2. 螺纹公差带的选用

1）配合精度的选用

螺纹公差带按公差等级和旋合长度分为 3 种精度等级。精度等级的高低代表了螺纹加工的难易程度。

精密级：用于精密连接螺纹，要求配合性质稳定，配合间隙变动较小，需要保证一定的定心精度的螺纹连接。

中等级：用于一般的螺纹连接。

粗糙级：用于对精度要求不高或制造比较困难的螺纹连接。

2）旋合长度的确定

国标按螺纹公称直径和螺距公称值规定了 3 组旋合长度。分别为短旋合长度（S）、中等旋合长度（N）和长旋合长度（L）。设计时常用 N 组旋合长度，数值见表 7-14。只有当结构或强度上需要时，才选用短旋合长度（S）和长旋合长度（L）。

表 7-14　螺纹的旋合长度（摘自 GB/T 197—2018）　　单位：mm

公称直径 D、d		螺距 P	旋合长度			
			S	N		L
>	≤		≤	>	≤	>
5.6	11.2	0.75	2.4	2.4	7.1	7.1
		1	3	3	9	9
		1.25	4	4	12	12
		1.5	5	5	15	15
11.2	22.4	1	3.8	3.8	11	11
		1.25	4.5	4.5	13	13
		1.5	5.6	5.6	16	16
		1.75	6	6	18	18
		2	8	8	24	24
		2.5	10	10	30	30
22.4	45	1	4	4	12	12
		1.5	6.3	6.3	19	19
		2	8.5	8.5	25	25
		3	12	12	36	36
		3.5	15	15	45	45
		4	18	18	53	53
		4.5	21	21	63	63

3）公差等级和基本偏差的确定

在生产中，为了减少刀具、量具的规格和数量，对公差带的数量（或种类）应加以限制。根据螺纹的使用精度和旋合长度，国家标准推荐了一些常用公差带，见表 7-15。除非特殊需要，一般不宜选用标准规定以外的公差带。

4）配合的选用

内、外螺纹选用的公差带可以任意组合，但为了保证足够的接触高度，标准推荐完工后的螺纹零件宜优先组成 H/g、H/h 或 G/h 配合。对公称直径≤1.4mm 的螺纹，应选用 5H/6h、4H/6h 或更精密的配合。

表 7-15 普通螺纹常用公差带（摘自 GB/T 197—2018）

精度等级	内螺纹的推荐公差带			外螺纹的推荐公差带		
	S	N	L	S	N	L
精密级	4H	5H	6H	（3h4h）	4h*（4g）	（5g4g）（5h4h）
中等级	5H*（5G）	6H* 6G*	7H*（7G）	（5g6g）（5h6h）	6e* 6f* 6g* 6h*	（7e6e）（7g6g）（7h6h）
粗糙级	—	7H（7G）	8H（8G）	—	8g（8e）	（9e8e）（9g8g）

注：（1）只有一个公差带代号（如 4H 和 4h）表示中径和顶径的公差带相同；有两个公差带代号（如 5h4h）表示中径公差带和顶径公差带不相同。

（2）带*的公差带为优先选用公差带，不带*的公差带为一般选用公差带，加括号的公差带尽量不选用。

（3）带方框并加*的公差带用于大量生产的紧固件螺纹。

对于须涂镀保护层的螺纹，如无特殊规定，涂镀前螺纹一般应按推荐公差带制造，涂镀后螺纹的实际轮廓上的任何点均不应超过按 H 或 h 确定的最大实体牙型。

3. 普通螺纹标记

1）在零件图上

普通螺纹的完整标记由螺纹特征代号、螺纹公差带代号和螺纹旋合长度代号组成，3 者之间用短横符号“-”分开。

普通螺纹特征代号用“M”及公称直径×螺距（单位是 mm）表示，粗牙螺纹不标注螺距；当螺纹为左旋时，在螺纹特征代号后加“左”或“LH”，不注时为右旋螺纹；螺纹公差代号包括螺纹中径公差代号和顶径公差带代号（当中径、顶径公差带相同时，可合并标注一个），标注在螺纹代号之后；螺纹旋合长度代号标注在螺纹公差带代号后，中等旋合长度不标注。

例如，M10-5g6g 表示中径公差带代号为 5g，顶径公差带代号为 6g，中等旋合长度的右旋普通粗牙外螺纹，公称直径 10mm；M10×1-LH -6H-S 表示中径和顶径公差带代号均为 6H，短旋合长度的左旋普通细牙内螺纹，公称直径 10mm，螺距 1mm。短或长旋合长度也可直接标出旋合长度数值，如 M20×2-7g6g-40。

2）在装配图上

内、外螺纹装配在一起，它们的公差带代号用斜线分开，左边表示内螺纹公差带代号，右边表示外螺纹公差带代号。如 M20×2-6H/6g 和 M20×2LH-7H/6g7g。

7.4.5 普通螺纹的检测

1. 综合检验

对于成批量生产的螺纹类零件，为提高生产效率，一般采用综合检验的方法。综合检验是指用螺纹量规检测被测螺纹各个几何参数误差的综合结果，用量规的通规检验被测螺纹的作用中径和底径，用量规的止规检验被测螺纹的顶径。

螺纹量规的通规应具有完整的牙型，其螺纹长度应等于被测螺纹的旋合长度；螺纹量规的止规采用截短的牙型，只有 2～3.5 个螺距的螺纹长度。

用螺纹量规检测被测螺纹时，被测螺纹的合格条件是：通规能够旋合通过整个被测螺纹，且止规不能旋入被测螺纹或不能完全旋入（只允许与被测螺纹的两端旋合，且旋合量不能超过两个螺距）被测螺纹。

螺纹量规分为螺纹塞规和螺纹环规两种。螺纹塞规用于检验内螺纹，螺纹环规用于检验外螺纹。

2. 单项测量

单项测量是指对被测螺纹的实际几何参数分别进行测量，主要测量方法有以下几种。

（1）用三针法测量螺纹中径。用三针法测量螺纹中径只能测量外螺纹，属于间接测量法，是利用 3 根直径相同的精密圆柱量针放入被测螺纹直径方向的两边沟槽中，一边放一个，另一边放两个，量针与沟槽两侧面接触。然后，用测量仪测量这 3 根量针外侧母线之间的距离（跨针距），再通过几何计算得出被测螺纹的单一中径。

（2）用影像法测量外螺纹几何参数。用影像法测量外螺纹几何参数是利用工具显微镜将被测螺纹的牙型轮廓放大成像，然后测量其螺距、牙侧角、中径，也可测量其大径和小径。

以上两种方法测量精度较高，主要用于测量精密螺纹、螺纹量规、螺纹刀具和丝杠螺纹。

（3）用螺旋测微器测量螺纹中径。用螺旋测微器测量螺纹中径的测量精度较低，主要适用于单件小批量生产中对较低精度的外螺纹零件进行测量。

7.4.6 梯形螺纹公差和滚珠丝杠副公差

1. 梯形螺纹公差

梯形螺纹是机械构件中实现旋转运动和直线运动互相转换的传动螺纹，既传递动力又传递运动。GB/T 5796—2005 所规定的螺纹标准，主要用于传动精度要求较低的传动，不宜用于传动精度要求较高的传动构件。

1）梯形螺纹牙型与公称尺寸

国家标准规定梯形螺纹是将原始顶角为 30° 的等腰三角形截去顶部和底部所形成的。梯形螺纹设计牙型如图 7-19 所示，其公称尺寸见表 7-16。

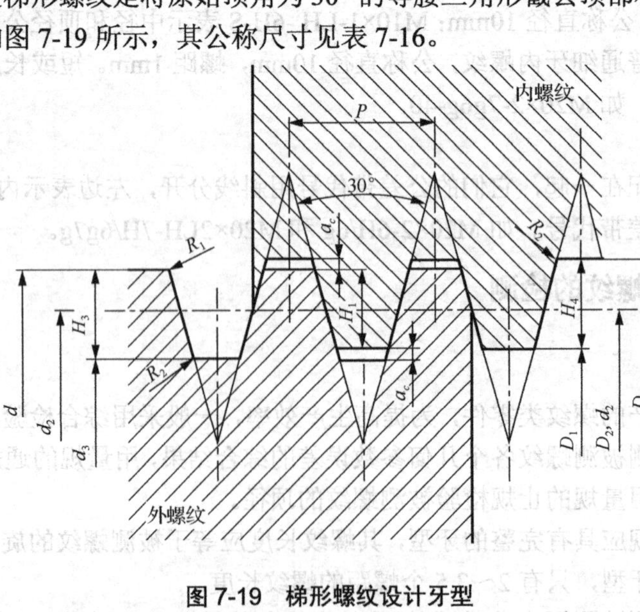

图 7-19 梯形螺纹设计牙型

图 7-19 中，a_c 为牙顶间隙；D_4 为设计牙型上的内螺纹大径；D_2 为设计牙型上的内螺纹中径；D_1 为设计牙型上的内螺纹小径；d 为设计牙型上的外螺纹大径（公称直径）；d_2 为设计牙型上的外螺纹中径；d_3 为设计牙型上的外螺纹小径；H_1 为基本牙型牙高；H_4 为设计牙型上的内螺纹牙高；H_3 为设计牙型上的外螺纹牙高；P 为螺距。

表 7-16 梯形螺纹公称尺寸（摘自 GB/T 5796—2005） 单位：mm

公称直径 d			螺距	中径	大径	小径	
第一系列	第二系列	第三系列	P	$d_2=D_2$	D_4	d_3	D_1
12			2	11.000	12.500	9.500	10.000
			3	10.500	12.500	8.500	9.000
	14		2	13.000	14.500	11.500	12.000
			3	12.500	14.500	10.500	11.000
16			2	15.000	16.500	13.500	14.000
			4	14.000	16.500	11.500	12.000
	18		2	17.000	18.500	15.500	16.000
			4	16.000	18.500	13.500	14.000
20			2	19.000	20.500	17.500	18.000
			4	18.000	20.500	15.500	16.000
	22		3	20.500	22.500	18.500	19.000
			5	19.500	22.500	16.500	17.000
			8	18.000	23.000	13.000	14.000
24			3	22.500	24.500	20.500	21.000
			5	21.500	24.500	18.500	19.000
			8	20.000	25.000	15.000	16.000
	26		3	24.500	26.500	22.500	23.000
			5	23.500	26.500	20.500	21.000
			8	22.000	27.000	17.000	18.000
28			3	26.500	28.500	24.500	25.000
			5	25.500	28.500	22.500	23.000
			8	24.000	29.000	19.000	20.000
	30		3	28.500	30.500	26.500	27.000
			6	27.000	31.000	23.000	24.000
			10	25.000	31.000	19.000	20.000

注：首先，直径优先选用第一系列；其次，第二系列和第三系列尽可能不用。

2）梯形螺纹的公差

梯形螺纹的公差值是在普通螺纹公差体系（GB/T 197—2018）基础之上建立起来的。

（1）公差带的位置和基本偏差。内螺纹大径 D_4、中径 D_2 和小径 D_1 的公差带位置为 H，其基本偏差 EI 为零，外螺纹中径 d_2 的公差带位置为 e 和 c，其基本偏差 es 为负值；外螺纹大径 d 和小径 d_3 的公差带位置为 h，其基本偏差 es 为零，如图 7-20 所示。

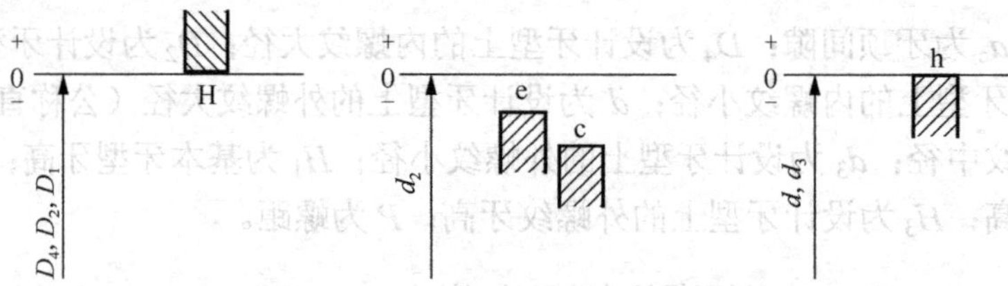

图 7-20　内、外梯形螺纹的基本偏差

外螺纹大径和小径的公差带基本偏差为零，与中径公差带位置无关。梯形螺纹中径基本偏差见表 7-17。

表 7-17　梯形螺纹中径的基本偏差（摘自 GB/T 5796—2005）　　单位：μm

螺距 P/mm	内螺纹 D_2	外螺纹 d_2	
	H	c	e
	EI	es	es
1.5	0	−140	−67
2		−150	−71
3		−170	−85
4		−190	−95
5		−212	−106
6		−236	−118
7		−250	−125
8		−265	−132
9		−280	−140

（2）公差带的大小和公差等级。按国标规定选取梯形螺纹各直径的公差等级，见表 7-18。其中，外螺纹的小径 d_3 与中径 d_2 应选取相同的公差等级。

表 7-18　梯形螺纹公差等级（摘自 GB/T 5796—2005）

螺纹直径	公差等级	螺纹直径	公差等级
内螺纹中径 D_2	7，8，9	外螺纹中径 d_2	7，8，9
内螺纹小径 D_1	4	外螺纹大径 d	4
		外螺纹小径 d_3	7，8，9

国家标准规定了内、外螺纹的中径公差（T_{D_2}、T_{d_2}），其尺寸数值见表 7-19，顶径公差数值（内螺纹的小径 T_{D_1} 和外螺纹的大径 T_d）见表 7-20，外螺纹小径公差数值 T_{d_3} 见表 7-21。

表 7-19　梯形普通螺纹中径公差（摘自 GB/T 5796—2005）　　单位：μm

公称直径/mm		螺距 P/mm	内螺纹中径公差 T_{D_2}			外螺纹中径公差 T_{d_2}		
			公差等级			公差等级		
>	≤		7	8	9	7	8	9
5.6	11.2	1.5	224	280	355	170	212	265
		2	250	315	400	190	236	300
		3	280	355	450	212	265	335

续表

公称直径/mm		螺距 P/mm	内螺纹中径公差 T_{D_2}			外螺纹中径公差 T_{d_2}		
			公差等级			公差等级		
>	≤		7	8	9	7	8	9
11.2	22.4	2	265	335	725	200	250	315
		3	300	375	475	224	280	355
		4	355	450	560	265	335	425
		5	375	475	600	280	355	450
		8	475	600	750	355	450	560
22.4	45	3	335	425	530	250	315	400
		5	400	500	630	300	375	475
		6	450	560	710	335	425	530
		7	475	600	750	355	450	560
		8	500	630	800	375	475	600
		10	530	670	850	400	500	630
		12	560	710	900	425	530	670

表 7-20 梯形螺纹顶径公差（摘自 GB/T 5796—2005） 单位：μm

螺距 P/mm			1.5	2	3	4	5	6	7	8	9	10	12	14	16	18	20
内螺纹小径公差 T_{D_1}	公差等级	4	190	236	315	375	450	500	560	630	670	710	800	900	1000	1120	1180
外螺纹大径公差 T_d	公差等级	4	150	180	236	300	335	375	425	450	500	530	600	670	710	800	850

表 7-21 梯形外螺纹小径公差 T_{d_3}（摘自 GB/T 5796—2005） 单位：μm

公称大径 d/mm		螺距 P/mm	中径公差带位置为 c			中径公差带位置为 e		
			公差等级			公差等级		
>	≤		7	8	9	7	8	9
5.6	11.2	1.5	352	405	471	279	332	398
		2	388	445	525	309	366	446
		3	435	501	589	350	416	504
11.2	22.4	2	400	462	544	321	383	465
		3	450	520	614	365	435	529
		4	521	609	690	426	514	595
		5	562	656	775	456	550	669
		8	709	828	965	576	695	832
22.4	45	3	482	564	670	397	479	585
		5	587	681	806	481	575	700
		6	655	767	899	537	649	781
		7	694	813	950	569	688	825
		8	734	859	1015	601	726	882
		10	800	925	1087	650	775	937
		12	866	998	1223	691	823	1048

3）螺纹的旋合长度

梯形螺纹旋合长度分为中等旋合长度 N 和长旋合长度 L。各组的旋合长度见表 7-22。

表 7-22　螺纹的旋合长度（摘自 GB/T 5796—2005）　　单位：mm

公称直径 D、d		螺距 P	旋合长度		
			N		L
>	≤		>	≤	>
5.6	11.2	1.5	5	15	15
		2	6	19	19
		3	10	28	28
11.2	22.4	2	8	24	24
		3	11	32	32
		4	15	43	43
		5	18	53	53
		8	30	85	85
22.4	45	3	12	36	36
		5	21	63	63
		6	25	75	75
		7	30	85	85
		8	34	100	100
		10	42	125	125
		12	50	150	150

4）螺纹的推荐公差带

国家标准将梯形螺纹的精度等级分为中等级和粗糙级两种。中等级用于一般用途螺纹，见表 7-23。

表 7-23　普通螺纹的选用公差带（摘自 GB/T 5796—2005）

精度等级	内螺纹的中径公差带		外螺纹的中径公差带	
	N	L	N	L
中等级	7H	8H	7e	8e
粗糙级	8H	9H	8c	9c

5）梯形螺纹标记

完整的梯形螺纹标记应包括螺纹特征代号、尺寸代号、公差带代号和旋合长度代号。

标准梯形螺纹的螺纹特征代号是“Tr”，其尺寸代号用公称直径和导程的毫米值、螺距代号“*P*”和螺距毫米值组成。公称直径与导程之间用“×”号分开；螺距代号“*P*”和螺距值用圆括号括上。对单线梯形螺纹，其标记应省略圆括号部分（螺距代号“*P*”和螺距值）。梯形螺纹的公差带代号仅包含中径公差带代号，公差带代号由公差等级数字和公差带位置字母（内螺纹用大写字母，外螺纹用小写字母）组成。螺纹尺寸代号与公差带代号间用“-”号分开。

对标准左旋梯形螺纹，其标记内应添加左旋代号“LH”。右旋梯形螺纹不标注其旋向代号。

【标记示例】

中径公差带为7H的内螺纹，公称直径为40mm、导程和螺距为7mm的右旋单线梯形螺纹，标记为Tr40×7-7H。

中径公差带为7e的外螺纹，公称直径为40mm，导程为14mm、螺距为7mm的左旋双线梯形螺纹，标记为Tr40×14（P7）LH-7e。

表示内、外螺纹配合时，内螺纹公差带代号在前，外螺纹公差带代号在后，中间用斜线分开。

【标记示例】

公差带为7H的内螺纹与公差带为7e的外螺纹组成配合：Tr40×7-7H/7e。

公差带为7H的双线内螺纹与公差带为7e的双线外螺纹组成配合：Tr40×14(P7)-7H/7e。

对长旋合长度组的螺纹，应在公差带代号后标注代号L。旋合长度代号与公差带间用“-”号分开。中等旋合长度组螺纹不标注旋合长度代号。

【标记示例】

长旋合长度的配合螺纹：Tr40×7-7H/7e-L。

中等旋合长度的外螺纹：Tr40×7-7e。

2. 机床梯形丝杠和螺母公差

在机床制造业中，梯形螺纹丝杠和螺母的应用较为广泛，它不仅用来传递一般的运动和动力，而且还要精确地传递位移。因此，一般的梯形螺纹的标准就不能满足精度要求。这种机床用的梯形螺纹丝杠和螺母，和一般梯形螺纹的大、中、小径的公称尺寸相同，有关精度要求在行业标准JB/T 2886—2008《机床梯形螺纹丝杠、螺母 技术条件》中给出了详细规定。

1）精度等级

机床丝杠及螺母根据用途及使用要求分为7个等级，即3,4,5,6,7,8,9级。其中，3级精度最高，依次逐渐降低，9级精度最低。机床丝杠及螺母精度等级应用举例见表7-24。

表7-24 机床丝杠及螺母精度等级应用举例（摘自JB/T 2886—2008）

公差等级	应用举例
3，4	用于超高精度的坐标镗床和坐标磨床的传动定位丝杠和螺母
5，6	用于高精度坐标镗床、高精度丝杠车床、螺纹磨床、齿轮磨床的传动丝杠，不带校正装置的分度机构和计量仪器上的测微丝杠
7	用于精密螺纹车床、齿轮机床、镗床、外圆磨床和平面磨床的精确传动丝杠和螺母
8	用于一般的传动，如普通车床、普通铣床、螺纹铣床用的丝杠
9	用于低精度的地方，如普通机床进给机构用的丝杠

2）丝杠、螺母精度指标

（1）螺旋线轴向误差：实际螺旋线相对于理论螺旋线在轴向偏离的最大代数差。可用于丝杠转一周（2π）及长度为25,100,300mm和全长时的考核。分别用$\Delta L_{2\pi}$，ΔL_{25}，ΔL_{100}，ΔL_{300}，ΔL_{Lu}表示。螺旋线轴向误差较全面地反映了丝杠的传动精度，但由于测量螺旋线轴向误差的动态测量仪尚未普及，故标准只对3,4,5,6级丝杠规定了螺旋线公差。

丝杆螺纹螺旋线轴向公差指螺旋线轴向实际测量值相对于理论值允许的变动量，用来控制螺旋线轴向误差，见表7-25。

表 7-25 丝杠螺纹的螺旋线轴向公差（摘自 JB/T 2886—2008） 单位：μm

精度等级	丝杠一转内螺旋线公差 $\delta_{L2\pi}$	在规定长度（mm）内螺旋线公差 δ_L			丝杠全长（mm）内螺旋线公差 δ_{Lu}			
		≤25	≤100	≤300	≤1000	≤2000	≤3000	≤4000
3	0.9	1.2	1.8	2.5	4	—	—	—
4	1.5	2	3	4	6	8	12	—
5	2.5	3.5	4.5	6.5	10	14	19	—
6	4	7	8	11	16	21	27	33

（2）螺距误差。

① 单个螺距误差：在螺旋线的全长上，任意单个实际螺距相对于公称螺距之差，用 ΔP 表示。

② 螺距累积误差：在规定的长度内，螺纹牙型任意两个同侧表面间的轴向实际尺寸相对于公称尺寸的最大代数差值。在丝杠螺纹的任意 60mm、300mm 螺纹长度内及螺纹有效长度内考核，分别用 ΔP_L 和 ΔP_{Lu} 表示，见表 7-26。

表 7-26 丝杠螺纹的螺距公差和螺距累积公差（摘自 JB/T 2886—2008） 单位：μm

精度等级	δ_P	δ_{P60}	δ_{P300}	在下列螺纹有效长度（mm）内的 δ_{PLu}			
				≤1000	≤2000	≤3000	≤4000
7	6	10	18	28	36	44	52
8	12	20	35	55	65	75	85
9	25	40	70	110	130	150	170

（3）牙侧角极限偏差。牙侧角极限偏差是指丝杠螺纹牙侧角实际值对公称值的代数差，其数值由牙侧角的极限偏差控制；丝杠存在牙侧角偏差，会引起丝杠与螺母牙侧面的接触不良，影响丝杠的耐磨性及传动精度，见表 7-27。

表 7-27 丝杠螺纹牙侧角的极限偏差（摘自 JB/T 2886—2008）

螺距 P/mm	精度等级						
	3	4	5	6	7	8	9
2～5	±8	±10	±12	±15	±20	±30	±30
6～10	±6	±8	±10	±12	±18	±25	±28
12～20	±5	±6	±8	±10	±15	±20	±25

（4）大径、中径和小径公差。丝杠和螺母的结合主要靠中径配合，为了使丝杠易于旋转和储存润滑油，在大径、中径和小径处均有间隙。其公差值的大小只影响配合的松紧程度，不影响传动，故均规定了较大的公差值，见表 7-28。

表 7-28 丝杠螺纹的大径、中径、小径的极限偏差（摘自 JB/T 2886—2008） 单位：μm

螺距 P/mm	公称直径 d/mm	螺纹大径		螺纹中径		螺纹小径	
		上偏差	下偏差	上偏差	下偏差	上偏差	下偏差
4	16～20	0	-200	-45	-400	0	-485
	44～60				-438		-534
	65～80				-462		-565

续表

螺距 P/mm	公称直径 d/mm	螺纹大径		螺纹中径		螺纹小径	
		上偏差	下偏差	上偏差	下偏差	上偏差	下偏差
5	22～28	0	−250	−52	−462	0	−565
	30～42				−482		−578
	85～110				−530		−650
6	30～42	0	−300	−56	−522	0	−635
	44～60				−550		−646
	65～80				−572		−665
	120～150				−585		−720
8	22～28	0	−400	−67	−590	0	−720
	44～60				−620		−758
	65～80				−656		−765
	160～190				−682		−830
10	30～42	0	−550	−75	−680	0	−820
	44～60				−696		−854
	65～80				−710		−865
	200～220				−738		−900
12	30～42	0	−600	−82	−754	0	−892
	44～60				−772		−948
	65～80				−789		−955
	85～110				−800		−978

（5）丝杠全长上中径尺寸变动量公差。中径尺寸变动会影响丝杠螺母配合间隙的均匀性和丝杠两螺旋面的一致性，标准对中径尺寸变动规定了公差，并规定了在同一轴向截面内测量，见表 7-29。

表 7-29　丝杠全长上中径尺寸变动量公差（摘自 JB/T 2886—2008）　单位：μm

精度等级	螺纹有效长度/mm			
	≤1000	≤2000	≤3000	≤4000
5	8	15	22	30
6	10	20	30	40
7	12	26	40	53
8	16	36	53	70
9	21	48	70	90

（6）丝杠螺纹大径对螺纹轴线的径向圆跳动。为了控制丝杠与螺母的配合偏心，提高位移精度，国家标准规定了丝杠大径对螺纹轴线的径向圆跳动，见表 7-30。

表 7-30　丝杠螺纹大径对螺纹轴线的径向圆跳动（摘自 JB/T 2886—2008）　单位：μm

长径比	精度等级				
	5	6	7	8	9
≤10	5	8	16	32	63
＞10～15	6	10	20	40	80
＞15～20	8	12	25	50	100

续表

长径比	精度等级				
	5	6	7	8	9
>20~25	10	16	40	63	125
>25~30	12	20	50	80	160
>30~35	16	25	60	100	200

注：长径比指丝杠全长与螺纹公称直径之比。

（7）螺母螺纹的大径和小径的极限偏差。丝杠螺母副结合在大径和小径上均有较大的间隙，其极限偏差见表 7-31。

表 7-31　螺母螺纹的大径和小径的极限偏差（摘自 JB/T 2886—2008）　单位：μm

螺距 *P*/mm	公称直径 *d*/mm	螺纹大径		螺纹小径	
		上偏差	下偏差	上偏差	下偏差
4	16~20	+440	0	+200	0
	44~60	+490			
	65~80	+520			
5	22~28	+515	0	+250	0
	30~42	+528			
	85~110	+595			
6	30~42	+578	0	+300	0
	44~60	+590			
	65~80	+610			
	120~150	+660			
8	22~28	+650	0	+400	0
	44~60	+690			
	65~80	+700			
	160~190	+765			
10	30~42	+745	0	+500	0
	44~60	+778			
	65~80	+790			
	200~220	+825			
12	30~42	+813	0	+600	0
	44~60	+865			
	65~80	+872			
	85~110	+895			

3）梯形螺纹丝杠和螺母螺纹的标记

梯形螺纹丝杠和螺母螺纹的标记依次由产品代号 T、尺寸规格（公称直径×螺距，单位为 mm）、旋向和精度等级代号组成。旋向与精度等级代号之间用短横线“-”分开。左旋螺纹用代号 LH 表示，右旋螺纹不标注旋向。

例如，公称直径为 55mm，螺距为 12mm，6 级精度的右旋螺纹标记为 T55×12-6。

公称直径为 55mm，螺距为 12mm，6 级精度的左旋螺纹标记为 T55×12LH-6。

3. 滚珠丝杠公差

滚珠丝杠副是由滚珠丝杠、滚珠螺母和滚珠组成的部件。它可将旋转运动转变为直线运动，或者将直线运动转变为旋转运动。滚珠丝杠副中的滚动体是滚珠。其组成如图 7-21 所示。

滚珠丝杠副有定位滚珠丝杠副（P 型）和传动滚珠丝杠副（T 型）两种。定位滚珠丝杠副（P 型）用于精确定位且能够根据旋转角度和导程间接测量轴向行程的滚珠丝杠副。这种滚珠丝杠副是无间隙的（或称预紧滚珠丝杠副）。传动滚珠丝杠副（T 型）用于传递动力的滚珠丝杠副，其轴向行程的测量由与滚珠丝杠副的旋转角度和导程无关的测量装置来完成。

1）主要几何参数

（1）公称直径：用于标识的尺寸值（无公差）。滚珠丝杠公称直径系列见表 7-32。

表 7-32 滚珠丝杠公称直径系列（摘自 GB/T 17587—2008） 单位：mm

6	8	10	12	16	20	25	32	40	50	63	80	100	125	160	200

（2）节圆直径：滚珠与滚珠螺母体及滚珠丝杠位于理论接触点时滚珠球心包络的圆柱直径。

（3）滚道：在滚珠螺母体或滚珠丝杠上设计的供滚珠运动用的螺旋槽。

（4）导程 P_h：滚珠螺母相对滚珠丝杠旋转 2π弧度时的行程。

（5）公称导程 P_{h0}：通常用作尺寸标识的导程值（无公差）。滚珠丝杠公称导程值见表 7-33。

表 7-33 滚珠丝杠公称导程值（摘自 GB/T 17587—2008） 单位：mm

1	2	2.5*	3	4	5*	6	8	10*	12	16	20*	25	32	40*

注：1.表中带*号的为优先系列。

（6）公称接触角α。滚道与滚珠间所传递的负荷矢量与滚珠丝杠轴线的垂直面之间的夹角，理想接触角α等于 45°，如图 7-21 所示。

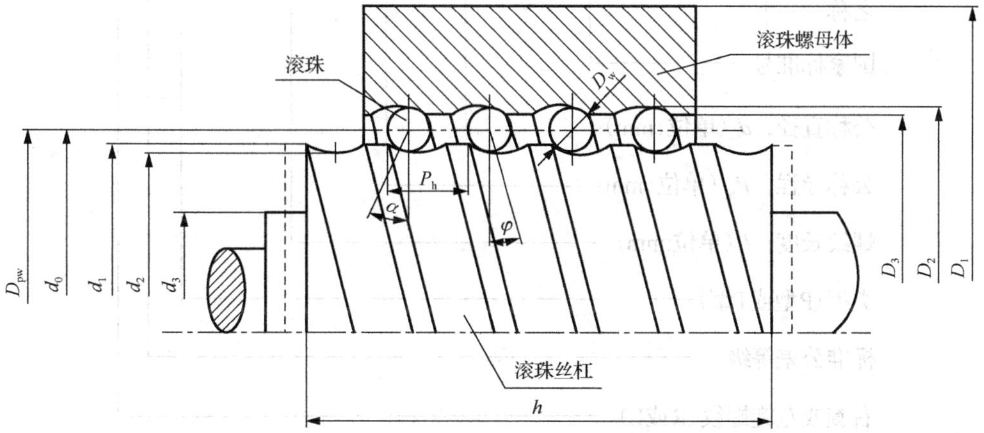

图 7-21 滚珠丝杠副的尺寸

图中，d_0为公称直径；d_1为滚珠丝杠螺纹外径；d_2为滚珠丝杠螺纹底径；d_3为轴颈直径；D_1为滚珠螺母体外径；D_2为滚珠螺母体螺纹底径；D_3为滚珠螺母体螺纹内径；D_{pw}为节圆直径；D_w为滚珠直径；l_1为螺纹全长；α为公称接触角；P_h为导程；φ为导程角。

滚珠丝杠副的公称直径和公称导程已系列化，其标准系列及优先组合见表7-34。

表7-34　滚珠丝杠副公称直径和公称导程的优先组合（摘自GB/T 17587—2008）　单位：mm

公称直径	公称导程				
6	2.5				
8	2.5				
10	2.5	5			
12	2.5	5	10		
16	2.5	5	10		
20		5	10	20	
25		5	10	20	
32		5	10	20	
40		5	10	20	40
50		5	10	20	40
63		5	10	20	40
80			10	20	40
100				20	40
125			10	20	40
160			10	20	40
200				20	40

2）滚珠丝杠副的标记

滚珠丝杠副的标识符号应该包括下列按给定顺序排列的内容。

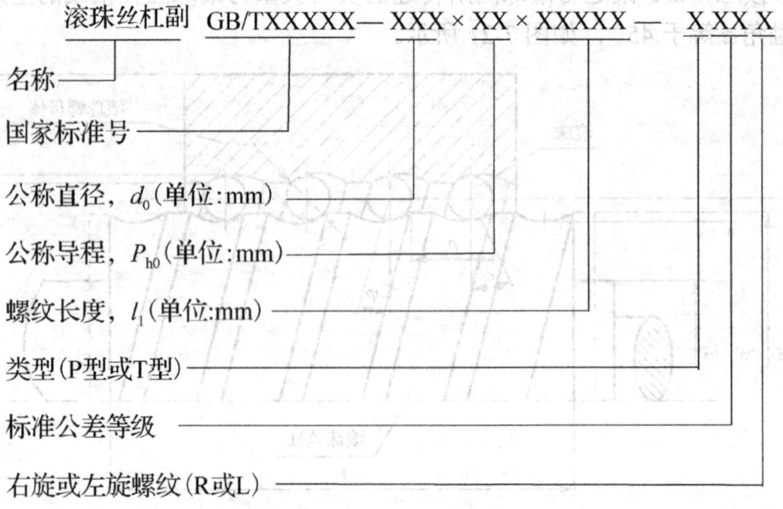

7.5 滚动轴承公差与配合

7.5.1 滚动轴承的精度等级

滚动轴承是用来支承轴的标准部件，可用于承受径向、轴向或径向与轴向的联合载荷。其工作原理是以滚动摩擦代替滑动摩擦，滚动轴承一般由内圈、外圈、滚动体（钢球或滚子）和保持架（又称为隔离圈）等组成。

滚动轴承的形式很多。按滚动体的形状不同，可分为球轴承、滚子轴承和滚针轴承；按承受载荷的作用方向，可分为向心轴承、推力轴承、向心推力轴承，图 7-22 所示为向心轴承。

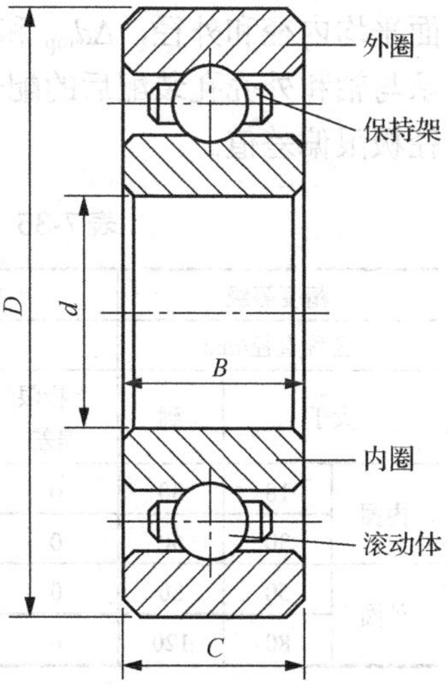

图 7-22 向心轴承

机械设计需采用滚动轴承时，除了确定滚动轴承的型号，还必须选择滚动轴承的精度等级、滚动轴承与轴和外壳孔的配合、轴和外壳孔的几何公差及表面粗糙度参数。

本部分涉及的滚动轴承标准有 GB/T 271—2017《滚动轴承 分类》；GB/T 307.3—2017《滚动轴承 通用技术规则》；GB/T307.1—2005《滚动轴承 向心轴承 公差》；GB/T4199—2003《滚动轴承 公差 定义》；GB/T 275—2015《滚动轴承 配合》；GB/T4604.1—2012《滚动轴承 游隙 第 1 部分：向心轴承的径向游隙》等。

根据国家标准 GB/T 307.3—2017《滚动轴承 通用技术规则》规定，滚动轴承按其尺寸精度和旋转精度，向心轴承（圆锥滚子轴承除外）分为 0，6，5，4，2，共 5 个精度等级；圆锥滚子轴承分为 0，6x，5，4，2，共 5 个精度等级级；推力轴承分为 0，6，5，4，共 4 个精度等级。

滚动轴承各级精度的应用情况如下：

0 级（普通精度级）轴承应用在中等载荷、中等转速和转精度求不高的一般机构中，如普通机床的进给机构的轴承、汽车变速机构的轴承，以及普通电动机、水泵、压缩机等一般通用机械的旋转机构的轴承。

6 级（6x）（中等精度级）轴承应用于旋转精度和转速较高的旋转机构中，如普通机床的主轴轴承、精密机床传动轴使用的轴承。

5，4 级（高精度级）轴承应用于旋转精度高和转速高的旋转机构中，如精密机床的主轴轴承、精密仪器和机械使用的轴承。

2 级（精密级）轴承应用于旋转精度和转速很高的旋转机构中，如精密坐标镗床的主轴轴承、高精度仪器和高转速机构中使用的轴承。

7.5.2 滚动轴承内径和外径的公差带及其特点

1. 滚动轴承内径和外径的公差带

滚动轴承的内、外圈都是宽度较小的薄壁件，精度要求很高。在其制造、保管过程中容易变形（如变成椭圆形），但在装入轴和外壳孔上之后，这种变形又容易得到矫正。因此，国家标准 GB/T 4199—2003《滚动轴承 公差 定义》对滚动轴承内径、外径、宽度和成套轴承的旋转精度等指标都提出了很高的要求。轴承的精度设计不仅控制轴承与轴和外壳孔配合的尺寸精度，而且控制轴承内、外圈的变形程度。

1）滚动轴承的尺寸精度

滚动轴承尺寸精度是指轴承内圈内径 d、外圈外径 D、内圈宽度 B、外圈宽度 C 和装配高度 T 的制造精度。

d 和 D 是轴承内、外径的公称尺寸，d_s 和 D_s 是轴承的单一内径和外径，Δd_s 和 ΔD_s 是轴承单一内、外径偏差，它控制同一轴承单一内、外径偏差。d_{mp} 和 D_{mp} 是指同一轴承单一平面平均内径和外径，Δd_{mp} 和 ΔD_{mp} 是指同一轴承单一平面平均内、外径偏差，它用于控制轴承与轴和外壳孔装配后的配合尺寸偏差。表 7-35 列出了部分向心轴承单一平面平均内、外径极限偏差值。

表 7-35　向心轴承的 Δd_{mp} 和 ΔD_{mp}（摘自 GB/T 307.1—2017）　单位：μm

精度等级			P0		P6（6x）		P5		P4		P2	
公称直径/mm			极限偏差/μm									
	大于	到	上极限偏差	下极限偏差	上极限偏差	下极限偏差	上极限偏差	下极限偏差	上极限偏差	下极限偏差	上极限偏差	下极限偏差
内圈	18	30	0	−10	0	−8	0	−6	0	−5	0	−2.5
	30	50	0	−12	0	−10	0	−8	0	−6	0	2.5
外圈	50	80	0	−13	0	−11	0	−9	0	−7	0	−4
	80	120	0	−15	0	−13	0	−10	0	−8	0	−5

2）滚动轴承的旋转精度

旋转精度主要指轴承内外圈的径向圆跳动、端面对滚道的跳动和端面对内孔的跳动等。对不同精度等级、不同结构形式的滚动轴承，其尺寸精度和旋转精度的评定参数有不同要求。

表 7-36 列出了安装向心轴承和角接触轴承的轴颈的公差带，推荐 0 级、6（6x）级。

表 7-36　安装向心轴承和角接触轴承的轴颈的公差带（摘自 GB/T 275—2015）

内圈工作条件		应用举例	深沟球轴承和角接触球轴承	圆柱滚子轴承和圆锥滚子轴承	调心滚子轴承	公差带
运转状态	载荷状态		轴承公称内经/mm			
圆柱孔轴承						
旋转的内圈及摆动载荷	轻载荷	电器、仪表、机床主轴、精密机械、泵、通风机、传送带	≤18	—	—	h5
			>18～100	≤40	≤40	j6①
			>100～200	>40～140	>40～100	k6①
			—	>140～200	>100～200	m6①
	正常载荷	一般机械、电动机、涡轮机、泵、内燃机、变速箱、木工机械	≤18	—	—	j5、js5
			>18～100	≤40	≤40	k5②
			>100～140	>40～100	>40～65	m5②
			>140～200	>100～140	>65～100	m6
			>200～280	>140～200	>100～140	n6
			—	>200～400	>140～280	p6
			—	—	>280～500	r6

续表

内圈工作条件		应用举例	深沟球轴承和角接触球轴承	圆柱滚子轴承和圆锥滚子轴承	调心滚子轴承	公差带
运转状态	载荷状态		轴承公称内径/mm			
圆柱孔轴承						
旋转的内圈及摆动载荷	重载荷	铁路车辆和电车的轴箱、牵引电动机、轧机、破碎机等重型机械	—	>50～140	>50～100	n6③
			—	>140～200	>100～140	p6③
			—	>200	>140～200	r6③
			—	—	>200	r7③
内圈相对于载荷方向静止	各类载荷	静止在轴上的各种轮子	所有尺寸			f6 g6
		张紧滑轮、绳索轮等	所有尺寸			h6 j6
纯轴向载荷		所有应用场合				j6、js6
圆锥孔轴承（带锥形套）						
所有载荷		铁路机车车辆轴箱	装在退卸套上的所有尺寸			h8（IT6）④⑤
		一般机械或传动轴	装在紧定套上的所有尺寸			h9（IT7）④⑤

注：① 对精度有较高要求的场合，应选用 j5，k5，m5，…分别代替 j6，k6，m6，…

② 单列圆锥滚子轴承和单列角接触球轴承配合对游隙影响不大，可用 k6 和 m6 分别代替 k5 和 m5。

③ 重载荷下轴承游隙应选大于 N 组（注：GB/T 4604.1—2012 中没有 0 组，与其 N 组对应）。

④ 凡有较高的精度或转速要求的场合，应选用 h7（IT5）代替 h8（IT6）等。

⑤ IT6、IT7 表示圆柱度公差数值。

2. 滚动轴承内、外径公差带的特点

通常，滚动轴承内圈装在传动轴的轴颈上，随轴一起旋转，以传递扭矩；外圈安装在机体孔中，起支承作用。因此，内圈的内径（d）和外圈的外径（D），是滚动轴承与结合件配合的公称尺寸。

国家标准 GB/T 307.1—2017《滚动轴承 向心轴承 公差》规定 0，6，5，4，2 各公差等级轴承的单一平面平均内径 d_{mp} 和单一平面平均外径 D_{mp} 的公差带均为单向制，而且统一采用公差带位于以公称直径为零线的下方，即上偏差为零，下偏差为负值的分布，如图 7-23 所示。

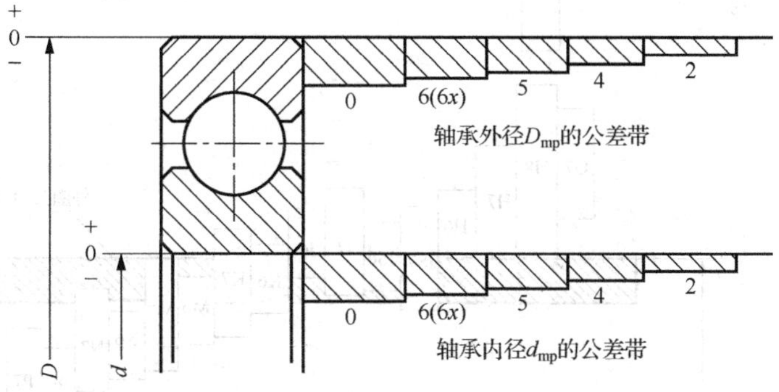

图 7-23 轴承内、外径公差带图

由于滚动轴承是精密的标准部件，使用时不能再进行附加性加工。因此，轴承内圈与轴采用基孔制配合，但内径的公差带位置却与一般基准孔相反，如图 7-23 中公差带都位于零线的下方，即上偏差为零，下偏差为负值。这种分布主要是考虑配合的特殊需要，因为在多数情况下，轴承内圈是随传动轴一起转动，传递扭矩，并且不允许轴孔之间有相对运动，所以两者的配合应具有一定的过盈。由于内圈是薄壁零件，又常须维修拆换，故过盈量也不宜过大。一般基准孔的公差带是布置在零线上侧，当选用过盈配合，则其过盈量太大；如果改用过渡配合，又可能出现间隙，使内圈与轴在工作时发生相对滑动，导致结合面被磨损；若采用非标准配合，又违反了标准化和互换性原则。为此，滚动轴承标准将 d_{mp} 的公差带分布在零线下方。当轴承内孔与一般过渡配合的轴相配时，不但能保证获得较小的过盈，而且还不会出现间隙，从而满足了轴承内孔与轴配合的要求，同时又可按标准偏差来加工轴。

滚动轴承的外径与外壳配合应按基轴制，通常两者之间不要求太紧。因此，对于所有精度等级轴承外圈 D_{mp} 的公差带位置，仍按一般基轴制的规定，将其布置在零线以下。其上偏差为零，下偏差为负值。由于轴承精度要求很高，其公差值相对略小一些。

由于滚动轴承结合面的公差带是特别规定的，因此，在装配图上标注轴承配合尺寸时，仅标注公称尺寸及轴颈、外壳孔的公差带代号，无须标注轴承内圈和外圈的公差带代号。

7.5.3 滚动轴承与轴和外壳孔的配合及其选择

1. 轴颈和外壳孔的尺寸公差带

滚动轴承基准结合面的公差带单向布置在零线下侧，既可满足各种旋转机构不同配合性质的需要，又可以按照标准公差来制造与之相配合的零件。轴颈和外壳孔的公差带就是从“极限与配合”国家标准中选取的。

国家标准 GB/T 275—2015《滚动轴承 配合》对与 0 级和 6 级轴承配合的轴颈和外壳孔规定了常用的公差带，如图 7-24 所示。

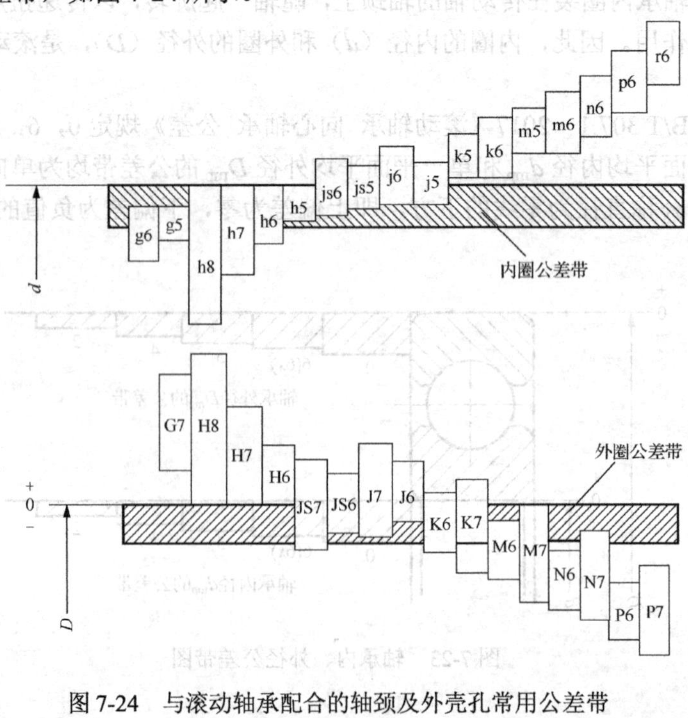

图 7-24 与滚动轴承配合的轴颈及外壳孔常用公差带

该标准的适应范围如下。

（1）对轴承的旋转精度、运转平稳性和工作温度等无特殊要求。

（2）轴为实心或厚壁钢制作。

（3）外壳为铸钢或铸铁制作。

（4）轴承游隙为标准游隙组。

2. 轴承配合的选择

正确地选用轴和外壳孔的公差带，对于充分发挥轴承的技术性能和保证机构的运转质量、提高轴承的使用寿命有着重要的意义。

影响公差带选用的因素较多，如轴承的工作条件（载荷类型、载荷大小、工作温度、旋转精度、轴向游隙），配合零件的结构、材料，安装与拆卸的要求等。一般根据轴承所承受的载荷类型和大小来决定。

1）载荷的类型

作用在轴承上的合成径向载荷，是由定向载荷和旋转载荷合成的。若载荷的作用方向是固定不变的，称为定向载荷（如皮带的拉力，齿轮啮合传递的力），若载荷的作用方向是随套圈（内圈或外圈）一起旋转的，则称为旋转载荷（如镗孔时的切削力）。根据套圈工作时相对于合成径向载荷的方向，可将载荷分为 3 种类型：局部载荷、循环载荷和摆动载荷。

（1）局部载荷（也称为定向载荷）。作用在轴承上的合成径向载荷与套圈相对静止，即作用方向始终不变地作用在套圈滚道的局部区域上，该套圈所承受的这种载荷，称为局部载荷，如图 7-25（a）所示的外圈和图 7-25（b）所示的内圈。

（2）循环载荷（也称为旋转载荷）。作用于轴承上的合成径向载荷与套圈相对旋转，即合成径向载荷顺次地作用在套圈滚道的整个圆周上，该套圈所承受的这种载荷，称为循环载荷。例如，轴承承受一个方向不变的径向载荷 F_r，该载荷依次作用在旋转的套圈上，所以套圈承受的载荷性质即为循环载荷，如图 7-25（a）所示的内圈和图 7-25（b）所示的外圈。如图 7-25（c）所示的内圈和图 7-25（d）所示的外圈，轴承承受一个方向不变的径向载荷 F_r，同时又受到一个方向随套圈旋转的载荷 F_c 的作用，但两者合成径向载荷仍然是循环地作用在套圈滚道的圆周上，该套圈所承受的载荷也为循环载荷。

（3）摆动载荷。作用于轴承上的合成径向载荷与所承受的套圈在一定区域内相对摆动，例如轴承承受一个方向不变的径向载荷 F_r，同时又受到一个方向随套圈旋转的力 F_c 的作用，但两者合成径向载荷作用在套圈滚道的局部圆周上，该套圈所承受的载荷，称为摆动载荷，如图 7-25（c）所示的外圈和图 7-25（d）所示的内圈。

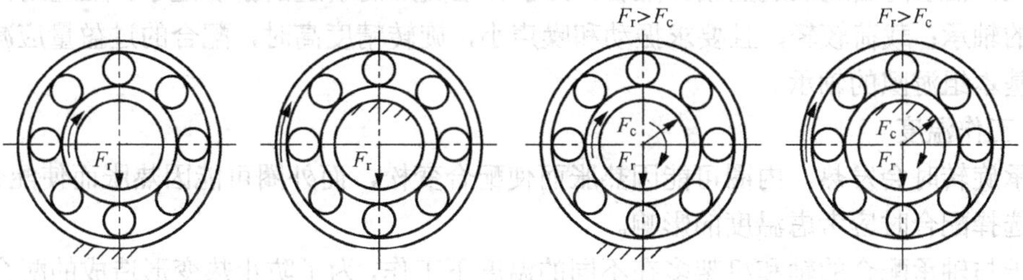

(a) 内圈—循环负荷 外圈—局部负荷

(b) 内圈—局部负荷 外圈—循环负荷

(c) 内圈—循环负荷 外圈—摆动负荷

(d) 内圈—摆动负荷 外圈—循环负荷

图 7-25 轴承承受的载荷类型

轴承套圈承受的载荷类型不同，选择轴承配合的松紧程度也应不同，承受局部载荷的套圈，局部滚道始终受力，磨损集中，其配合应选较松的过渡配合或具有极小间隙的间隙配合。目的是让套圈在振动、冲击和摩擦力矩的带动下缓慢转位，以充分利用全部滚道并使磨损均匀，从而延长轴承的寿命，但配合也不能过松；否则，会引起套圈在相配件上滑动而使结合面磨损。对于旋转精度及支承刚度有要求的场合（如机床主轴和电动机轴上的轴承），则不允许套圈转位，以免影响支承精度。

承受循环载荷的套圈，滚道各点循环受力，磨损均匀，其配合应选较紧的过渡配合或过盈量较小的过盈配合，因为套圈与轴颈或外壳孔之间，工作时不允许产生相对滑动以免结合面磨损，并且要求在全圆周上具有稳固的支承，以保证载荷能最佳分布，从而充分发挥轴承的承载力。但配合的过盈量也不能太大，否则，会使轴承内部的游隙减少以至完全消失，产生过大的接触应力，影响轴承的工作性能。

承受摆动载荷的套圈，其配合松紧程度介于循环载荷与局部载荷之间。

2）载荷的大小

滚动轴承套与轴颈或壳体孔配合的最小过盈，取决于载荷的大小。国家标准将当量径向动载荷 F_r 分为 3 类：当量径向动载荷 $F_r \leqslant 0.07F_s$ 时称为轻载荷；$0.07F_s < F_r \leqslant 0.15F_s$ 时称为正常载荷；$F_r > 0.15F_s$ 时称为重载荷。其中，F_s 为轴承的额定动载荷，即轴承能够旋转 10^6 次而不发生点蚀破坏的概率为 90%的载荷值。

承受较重的载荷或冲击载荷时，将引起轴承较大的变形，使结合面间实际过盈减小和轴承内部的实际间隙增大，这时为了使轴承运转正常，应选较大的过盈配合。同理，承受较轻的载荷时，可选较小的过盈配合。

3）径向游隙

GB/T 4604.1—2012《滚动轴承 游隙 第 1 部分：向心轴承的径向游隙》规定，滚动轴承的径向游隙分为 5 组，即 0,2,3,4,5 组，游隙的大小依次由小到大，其中 0 组为基本组游隙，应优先选用。

游隙的大小要适度。当游隙过大时，不仅使转轴发生径向跳动和轴向窜动，还会使轴承工作时产生较大的振动和噪声：当游隙过小时，使轴承滚动体与套圈产生较大的接触应力，轴承摩擦发热，进而降低轴承的使用寿命。

在常温状态下工作的具有基本组径向游隙的轴承（供应时无游隙标记，即指基本组游隙），按表 7-36 和表 7-37 选取的轴颈与外壳孔公差带，一般都能保证有适度的游隙，但如因载荷较重，轴承内圈选取过盈较大配合，为了补偿变形而引起的游隙过小，应选用大于基本组游隙的轴承；载荷较轻，且要求振动和噪声小，旋转精度高时，配合的过盈量应减小，应选小于基本组游隙的轴承。

4）工作温度

轴承旋转时会发热，内圈可能因热胀而使配合变松，而外圈可能因热胀而使配合变紧，因此在选择配合时应考虑温度的影响。

由于与轴承配合的轴和机架多在不同的温度下工作，为了防止热变形造成的配合要求的变化，当工作温度高于 100℃时，应对所选择的配合进行适当的修正。

5）其他因素

（1）壳体孔（或轴）的结构和材料。开式外壳与轴承外圈配合时，宜采用较松的配合，但也不应使外圈在外壳孔内转动，以防止由于外壳孔或轴的形状误差引起轴承内、外圈的不正常变形。当轴承装于薄壁外壳、轻合金外壳或空心轴上时，应采用比厚外壳、钢或铸铁外壳或实心轴更紧的配合，以保证轴承有足够的连接强度。

（2）安装与拆卸方便。为了便于安装和拆卸，特别对于重型机械，宜采用较松的配合。如果要求拆卸方便而又要用紧配合时，可采用分离型轴承或内孔为圆锥孔并带紧定套或退卸套的轴承。

（3）轴承工作时的微量轴向移动。当要求轴承的一个套圈（外圈和内圈）在运转中能沿轴向游动时，该套圈与轴或壳体孔的配合应较松。

（4）旋转精度。轴承的载荷较大，且为了消除弹性变形和振动的影响，不宜采用间隙配合，但也不宜采用过盈量较大的配合。若轴承的载荷较小，旋转精度要求很高时，为避免轴颈和外壳孔的几何误差影响轴承的旋转精度，旋转套圈的配合和非旋转套圈的配合都应有较小的间隙。例如，内圆磨床磨头处的轴承内圈间隙为 1～4μm，外圈间隙为 4～10μm。

（5）旋转速度。当轴承在旋转速度较高、又有冲击振动载荷的条件下工作时，轴承套圈与轴和外壳孔的配合都应选择过盈配合，旋转速度越高，配合应越紧。

滚动轴承与轴和外壳孔的配合，要综合考虑上述各项因素，采用类比的方法选取公差带。表 7-37～表 7-39 列出了 GB/T 275—2015《滚动轴承 配合》推荐的与轴承相配的轴颈和外壳孔的公差带，供选择时参考。

表 7-37 与向心轴承配合的外壳孔的公差带（摘自 GB/T 275—2015）

运转状态		载荷状态	其他状况		公差带①	
说明	举例				球轴承	滚子轴承
固定的外圈载荷	一般机械、铁路机车、车辆车厢电动机、泵、曲轴主轴承	轻、正常、重载荷	轴向容易移动	轴在高温下工作	G7②	
				采用剖分式外壳	H7	
摆动载荷		冲击载荷	轴向能移动，采用整体或剖分式外壳		J7、JS7	
		轻、正常荷				
		正常、重载荷	轴向不能移动，采用整体式外壳		K7	
		冲击载荷			M7	
旋转的外圈载荷	张紧滑轮、轮毂轴承等	轻载荷	轴向不能移动，采用整体式外壳		J7	K7
		正常载荷			K7、M7	M7、N7
		重载荷			—	N7、P7

注：①并列公差带随尺寸的增大，从左至右选择，对旋转精度要求较高时，可相应提高一个公差等级。

②不适用于剖分式外壳。

表 7-38 与推力轴承配合的座孔的公差带（摘自 GB/T 275—2015）

运转状态	载荷状态	轴承类型	公差带	备注
仅有轴向载荷		推力球轴承	H8	
		推力圆柱滚子轴承、推力圆锥滚子轴承	H7	
		推力调心滚子轴承		外壳孔与座圈间间隙为 0.001D（D 为轴承公称外径）

续表

运转状态	载荷状态	轴承类型	公差带	备注
固定的座圈载荷	径向和轴向联合载荷	推力角接触球轴承、推力调心滚子轴承、推力圆锥滚子轴承	H7	
旋转的座圈载荷或摆动载荷			K7	一般使用条件
			M7	有较大径向载荷时

表 7-39　与推力轴承配合的轴颈的公差带（摘自 GB/T 275—2015）

运转状态	载荷状态	推力球轴承和推力滚子轴承	推力调心滚子轴承②	公差带
		轴承公称内径/mm		
仅有轴向负载		所有尺寸		j6、js6
固定的轴圈载荷	径向和轴向联合载荷	—	≤250	j6
		—	>250	js6
旋转的轴圈载荷或摆动载荷		—	≤200	k6①
		—	>250～400	m6①
		—	>400	n6①

注：① 对要求过盈较小时，可用 6、k6、m6 以分别代替 k6、m6、n6。

② 也包括推力圆锥滚子轴承、推力角接触球轴承。

③ 应选用轴承径向游隙大于基本组游隙的滚子轴承。

在选择轴承配合的同时还应考虑公差等级的确定，轴颈和外壳孔的公差等级与轴承的精度等级有关。与 0，6（6x）级轴承配合的轴颈一般为 IT6 级，外壳孔一般为 IT7 级。对旋转精度和运转平稳性有较高要求的场合，在提高轴承精度等级的同时，与其配合的轴颈和外壳孔的精度也要相应提高。

3. 轴颈和外壳孔的几何公差与表面粗糙度参数值的确定

为了保证轴承的工作质量及使用寿命，除选轴颈和外壳孔的公差带之外，还应规定相应的几何公差及表面粗糙度值，国家标准推荐的几何公差及表面粗糙度值列于表 7-40 和表 7-41，供设计时选取。

表 7-40　轴颈和外壳孔的几何公差（摘自 GB/T 275—2015）　单位：μm

公称直径/mm		圆柱度 t				轴向圆跳动 t_1			
		轴颈		外壳孔		轴颈		外壳孔	
		轴承公差等级							
		0	6（6x）	0	6（6x）	0	6（6x）	0	6（6x）
超过	到	公差值/μm							
—	6	2.5	1.5	4	2.5	5	3	8	5
6	10	2.5	1.5	4	2.5	6	4	10	6
10	18	3.0	2.0	5	3.0	8	5	12	8

续表

公称直径/mm		圆柱度 t				轴向圆跳动 t_1			
		轴颈		外壳孔		轴颈		外壳孔	
		轴承公差等级							
		0	6（6x）	0	6（6x）	0	6（6x）	0	6（6x）
超过	到	公差值/μm							
18	30	4.0	2.5	6	4.0	10	6	15	10
30	50	4.0	2.5	7	4.0	12	8	20	12
50	80	5.0	3.0	8	5.0	15	10	25	15
80	120	6.0	4.0	10	6.0	15	10	25	15
120	180	8.0	5.0	12	8.0	20	12	30	20
180	250	10.0	7.0	14	10.0	20	12	30	20
250	315	12.0	8.0	16	12.0	25	15	40	25
315	400	13.0	9.0	18	13.0	25	15	40	25
400	500	15.0	10.0	20	15.0	25	15	40	25

表 7-41　配合面的表面粗糙度（摘自 GB/T 275—2015）

轴或轴承座直径/mm		轴或外壳配合表面直径公差等级								
		IT7			IT6			IT5		
		表面粗糙度参数值/μm								
>	≤	*Rz*	*Ra*		*Rz*	*Ra*		*Rz*	*Ra*	
			磨	车		磨	车		磨	车
—	80	10	1.6	3.2	6.3	0.8	1.6	4	0.4	0.8
80	500	16	1.6	3.2	10	1.6	3.2	6.3	0.8	1.6
端面		25	3.2	6.3	25	6.3	6.3	10	6.3	3.2

4. 轴和外壳孔精度设计举例

【例 7-1】 C616 型车床主轴后支承使用两个单列向心轴承，如图 7-26 所示。轴承外形尺寸为 $d \times D \times B$= 50×90×20，试选择轴承的精度等级、轴承与轴和外壳孔的配合。

解：

（1）分析确定轴承的精度等级。C616 型车床属轻载的普通车床，主轴承受轻载荷。C616 型车床主轴的旋转精度和转速较高，选择 6 级精度的滚动轴承。

（2）分析确定轴承与轴和壳体孔的配合。轴承内圈与主轴配合一起旋转，外圈装在外壳孔中不转。主轴后支承主要承受齿轮传递力，故内圈承受循环载荷，外圈承受局部载荷。前者配合应紧，后者配合略松，参考表 7-36 和表 7-37 选出轴公差带为ϕ50j5，外壳孔的公差带为ϕ90J6。

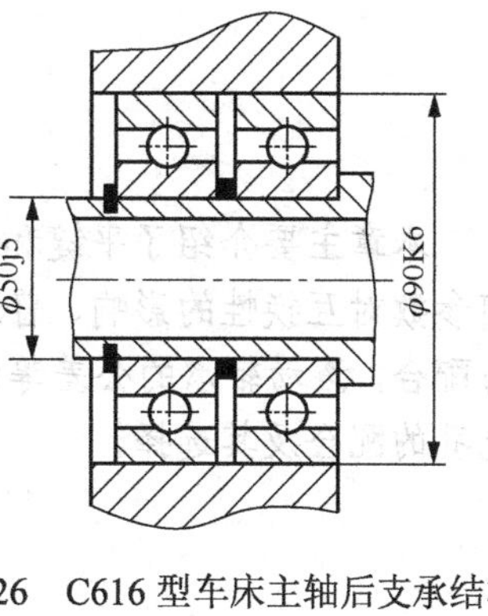

图 7-26　C616 型车床主轴后支承结构

机床主轴前轴承已轴向定位，若后轴承外圈与外壳孔配合无间隙，则不能补偿由于温度变化引起的主轴的伸缩性：若外圈与外壳孔配合有间隙，会引起主轴跳动，影响车床加工精度。为了满足使用要求，将外壳孔公差带改用ϕ90K6。

按滚动轴承公差国家标准，由表 7-35 查出 6 级轴承单一平面平均内径偏差为 0 和 −0.01mm，单一平面平均外径偏差为 0 和-0.013mm。根据极限与配合国家标准查得，轴颈为$\phi 50\text{j}5\left(^{+0.006}_{-0.005}\right)$ mm，外壳孔为$\phi 90\text{K}6\left(^{+0.004}_{-0.018}\right)$ mm。

图 7-27 为 C616 型车床主轴后轴承的公差与配合图解，可知，轴承与轴的配合比与外壳孔的配合紧些。

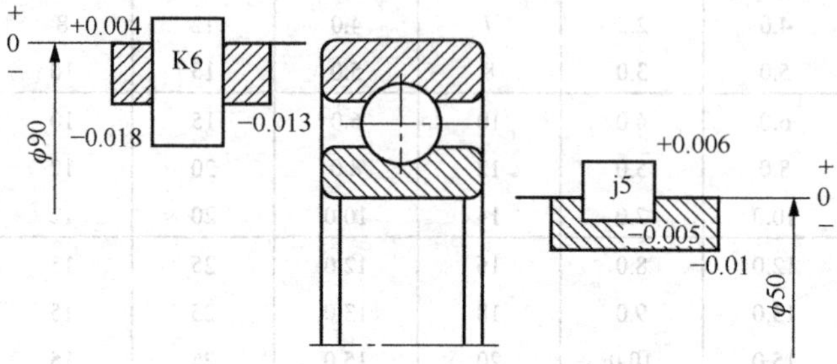

图 7-27 C616 型车床主轴后轴承的公差与配合图解

轴承外圈与壳体孔配合：X_{max}=＋0.017mm；Y_{max}=－0.018mm；$Y_{平均}$=－0.0005mm

轴承内圈与轴颈配合：X_{max}=＋0.005mm；Y_{max}=－0.016mm；$Y_{平均}$=－0.0055mm

根据表 7-40 和表 7-41，查找出轴颈和壳体孔的几何公差和表面粗糙度值标注在零件图上，如图 7-28 和图 7-29 所示。

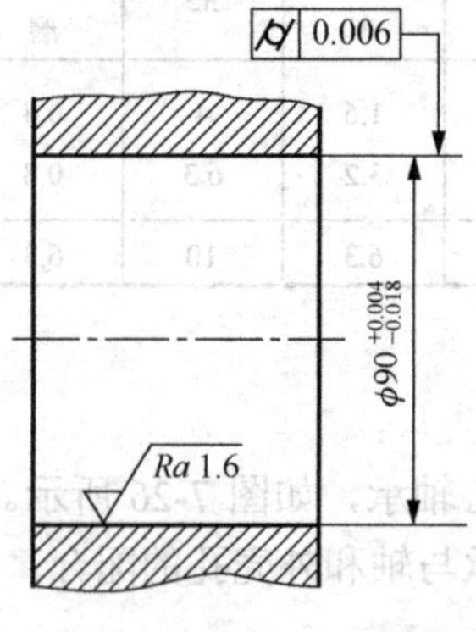

图 7-28 壳体孔的公差标注

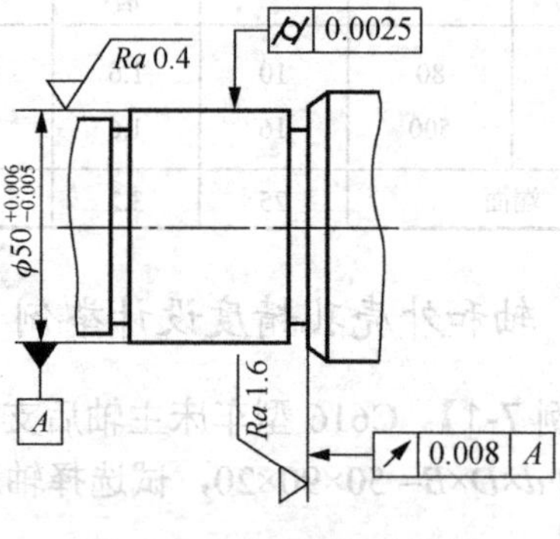

图 7-29 轴径的公差标注

本章小结

本章主要介绍了平键和花键的类型、键连接的极限与配合、键的检测，以及普通螺纹几何参数对互换性的影响、普通螺纹的极限与配合、螺纹的检测，梯形螺纹和滚珠丝杠的极限与配合，滚动轴承的公差等级、滚动轴承内径与外径的公差带及其特点、滚动轴承与轴和外壳孔的配合及其选择。

习题与思考题

7-1 平键连接的主要几何参数有哪些？为什么只对键（键槽）宽规定较严的公差？键宽与键槽宽的配合采用什么基准制？为什么？

7-2 某传动轴与齿轮采用普通型平键连接，配合类型为正常连接，轴径公称尺寸为50mm，试确定键的尺寸，并确定轴槽和轮毂槽的尺寸和极限偏差，绘制轴槽和轮毂槽的横截面图，并标注尺寸公差、几何公差和表面粗糙度。

7-3 某机床变速箱中，有一个 6 级精度齿轮的花键孔与花键轴连接，小径定心，花键规格为 6×26×30×6，花键孔长 30mm，花键轴长 75mm，齿轮花键孔经常相对于花键轴作轴向移动，要求定心精度较高。试确定：

（1）花键孔与花键轴的公差带代号，小径、大径、键宽、键槽宽的极限尺寸。

（2）分别写出花键在装配图和零件图上标记。

（3）绘制公差带图，并将各参数的公称尺寸和极限偏差标注在图上。

7-4 影响普通螺纹互换性的主要参数有哪些？

7-5 什么是普通螺纹的作用尺寸？如何判断普通螺纹中径的合格性？

7-6 什么是普通螺纹的旋合长度与精度等级？其关系如何？该如何选用？

7-7 查表确定螺纹连接 M20×2-6H/5g6g 的内、外螺纹各直径的公称尺寸、基本偏差和公差，画出中径和顶径的公差带图，并在图上标出相应的偏差值。

7-8 解释下列螺纹标注的含义：

M24×2-5H6H-L

M20-7g6g-40

M42-6G/5h6h

7-9 滚动轴承的精度分为哪几个等级？哪个等级应用最广？

7-10 滚动轴承与轴颈、外壳孔配合，采用哪种基准制？其公差带分布有何特点？

7-11 选择滚动轴承与轴颈、外壳孔配合时主要考虑哪些因素？

7-12 某机床转轴上安装 6 级精度的深沟球轴承，其内径为 40 mm，外径为 90mm，该轴承承受 4000N 的定向径向载荷，轴承的额定动载荷为 31400N，内圈随轴一起转动，外圈固定。试确定：

（1）与轴承配合的轴颈、外壳孔的公差带代号。

（2）画出公差带图，计算内圈与轴颈、外圈与外壳孔配合的极限间隙、极限过盈。

（3）轴颈和外壳孔的几何公差和表面粗糙度参数值。

（4）将所选的公差带代号和各项公差按要求标注在图样上。

第8章 尺 寸 链

教学重点

理解尺寸链的概念、组成、特点，掌握求解尺寸链的互换法，了解求解装配尺寸链的其他方法。

教学难点

建立尺寸链、用完全互换法和大数互换法求解直线尺寸链。

教学方法

讲授法和问题教学解法。

8.1 概 述

8.1.1 尺寸链的定义及特点

在机器装配或零件加工过程中，由相互连接的尺寸形成封闭的尺寸组称为尺寸链。如图 8-1（a）所示，在轴及其各部分的长度尺寸中，尺寸 A_0 的大小取决于尺寸 A_1、A_2 和 A_3 的大小，A_1、A_2 和 A_3 分别为同一零件的设计尺寸。A_0、A_1、A_2 和 A_3 这 4 个相互连接的尺寸就形成了一个尺寸链。这样由同一个零件的几个设计尺寸所形成的尺寸链称为零件尺寸链。

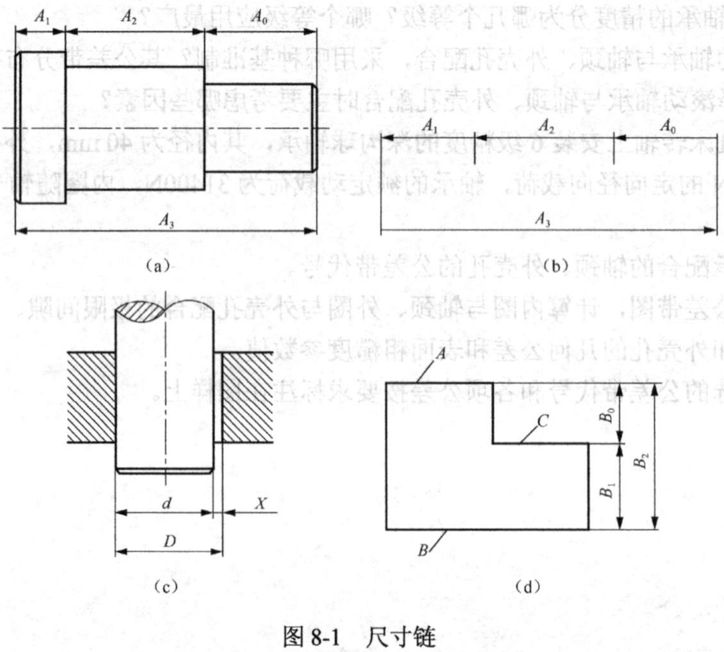

图 8-1 尺寸链

如图 8-1（c）所示，在孔、轴的间隙配合中，间隙 X 的大小取决于孔直径 D、轴直径 d 的大小，D 和 d 各为不同零件的设计尺寸。X、D 和 d 这 3 个相互连接的尺寸就形成了一个尺寸链。这样由不同零件的设计尺寸所形成的尺寸链，称为装配尺寸链。

如图 8-1（d）所示，零件在加工过程中，以 B 面为定位基准获得尺寸 B_1 和 B_2，这时 A 面到 C 面的距离 B_0 取决于这两个工序尺寸 B_1 和 B_2，B_0、B_1 和 B_2 这三个相互连接的尺寸就形成了一个尺寸链。当取不同要素作为定位基准时，尺寸之间的相互关系也就不同。这样由同一零件的几个工艺尺寸所形成的尺寸链，称为工艺尺寸链。

由以上几例分析，可总结出尺寸链的两个特点：

（1）封闭性。由相互连接的尺寸首尾相接而形成一个封闭的尺寸组。

（2）关联性。组成尺寸链的各个尺寸之间相互联系，互相制约。

8.1.2 尺寸链的基本术语

（1）环。尺寸链中每个尺寸简称为环。如图 8-1（a）中的尺寸 A_0，A_1，A_2 和 A_3 都是尺寸链的环。环一般用大写拉丁字母 A，B，C…表示。环可分为封闭环和组成环。

（2）封闭环。尺寸链中在装配过程或加工过程最后形成的一环。图 8-1（a）中的 A_0，图 8-1（c）中的 X 和图 8-1（d）中的 B_0 都是封闭环。封闭环一般用加下角标“0”的大写拉丁字母表示。

（3）组成环。尺寸链中对封闭环有影响的全部环。这些环中任一环的变动必然引起封闭环的变动。图 8-1（a）中的 A_1、A_2 和 A_3 都是组成环，组成环一般用加下角标阿拉伯数字的大写拉丁字母表示。根据其对封闭环的影响不同，组成环分为增环和减环。

（4）增环。在尺寸链中的其他组成环不变的条件下，由于该环的变动引起封闭环同向变动的环。同向变动指该环增大时封闭环也增大，该环减小时封闭环也减小，如图 8-1（a）中的 A_3。

（5）减环。在尺寸链中的其他组成环不变的条件下，由于该环的变动引起封闭环反向变动的环。反向变动指该环增大时封闭环减小，该环减小时封闭环增大，如图 8-1（a）中的 A_1 和 A_2。

8.1.3 尺寸链的分类

1. 按应用范围分类

（1）零件尺寸链。全部组成环为同一零件设计尺寸所形成的尺寸链，如图 8-1（a）所示。

（2）装配尺寸链。全部组成环为不同零件设计尺寸所形成的尺寸链，如图 8-1（c）所示。

（3）工艺尺寸链。全部组成环为同一零件工艺尺寸所形成的尺寸链，如图 8-1（d）所示。

其中，零件尺寸链与装配尺寸链统称为设计尺寸链。

2. 按各环在空间中的位置分类

（1）直线尺寸链。全部组成环平行于封闭环的尺寸链，如图 8-1 所示。

（2）平面尺寸链。全部组成环位于一个或几个平行平面内，但某些组成环不平行于封闭环的尺寸链，如图 8-2 所示。

（3）空间尺寸链。组成环位于几个不平行平面内的尺寸链，如图 8-3 所示。

3. 按各环尺寸的几何特性分类

（1）长度尺寸链。全部环为长度尺寸的尺寸链，如图 8-1～图 8-3 所示。

（2）角度尺寸链。全部环为角度尺寸的尺寸链，如图 8-4 所示。

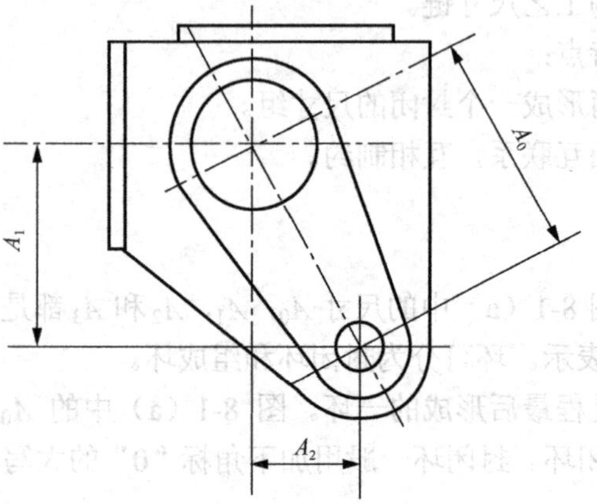

图 8-2　平面尺寸链

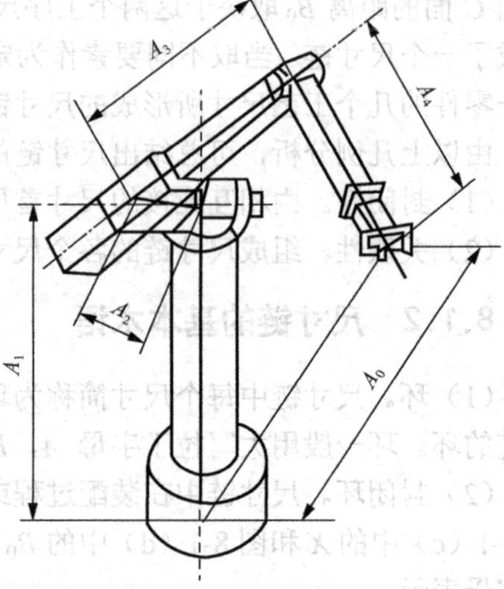

图 8-3　空间尺寸链

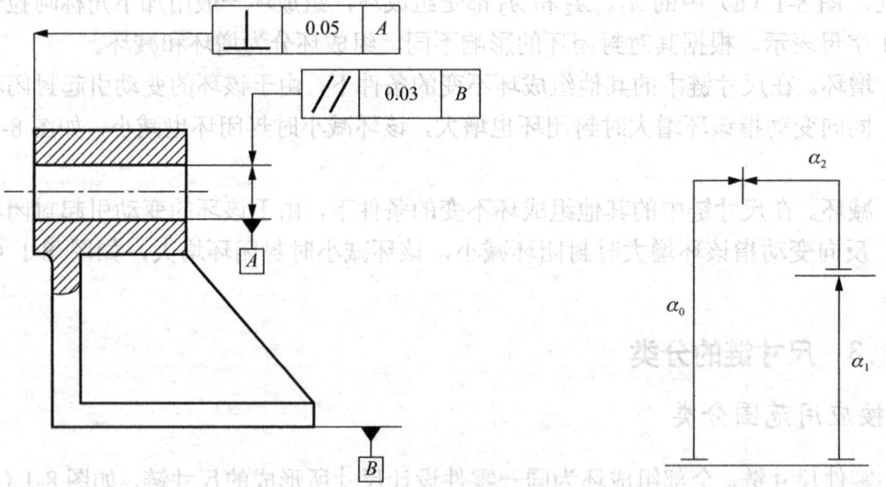

图 8-4　角度尺寸链

8.2　尺寸链的建立与分析

8.2.1　确定封闭环

封闭环是在装配过程或加工过程最后形成的一环。在装配尺寸链中，封闭环是在装配过程中最后自然形成的，是指机器装配精度所要求的那个尺寸。例如，同一部件中各零件之间相互位置要求的尺寸，或保证相互配合零件配合性能要求的间隙或过盈量。

在零件尺寸链中，封闭环应为公差等级要求最低的环，一般在零件图上不进行标注，以免引起加工中的混乱。

在工艺尺寸链中，封闭环是在加工中最后自然形成的环，一般为被加工零件要求达到的设计尺寸或工艺过程中需要的余量尺寸。加工顺序不同，封闭环也不同。因此，工艺尺寸链的封闭环必须在加工顺序确定之后才能判断。

注意：一个尺寸链中只有一个封闭环。

8.2.2 查找组成环

组成环是对封闭环有影响的那些尺寸，与此无关的尺寸要排除在外。在确定封闭环之后，先从封闭环的一端开始，依次找出影响封闭环变动的相互连接的各个尺寸，直到最后一个尺寸与封闭环的另一端连接为止。其中，每一个尺寸都是一个组成环，它们与封闭环连接形成一个封闭的尺寸组即尺寸链。在建立装配尺寸链时应遵守“最短尺寸链原则”，即对于某一封闭环，若存在多个尺寸链时，则应选择组成环数最少的尺寸链进行分析计算。

注意：一个尺寸链中最少要有两个组成环，组成环中可能只有增环没有减环，但不可能只有减环没有增环。

8.2.3 画尺寸链线图

为清楚地表达尺寸链的组成，通常无须画出零部件的具体结构，也不必按照严格的比例，而用一定的符号将尺寸链中各尺寸依次画出，形成封闭的图形即可。这种简图称为尺寸链线图。

在尺寸链线图中，常用带单箭头的线段表示尺寸链的各环，线段一端的箭头仅表示查找组成环的方向。与封闭环箭头方向相同的组成环为减环，与封闭环箭头方向相反的组成环为增环。

例如，在图 8-5（a）所示的结构中，轴是固定的，齿轮在轴上回转。设计要求齿轮左、右端面与挡环之间有间隙，并且该间隙应控制在一定范围内。

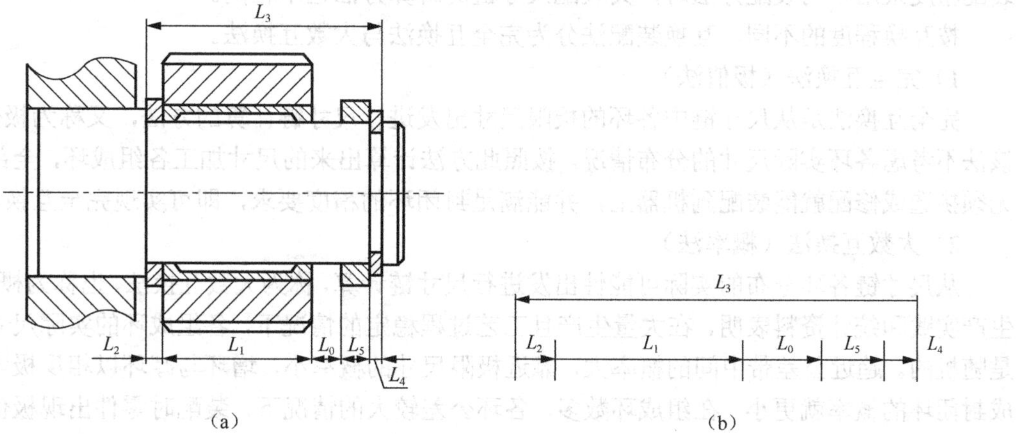

图 8-5 齿轮部件尺寸链

画图步骤如下：

（1）确定封闭环。由题目可知属于装配尺寸链问题，装配尺寸链中封闭环是在装配过程中最后自然形成的，因此，设计要求的齿轮左、右端面与挡环之间的间隙就是封闭环。为计算方便，现将间隙集中在齿轮右端面与右挡环左端面之间的 L_0。

（2）查找组成环。可以从封闭环 L_0 的右端开始，查找到的尺寸依次有右挡环厚度 L_5、轴端挡圈厚度 L_4、轴肩端面间的轴向长度 L_3、左挡环厚度 L_2、齿轮宽度 L_1。最后齿轮宽度 L_1 与封闭环 L_0 的左端连接，这些尺寸就是尺寸链中的各个组成环。

（3）画尺寸链线图。从封闭环 L_0 的右端开始，用带单箭头的线段依次表示查找到的尺寸链的各环，直到封闭环 L_0 的右端结束，形成一个封闭的图形，如图 8-5（b）所示。其中，与封闭环箭头方向相同的 L_1、L_2、L_4、L_5 是减环，与封闭环箭头方向相反的 L_3 是增环。

8.2.4 尺寸链的计算及计算方法

1. 尺寸链的计算

尺寸链的计算是为了正确合理地确定尺寸链中各环尺寸的公差和极限偏差，根据要求不同，尺寸链计算可分为以下三类问题。

（1）正计算。已知各组成环的公称尺寸和极限偏差，计算封闭环的公差与极限偏差。这类计算主要用于验算设计的正确性，验证其是否符合技术要求，故又称为校核计算。

（2）反计算。已知封闭环的公称尺寸和极限偏差，计算各组成环的公差和极限偏差。这类计算主要用于设计上，即根据机器的使用要求将封闭环公差分配给各组成环。

（3）中间计算。已知封闭环和部分组成环的公称尺寸和极限偏差，计算其他组成环的公差和极限偏差。这类计算常用于工艺上。

反计算和中间计算通常称为设计计算。

2. 尺寸链的计算方法

按产品使用要求、结构特征、生产类型与生产工艺条件等因素不同，可以采用不同的装配方法以满足封闭环公差要求。装配尺寸链的解算方法与产品装配方法密切相关，当同一项装配精度采用不同装配方法时，其装配尺寸链的解算方法也不相同。

按互换程度的不同，互换装配法分为完全互换法与大数互换法。

1）完全互换法（极值法）

完全互换法是从尺寸链中各环的极限尺寸出发进行尺寸链计算的方法，又称为极值法，该法不考虑各环实际尺寸的分布情况。按照此方法计算出来的尺寸加工各组成环，全部零件无须挑选或修配就能装配到机器上，并能满足封闭环的精度要求，即可实现完全互换。

2）大数互换法（概率法）

从尺寸链各环分布的实际可能性出发进行尺寸链计算，称为大数互换法，也称为概率法。生产实践和统计资料表明，在大量生产且工艺过程稳定的情况下，各组成环的实际尺寸分布是随机的。趋近公差带中间的概率大，靠近极限尺寸的概率小，增环与减环以相反极限值形成封闭环的概率就更小。在组成环数多，各环公差较大的情况下，装配时零件出现极值组合的机会更加微小。此时，用极值法解算尺寸链是不科学、不经济的。

采用概率解法是在绝大多数产品中，装配时零件不需要挑选或修配就能进行装配，并能满足封闭环的精度要求，即保证大多数可互换。

按大数互换法，在相同封闭环公差条件下，可使组成环的公差扩大，零件能够按照经济精度加工，从而获得良好的技术经济效益，比较科学合理。大数互换法常用在大批量生产中。

3. 其他方法

在某些场合，当装配精度要求较高而生产条件不允许提高组成环的制造精度时，可以采用分组装配法、修配装配法和调整装配法。

8.3 用完全互换法计算尺寸链

8.3.1 概念

在全部产品中，装配时各组成环无须挑选或改变其大小或位置，装配后即能达到封闭环的公差要求，这种装配方法称为完全互换法。该方法中尺寸链采用极值公差公式计算。

8.3.2 基本公式

设尺寸链的组成环数量为 n，其中，增环环数为 m，减环环数为（$n-m$），L_0 为封闭环的公称尺寸，L_i 为各组成环的公称尺寸，则对于直线尺寸链有如下公式：

1. 封闭环的公称尺寸

尺寸链中封闭环的公称尺寸等于所有增环的公称尺寸之和减去所有减环的公称尺寸之和。

$$L_0=\sum_{i=1}^{m}L_i-\sum_{i=m+1}^{n}L_i \tag{8-1}$$

2. 封闭环的极限尺寸

封闭环的最大极限尺寸等于所有增环的最大极限尺寸之和减去所有减环的最小极限尺寸之和；封闭环的最小极限尺寸等于所有增环的最小极限尺寸之和减去所有减环的最大极限尺寸之和。

$$\begin{aligned}L_{0\max}&=\sum_{i=1}^{m}L_{i\max}-\sum_{i=m+1}^{n}L_{i\min}\\L_{0\min}&=\sum_{i=1}^{m}L_{i\min}-\sum_{i=m+1}^{n}L_{i\max}\end{aligned} \tag{8-2}$$

3. 封闭环的极限偏差

封闭环的上极限偏差等于所有增环的上极限偏差之和减去所有减环的下极限偏差之和；封闭环的下极限偏差等于所有增环的下极限偏差之和减去所有减环的上极限偏差之和。

$$\begin{aligned}\mathrm{ES}_0&=\sum_{i=1}^{m}\mathrm{ES}_i-\sum_{i=m+1}^{n}\mathrm{EI}_i\\\mathrm{EI}_0&=\sum_{i=1}^{m}\mathrm{EI}_i-\sum_{i=m+1}^{n}\mathrm{ES}_i\end{aligned} \tag{8-3}$$

4. 封闭环的公差

封闭环的公差等于所有组成环公差之和。

$$T_0 = \sum_{i=1}^{n} T_i \tag{8-4}$$

由此可知，尺寸链各环公差中封闭环的公差值最大。因此，封闭环是尺寸链中精度最低的环。

8.3.3 计算举例

1. 正计算

【例 8-1】 对于如图 8-5 所示的齿轮部件结构，设计要求齿轮右端面与右挡环左端面之间保证间隙 L_0。已知 $L_1 = 30_{-0.10}^{\ 0}$ mm，$L_2 = L_5 = 5_{-0.05}^{\ 0}$ mm，$L_3 = 43_{+0.10}^{+0.20}$ mm，$L_4 = 3_{-0.05}^{\ 0}$ mm，按工作条件要求 L_0=0.10～0.45 mm，试分析按给定的零件公差及极限偏差能否保证齿轮部件装配后的技术要求。

解：

（1）建立尺寸链，如图 8-5（b）所示。

（2）计算封闭环的极限尺寸。按式（8-1）和式（8-2）分别计算封闭环的公称尺寸、最大极限尺寸和最小极限尺寸。

公称尺寸：$L_0 = L_3 - (L_1 + L_2 + L_4 + L_5) = 43 - (30 + 5 + 3 + 5) = 0$

最大极限尺寸：

$$\begin{aligned} L_{0\max} &= L_{3\max} - (L_{1\min} + L_{2\min} + L_{4\min} + L_{5\min}) \\ &= 43.20 - (29.90 + 4.95 + 2.95 + 4.95) = +0.45 \text{（mm）} \end{aligned}$$

最小极限尺寸：

$$L_{0\min} = L_{3\min} - (L_{1\max} + L_{2\max} + L_{4\max} + L_{5\max}) = 43.10 - (30 + 5 + 3 + 5) = +0.10 \text{（mm）}$$

可知，封闭环 L_0 尺寸变动范围为 0.10～0.45 mm，按给定的零件公差及极限偏差能保证齿轮部件装配后的技术要求。

【例 8-2】 加工如图 8-6（a）所示的套筒时，外圆柱面加工至 $A_1=\phi 80\text{f}9$，内孔加工至 $A_2=\phi 60\text{H}8$，外圆柱面轴线对内孔轴线的同轴度公差为 $\phi 0.02$ mm。试计算该套筒壁厚尺寸的变动范围。

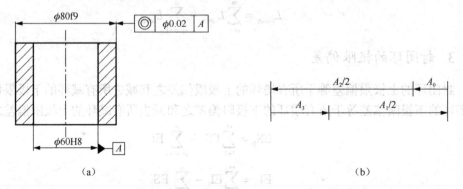

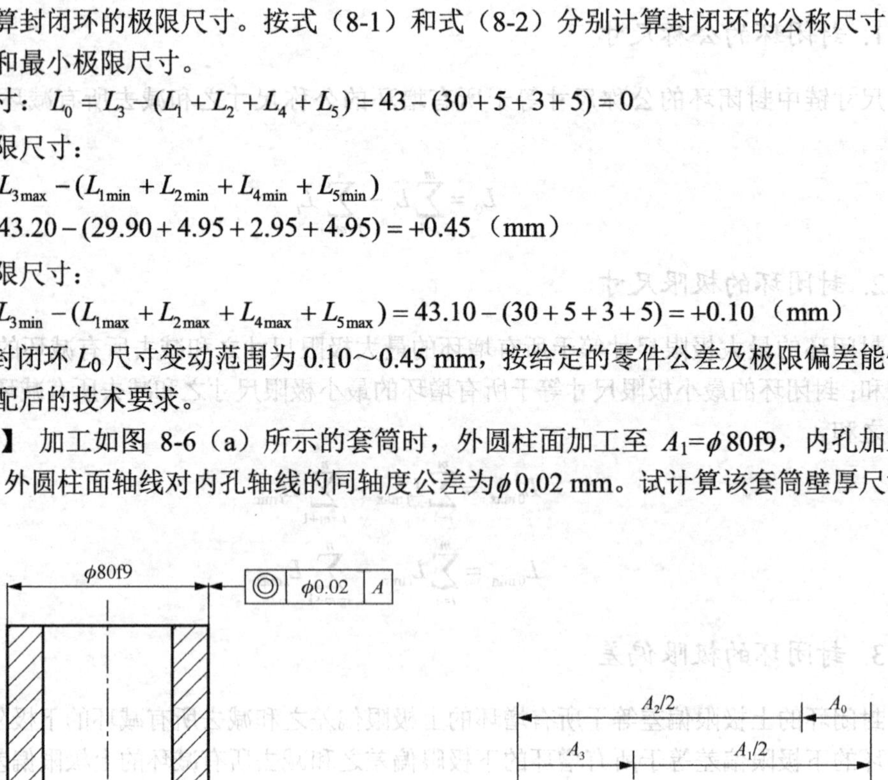

图 8-6 套筒尺寸链

解：

（1）建立尺寸链。套筒壁厚是加工过程中最后自然形成的，因此它是封闭环，用 A_0 表示。

由于套筒具有对称性，因此在建立尺寸链时，对尺寸 A_1，A_2 均取半值。本题给出了 $A_1=\phi 80\text{f9}$，$A_2=\phi 60\text{H8}$，需要查表计算出相应的极限偏差。经查表并计算可得 $A_1=\phi 80\text{f9}(^{-0.030}_{-0.104})$，$A_2=\phi 60\text{H8}(^{+0.046}_{0})$。

$$A_1/2=40^{-0.015}_{-0.052}，\quad A_2/2=30^{+0.023}_{0}$$

同轴度公差用 A_3 表示，将它作为长度尺寸的组成环纳入尺寸链中，可作为增环也可作为减环。写成 $A_3=0\pm0.01\text{mm}$。

画尺寸链线图，如图 8-6（b）所示，其中，$A_1/2$ 和 A_3 是增环，$A_2/2$ 是减环。

（2）计算封闭环的公称尺寸及极限偏差。按式（8-1）和式（8-3）分别计算封闭环的公称尺寸、上极限偏差和下极限偏差。

公称尺寸：$A_0=(A_1/2+A_3)-A_2/2=(40+0)-30=10$（mm）

上极限偏差：

$\text{ES}_0=(\text{ES}_1/2+\text{ES}_3)-\text{EI}_2/2=[(-0.015)+(+0.01)]-0=-0.005$（mm）

下极限偏差：

$\text{EI}_0=(\text{EI}_1/2+\text{EI}_3)-\text{ES}_2/2=[(-0.052)+(-0.01)]-(+0.023)=-0.085$（mm）

可知，封闭环 $A_0=10^{-0.005}_{-0.085}$ mm，即套筒壁厚的尺寸变动范围为 9.915～9.995 mm。

2. 中间计算

【例 8-3】 如图 8-7（a）所示零件，按图样注出的尺寸 $A_1=50^{\ 0}_{-0.060}$ 和 $A_3=10^{\ 0}_{-0.360}$ 加工时不易测量，现改成按尺寸 A_1 和 A_2 加工。为了保证原设计要求，试计算 A_2 的公称尺寸和极限偏差。

解：

（1）建立尺寸链。根据题意，现按尺寸 A_1 和 A_2 加工，加工中最后自然形成的尺寸是 A_3，所以 A_3 为封闭环。从封闭环的左端开始，依次查找 A_1 和 A_2，直到封闭环，最后从其右端指向左端，形成封闭图形。如图 8-7（b）所示，其中，A_1 是增环，A_2 是减环。

（2）计算封闭环的基本尺寸及极限偏差。

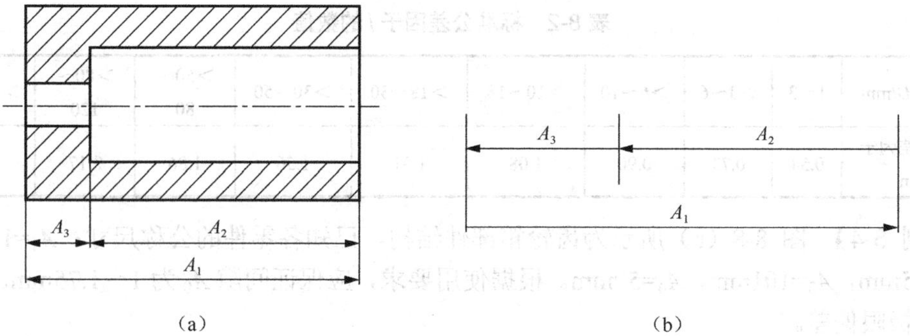

图 8-7 套筒零件尺寸链

按式（8-1）和式（8-3）分别计算封闭环的公称尺寸、上极限偏差和下极限偏差。

公称尺寸：由 $A_3 = A_1 - A_2$，得 $A_2 = A_1 - A_3 = 50 - 10 = 40$（mm）

下极限偏差：由 $ES_3 = ES_1 - EI_2$，得 $EI_2 = ES_1 - ES_3 = 0 - 0 = 0$

上极限偏差：由 $EI_3 = EI_1 - ES_2$，得 $ES_2 = EI_1 - EI_3 = (-0.060) - (-0.36) = +0.30$（mm）

可知，$A_2 = 40^{+0.30}_{\ 0}$ mm。

3. 反计算

反计算在确定各待定组成环公差值时，一般可用两种方法，即等公差法和等精度法（等公差等级法）。

等公差法是假设各组成环的公差值相等，按照已知的封闭环公差 T_0 和组成环的环数 n，计算各组成环的平均公差 T_{av}，即 $T_{av}=T_0/n$。这种方法一般用于尺寸链中尺寸相近、加工方法相同的组成环的尺寸计算。

对于尺寸相差很大或加工难易程度不同的尺寸，用等公差的方法来分配公差就不合理。对难加工或难测量的组成环，其公差值取较大数值；对易加工或易测量的组成环，其公差值取较小数值。这时，就要按照等公差等级的方法来分配各组成环的公差。

等公差等级法是假设各组成环的公差等级是相等的，对于公称尺寸≤500mm、公差等级在 IT5～IT18 范围内的，选用公差值计算公式 IT=ai。其中，a 是公差等级系数（见表 8-1），i 是标准公差因子（见表 8-2）。按照已知的封闭环公差 T_0 和各组成环标准公差因子 i_j，计算各组成环的平均公差系数：

$$a_{av} = \frac{T_0}{\sum i_j}$$

在封闭环公差确定的条件下，若组成环的环数越多，则各组成环的平均公差就越小，精度要求就越高，从而会增加产品的成本。因此，建立尺寸链时应遵循“最短尺寸链原则”。

表 8-1 公差等级系数 a 的数值

公差等级	IT8	IT9	IT10	IT11	IT12	IT13	IT14	IT15
系数 a	25	40	64	100	160	250	400	640

表 8-2 标准公差因子 i 的数值

尺寸段 D/mm	1～3	＞3～6	＞6～10	＞10～18	＞18～30	＞30～50	＞50～80	＞80～120	＞120～180
标准公差因子 i/μm	0.54	0.73	0.90	1.08	1.31	1.56	1.86	2.17	2.52

【例 8-4】 图 8-8（a）所示为齿轮箱部件结构，已知各零件的公称尺寸：A_1=140mm，A_2=A_5=5mm，A_3=101mm，A_4=50mm。根据使用要求，应保证间隙 A_0 为 1～1.75mm。求各组成环的极限偏差。

解：

（1）建立尺寸链。因为间隙 A_0 是装配后得到的，故为封闭环，尺寸链如图 8-8（b）所示。其中，A_3、A_4 为增环，A_1、A_2、A_5 为减环。

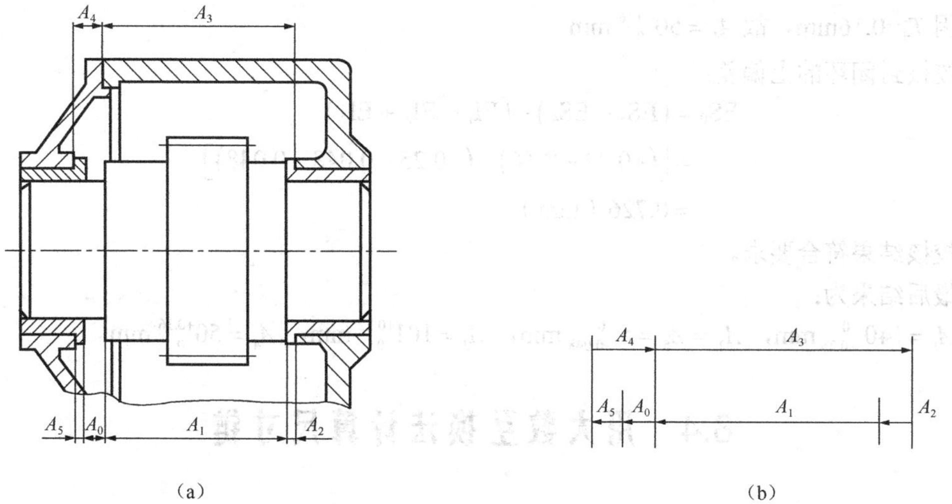

图 8-8　齿轮箱部件结构及其尺寸链

（2）计算封闭环的公称尺寸。

$$A_0=(A_3+A_4)-(A_1+A_2+A_5)=[(101+50)-(140+5+5)]=1\text{（mm）}$$

故封闭环的尺寸 $A_0=1_{0}^{+0.75}$ mm，封闭环公差 T_0=0.75 mm。

（3）计算各环的公差。

因尺寸链中各组成环尺寸差异较大，故用等精度法来分配各组成环公差较为合理。查表 8-2 得，各组成环的标准公差因子：$i_1=2.52, i_2=i_5=0.73, i_3=2.17, i_4=1.56$，计算各组成环的平均公差系数：

$$a_{av}=\frac{T_0}{\sum i_j}=\frac{0.75}{2.52+0.73+2.17+1.56+0.73}=97$$

查表 8-1 可知，a_{av}=97，其值在 IT10 和 IT11 之间。

根据实际情况，箱体零件尺寸大，难加工，衬套尺寸易控制，故对 A_1、A_3 和 A_4 选择 IT11，对 A_2 和 A_5 选择 IT10。

查标准公差表得各组成环的公差：T_1=0.25mm，T_2=T_5=0.048mm，T_3=0.22mm，T_4=0.16mm。

（4）校核封闭环公差。

$$T_0=\sum_{i=1}^{n}T_i=T_1+T_2+T_3+T_4+T_5=0.25+0.048+0.22+0.16+0.048=0.726\text{ mm}<0.75\text{mm}$$

故封闭环为 $1_{0}^{+0.75}$ mm。

（5）确定各组成环的极限偏差。

通常，各组成环公差带位置按入体原则配置，即对于内尺寸按 H 配置，对于外尺寸按 h 配置，一般长度尺寸按“偏差对称原则”，即按 JS（js）配置。另外，还要保留一环作为“协调环”，协调环公差带的位置由装配尺寸链确定。协调环通常选择易于制造并可用通用量具测量的尺寸。A_1、A_2 和 A_5 相当于被包容尺寸，故取其上偏差为零，下偏差为负值，即 $A_1=140_{-0.25}^{\ 0}$ mm，$A_2=A_5=5_{-0.048}^{\ 0}$ mm，A_3 和 A_4 均为同向平面间距离，保留 A_4 作为协调环，选取 A_3 的下偏差为零，上偏差为正值，即 $A_3=101_{0}^{+0.22}$ mm。

根据公式（8-3），有 $0=(0+\mathrm{EI}_4)-(0+0+0)$，得 $\mathrm{EI}_4=0$。

因 T_4=0.16mm，故 $A_4 = 50^{+0.16}_{0}$ mm。

校核封闭环的上偏差：

$$\begin{aligned} ES_0 &= (ES_3 + ES_4) - (EI_1 + EI_2 + EI_5) \\ &= [(+0.22 + 0.16) - (-0.25 - 0.048 - 0.048)] \\ &= 0.726\ (\text{mm}) \end{aligned}$$

校核结果符合要求。

最后结果为：

$A_1 = 140^{\ 0}_{-0.25}$ mm，$A_2 = A_5 = 5^{\ 0}_{-0.048}$ mm，$A_3 = 101^{+0.22}_{0}$ mm，$A_4 = 50^{+0.16}_{0}$ mm。

8.4 用大数互换法计算尺寸链

8.4.1 概念

在绝大多数产品中，装配时各组成环不需挑选或改变其大小或位置，装入后即能达到封闭环的公差要求。使用该方法时，尺寸链采用统计公差公式计算。

8.4.2 基本公式

设尺寸链的组成环数量为 n，其中，增环环数为 m，减环环数为（$n-m$），L_0 为封闭环的公称尺寸，L_0' 为封闭环的中间尺寸，Δ_0 为封闭环的中间偏差，L_i 为各组成环的公称尺寸，L_i' 为各组成环的中间尺寸，Δ_i 为各组成环的中间偏差，直线尺寸链的计算公式如下。

1. 封闭环的公称尺寸

尺寸链中封闭环的公称尺寸为所有增环公称尺寸之和减去所有减环公称尺寸之和。

$$L_0 = \sum_{i=1}^{m} L_i - \sum_{i=m+1}^{n} L_i \tag{8-5}$$

2. 封闭环的中间尺寸

中间尺寸是最大、最小极限尺寸的算术平均值。

$$L_0' = \frac{1}{2}(L_{0\max} + L_{0\min})$$
$$L_i' = \frac{1}{2}(L_{i\max} + L_{i\min}) \tag{8-6}$$

封闭环的中间尺寸等于所有增环的中间尺寸之和减去所有减环的中间尺寸之和。

$$L_0' = \sum_{i=1}^{m} L_i' - \sum_{i=m+1}^{n} L_i' \tag{8-7}$$

3. 封闭环的中间偏差

中间偏差为上极限偏差和下极限偏差的算术平均值。

$$\Delta_0 = \frac{1}{2}(ES_0 + EI_0)$$
$$\Delta_i = \frac{1}{2}(ES_i + EI_i) \tag{8-8}$$

封闭环的中间偏差等于所有增环的中间偏差之和减去所有减环的中间偏差之和。

$$\Delta_0 = \sum_{i=1}^{m}\Delta_i - \sum_{i=m+1}^{n}\Delta_i \tag{8-9}$$

4. 封闭环的公差

封闭环的公差等于所有组成环公差的平方和的算术平方根。

$$T_0 = \sqrt{\sum_{i=1}^{n}T_i^2} \tag{8-10}$$

8.4.3 计算举例

【例 8-5】 在图 8-5 所示的结构中，按例 8-1 中的设计要求及数据，用大数互换法计算，试确定按给定的零件公差及极限偏差能否保证齿轮部件装配后的技术要求。

解：

（1）建立尺寸链。参看图 8-5（b）。

（2）按式（8-5）计算封闭环的公称尺寸。

$$L_0 = L_3 - (L_1 + L_2 + L_4 + L_5) = 43 - (30 + 5 + 3 + 5) = 0\text{（mm）}$$

（3）按式（8-8）和式（8-9）计算封闭环的中间偏差。

$$\Delta_1 = \frac{ES_1 + EI_1}{2} = \frac{0 + (-0.10)}{2} = -0.05\text{（mm）}$$

$$\Delta_2 = \Delta_5 = \frac{0 + (-0.05)}{2} = -0.025\text{（mm）}$$

$$\Delta_3 = \frac{(+0.20) + (+0.10)}{2} = +0.15\text{（mm）}$$

$$\Delta_4 = \frac{0 + (-0.05)}{2} = -0.025\text{（mm）}$$

$$\begin{aligned}\Delta_0 &= \Delta_3 - (\Delta_1 + \Delta_2 + \Delta_4 + \Delta_5)\\ &= +0.15 - [(-0.05) + (-0.025) + (-0.025) + (-0.025)]\\ &= +0.275\text{（mm）}\end{aligned}$$

（4）按式（8-10）计算封闭环的公差。

$$\begin{aligned}T &= \sqrt{\sum_{i=1}^{n}T_i^2} = \sqrt{T_1^2 + T_2^2 + T_3^2 + T_4^2 + T_5^2}\\ &= \sqrt{0.10^2 + 0.05^2 + 0.10^2 + 0.05^2 + 0.05^2}\\ &= 0.17\text{（mm）}\end{aligned}$$

（5）按式（8-8）计算封闭环的上、下极限偏差。

$$ES_0 = \Delta_0 + \frac{T_0}{2} = +0.275 + \frac{0.17}{2} = +0.36\text{（mm）}$$

$$EI_0 = \Delta_0 - \frac{T_0}{2} = +0.275 - \frac{0.17}{2} = +0.19\text{（mm）}$$

因此，封闭环 $L_0 = 0_{+0.19}^{+0.36}$mm，而 L_0 允许的尺寸变动范围为 0.10～0.45mm，按给定的零件公差及极限偏差能保证齿轮部件装配后的技术要求。

8.5 保证装配精度的其他措施

8.5.1 分组法

当封闭环精度要求很高时，采用互换法解算尺寸链会使组成环公差很小，加工困难。这时，可以将组成环公差按完全互换法求得后，放大若干倍，使之达到经济公差的数值。然后，按此数值加工零件，再将加工所得的零件按尺寸大小分为若干组，各对应组进行装配，同组零件具有互换性，因此称为分组互换法。该方法中尺寸链通常采用极值公差公式计算。

例如，假设公称尺寸为 ϕ 18mm 的孔、轴配合间隙要求为 X=3～8μm，这意味着封闭环的公差 T_0=5μm，若按完全互换法，则孔、轴的制造公差只能为 2.5μm。若采用分组互换法，将孔、轴的制造公差扩大 4 倍，公差为 10μm，将完工后的孔、轴按实际尺寸分为 4 组，按对应组进行装配，各组的最大间隙均为 8μm，最小间隙均为 3μm，故能满足要求。

分组互换法一般用于大批量生产中的高精度、零件形状简单易测、环数少的尺寸链。

8.5.2 修配法

将尺寸链各组成环的公称尺寸按经济加工精度的要求给定公差值，此时，封闭环的公差比技术要求的值有所扩大。为了保证封闭环的技术要求，在装配时预先选定某一组成环作为补偿环，用切去补偿环的部分材料的方法，使封闭环达到技术要求。

如图 8-9 所示，车床主轴孔轴线与尾座套筒锥孔轴线等高装配，且只允许尾座套筒锥孔轴线高。为简化计算，略去各相关零件的轴线同轴度误差，得到一个由 A_1、A_2 和 A_3 组成环构成的简化尺寸链。

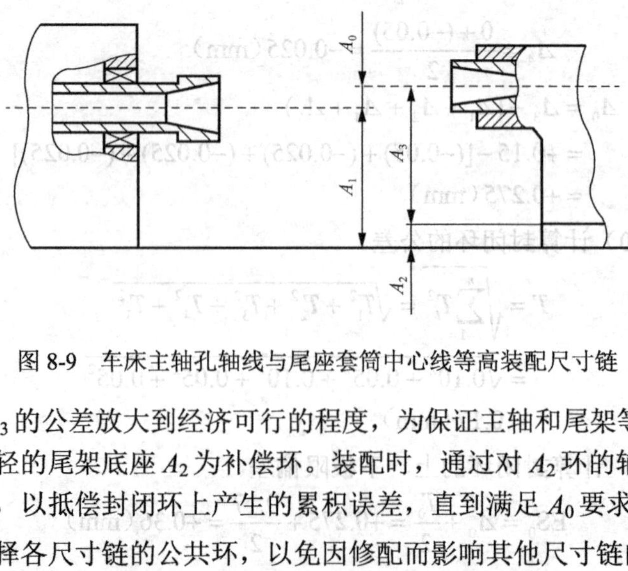

图 8-9　车床主轴孔轴线与尾座套筒中心线等高装配尺寸链

将 A_1、A_2 和 A_3 的公差放大到经济可行的程度，为保证主轴和尾架等高性的要求，选取面积最小、重量最轻的尾架底座 A_2 为补偿环。装配时，通过对 A_2 环的辅助加工（如铲、刮等）切除少量材料，以抵偿封闭环上产生的累积误差，直到满足 A_0 要求为止。

补偿环不应选择各尺寸链的公共环，以免因修配而影响其他尺寸链的封闭环精度。

8.5.3 调整法

调整法是将尺寸链各组成环的公称尺寸按经济加工精度的要求给定公差值，此时，封闭环的公差比技术要求的值有所扩大。为了保证封闭环的技术要求，在装配时预先选定某一组成环作为补偿环，用改变补偿环的尺寸或调整补偿环的位置来使封闭环达到技术要求。一般以螺栓、斜面、挡环、垫片或孔轴连接中的间隙等作为补偿环。

本章小结

本章介绍了尺寸链的概念、特点、组成和应用，以及根据零件图或装配图绘制尺寸链、正确识别尺寸链中的各环、尺寸链计算等。在机器装配或零件加工过程中，总存在一些相互联系、按一定顺序连接成一个封闭的尺寸组，称为尺寸链。尺寸链具有封闭性和相关性两个特性。尺寸链由封闭环和组成环组成，组成环分为增环和减环。

解算尺寸链的任务主要有正计算、中间计算、反计算。解尺寸链的方法主要有完全互换法和大数互换法。此外，还有分组法、修配法和调整法。

习题与思考题

8-1　什么是尺寸链？它有哪些特点？

8-2　建立装配尺寸链时，怎样确定封闭环？怎样查明组成环？

8-3　在一个尺寸链中是否必须同时具有封闭环、增环和减环等三种环？并举例说明。

8-4　按功能要求，尺寸链分为装配尺寸链、零件尺寸链和工艺尺寸链，它们各有什么特征？并举例说明。

8-5　建立尺寸链时，为什么要遵循“最短尺寸链原则”？

8-6　建立尺寸链时，如何考虑几何误差对封闭环的影响？并举例说明。

8-7　用完全互换法和用大数互换法计算尺寸链时各自的特点是什么？它们的应用条件有何不同？

8-8　在如图 8-10 所示曲轴的轴向装配尺寸链中，已知各组成环公称尺寸及极限偏差（单位 mm）为 $A_1 = 43.5^{+0.012}_{+0.050}$，$A_2 = 2.5^{0}_{-0.04}$，$A_3 = 38.5^{0}_{-0.052}$，$A_4 = 2.5^{0}_{-0.04}$，试绘出尺寸链线图，并验算轴向间隙 A_0 是否在要求的范围——0.05～0.25mm 内，分别用完全互换法和大数互换法进行计算。

8-9　有一个孔、轴配合，装配前须镀铬，镀铬层厚度为 10±2um，镀铬后应满足 ϕ30H7/f7 的配合，问该轴镀铬前的尺寸应是多少？

8-10　如图 8-11 所示，有一套筒，按 ϕ65h9 加工外圆，按 ϕ50H9 加工内孔，求壁厚的公称尺寸与极限偏差。

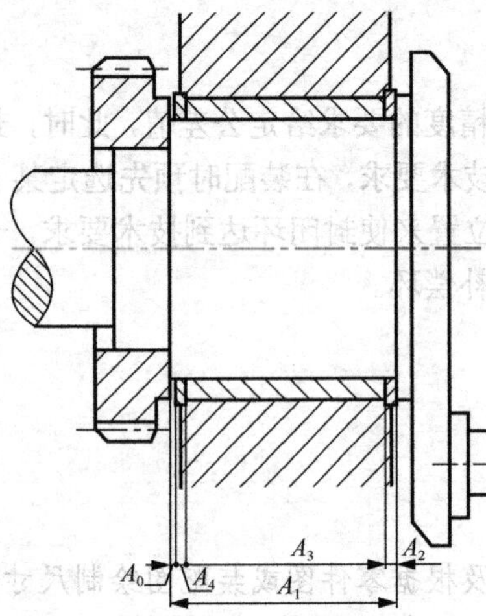

图 8-10　习题 8-8

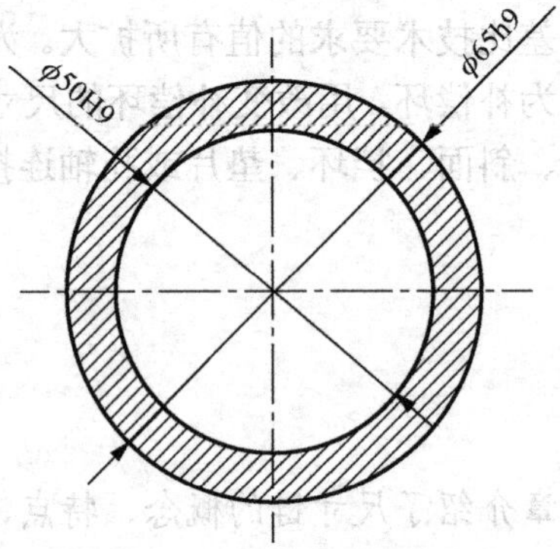

图 8-11　习题 8-10

第9章 渐开线圆柱齿轮公差与检测

教学重点

理解齿轮传动的使用要求和齿轮的加工误差及其分类，熟悉单个齿轮的精度评定指标及其检测方法，以及齿轮副的精度评定指标，掌握齿轮精度设计及其标注方法。

教学难点

齿轮精度指标的选择，齿轮传动精度设计及其标注。

教学方法

讲授法、实物法和网络演示法。

9.1 齿轮传动及其使用要求

9.1.1 齿轮传动

齿轮传动是机械传动中最主要的一类传动形式，主要用来传递运动和转矩。由于齿轮传动具有传动效率高、结构紧凑、承载能力大、工作可靠等特点，已被广泛应用于汽车、轮船、飞机、工程机械、农业机械、机床、仪器仪表等机械产品中。齿轮传动系统一般是由齿轮、轴、轴承、键等零件组成。齿轮传动的质量不仅与各个组成零件的制造质量直接相关，而且与各个零件之间的装配质量密切相关。齿轮作为传动系统中的重要零件，其自身误差会影响传动精度的要求。齿轮传动的质量对机械产品的工作性能、承载能力、工作精度及使用寿命等都有很大的影响。为了保证齿轮传动的质量和互换性，有必要研究齿轮误差对使用性能的影响，探讨提高齿轮加工和测量精度的途径。

本章涉及的齿轮精度标准有 GB/T 10095.1—2008 与 GB/T 10095.2—2008《圆柱齿轮 精度制》，GB/Z 18620.1—2008《圆柱齿轮 检验实施规范 第 1 部分：轮齿同侧齿面的检验》、GB/Z 18620.2—2008《圆柱齿轮 检验实施规范第 2 部分：径向综合偏差、径向跳动、齿厚和侧隙的检验》、GB/Z 18620.3—2008《圆柱齿轮 检验实施规范第 3 部分：齿轮坯、轴中心距和轴线平行度的检验》、GB/Z 18620.4—2008《圆柱齿轮 检验实施规范第 4 部分：表面结构和轮齿接触斑点的检验》、GB/T 13924—2008《渐开线圆柱齿轮精度 检验细则》等。

9.1.2 齿轮传动的使用要求

由于机器和仪表的工作精度、工作性能、承载能力和使用寿命等都与齿轮传动的质量密切相关，因此对齿轮传动提出了以下 4 项使用要求。

1. 传递运动的准确性

传递运动（以下简称传动）的准确性就是要求从动齿轮在一转范围内的最大转角误差不超过规定的数值，以使齿轮在一转范围内传动比变化尽量小，使从动齿轮与主动齿轮的运动协调，从而保证准确传递回转运动或准确分度。理论上，由于加工误差和安装误差的影响，齿廓相对于旋转中心分布不均，从动齿轮的实际转角偏离了理论转角，实际传动比与理论传动比产生差异，且渐开线也不是理论的渐开线。因此，在齿轮传动中必然会引起传动比的变动。

2. 传递运动的平稳性

传递运动的平稳性是指齿轮在传动过程中转动一齿的瞬时转角误差的最大值不超过规定的数值，即齿轮在转动一齿时传动比（瞬时转角）的变化尽量小，以减小齿轮传动中的冲击、振动和噪声，保证传动平稳。由于受到齿形误差、齿距误差等影响，即使齿轮转过很小的角度也会引起转角误差，从而造成瞬时传动比的变化。瞬时传动比的变化是产生振动、冲击和噪声的根源。

3. 载荷分布的均匀性

载荷分布的均匀性（齿轮接触精度）是指在轮齿啮合过程中，齿面接触良好，工作齿面沿全齿宽和全齿高方向保持均匀接触，并具有尽可能大的接触面积，以保证载荷分布均匀，防止引起应力集中，从而影响齿轮的使用寿命。因此，必须保证啮合齿面沿齿宽和齿高方向的实际接触面积，以满足载荷分布的均匀性要求。

4. 传动侧隙的合理性

传动侧隙又称为齿侧间隙，是指装配好的齿轮副啮合传动时，非工作齿面间应留有一定间隙，以储存润滑油，补偿齿轮的制造误差、安装误差以及由热变形和受力变形引起的弹性变形，防止齿轮传动时出现卡死或烧伤现象。但是，侧隙必须合适，若侧隙过大，则会增大冲击、噪声和空程误差等。

齿轮的上述 4 项要求因齿轮的用途和工作条件不同而有所侧重：

（1）对于精密机床的分度机构、测量仪器上的读数分度齿轮，由于其分度要求准确，负载不大，且转速较低，所以对传递运动的准确性要求较高，且要求侧隙较小。

（2）用于传递动力的齿轮，如起重机械、矿山机械中的低速动力齿轮，工作载荷大，模数和齿宽均较大，转速一般较低，强度是最主要的，对载荷分布均匀性和侧隙要求较高。

（3）用于高速传动的齿轮，如燃气轮机、高速发动机、减速器及高速机床变速箱中的齿轮传动，传递功率大、圆周速度高，要求工作时振动、冲击和噪声小，所以这类高速齿轮对传动平稳性、载荷分布均匀性和侧隙要求均较高。

此外，齿轮的传动精度与齿轮精度及其安装情况等密切相关。因此，为保证齿轮传动的互换性，不仅规定了单个齿轮的精度，还规定了齿轮副的制造及安装精度。

9.2 齿轮的加工误差及其分类

9.2.1 加工误差的主要来源

产生齿轮加工误差的原因很多，主要来源于齿轮加工系统中的机床、刀具、夹具和齿坯的加工误差及安装、调整误差。渐开线齿轮的加工方法很多，如滚齿、插齿、剃齿、磨齿等，下面以最常见的滚齿加工为例（见图 9-1）来介绍齿轮加工中产生的误差。

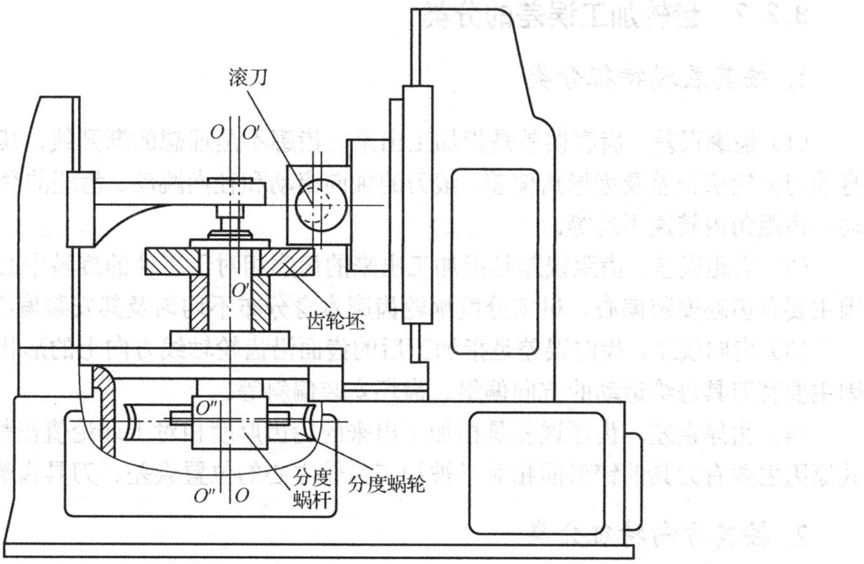

图 9-1 滚齿加工示意

1. 几何偏心

几何偏心是指齿坯在机床上加工时的安装偏心。这是由于齿坯定位孔与机床心轴之间有间隙，使齿坯定位孔中心（$O'—O'$）与机床工作台的回转中心（$O—O$）不重合而产生的。几何偏心使加工过程中齿轮相对于滚刀的径向距离发生变动，引起了齿轮径向误差。

2. 运动偏心

运动偏心是指机床分度蜗轮中心（$O''—O''$）与工作台回转中心（$O—O$）不重合时所引起的偏心。它会使齿轮在加工过程中出现蜗轮蜗杆中心距周期性的变化，使得带动齿轮毛坯运转的机床分度蜗轮的角速度发生变化，引起齿轮切向误差。

3. 滚刀误差

滚刀误差是指滚刀的齿形误差、径向跳动、轴向窜动和刀具轴心线的安装倾斜误差等，它包括制造误差与安装误差。滚刀本身的齿距、齿形、基节有制造误差时，会将误差反映到被加工齿轮上，从而使齿轮基圆半径发生变化，产生基节偏差和齿形误差。

在齿轮加工中，滚刀的径向跳动使齿轮相对滚刀的径向距离发生变动，引起齿轮径向误差；滚刀的轴向窜动使齿坯相对滚刀的转速不均匀，产生切向误差；滚刀安装误差破坏了滚刀和齿坯之间的相对运动关系，从而使被加工齿轮产生基圆误差，导致基节偏差和齿廓偏差。

4. 机床传动链误差

机床传动链误差主要是指分度蜗杆的径向跳动和轴向窜动等引起的轮齿的高频误差。当机床的分度蜗杆存在安装误差和轴向窜动时，蜗轮转速发生周期性的变化，使被加工齿轮出现齿距偏差和齿廓偏差，产生切向误差。机床分度蜗杆造成的误差是以分度蜗杆的一转为周期的，在齿轮一转中重复出现。

9.2.2 齿轮加工误差的分类

1. 按其表现特征分类

（1）齿廓误差。齿廓误差是指加工出来的齿廓不是理想的渐开线，其原因主要有刀具本身的刀刃轮廓误差及齿形角偏差、滚刀的轴向窜动和径向跳动、齿坯的径向跳动以及在每转动一齿距角内转速不均等。

（2）齿距误差。齿距误差是指加工出来的齿廓相对于工件的旋转中心分布不均匀，其原因主要有齿坯安装偏心、机床分度蜗轮齿廓本身分布不均匀及其安装偏心等。

（3）齿向误差。齿向误差是指加工后的齿面沿齿轮轴线方向上的形状和位置误差，其原因主要有刀具进给运动的方向偏斜、齿坯安装偏斜等。

（4）齿厚误差。齿厚误差是指加工出来的轮齿厚度相对于理论值在整个齿圈上不一致，其原因主要有刀具的铲形面相对于被加工齿轮中心的位置误差、刀具齿廓的分布不均匀等。

2. 按其方向特征分类

（1）径向误差。径向误差是沿被加工齿轮直径方向（齿高方向）的误差，由切齿刀具与被加工齿轮之间径向距离的变化引起（见图 9-2）。

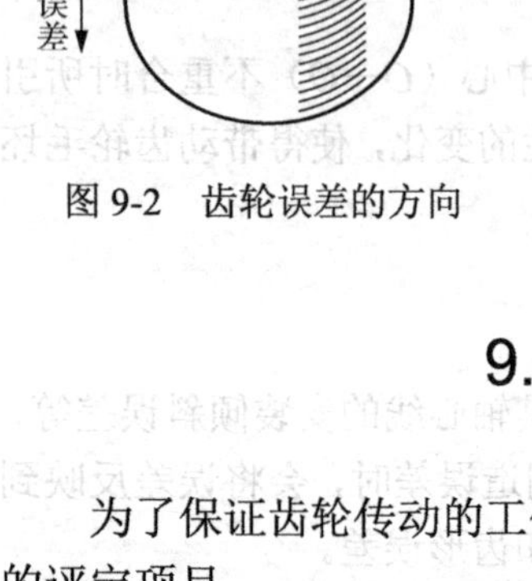

图 9-2 齿轮误差的方向

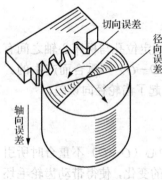

（2）切向误差。切向误差是沿被加工齿轮圆周方向（齿宽方向）的误差，由切齿刀具与被加工齿轮之间分齿滚切运动误差引起（见图 9-2）。

（3）轴向误差。轴向误差是沿被加工齿轮轴线方向（齿向方向）的误差，由切齿刀具沿被加工齿轮轴线移动的误差引起（见图 9-2）。

以上各项误差如果从对传动性能的影响分类，主要可以分为 3 组，即影响运动准确性的偏差、影响运动平稳性的偏差和影响载荷分布均匀性的偏差。

9.3 齿轮的评定指标及检测

为了保证齿轮传动的工作质量，就要控制齿轮的误差。因此，必须了解和控制这些误差的评定项目。

9.3.1 传递运动准确性的评定指标及检测

1. 切向综合总偏差 F_i'

切向综合总偏差 F_i' 是指被测齿轮与测量齿轮单面啮合检验时，被测齿轮一转内，齿轮分度圆上实际圆周位移与理论圆周位移的最大差值（见图 9-3），以分度圆弧长计值。

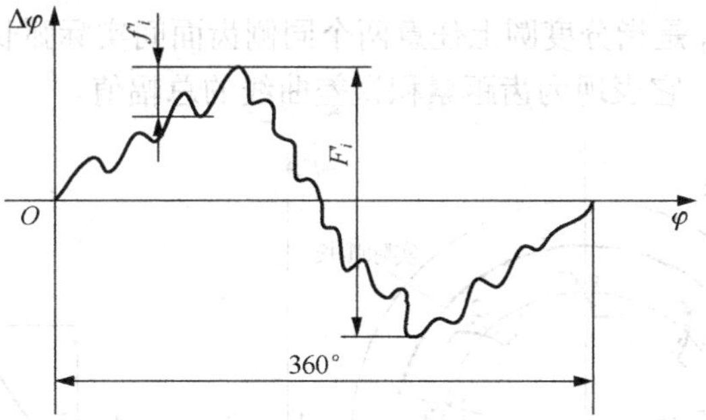

图 9-3 切向综合总偏差 F_i'

切向综合总偏差代表齿轮一转中的最大转角误差，既反映切向误差，又反映径向误差，是评定齿轮运动准确性的综合性指标。当切向综合总偏差小于或等于所规定的允许值时，表示齿轮可以满足传递运动准确性的使用要求。

切向综合总偏差 F_i' 用单面啮合仪（简称单啮仪）测量。单啮仪的结构有多种形式，图 9-4 所示为目前应用较多的光栅式单啮仪的工作原理图，被测齿轮与标准测量齿轮（可以是蜗杆、齿条等）作单面啮合，二者各带一个圆光栅盘和信号发生器，二者的角位移信号经分频器后变为同频信号，当被测齿轮有误差时，将引起回转角有误差，此回转角的微小误差将产生两路信号相应的相位差，两者的角位移信号经比相器比较，由记录仪记下被测齿轮的切向综合总偏差。

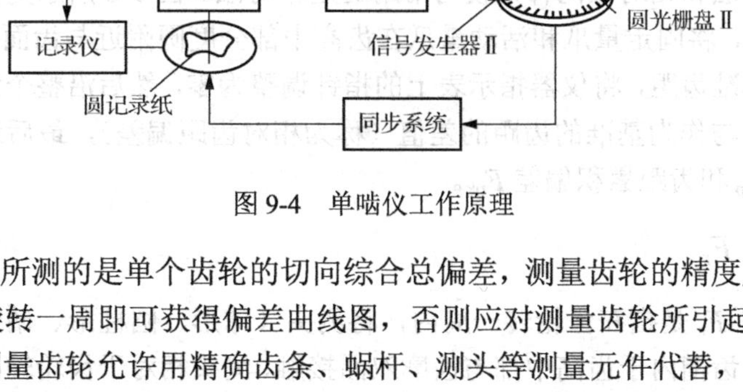

图 9-4 单啮仪工作原理

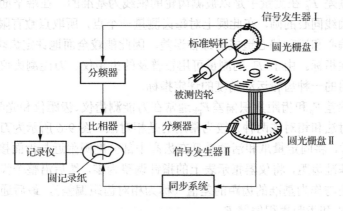

测量时，如果所测的是单个齿轮的切向综合总偏差，测量齿轮的精度应至少比被测齿轮高 4 级，且只需旋转一周即可获得偏差曲线图，否则应对测量齿轮所引起的误差进行修正。在实际测量时，测量齿轮允许用精确齿条、蜗杆、测头等测量元件代替，但是需要注意：测量齿轮用基准蜗杆或测头代替时，只能获得某截面上的切向综合偏差，要想获得全齿宽的切

向综合偏差，必须使蜗杆或测头沿齿宽方向进行连续测量。对于直齿轮，可用蜗杆或测头测得的截面切向综合总偏差近似地评定被测齿轮的精度。对于斜齿轮，必须在全齿宽上测量切向综合总偏差。

若所测的是两个产品齿轮（齿轮副），则须旋转若干圈来形成切向综合偏差曲线图。

2. 齿距累积总偏差 F_p

齿距累积总偏差 F_p 是指分度圆上任意两个同侧齿面间实际弧长与公称弧长之差的最大绝对值，如图 9-5 所示，它表现为齿距累积误差曲线的总幅值。

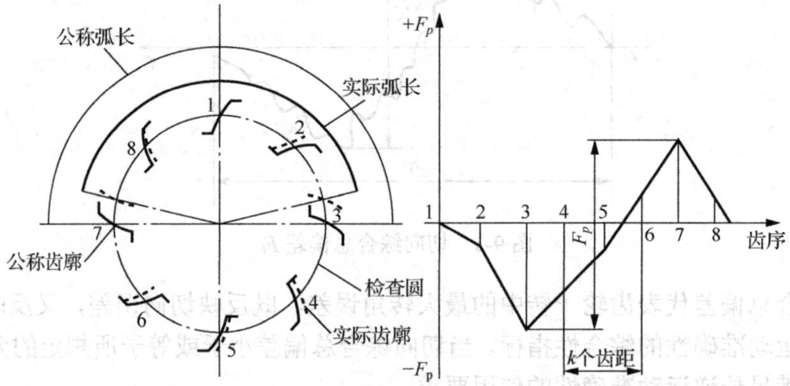

图 9-5　齿距累积总偏差 F_p

对某些齿数多的齿轮，为了控制齿轮的局部累积误差和提高测量效率，可以测量 k 个齿的齿距累积偏差 F_{pk}。F_{pk} 是指在分度圆上 k 个相继齿距的实际弧长与公称弧长之差的最大绝对值。如图 9-5 所示，国标 GB/T 10095.1—2008 中规定 k 的取值范围一般为 2～z/8 的整数，对特殊应用（高速齿轮）可取更小的 k 值。

齿距累积总偏差 F_p 在测量中是以被测齿轮的轴线为基准的，在端平面上取接近齿高中部的一个与齿轮轴线同心的圆，在此圆上对每齿测量一个点，所取点数有限且不连续。但该指标反映了几何偏心和运动偏心造成的综合误差，因此能较全面地评定齿轮传动的准确性，它也是一个综合性指标。由于 F_p 的测量可用较普及的齿距仪、万能测齿仪等仪器，因此它是目前工厂中常用的一种齿轮运动精度的评定指标。

齿距累积总偏差 F_p 和齿距累积偏差 F_{pk} 通常在万能测齿仪、齿距仪和光学分度头上测量，测量的方法有绝对法和相对法两种，较为常用的是相对法。图 9-6 所示为万能测齿仪测齿距简图，进行测量时，将固定量爪和活动量爪在齿高中部分度圆附近与齿面接触，以齿轮上的任意一个齿距为基准齿距，将仪器指示表上的指针调整为零，然后沿整个齿圈依次测出其他指示表的实际齿距与作为基准的齿距的差值（称为相对齿距偏差），最后通过数据处理求出齿距累积总偏差 F_p 和齿距累积偏差 F_{pk}。

3. 径向跳动 F_r

齿轮径向跳动 F_r 是指在齿轮转一周内，将测头（球形、圆柱形、砧形或棱柱形）逐个放置在被测齿轮的齿槽内于齿高中部与齿廓双面接触，测头相对于齿轮轴心线的最大和最小径向距离之差（最大变动量），如图 9-7 所示。

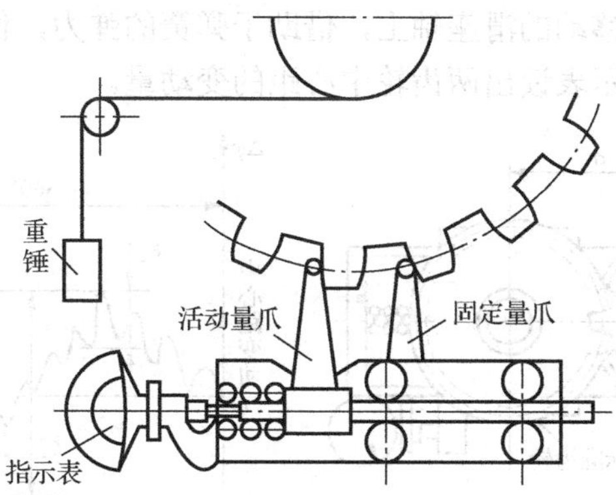

图 9-6 万能测齿仪测齿距简图（齿距的相对测量法）

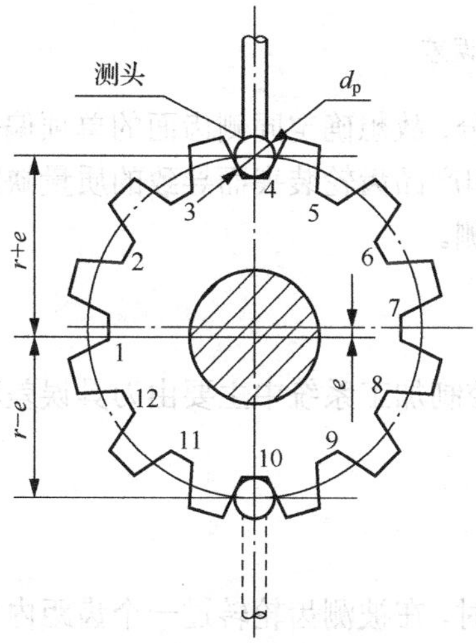

(a) 球形测头测径向跳动

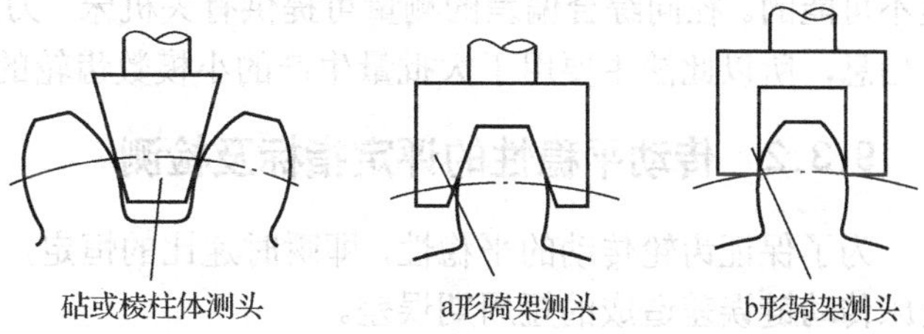

(b) 各种测头

图 9-7 齿圈的径向跳动 F_r

齿圈的径向跳动 F_r 属于长周期误差，主要是由几何偏心引起的，可以反映齿距累积误差中的径向误差，但不能反映由运动偏心引起的切向误差，故不能全面评价传动准确性，只能作为单项指标。

齿圈径向跳动 F_r 可在齿圈径向跳动检查仪、万能测齿仪或普通偏摆检查仪上用指示表测量，图 9-7（a）是用球形测头测量径向跳动。测量时测头与齿槽双面接触，以齿轮孔中心线为测量基准，依次逐齿测量，在齿轮转一周过程中，指示表的最大示值与最小示值之差就是被测齿轮的齿圈径向跳动 F_r，其值等于径向偏差的最大值与最小值之差。检测时径向跳动值很小或没有，不能说明没有齿距偏差，只是所加工的齿槽宽度相等，可用骑架测头来进行径向跳动测量，如图 9-7（b）所示。

4. 径向综合总偏差 F_i''

径向综合总偏差 F_i''是指被测齿轮与理想精确的测量齿轮双面啮合时，在被测齿轮转动范围内双啮中心距的最大变动量，如图 9-8（b）所示。径向综合总偏差可用双面啮合仪（简称双啮仪）来测量，其工作原理如图 9-8（a）所示。测量时将被测齿轮安装在固定轴上，理想精确齿轮安装在可左右移动的滑座轴上，借助于弹簧的弹力，使两齿轮紧密地双面啮合。当齿轮啮合传动时，由指示表读出两齿轮中心距的变动量。

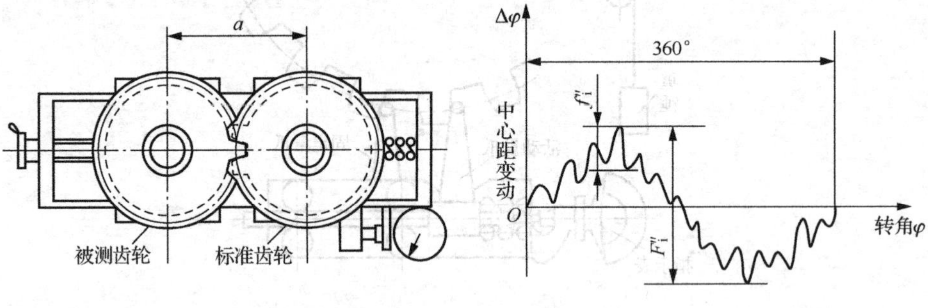

(a) (b)

图 9-8 双面啮合仪测量径向综合误差

径向综合总偏差包含了右侧和左侧齿面综合偏差的成分，故想确定同侧齿面的单项偏差是不可能的。径向综合偏差的测量可提供有关机床、刀具和产品齿轮装夹而导致的质量缺陷的信息，所以此法主要用于大批量生产的小模数齿轮的检测。

9.3.2 传动平稳性的评定指标及检测

为了保证齿轮传动的平稳性，即瞬时速比的恒定，应控制加工系统中主要由刀具误差和机床传动链误差造成的短周期误差。

1. 一齿切向综合偏差 f'_i

一齿切向综合偏差是指被测齿轮与测量齿轮单面啮合时，在被测齿轮转过一个齿距内的切向综合偏差，以分度圆弧长计值。

一齿切向综合偏差 f'_i 主要反映滚刀和机床分度传动链的制造及安装误差所引起的齿廓偏差、齿距误差，是切向短周期误差和径向短周期误差的综合结果，是评定运动平稳性较为全面的指标。在单面啮合仪上测量切向综合总偏差的同时可测出一齿切向综合偏差 f'_i，即图 9-3 中小波纹的最大幅值。

2. 一齿径向综合偏差 f''_i

一齿径向综合偏差 f''_i 是指被测齿轮与理想精确的测量齿轮双面啮合时，在被测齿轮转过一个齿距角内，双啮中心距的最大变动量。

在双面啮合仪上测量径向综合总偏差 F''_i 的同时可以测出一齿径向综合偏差 f''_i，即图 9-8（b）中小波纹的最大幅值。一齿径向综合偏差 f''_i 主要反映了短周期径向误差（基节偏差和齿廓偏差）的综合结果，由于这种测量方法受左、右齿面误差的共同影响，评定传动平稳性不如一齿切向综合偏差精确，但由于测量仪器结构简单、操作方便，在成批生产中仍然被广泛采用。

3. 齿廓偏差

齿廓偏差是指实际齿廓偏离设计齿廓的量值，其在端平面内且垂直于渐开线齿廓的方向计值。当无其他限定时，设计齿廓是指端面齿廓。齿廓偏差又分为齿廓总偏差、齿廓形状偏差和齿廓倾斜偏差。图 9-9 中点画线代表设计齿廓，粗实线代表实际渐开线齿廓，虚线代表平均齿廓，E 为有效齿廓起始点，F 为可用齿廓起始点，L_α为齿廓计值范围，L_{AE} 为有效长度，L_{AF} 为可用长度。

（1）齿廓总偏差 F_α。齿廓总偏差 F_α是指在计值范围内，包容实际齿廓迹线的两条设计齿廓迹线间的距离，如图 9-9（a）所示。

（2）齿廓形状偏差 $f_{f\alpha}$。$f_{f\alpha}$是指在计值范围内，包容实际齿廓迹线的两条与平均齿廓迹线完全相同的曲线间的距离，且两条曲线与平均齿廓迹线的距离为常数，如图 9-9（b）所示。

（3）齿廓倾斜偏差 $f_{H\alpha}$。$f_{H\alpha}$是指在计值范围内，两端与平均齿廓迹线相交的两条设计齿廓迹线间的距离，如图 9-9（c）所示。

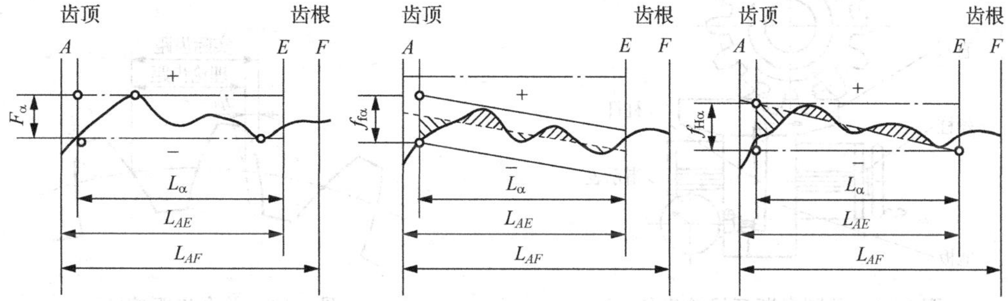

（a）齿廓总偏差　（b）齿廓形状偏差　（c）齿廓倾斜偏差

图 9-9　齿廓偏差

齿廓偏差主要是由刀具的齿形误差、安装误差以及机床分度链误差造成的。存在齿廓偏差的齿轮啮合时，齿廓的接触点会偏离啮合线，如图 9-10 所示。两啮合齿应在啮合线上 a 点接触，由于齿轮有齿廓偏差，使接触点偏离了啮合线，在啮合线外 a'点发生啮合，引起瞬时传动比的变化，从而破坏了传动平稳性。

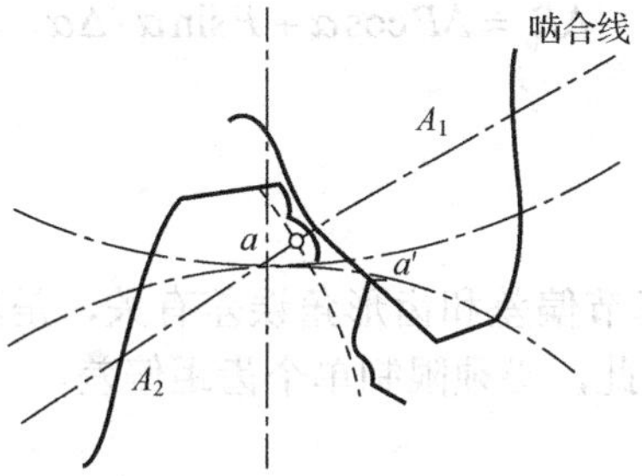

图 9-10　齿廓偏差对传动平稳性的影响

一般情况下被测齿轮只须检测齿廓总偏差 F_α 即可。F_α 通常用万能渐开线检查仪或单圆盘渐开线检查仪进行测量。图 9-11 所示为单圆盘渐开线检查仪。将被测齿轮与直径等于被测齿轮基圆直径的基圆盘装在同一心轴上，并使基圆盘与装在滑座上的直尺相切。当滑座移动时，直尺带动基圆盘和齿轮无滑动地转动，量头与被测齿轮的相对运动轨迹是理想渐开线。如果被测齿轮齿廓没有误差，那么指示表的测头不动，即表针的读数为零。如果实际齿廓存在误差，那么指示表读数的最大差值就是齿廓总偏差值。

4. 单个齿距偏差 f_{pt}

单个齿距偏差 f_{pt} 是指在端平面上接近齿高中部的一个与齿轮轴线同心的圆上，实际齿距与理论齿距的代数差，如图 9-12 所示，它是国标规定的评定齿轮几何精度的基本参数之一。单个齿距偏差的测量方法与齿距总偏差的测量方法相同，只是数据处理方法不同。用相对法测量时，理论齿距用所有实际齿距的平均值表示。

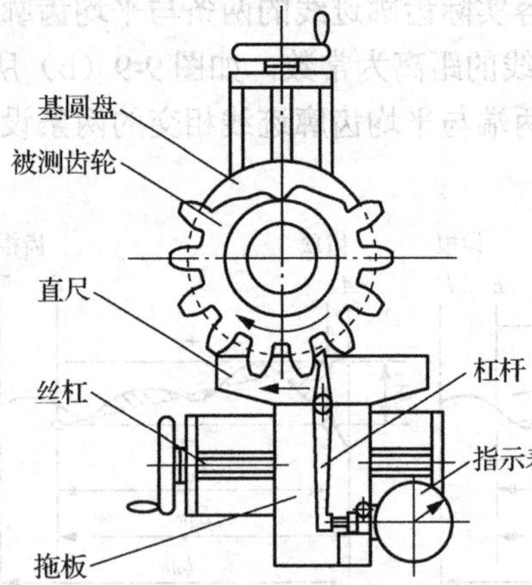

图 9-11　单圆盘渐开线检查仪

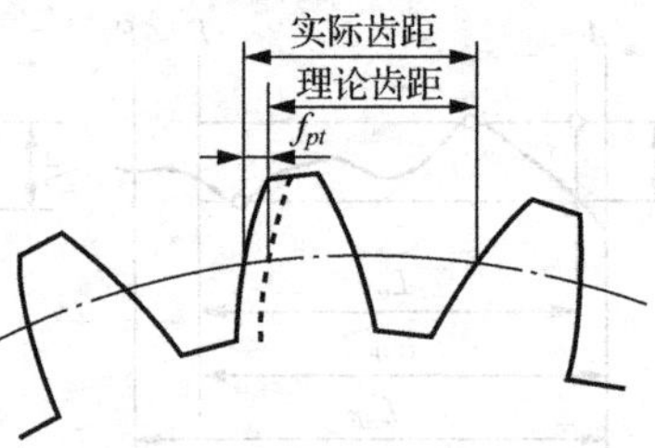

图 9-12　单个齿距偏差

机床传动链误差会造成单个齿距偏差。由齿轮基节与齿距的关系式得

$$P_b = P\cos\alpha \tag{9-1}$$

式中，P_b——齿轮基节；

P——齿轮分度圆齿距；

α——齿轮分度圆上的齿形角。

经过微分得到

$$\Delta P_b = \Delta P\cos\alpha + P\sin\alpha \cdot \Delta\alpha \tag{9-2}$$

式中，ΔP_b——基节误差；

ΔP——齿距误差；

$\Delta\alpha$——齿形角误差。

上式说明了齿距偏差与基节偏差和齿形角误差有关，是基节偏差和齿廓偏差的综合反映，影响了传动的平稳性。因此，必须限制单个齿距偏差。

5. 基圆齿距偏差 f_{pb}

在 GB/T 10095.1—2008 中没有定义基圆齿距（基节）偏差 f_{pb} 这个评定参数，而在 GB/Z 18620.1—2008 中给出了这个检验参数。它是指实际基圆齿距与公称基圆齿距的代数差，如图 9-13 所示。基圆齿距又称为基节，按渐开线形成原理，实际基节是指基圆柱切平面所截的两相邻同侧齿面交线之间的法向距离。

基圆齿距偏差通常采用图 9-14 所示的基节验查仪进行测量，可测量模数为 2～16mm 的齿轮。

测量时先按照被测齿轮基节的公称值组合量块，并按照量块组尺寸调整相平行的活动量爪与固定量爪之间的距离，将指示表调零，然后将仪器放在被测齿轮相邻两个同侧齿面上，使之与齿面相切，从表上就可以读出基圆齿距偏差f_{pb}。

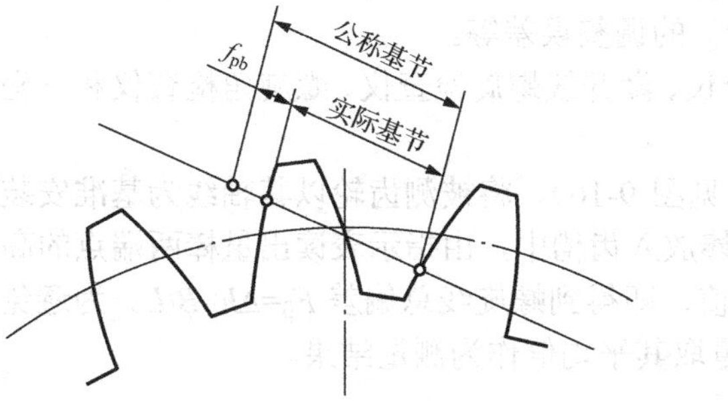

图 9-13　基圆齿距偏差图

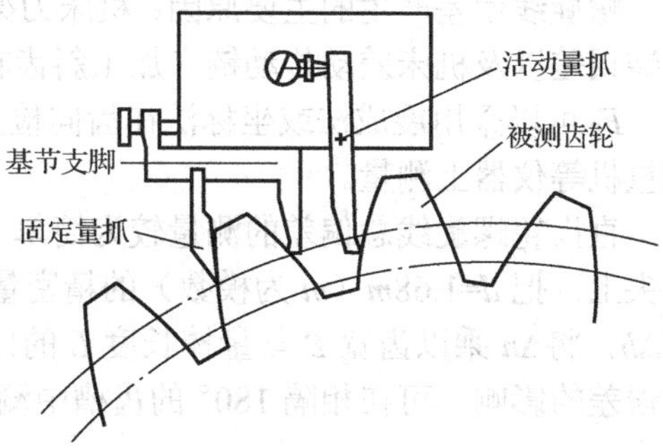

图 9-14　手持式基节仪

9.3.3 载荷分布均匀性的评定指标及检测

由于齿轮的制造和安装误差，一对齿轮在啮合过程中沿齿长方向和齿高方向都不是全齿接触，实际接触线只是理论接触线的一部分，影响了载荷分布的均匀性。

1. 螺旋线偏差

国家标准 GB/T 10095.1—2008 规定用螺旋线偏差来评定载荷分布均匀性。

螺旋线偏差是指在端面基圆切线方向上，实际螺旋线对设计螺旋线的偏离量。螺旋线偏差又分为螺旋线总偏差、螺旋线形状偏差和螺旋线倾斜偏差。螺旋线偏差曲线图如图 9-15 所示，图中点画线代表设计螺旋线，粗实线代表实际螺旋线，虚线代表平均螺旋线。

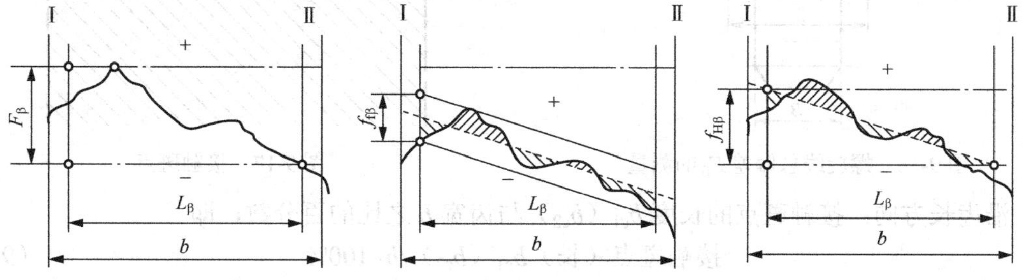

(a) 螺旋线总偏差　(b) 螺旋线形状偏差　(c) 螺旋线倾斜偏差

图 9-15　螺旋线偏差

图 9-15 中，I 为基准面，II 为非基准面，b 为齿宽或两端倒角之间的距离，$L_β$ 为螺旋线计值范围。

1）螺旋线总偏差 $F_β$

$F_β$ 是指在计值范围内，包容实际螺旋线迹线的两条设计螺旋线迹线的距离，如图 9-15（a）所示。

2）螺旋线形状偏差 $f_{fβ}$

$f_{fβ}$ 是指在计值范围内，包容实际螺旋线迹线的两条与平均螺旋线迹线完全相同的曲线间的距离，且两条曲线与平均螺旋线迹线的距离为常数，如图 9-15（b）所示。

3）螺旋线倾斜偏差 $f_{Hβ}$

$f_{H\beta}$是指在计值范围内，两端与平均螺旋线迹线相交的设计螺旋线迹线间的距离，如图 9-15（c）所示。

螺旋线偏差产生的主要原因：机床刀架垂直导轨与工作台回转中心线有倾斜误差、齿坯安装误差以及机床差动传动链（加工斜齿轮）的调整误差等。

F_β可以采用展成法或坐标法在齿向检查仪、渐开线螺旋检查仪、螺旋角检查仪和三坐标测量机等仪器上测量。

直齿轮螺旋线总偏差的测量较为简单（见图 9-16），将被测齿轮以其轴线为基准安装在顶尖上，把 d=1.68m（m 为模数）的精密量棒放入齿槽中，由指示表读出量棒两端点的高度差Δh，将Δh 乘以齿宽 B 与量棒长度 L 的比值，即得到螺旋线总偏差 $F_\beta=\Delta h\times B/L$。为避免测量误差的影响，可在相隔 180° 的齿槽中测量取其平均值作为测量结果。

2. 轮齿的接触斑点

GB/Z 18620.4—2008《圆柱齿轮检验实施规范第 4 部分：表面结构和轮齿接触斑点的检验》中指出，产品齿轮与测量齿轮的接触斑点，可用于装配后的齿轮的螺旋线和齿廓精度的预估；齿轮副的接触斑点可以对齿轮的承载均匀性进行预估。检测时，将红丹油或颜料涂在测量齿轮的齿面上，在轻微制动下，运转后齿面上分布的接触斑点，如图 9-17 所示。接触斑点的大小由齿高方向和齿宽方向的百分数表示。

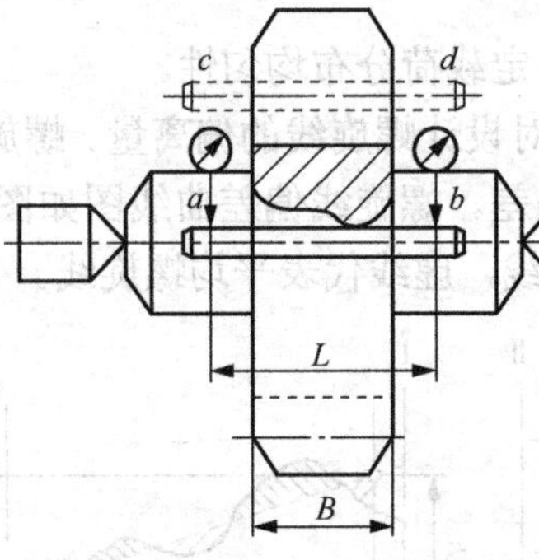

图 9-16　螺旋线总偏差 F_β 的测量

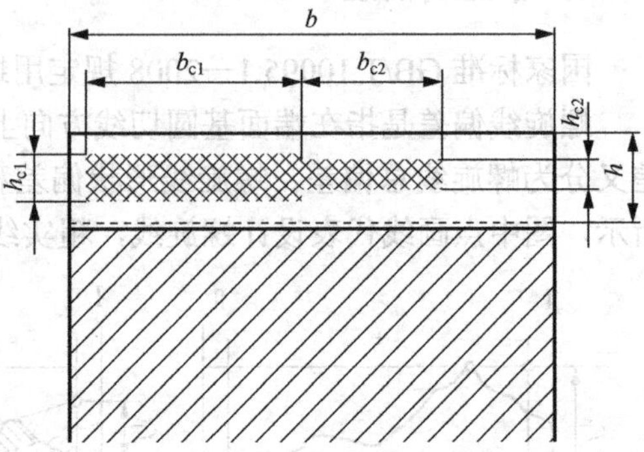

图 9-17　接触斑点

沿齿长方向：接触斑点的长度 b_{c1}（b_{c2}）与齿宽 b 之比的百分数，即

$$\text{接触斑点（长）}\ b_{c1}\ (b_{c2})\ /b\times 100\% \qquad (9\text{-}3)$$

沿齿高方向：接触斑点的高度 h_{c1} 与有效齿面高度 h 之比的百分数，即

$$\text{接触斑点（高）}\ h_{c1}/h\times 100\% \qquad (9\text{-}4)$$

国家标准规定的齿轮装配后的接触斑点见表 9-1。

表 9-1　齿轮装配后的接触斑点（摘自 GB/Z 18620.4—2008）

接触斑点大小 / 精度等级	b_{c1} 占齿宽的百分比		h_{c1} 占有效齿面高的百分比		b_{c2} 占齿宽的百分比		h_{c2} 占有效齿面高的百分比	
	直齿轮	斜齿轮	直齿轮	斜齿轮	直齿轮	斜齿轮	直齿轮	斜齿轮
4 级及更高级	50	50	70	50	40	40	50	30
5 和 6	45	45	50	40	35	35	30	20
7 和 8	35	35	50	40	35	35	30	20
9 至 12	25	25	50	40	25	25	30	20

注：其中，b_{c1} 是接触斑点的较大长度，b_{c2} 是接触斑点的较小长度，h_{c1} 是接触斑点的较大高度，h_{c2} 是接触斑点的较小高度。

9.3.4 侧隙评定指标及检测

适当的齿侧间隙是齿轮副正常工作的必要条件，为了保证齿轮副的齿侧间隙，一般用改变齿轮副中心距的大小或把齿轮轮齿减薄来获得，对于单个齿轮来说，影响侧隙大小和不均匀性的主要因素是实际齿厚的大小及其变动量，即通过控制轮齿的齿厚（减薄量）来保证适当的侧隙，而齿轮轮齿的减薄量可由齿厚偏差和公法线长度偏差来控制，对于齿轮副来说齿轮的非工作齿面间必然有侧隙，分为圆周侧隙和法向侧隙。

1. 齿厚偏差 f_{sn}

齿厚偏差 f_{sn} 是指在分度圆柱上，齿厚的实际值与公称值之差（对于斜齿轮是法向齿厚），如图 9-18 所示。齿厚上偏差代号为 E_{sns}，下偏差代号为 E_{sni}。

外齿轮的齿厚偏差可以用齿厚游标卡尺来测量，如图 9-19 所示。由于分度圆柱面上的弧齿厚不便测量，因此通常都是测量分度圆上的弦齿厚。标准圆柱齿轮分度圆公称弦齿厚及公称弦齿高 h 分别为

$$\overline{s} = mz\sin\frac{90^\circ}{z} \tag{9-5}$$

$$\overline{h} = m\left[1+\frac{z}{2}\left(1-\cos\frac{90^\circ}{z}\right)\right] \tag{9-6}$$

式中，m——模数；

z——齿数。

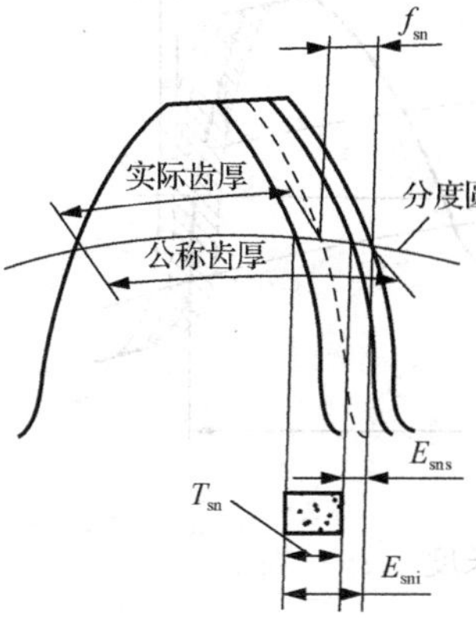

图 9-18 齿厚偏差

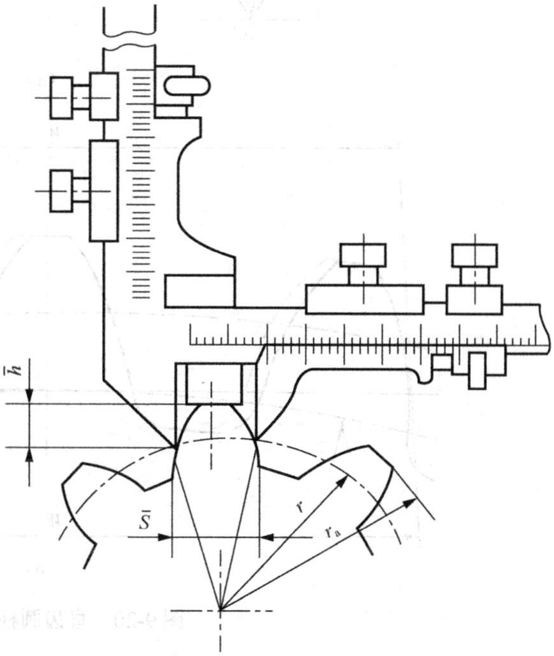

图 9-19 齿厚偏差的测量

齿厚测量是以齿顶圆为测量基准，测量结果受齿顶圆加工误差的影响。因此，必须保证齿顶圆的精度，以降低测量误差。

2. 公法线长度 W_k

公法线长度 W_k 是在基圆柱切平面上跨 k 个齿（外齿轮）或 k 个齿槽（内齿轮）在接触到一个齿的右齿面和另一个齿的左齿面的两个平行平面之间测得的距离。W_k 在国际上统称为跨距测量，在我国称为公法线长度测量。如图 9-20 所示，标准直齿圆柱齿轮的公称公法线长度 W_k 等于（k-1）个基节和一个基圆齿厚之和，即

$$W_k = (k-1)P_b + S_b = m\cos\alpha\left[(k-0.5)\pi + z\mathrm{inv}\alpha\right] \tag{9-7}$$

式中，$\mathrm{inv}\alpha$ ——渐开线函数，inv20°=0.014；

k——跨齿数。

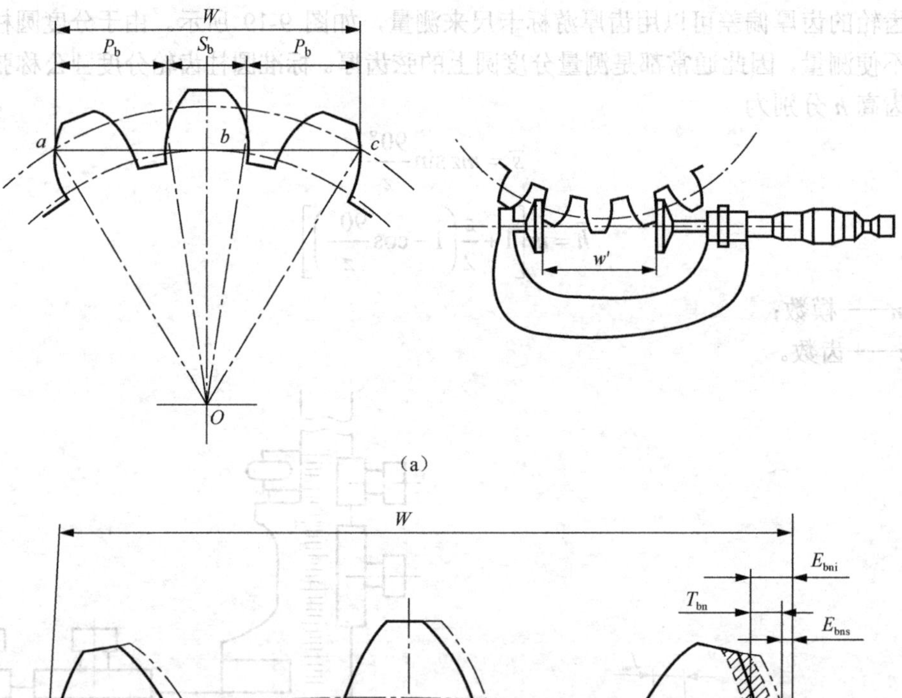

（a）

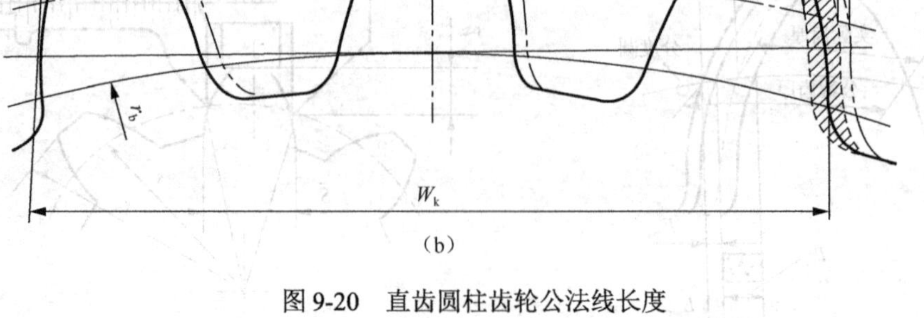

（b）

图 9-20 直齿圆柱齿轮公法线长度

对于齿形角α=20°的标准齿轮，k=z/9+0.5；通常 k 值不为整数，计算 W_k，时，应将 k 值化整为最接近计算值的整数。

由于侧隙的允许偏差没有包括到公法线长度的公称值内，因此应从公法线长度公称值减

去或加上公法线长度的上偏差 E_{bns} 和下偏差 E_{bni}，即公法线平均长度偏差 W_{ka} 的合格范围。

内齿轮：$$W_k - E_{bni} \leqslant W_{ka} \leqslant W_k - E_{bns} \tag{9-8}$$

外齿轮：$$W_k + E_{bni} \leqslant W_{ka} \leqslant W_k + E_{bns} \tag{9-9}$$

公法线长度偏差可以用公法线螺旋测微器测量。为避免机床运动偏心对评定结果的影响，公法线长度应取平均值。

3. 侧隙

单个齿轮没有侧隙，它只有齿厚。侧隙是指一对齿轮（齿轮副）装配后自然形成的轮齿间的间隙。齿轮副侧隙分为圆周侧隙 j_{wt} 和法向侧隙 j_{bn}。

圆周侧隙是在齿轮的分度圆上进行检测的圆周晃动量。法向侧隙是在齿轮的法向平面或沿啮合线进行测量，可以用塞尺在非工作面进行检测（见图 9-21）。齿轮副侧隙应根据工作条件，一般用最小法向侧隙 $j_{bn\,min}$ 来加以控制。

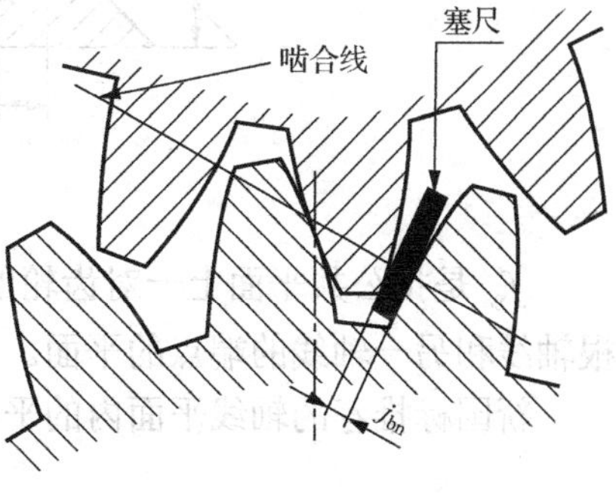

图 9-21 用塞尺检测法向侧隙

箱体、轴和轴承的偏斜、箱体的偏差和轴承的间隙导致的齿轮轴线的不对准和歪斜、安装误差，轴承的径向跳动、温度的影响、旋转零件的离心胀大等因素都会影响到齿轮副的最小法向侧隙 $j_{bn\,min}$。侧隙需要量值的大小与齿轮的精度、大小及工作条件有关。齿轮副的侧隙是由对齿轮运行时的中心距及每个齿轮的实际齿厚所控制的。国家标准规定采用“基中心距制”，即在中心距一定的情况下，用控制轮齿的齿厚的方法获得必要的侧隙。设计时选取的齿轮副的最小侧隙必须满足正常储存润滑油、补偿齿轮和箱体温升引起的变形的需要。

9.4 齿轮安装误差的评定指标

9.3 节所讨论的均为单个齿轮的误差评定指标，但是实际上，齿轮副的安装误差同样也影响齿轮传动的使用性能，所以有必要对这类误差也予以控制。因此，为了保证传动质量，充分满足齿轮传动的使用要求，国家标准也规定了齿轮副的轴线平行度偏差和中心距偏差等检验参数。

9.4.1 齿轮副中心距偏差

中心距偏差 f_α 是指实际中心距与公称中心距的差值。齿轮副存在中心距偏差时，会影响齿轮副的侧隙。当实际中心距小于设计中心距时，会使侧隙减小；反之，会使侧隙增大。因此为了保证侧隙要求，要求用中心距允许偏差来控制中心距偏差。在齿轮只是单向承载运转而不经常反转的情况下，最大侧隙不是主要的控制因素，此时中心距允许偏差主要取决于对重合度的考虑；对于控制运动用齿轮，确定中心距允许偏差必须考虑对侧隙的控制；当齿轮上的负载经常反向时，确定中心距允许偏差所考虑的因素有轴、箱体和轴承的偏斜，齿轮轴线不共线，齿轮轴线的偏斜和错斜、安装误差、轴承跳动、温度影响、旋转零件的离心胀大等。

9.4.2 齿轮副轴线平行度误差

齿轮副的轴线平行度偏差分为轴线平面内的平行度偏差 $f_{\Sigma\delta}$ 和垂直平面内的平行度偏差 $f_{\Sigma\beta}$，它会影响到齿轮副的接触精度和齿侧间隙，如图 9-22 所示。

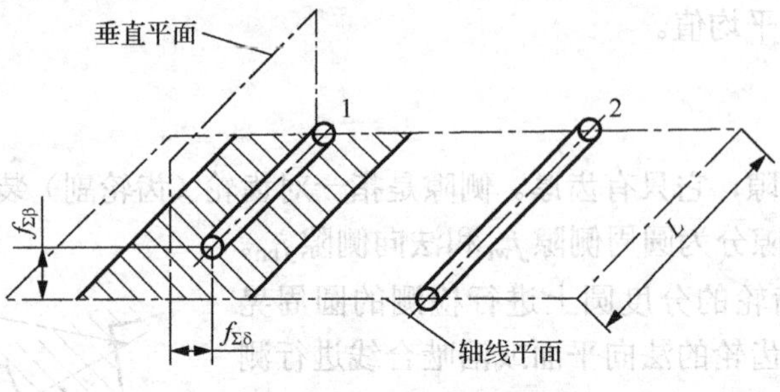

图 9-22 轴线平行度偏差

$f_{\Sigma\delta}$ 是指公共平面上一对齿轮的轴线平行度误差。公共平面是指通过两轴线中较长的一根轴线和另一轴线的端点的平面。

新国标推荐的轴线平面内的平行度偏差的最大值为

$$f_{\Sigma\delta} = 2f_{\Sigma\beta} \tag{9-10}$$

$f_{\Sigma\beta}$ 是指在垂直于轴线公共平面的平面上对齿轮的轴线的平行度误差。

新国标推荐垂直平面内的平行度偏差的最大值为

$$f_{\Sigma\beta} = 0.5\left(\frac{L}{b}\right)F_{\beta} \tag{9-11}$$

9.5 渐开线圆柱齿轮精度标准

国家于 2008 年对渐开线圆柱齿轮精度的标准进行了修订。本章所依据的 4 个国家最新推荐标准 GB/T 10095.1—2008《圆柱齿轮精度制第 1 部分：齿轮同侧齿面偏差的定义和允许值》，GB/Z 18620.1—2008《圆柱齿轮检验实施规范第 2 部分：径向综合偏差、径向跳动、齿厚和侧隙的检验》、GB/Z 18620.3—2008《圆柱齿轮检验实施规范第 3 部分：齿轮坯、轴中心距和轴线平行度的检验》、GB/Z 18620.4—2008《圆柱齿轮检验实施规范第 4 部分：表面粗糙度和轮齿接触斑点的检验》等，该系列标准适用于公称模数 $m \geqslant 0.5 \sim 70$mm、分度圆直 $d \geqslant 5 \sim 10\,000$mm、齿宽 $b \geqslant 4 \sim 1000$mm 的渐开线圆柱齿轮，其基本齿廓按 GB/T 1356—2001《通用机械和重型机械用圆柱齿轮标准基本齿条齿廓》的规定

9.5.1 齿轮评定指标的精度等级及选择

1. 精度等级

国家标准对渐开线圆柱齿轮除 F_i'' 和 f_i''（对 F_i'' 和 f_i'' 规定了 4～12 共 9 个精度等级）以外的评定项目规定了 0～12 共 13 个精度等级，精度按数序从小到大依次降低，其中 0 级的精度最高，12 级的精度最低。

在齿轮的 13 个精度等级中，0～2 级精度的齿轮要求非常高，采用一般的加工工艺难以

实现，其各项偏差的允许值很小，目前我国只有极少数的单位能制造和测量2级以内精度的齿轮，对大多数制造企业来讲测量仍然是困难的，目前虽然在国家标准中给出了公差的数值，但仍属于有待发展的精度等级；通常人们将3～5级精度称为高精度等级，6～9级称为中等精度等级，使用最广，而将10～12级则称为低精度等级。

2. 精度等级的选择

齿轮精度等级的选择应根据齿轮的用途、使用要求、传递功率、圆周速度以及其他技术要求而定，同时也要考虑加工工艺与经济性。在满足使用要求的前提下，应尽量选择较低精度的公差等级。

同时，对齿轮的工作和非工作齿面可规定不同的精度等级，或对不同的偏差可规定不同的精度等级，也可仅对工作齿面规定要求的精度等级，而对其他非工作面不做硬性规定。精度等级的选择方法有计算法和类比法。

1）计算法

计算法是先按产品性能对齿轮所提出的具体使用要求计算选定精度等级。例如，根据整个传动链的精度要求，可按传动链误差传递规律分配各级齿轮副的传动精度要求，从而确定齿轮的精度等级；如果已知传动中允许的振动和噪声指标，在确定装置的动态特性过程中，就可以通过动力学计算确定齿轮的精度等级；也可以根据齿轮的承载要求，按所承载的转矩及使用寿命，经齿面接触强度和寿命计算确定齿轮的精度等级。计算法一般应用在高精度齿轮精度等级的确定中。

2）类比法

类比法又称为经验法或查表法，指的是根据以往产品设计、性能试验以及使用过程中所累积的经验，以及长期使用中已被证实较为可靠的各种齿轮精度等级选择的技术资料，或者经过与所设计的齿轮在用途、工作条件及技术性能对比后，选定其精度等级。由于影响齿轮传动精度的因素多而复杂，按计算法得出的结果仍需修正，故计算法很少采用。目前，在实际生产中，常用类比法来选择齿轮的精度。

表9-2列出了各类机械中齿轮精度等级的应用范围，表9-3列出了圆柱齿轮精度等级的适用范围，选用时可作为参考。

表9-2 各类机械中齿轮精度等级的应用范围

应用范围	精度等级	应用范围	精度等级
测量齿轮	2～5	重型汽车	6～9
汽轮机减速器	3～6	一般减速器	6～9
精密切削机床	3～7	拖拉机	6～9
一般切削机床	5～8	轧钢机	6～10
内燃机车或电气机车	6～7	起重机	7～10
航空发动机	4～8	矿用绞车	8～10
轻型汽车	5～8	农业机械	8～11

3. 评定参数的公差值与极限偏差的确定

GB/T 10095—2008规定，各评定参数允许值是以5级精度规定的公式乘以级间公比计算出来的。两相邻精度等级的级间公比等于$\sqrt{2}$，5级精度未圆整的计算值乘以$\sqrt{2}$，即可得到相邻较高精度等级的待求值，式中Q（见表9-4）是待求值的精度等级数。

标准中各公差或极限偏差数值表列出的数值是用表9-4中的公式根据参数（如法向模数m_n、分度圆直径d、齿宽b）计算圆整后得到的。

表9-3　圆柱齿轮精度等级的适用范围

精度等级	工作条件及应用范围	圆周速度/($m \cdot s^{-1}$) 直齿	圆周速度/($m \cdot s^{-1}$) 斜齿	效率/%	切齿方法	齿面的最后加工
3级	用于特别精密的分度机构或在最平稳且无噪声的极高速下工作的齿轮传动中的齿轮；特别精密机构中的齿轮；特别高速传动的齿轮（透平传动）；检测5、6级的测量齿轮	>40	>75	不低于0.99（包括轴承不低于0.985）	在周期误差特小的精密机床上用展成法加工	特精密的磨齿和研齿，用精密滚刀或单边剃齿后的大多数不经淬火的齿轮
4级	用于特别精密的分度机构或在最平稳且无噪声的极高速下工作的齿轮传动中的齿轮；特别精密机构中的齿轮；高速透平传动的齿轮；检测7级齿轮的测量齿轮	>35	>70	不低于0.99（包括轴承不低于0.985）	在周期误差极小的精密机床上用展成法加工	精密磨齿，大多数用精密滚刀加工、研齿或单边剃齿
5级	用于精密的分度机构或在最平稳且无噪声的极高速下工作的齿轮传动中的齿轮；精密机构用齿轮；透平传动的齿轮；检测8～9级的测量齿轮	>20	>40	不低于0.99（包括轴承不低于0.985）	在周期误差小的精密机床上用展成法加工	精密磨齿，大多数用精密滚刀加工、进而研齿或剃齿
6级	用于要求最高效率且无噪声的高速下工作的齿轮传动或分度机构的齿轮传动中的齿轮；特别重要的航空、汽车用齿轮；读数装置中特别精密的齿轮	～15	～30	不低于0.99（包括轴承不低于0.985）	在精密机床上用展成法加工	精密磨齿或剃齿
7级	在高速和适度功率或大功率和适度速度下工作的齿轮；金属切削机床中需要运动协调性的进给齿轮；高速减速器齿轮；航空、汽车以及读数装置用齿轮	～10	～15	不低于0.98（包括轴承不低于0.975）	在精密机床上用展成法加工	无须热处理的齿轮仅用精确刀具加工；对于淬硬齿轮必须精整加工（磨齿、研齿、珩齿）
8级	无须特别精密的一般机械制造用齿轮；不包括在分度链中的机床齿轮；飞机、汽车制造业中不重要的齿轮；其中机构用齿轮；农用机械中的重要齿轮；通用减速器齿轮	～6	～10	不低于0.97（包括轴承不低于0.965）	用展成法或分度法（根据齿轮实际齿数设计齿形的刀具）加工	齿不用磨；必要时剃齿或研齿
9级	用于粗糙工作的无精度要求的齿轮，因结构上考虑受载低于计算载荷的传动齿轮	～2	～4	不低于0.96（包括轴承不低于0.95）	任何方法	无须特殊的精加工工序

表 9-4 齿轮轮齿同侧齿面偏差、径向综合偏差和径向圆跳动允许值的计算公式

（摘自 GB/T 10095.1—2008 和 GB/T 10095.2—2008）

项目代号	允许值计算公式
f_{pt}	$0.3\left(m_n+0.4d^{0.5}\right)+4$
F_{pk}	$f_{pt}+1.6[(k-1)m_n]^{0.5}$
F_p	$0.3m_n+1.25d^{0.5}+7$
F_α	$\left(3.2m_n^{0.5}+0.22d^{0.5}+0.7\right)\times 2^{0.5(Q-5)}$
$f_{f\alpha}$	$\left(2.5m_n^{0.5}+0.17d^{0.5}+0.5\right)\times 2^{0.5(Q-5)}$
$f_{H\alpha}$	$\left(2m_n^{0.5}+0.14d^{0.5}+0.5\right)\times 2^{0.5(Q-5)}$
F_β	$\left(0.1d^{0.5}+0.63b^{0.5}+4.2\right)\times 2^{0.5(Q-5)}$
$f_{f\beta}$、$f_{H\beta}$	$\left(0.07d^{0.5}+0.45b^{0.5}+3\right)\times 2^{0.5(Q-5)}$
F_i'	$\left(F_p+f_i'\right)\times 2^{0.5(Q-5)}$
f_i'	$K\left(4.3+f_{pt}+F_\alpha\right)\times 2^{0.5(Q-5)}=K(9+0.3m_n+3.2m_n^{0.5}+0.34d^{0.5})\times 2^{0.5(Q-5)}$ $\varepsilon_r<4$时，$K=0.2\left(\dfrac{\varepsilon_r+4}{\varepsilon_r}\right)$；$\varepsilon_r\geqslant 4$时，$K=0.4$
f_i''	$(2.96m_n+0.01d^{0.5}+0.8)\times 2^{0.5(Q-5)}$
F_i''	$(F_r+f_i'')\times 2^{0.5(Q-5)}=(3.2m_n+1.01d^{0.5}+6.4)\times 2^{0.5(Q-5)}$
F_r	$\left(0.8F_p\right)\times 2^{0.5(Q-5)}=(0.24m_n+1.0d^{0.5}+5.6)\times 2^{0.5(Q-5)}$

齿轮轮齿同侧齿面偏差项目及代号见表 9-5。

表 9-5 齿轮轮齿同侧齿面偏差项目及代号

项 目 名 称			代 号
齿轮同侧齿面偏差	齿距偏差	（1）单个齿距偏差	f_{pt}
		（2）齿距累积偏差	F_{pk}
		（3）齿距累积总偏差	F_p
	齿廓偏差	（1）齿廓总偏差	F_α
		（2）齿廓形状偏差	$f_{f\alpha}$
		（3）齿廓倾斜偏差	$f_{H\alpha}$
	螺旋线偏差	（1）螺旋线总偏差	F_β
		（2）选线形状偏差	$f_{f\beta}$
		（3）螺旋线倾斜偏差	$f_{H\beta}$
	切向综合偏差	（1）切向综合总偏差	F_i'
		（2）一齿切向综合偏差	f_i'
径向综合偏差与径向圆跳动	径向综合偏差	（1）径向综合总偏差	F_i''
		（2）一齿径向综合偏差	f_i''
	径向圆跳动		F_r

4. 圆整原则

由公式计算出的数值圆整原则，标准规定如下：

（1）同侧齿面偏差允许值的圆整规则：如果计算值大于 10μm，圆整到最接近的整数；如果计算值小于 10μm，圆整到最接近的尾数为 0.5μm 的小数或整数；如果计算值小于 5μm，圆整到最接近的 0.1μm 的一位小数或整数。

（2）径向综合公差和径向圆跳动公差的圆整规则：如果计算值大于 10μm，圆整到接近的整数；如果计算值小于 10μm，圆整到最接近的尾数为 0.5μm 的小数或整数。

5. 参数范围

参数主要包括分度圆直径 d、模数（法向模数）m_n 和齿宽 b，各参数具体数值见表 9-6。

表 9-6 各参数的界限值 单位：mm

分度圆直径 d	5	20	50	125	280	560	1000	1600	2500	4000	6000	8000	10000
法向模数 m_n	0.5	2	3.5	6	10	16	25	40	70	—	—	—	—
齿宽 b	4	10	20	40	80	160	250	400	650	1000	—	—	—

表 9-5 的公式中，相应参数 m_n、d 和 b 按规定取各分段界限值的几何平均值代入。例如，实际模数为 7mm，分段界限为 $2 < m_n \leqslant 3.5$ 和 $m_n = 10$mm，则计算式中 $m_n = \sqrt{6 \times 10}$mm $=$ 7.746mm 代入进行计算。参数分段的原因是由于参数值很近时其计算所得值相差不大，这样既可以简化表格，也没必要为每个参数都对应一个值。

齿轮同侧齿面偏差的公差值或极限偏差见表 9-7～表 9-10，径向综合偏差的允许值见表 9-11 和表 9-12，径向圆跳动公差值见表 9-13。

表 9-7 单个齿距极限偏差 f_{pt} 的允许值（±）（摘自 GB/T 10095.1—2008）

分度圆直径 d/mm	法向模数 m_n/mm	精度等级 5	6	7	8	9
		f_{pt} / μm				
$20 < d \leqslant 50$	$2 < m_n \leqslant 3.5$	5.5	7.5	11.0	15.0	22.0
	$3.5 < m_n \leqslant 6$	6.0	8.5	12.0	17.0	24.0
$50 < d \leqslant 125$	$2 < m_n \leqslant 3.5$	6.0	8.5	12.0	17.0	23.0
	$3.5 < m_n \leqslant 6$	6.5	9.0	13.0	18.0	26.0
	$6 < m_n \leqslant 10$	7.5	10.0	15.0	21.0	30.0
$125 < d \leqslant 280$	$2 < m_n \leqslant 3.5$	6.5	9.0	13.0	18.0	26.0
	$3.5 < m_n \leqslant 6$	7.0	10.0	14.0	20.0	28.0
	$6 < m_n \leqslant 10$	8.0	11.0	16.0	23.0	32.0
$280 < d \leqslant 560$	$2 < m_n \leqslant 3.5$	7.0	10.0	14.0	20.0	29.0
	$3.5 < m_n \leqslant 6$	8.0	11.0	16.0	22.0	31.0
	$6 < m_n \leqslant 10$	8.5	12.0	17.0	25.0	35.0

表 9-8　齿距累积总偏差 F_p 的允许值（摘自 GB/T 10095.1—2008）

分度圆直径 d/mm	法向模数 m_n/mm	精度等级				
		5	6	7	8	9
		F_p / μm				
$20<d\leqslant 50$	$2<m_n\leqslant 3.5$	15	21	30	42	59
	$3.5<m_n\leqslant 6$	15	22	31	44	62
$50<d\leqslant 125$	$2<m_n\leqslant 3.5$	19	27	38	53	76
	$3.5<m_n\leqslant 6$	19	28	39	55	78
	$6<m_n\leqslant 10$	20	29	41	58	82
$125<d\leqslant 280$	$2<m_n\leqslant 3.5$	25	35	50	70	100
	$3.5<m_n\leqslant 6$	25	36	51	72	102
	$6<m_n\leqslant 10$	26	37	53	75	106
$280<d\leqslant 560$	$2<m_n\leqslant 3.5$	33	46	65	92	131
	$3.5<m_n\leqslant 6$	33	47	66	94	133
	$6<m_n\leqslant 10$	34	48	68	97	137

表 9-9　齿廓总偏差 F_α 的允许值（摘自 GB/T 10095.1—2008）

分度圆直径 d/mm	法向模数 m_n/mm	精度等级				
		5	6	7	8	9
		F_α / μm				
$20<d\leqslant 50$	$2<m_n\leqslant 3.5$	7	10	14	20	29
	$3.5<m_n\leqslant 6$	9	12	18	25	35
$50<d\leqslant 125$	$2<m_n\leqslant 3.5$	8	11	16	22	31
	$3.5<m_n\leqslant 6$	9.5	13	19	27	38
	$6<m_n\leqslant 10$	12	16	23	33	46
$125<d\leqslant 280$	$2<m_n\leqslant 3.5$	9	13	18	25	36
	$3.5<m_n\leqslant 6$	11	15	21	30	42
	$6<m_n\leqslant 10$	13	18	25	36	50
$280<d\leqslant 560$	$2<m_n\leqslant 3.5$	10	15	21	29	41
	$3.5<m_n\leqslant 6$	12	17	24	34	48
	$6<m_n\leqslant 10$	14	20	28	40	56

表 9-10　螺旋线总偏差 F_β 的允许值（摘自 GB/T 10095.1—2008）

分度圆直径 d/mm	齿宽 b / mm	精度等级				
		5	6	7	8	9
		F_β / μm				
$20<d\leqslant 50$	$10<b\leqslant 20$	7	10	14	20	29
	$20<b\leqslant 40$	8	11	16	23	32
$50<d\leqslant 125$	$10<b\leqslant 20$	7.5	11	15	21	30
	$20<b\leqslant 40$	8.5	12	17	24	34
	$40<b\leqslant 80$	10	14	20	28	39

续表

分度圆直径 d/mm	齿宽 b / mm	精度等级				
		5	6	7	8	9
		F_β / μm				
125<d≤280	10<b≤20	8	11	16	22	32
	20<b≤40	9	13	18	25	36
	40<b≤80	10	15	21	29	41
280<d≤560	20<b≤40	9.5	13	19	27	38
	40<b≤80	11	15	22	31	44
	80<b≤160	13	18	26	36	52

表 9-11　径向综合总偏差 F_i'' 的允许值（摘自 GB/T 10095.2—2008）

分度圆直径 d/mm	法向模数 m_n / mm	精度等级				
		5	6	7	8	9
		F_i''/ μm				
20<d≤50	1.0<m_n≤1.5	16	23	32	45	64
	1.5<m_n≤2.5	18	26	37	52	73
50<d≤125	1.0<m_n≤1.5	19	27	39	55	77
	1.5<m_n≤2.5	22	31	43	61	86
	2.5<m_n≤4.0	25	36	51	72	102
125<d≤280	1.0<m_n≤1.5	24	34	48	68	97
	1.5<m_n≤2.5	26	37	53	75	106
	2.5<m_n≤4	30	43	61	86	121
	4<m_n≤6	36	51	72	102	144
280<d≤560	1.0<m_n≤1.5	30	43	61	86	122
	1.5<m_n≤2.5	33	46	65	92	131
	2.5<m_n≤4.0	37	52	73	104	146
	4.0<m_n≤6.0	42	60	84	119	169

表 9-12　一齿径向综合偏差 f_i'' 的允许值（摘自 GB/T 10095.2—2008）

分度圆直径 d/mm	法向模数 m_n / mm	精度等级				
		5	6	7	8	9
		f_i''/ μm				
20<d≤50	1.0<m_n≤1.5	4.5	6.5	9	13	18
	1.5<m_n≤2.5	6.5	9.5	13	19	26
50<d≤125	1.0<m_n≤1.5	4.5	6.5	9	13	18
	1.5<m_n≤2.5	6.5	9.5	13	19	26
	2.5<m_n≤4.0	10	14	20	29	41
125<d≤280	1.0<m_n≤1.5	4.5	6.5	9	13	18
	1.5<m_n≤2.5	6.5	9.5	13	19	27
	2.5<m_n≤4.0	10	15	21	29	41
	4.0<m_n≤6.0	15	22	31	44	62

续表

分度圆直径 d/mm	法向模数 m_n / mm	精度等级				
		5	6	7	8	9
		f_i''/ μm				
280<d≤560	1.0<m_n≤1.5	4.5	6.5	9	13	18
	1.5<m_n≤2.5	6.5	9.5	13	19	27
	2.5<m_n≤4.0	10	15	21	29	41
	4.0<m_n≤6.0	15	22	31	44	62

表 9-13 径向圆跳动公差 F_r 的允许值（摘自 GB/T 10095.2—2008）

分度圆直径 d/mm	法向模数 m_n / mm	精度等级				
		5	6	7	8	9
		F_r / μm				
20<d≤50	2<m_n≤3.5	12	17	24	34	47
	3.5<m_n≤6	12	17	25	35	49
50<d≤125	2<m_n≤3.5	15	21	30	43	61
	3.5<m_n≤6	16	22	31	44	62
	6<m_n≤10	16	23	33	46	65
125<d≤280	2<m_n≤3.5	20	28	40	56	80
	3.5<m_n≤6	20	29	41	58	82
	6<m_n≤10	21	30	42	60	85
280<d≤560	2<m_n≤3.5	26	37	52	74	105
	3.5<m_n≤6	27	38	53	75	106
	6<m_n≤10	27	39	55	77	109

对于没有提供数值表的偏差的允许值，可在对其定义及圆整规则的基础上，用表 9-5 中公式求取。当齿轮参数不在给定的范围内或供需双方商议同意后，可在计算公式中带入实际齿轮参数计算，而无须取分段界限的几何平均值。

9.5.2 齿轮侧隙指标公差值的确定

在设计时，选取的齿轮副的最小侧隙必须满足正常储存润滑油、补偿齿轮和箱体温升引起的变形的需要。

齿轮副侧隙分为圆周侧隙 j_{wt} 和法向侧隙 j_{bn}。圆周侧隙便于测量，但法向侧隙是基本确定的，因为它可与法向齿厚、公法线长度、油膜厚度等建立起函数关系，因此齿轮副侧隙应根据工作条件，用最小法向侧隙 $j_{bn\,min}$ 来加以控制。而箱体、轴和轴承的偏斜、箱体的偏差和轴承的间隙导致的不对准和歪斜、安装误差、轴承的径向跳动、温度的影响、旋转零件的离心胀大等因素都会影响齿轮副的最小法向侧隙 $j_{bn\,min}$。实际工作中最小法向侧隙 $j_{bn\,min}$ 可用计算法和查表法决定。

1. 计算法

综合各种影响因素，设计时最小法向侧隙的量值一般取补偿温升引起变形所需的最小法

向侧隙 j_{bn1} 与正常润滑所必需的最小法向侧隙 j_{bn2} 之和：

$$j_{bn\,min} = j_{bn1} + j_{bn2} \tag{9-12}$$

$$j_{bn1} = a(\alpha_1 \Delta t_1 - \alpha_2 \Delta t_2) 2\sin\alpha_n \tag{9-13}$$

式中，a——中心距（mm）；

α_1、α_2——齿轮和箱体材料的线膨胀系数；

Δt_1、Δt_2——齿轮和箱体工作温度与标准温度（20℃）之差（℃）；

α_n——齿轮法向啮合角。

j_{bn2} 涉及的润滑方式和齿轮工作的圆周速度，其间关系的具体数值参见表 9-14。

表 9-14　j_{bn2} 的参考值　　单位：mm

润滑方式	工作的圆周速度/（m/s）			
	低速传动	中速传动	高速传动	高速传动
	$v<10$	$10\leqslant v\leqslant 25$	$25<v\leqslant 60$	$v>60$
喷油润滑	$0.01m_n$	$0.02m_n$	$0.03m_n$	（0.03～0.05）m_n
油池润滑	（0.005～0.01）m_n			

因为影响法向侧隙的因素较多，而实际中仅考虑以上两项因素，所以计算值偏小，实际设计时可以按式（9-14）计算：

$$j_{bn\,min} \geqslant j_{bn1} + j_{bn2} \tag{9-14}$$

2. 查表法

对于齿轮和箱体都为黑色金属，工作时节圆线速度小于 15m/s，轴和轴承都采用常用的制造公差的齿轮传动，齿轮副最小法向侧隙 $j_{bn\,min}$ 可用式（9-15）计算，即

$$j_{bn\,min} = (0.0005a_i + 0.03m_n + 0.06)2/3 \tag{9-15}$$

式中，a_i——传动的中心距，取绝对值（mm）。

由式（9-15）计算可以得出表 9-15 所示的推荐数据，在设计工作过程中可以按照实际情况加以选用。

表 9-15　中、大模数齿轮最小法向侧隙 $j_{bn\,min}$ 推荐值（摘自 GB/Z 18620.2—2008）　　单位：μm

m_n	最小中心距 a_{min}					
	50	100	200	400	800	1600
1.5	0.09	0.11	—	—	—	—
2	0.10	0.12	0.15	—	—	—
3	0.12	0.14	0.17	0.24	—	—
5	—	0.18	0.21	0.28	—	—
8	—	0.24	0.27	0.34	0.47	—
12	—	—	0.35	0.42	0.55	—
18	—	—	—	0.54	0.67	0.94

齿轮轮齿的配合是采用基中心距制，在此前提下，齿侧间隙必须通过减薄齿厚来获得，检测中可采用控制齿厚或公法线长度等方法来保证侧隙。

1）用齿厚极限偏差控制齿厚

为了获得最小法向侧隙$j_{bn\min}$，齿厚应保证有最小减薄量，它是由分度圆齿厚上偏差E_{sns}形成。对于E_{sns}的确定，可采用类比法选取，也可参考下述方法计算选取。当主动轮与被动轮齿厚都做成最大值即做成上偏差时，可获得最小侧隙 $j_{bn\min}$。通常情况下取两齿轮的齿厚上偏差相等，此时

$$j_{bn\min}=\left|E_{sns1}+E_{sns2}\right|\cos\alpha_n=2\left|E_{sns}\right|\cos\alpha_n \tag{9-16}$$

式中，α_n——法向齿形角。

若主动轮与从动轮取相同的齿厚上偏差，则

$$E_{sns}=E_{sns1}=E_{sns2}=j_{bn\min}/2\cos\alpha_n \tag{9-17}$$

当对最大侧隙也有要求时，齿厚下偏差E_{sni}也需要控制，此时需进行齿厚公差T_{sn}计算。齿厚公差的选择要适当，公差过小势必增加齿轮制造成本；公差过大会使侧隙加大使齿轮反转时空转行程过大。齿厚下偏差可以根据齿厚上偏差和齿厚公差求得，齿厚公差T_{sn}可按式（9-18）求得

$$T_{sn}=\sqrt{F_r^2+b_r^2}\times 2\tan\alpha_n \tag{9-18}$$

式中，F_r——径向跳动公差；

b_r——切齿径向进刀公差，可按照表9-16选取

表9-16　切齿径向进刀公差

齿轮精度等级	4	5	6	7	8	9
b_r	1.26IT7	IT8	1.26IT8	IT9	1.26IT9	IT10

此时，齿厚的下偏差E_{sni}为

$$E_{sni}=E_{sns}-T_{sn} \tag{9-19}$$

式中，T_{sn}——齿厚公差。

显然若齿厚偏差合格，实际齿厚偏差应处于齿厚公差带内，从而保证齿轮副侧隙满足要求。

2）用公法线长度极限偏差控制齿厚

齿厚偏差的变化必然引起公法线长度的变化，测量公法线长度同样可以控制齿侧间隙。在实际生产中，常用控制公法线长度极限偏差的方法来保证侧隙。外齿轮公法线长度极限偏差和齿厚偏差存在如下关系。

公法线长度上偏差：

$$E_{bns}=E_{sns}\cos\alpha_n-0.72F_r\sin\alpha_n \tag{9-20}$$

公法线长度下偏差：

$$E_{bni}=E_{sni}\cos\alpha_n+0.72F_r\sin\alpha_n \tag{9-21}$$

9.5.3　检验项目的选择

在检验时，测量全部轮齿要素既不经济也无必要。有些要素对于特定齿轮的功能并没有明显影响，且有些测量项目可以代替其他一些项目，如径向综合偏差能代替径向圆跳动检验，这些项目的误差控制有重复。检验项目的选用还需要考虑精度级别、项目间的协调、生产批量和检测费用等因素。各类齿轮推荐选用的检验项目组合见表9-17，供设计时参考。

表 9-17 各类齿轮推荐的检查项目组合

用途		分度、读数	航空、汽车、机床		拖拉机、减速器、农用机械	透平机、轧钢机	
精度等级		3～5	4～6	6～8	7～12	3～6	6～8
功能要求	传动准确性	F_i' 或 F_p	F_i' 或 F_p	F_r 或 F_i''	F_r 或 F_i''	F_p	
	传动平稳性	f_i' 或 F_α 与 $+f_{pt}$	f_i' 或 F_α 与 $+f_{pt}$	f_i''	$+f_{pt}$	F_α 与 $+f_{pt}$	$+f_{pt}$
	载荷分布均匀性	F_β					

由于 GB/T 10095.1—2008 规定，切向综合偏差是该标准的检验项目，但不是必检项目；齿廓和螺旋线的形状偏差和倾斜极限偏差有时作为有用的评定参数，但也不是必检项目。所以，为评定单个齿轮的加工精度，应检验单个齿距偏差 f_{pt}、齿距累积总偏差 F_p、齿廓总偏差 F_α、螺旋线总偏差 F_β。

齿距累积偏差 F_{pk} 在高速齿轮中使用。

当检验切向综合偏差 F_i' 和 f_i'，可不必检验单个齿距偏差 f_{pt} 和齿距累积总偏差 F_p。

GB/T 10095—2008 中规定的径向综合偏差和径向圆跳动由于检测时是双面啮合，与齿轮工作状态不一致，只反映径向偏差，不能全面反映同侧齿面的偏差，因此只能做辅助检验项目。当批量生产齿轮时，用 GB/T 10095.1—2008 规定的项目进行首检，然后用同样方法生产的其他齿轮就可只检查径向综合偏差 F_i'' 和 f_i'' 或径向圆跳动 F_r。它们可方便迅速地反映由于产品齿轮装夹等原因造成的偏差。

对于质量控制测量项目的减少须由供需双方协商确定。

此外，对单个齿轮还需检验齿厚偏差，它是作为侧隙评定指标。需要说明，齿厚偏差在 GB/T 10095.1～2—2008 中均未作规定，指导性技术文件中也未推荐具体数值，由设计者按齿轮副侧隙计算确定。

9.5.4 齿轮坯公差

齿轮的传动质量与齿坯的精度有关。齿坯的尺寸偏差、形状误差和表面质量对齿轮的加工、检验及齿轮副的接触条件和运转状况有很大的影响。为了保证齿轮的传动质量，就必须控制齿坯精度，使轮齿精度（齿廓偏差、相邻齿距偏差等）更易保证。

1. 确定齿轮基准轴线的方法

有关轮齿精度参数的数值，只有明确其特定的旋转轴线才有意义。测量时，齿轮围绕其旋转的轴线如有改变，则这些参数测量值也将改变。因此，在齿轮的图纸上必须把规定轮齿公差的基准轴线明确表示出来，事实上整个齿轮的几何形状均以其为基准，它也是制造和检测时用来确定轮齿几何形状的轴线，是由基准面中心确定的，设计时应使基准轴线和工作轴线重合。根据 GB/Z 18620.3—2008 规定，确定齿轮基准轴线的方法有以下 3 种：

（1）用两个“短的”圆柱或圆锥形基准面上设定的两个圆的圆心来确定轴线上的两个点，如图 9-23 所示。

（2）用一个“长的”圆柱或圆锥形基准面来同时确定轴线的位置和方向。孔的轴线可以用与之相匹配正确装配的工作心轴的轴线来代表，如图 9-24 所示。

（3）轴线位置用一个“短的”圆柱形基准面上一个圆的圆心来确定，其方向则用垂直于此轴线的基准端面来确定，如图 9-25 所示。

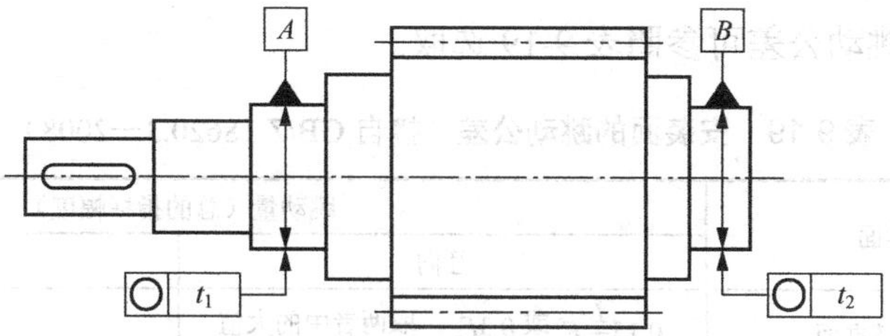

图 9-23 确定齿轮基准轴线的方法一

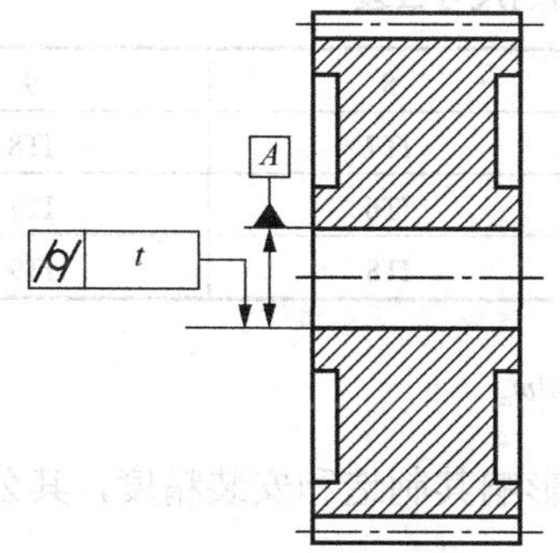

图 9-24 确定齿轮基准轴线的方法二

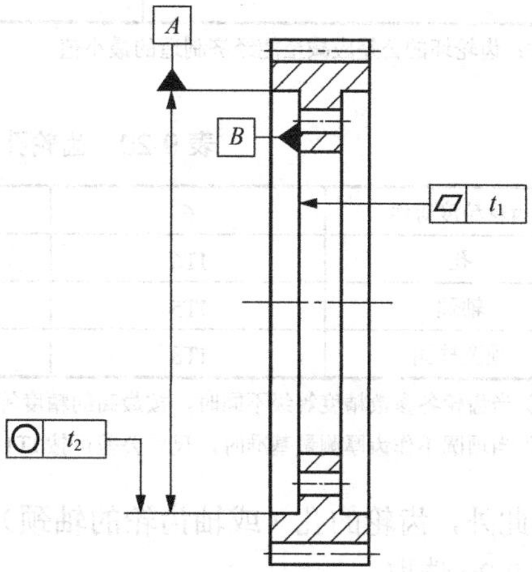

图 9-25 确定齿轮基准轴线的方法三

2. 齿轮的形状公差及基准面的跳动公差

在 GB/Z 18620.3—2008 中对齿轮的形状公差及基准面的跳动公差也分别做了较为详细的规定，分别见表 9-18 和表 9-19。

表 9-18 基准面和安装面的形状公差（摘自 GB/Z 18620.3—2008）

确定轴线的基准面	公差项目		
	圆度	圆柱度	平面度
用两个“短的”圆柱或圆锥形基准面上设定的两个圆的圆心来确定轴线上的两个点	$0.04\frac{L}{b}F_\beta$ 或 $0.1F_p$ 取两者中较小的值		
用一个“长的”圆柱或圆锥形的面来同时确定轴线的位置和方向。孔的轴线可以用与之相匹配并正确地装配的工作心轴的轴线来代表		$0.04\frac{L}{b}F_\beta$ 或 $0.1F_p$ 取两者中较小的值	
轴线位置用一个“短的”圆柱形基准面上一个圆的圆心来确定，其方向则用垂直于此轴线的一个基准端面来确定	$0.06F_p$		$0.06\frac{D_d}{b}F_\beta$

注：L 为较大的轴承跨距，D_d 为基准面直径，b 为齿宽。

3. 齿顶圆柱面的尺寸和跳动公差

如果把齿顶圆柱面作为齿坯安装时的找正基准或齿厚检验的测量基准，其尺寸公差可参照表 9-20 选取，其跳动公差可参照表 9-19 选取。

表 9-19　安装面的跳动公差（摘自 GB/Z 18620.3—2008）

确定轴线的基准面	跳动量（总的指标幅度）	
	径向	轴向
仅指圆柱或圆锥形基准面	$0.15\frac{L}{b}F_{\beta}$ 或 $0.3F_{p}$，取两者中的大值	
一个圆柱基准面和一个端面基准面	$0.3F_{p}$	$0.2\frac{D_{d}}{b}F_{\beta}$

注：齿轮坯的公差应减至能经济制造的最小值。

表 9-20　齿轮孔、轴颈和顶圆柱面的尺寸公差

齿轮精度等级	6	7	8	9
孔	IT6	IT7	IT7	IT8
轴颈	IT5	IT6	IT6	IT7
顶圆柱面	IT8	IT8	IT8	IT9

① 当齿轮各参数精度等级不同时，按最高的精度等级确定公差值。

② 当顶圆不作齿厚测量基准时，尺寸公差可按 IT11 级给定，但不大于 $0.1m_{m}$。

此外，齿轮的孔（或轴齿轮的轴颈）的尺寸偏差也影响其制造和安装精度，其公差可参照表 9-20 选取。

9.5.5　齿轮齿面和基准面的表面粗糙度要求

表面粗糙度影响齿轮的传动精度、表面承载能力和弯曲强度，也必须加以控制。直接测得粗糙度的参数值，可直接与规定的允许值进行比较，规定的参数值应该优先从下表所给的范围中加以选择，无论是 *Ra* 或 *Rz* 都可以作为一种判断依据，两者不应在同一部分使用。

表 9-21　齿轮齿面粗糙度 *Ra* 的推荐值（摘自 GB/Z 18620.4—2008）　单位：μm

模数/mm	精度等级											
	1	2	3	4	5	6	7	8	9	10	11	12
$m<6$					0.5	0.8	1.25	2.0	3.2	5.0	10	20
$6\leqslant m\leqslant 25$	0.04	0.08	0.16	0.32	0.63	1.0	1.6	2.5	4	6.3	12.5	2.5
$m>25$					0.8	1.25	2.0	3.2	5.0	8.0	16	32

除齿面外，齿坯其他表面的粗糙度可参照表 9-22 选取。

表 9-22　齿坯其他表面 *Ra* 的推荐值　单位：μm

齿轮精度等级	6	7	8	9
基准孔	1.25	1.25～2.5		5
基准轴颈	0.63	1.25	2.5	
基准端面	2.5～5		5	
顶圆柱面	5			

注：（1）国标所规定的齿轮精度等级和表中的粗糙度等级之间没有直接关系。

（2）表中相当的表面状况等级并不与特定的制造工艺对应。

9.5.6 图样上齿轮精度等级的标注

当前正在使用的最新国家标准对齿轮精度等级做了新的规定，而对图样的标注并无明确规定，仅仅提到在技术文件（齿轮图样、协议等）须要叙述齿轮精度要求时，应注明标准号，即 GB/T 10095.1—2008 或 GB/T 10095.2—2008 等。

关于齿轮精度等级标注的建议如下：

（1）齿轮的检验项目具有相同精度等级时，只须标注精度等级和标准号。

例如 8GB/T 10095.1—2008 或 8GB/T 10095.2—2008，表示检验项目精度等级（如齿距累积总偏差、齿廓总偏差、螺旋线总偏差等）同为 8 级的齿轮。

（2）若齿轮各检验项目的精度等级不同时，则须在精度等级后面用括弧加注检验项目。

例如“6（F_α）、7（F_p、F_β）”表示齿廓总偏差 F_α为 6 级精度、齿距累积总偏差 F_p 和螺旋线总偏差 F_p 均为 7 级精度的齿轮。

9.6 齿轮精度设计案例

【例 9-1】 某减速器中的一个直齿齿轮副，模数 m=3mm，$\alpha = 20°$，小齿轮结构如图 9-26 所示，齿数 z=32，中心距 $a_i = 288$mm，齿宽 b=20mm，小齿轮孔径 D=40mm，圆周速度 v=6.5m/s，小批量生产。试确定齿轮的精度等级、齿厚偏差、检验项目及其允许值，并绘制齿轮工作图。

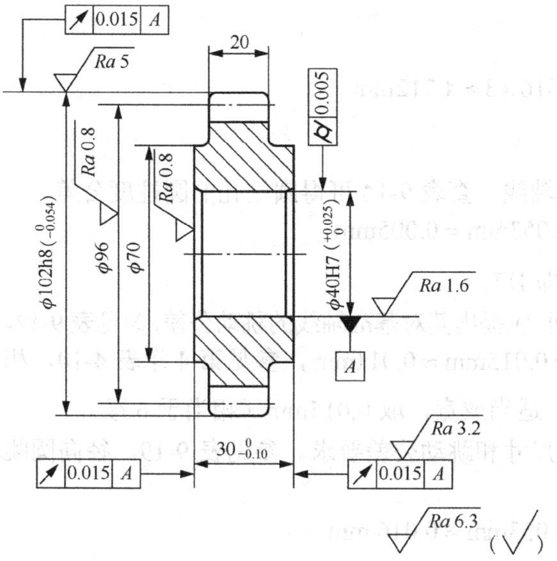

法向模数	m_n	3
齿数	z	32
齿形角	α	20°
螺旋角	β	0
径向变位系数	x	0
齿顶高系数	h_a	1
齿厚及其极限偏差	$s^{E_{sns}}_{E_{sni}}$	$4.712^{-0.100}_{-0.186}$
精度等级	$8(F_p)$，$7(f_{pt}, F_\alpha, F_\beta)$ GB/T 10095.1—2008	
配对齿轮	图号	允许值/μm
检查项目	代号	
单个齿距极限偏差	$\pm f_{pt}$	±12
齿距累积总偏差	F_p	53
齿廓总偏差	F_α	16
螺旋线总偏差	F_β	15

图 9-26 齿轮工作图

解：

（1）确定齿轮精度等级。

根据前述关于精度等级的选择说明（见表 9-2 和表 9-17），针对减速器，取 F_p 为 8 级（该项目主要影响运动准确性，而减速器对运动准确性要求不太严），其余检验项目为 7 级。

（2）确定检验项目及其允许值。

①单个齿距极限偏差 $\pm f_{pt}$ 允许值。查表 9-6 得 $\pm f_{pt}=\pm 12\mu m$。

②齿距累积总偏差 F_p 允许值。查表 9-8 得 $F_p=53\mu m$。

③齿廓总偏差 F_α 允许值。查表 9-9 得 $F_\alpha=16\mu m$。

④螺旋线总偏差 F_β 允许值。查表 9-10 得 $F_\beta=15\mu m$。

（3）齿厚偏差。

① 最小法向侧隙 $j_{bn\min}$ 的确定。采用查表法，由式（9-1）得

$$j_{bn\min}=\frac{2}{3}\left(0.06+0.0005|a_i|+0.03m_n\right)$$

$$=\frac{2}{3}\left(0.06+0.0005\times 288+0.03\times 3\right)mm=0.196mm$$

② 确定齿厚上偏差 E_{sns}。据式（9-2）按等值分配，得

$$E_{sns}=-j_{bn\min}/(2\cos\alpha_n)=-0.196/\left(2\cos 20^\circ\right)=-0.104mm\approx -0.10mm$$

③ 确定齿厚下偏差 E_{sni}。查表 9-100 得 $F_r=43\mu m$（也是影响运动准确性的项目，故按 8 级），$b_r=1.26IT9=1.26\times 87\mu m\approx 110\mu m$。按式（9-7）和式（9-8）得

$$T_{sn}=\sqrt{F_r^2+b_r^2}\times 2\tan\alpha_n=\sqrt{43^2+110^2}\times 2\tan 20^\circ\approx 86\mu m=0.086mm$$

$$E_{sni}=E_{sns}-T_{sn}=\left(-0.10-0.086\right)mm=-0.186mm$$

齿厚公称值为

$$s=\frac{\pi m}{2}=\frac{1}{2}\times 3.1416\times 3\approx 4.712mm$$

（4）确定齿轮坯精度。

① 根据齿轮结构，选择圆柱孔作为基准轴线。查表 9-14 可得圆柱孔的圆柱度公差

$$f=0.1F_p=0.1\times 0.053mm=0.005mm$$

参考表 9-13 孔的尺寸公差，选取 7 级，即 H7。

② 齿轮两端面在加工和安装时作为安装面，应提出其对基准轴线的跳动公差，参见表 9-12，跳动公差为 $f=0.2\left(D_d/b\right)F_\beta=0.2\times\left(70/20\right)\times 0.015mm\approx 0.011mm$，参见第 4 章表 4-10，相当于 5 级，精度较高，考虑到经济加工精度，适当放宽，取 0.015mm（相当于 6 级）。

③ 齿顶圆作为检测齿厚的基准，应提出尺寸和跳动公差要求。参见表 9-19，径向圆跳动公差为

$$f=0.3F_p=0.3\times 0.053mm\approx 0.016\,mm$$

参考表 9-20，尺寸公差取 8 级，即 h8。

④ 参见表 9-21 和表 9-22，齿面和其他表面的表面粗糙度如图 9-26 所示。

（5）其他几何公差要求。

其他几何公差要求如图 9-26 所示。

（6）画出齿轮工作图。

齿轮零件图如图 9-26 所示（图中尺寸未全部标出）。齿轮有关参数见齿轮工作图右上角位置的列表。

9.7 新旧国标对照

考虑到目前一些企业还在使用 GB/T 10095—1988 等旧标准，为了前后衔接的方便和便于精度一致性，对新国标（GB/T 10095.1—2008 和 GB/T 10095.2—2008）与旧国标（GB/T 10095—1988）进行对比分析。

新旧国标的差异主要表现在如下方面：

（1）标准的组成。新标准是一个由标准和技术报告组成的成套体系，而旧标准则是一项精度标准，

（2）采用 ISO 标准的程度。新标准等同采用 ISO 标准，而旧标准是等效采用 ISO 标准。

（3）适用范围。新标准仅适用于单个渐开线圆柱齿轮，不适用于齿轮副；对模数 m_n ≥0.5～70mm、分度圆直径 d≥5～10 000mm、齿宽 b≥4～1000mm 的齿轮规定了偏差的允许值（F_i''、f_i'' 为 m_n ≥0.2～10mm、d≥5～1000 时的值），标准的适用范围扩大了。

旧标准仅对模数 m_n ≥1～40mm、分度圆直径到 4000mm、齿宽 b≤630mm 规定了公差和极限偏差值。

（4）偏差与公差代号。新标准中，各偏差和跳动名称与代号一一对应。

旧标准则对实测值、允许值设置两套代号，如代号 Δf_f 表示齿形误差，而 f_f 表示齿形公差。

（5）关于偏差与误差、公差与允许值。通常所讲的偏差是指测量值与规定值之差。在旧标准中和其他齿轮精度标准中，将能区分正负值的称为偏差，如齿距偏差 Δf_{pt}，不能区分正负值的统称为误差，如幅度值等。在等同采用 ISO 标准的原则下，将齿轮误差改为齿轮偏差。

允许值与公差之间有不同之处。所谓尺寸公差，就是尺寸允许的变动范围，即尺寸允许变化的量值，是一个没有正负号的绝对值。允许值可以理解为公差，也可以理解为极限偏差（上偏差和下偏差）。

（6）精度等级。新标准对单个齿轮规定了 13 个精度等级，旧标准对齿轮和齿轮副规定了 12 个精度等级。

（7）公差组和检验组。在精度等级中，新标准没有规定公差组和检验组。GB/T 10095.1—2008 规定，切向综合偏差、齿廓和螺旋线的形状与倾斜偏差不是标准的必检项目。

（8）齿轮坯公差与检验。新标准没有规定齿轮坯的尺寸与几何公差，而在 GB/Z 18620.3—2008 中推荐了齿轮坯精度。

（9）齿轮副的检验与公差。新标准对此没有做出规定，而是在 GB/Z 18620.3～4—2008 中推荐了侧隙、轴线平行度和轮齿接触斑点的要求和公差。

具体的新旧国标差异见表 9-23。

表 9-23 新旧国标差异

GB/T 10095.1～2—2008	GB/T 10095—1988	GB/T 10095.1～2—2008	GB/T 10095—1988
单个齿轮		单个齿轮	
单个齿距偏差 f_{pt} 及允许值 齿距累积偏差 F_{pk} 及允许值 齿距累积总偏差 F_p 及允许值 基圆齿距偏差 f_{pb} 及允许值 说明：见 GB/Z 18620.1—2008，未给出公差数值	齿距偏差 Δf_{pt} 齿距极限偏差 $\pm f_{pt}$ k 个齿距累积误差 ΔF_{pk} k 个齿距累积公差 F_{pk} 齿距累积误差 ΔF_p 齿距累积公差 F_p 基节偏差 Δf_{pb} 基节极限偏差 $\pm f_{pb}$	齿廓形状偏差 $f_{f\alpha}$ 及允许值 齿廓倾斜偏差 $f_{H\alpha}$ 及允许值 齿廓总偏差 F_α 及允许值 说明：规定了计值范围	齿形误差 Δf_f 齿形公差 f_f
		切向综合总偏差 F_i' 及允许值 一齿切向综合偏差 f_i' 及允许值	切向综合误差 $\Delta F_i'$ 切向综合公差 F_i' 一齿切向综合误差 $\Delta f_i'$ 一齿切向综合公差 f_i'
径向圆跳动 ΔF_r 及允许值	齿圈径向圆跳动误差 ΔF_r 齿圈径向圆跳动公差 F_r	径向综合总偏差 F_i'' 及允许值 一齿径向综合总偏差 f_i'' 及允许值	径向综合误差 $\Delta F_i''$ 径向综合公差 F_i'' 一齿径向综合误差 $\Delta f_i''$ 一齿径向综合公差 f_i''
螺旋线形状偏差 $f_{f\beta}$ 及允许值 螺旋线倾斜偏差 $f_{H\beta}$ 及允许值 螺旋线总偏差 F_β 及允许值 说明：规定了偏差计值范围，公差不但与 b 有关，而且与 d 有关	齿向误差 ΔF_β 齿向公差 F_β 螺旋线波度误差 $\Delta f_{f\beta}$ 螺旋线波度公差 $f_{f\beta}$	—	公法线长度变动误差 ΔF_w 公法线长度变动公差 F_w
—	接触线误差 ΔF_b 接触线公差 F_b	齿厚偏差： 齿厚上偏差 E_{sns} 齿厚下偏差 E_{sni} 齿厚公差 T_{sn} 说明：见 GB/Z 18620.2—2008，未推荐数值	齿厚偏差（规定了 14 个字母代号）： 齿厚上偏差 E_{ss} 齿厚下偏差 E_{si} 齿厚公差 T_s
—	轴向齿距偏差 ΔF_{px} 轴向齿距极限偏差 F_{px}		
齿轮副		齿轮副	
传动总偏差（产品齿轮副）F' 说明：见 GB/Z 18620.1—2008，仅给出了符号	齿轮副的切向综合误差 $\Delta F_{ic}'$ 齿轮副的切向综合公差 F_{ic}'	一齿传动偏差（产品齿轮） 说明：见 GB/Z 18620.1—2008，仅给出了符号	齿轮副的一齿切向综合误差 $\Delta f_{ic}'$ 齿轮副的一齿切向综合公差 f_{ic}'
圆周侧隙 j_{wt} 最小圆周侧隙 $j_{wt\min}$ 最大圆周侧隙 $j_{wt\max}$	圆周极限侧隙 j_t 最小圆周极限侧隙 $j_{t\min}$ 最大圆周极限侧隙 $j_{t\max}$	法向侧隙 j_{bn} 最小法向侧隙 $j_{bn\min}$ 最大法向侧隙 $j_{bn\max}$	法向极限侧隙 j_n 最小法向极限侧隙 $j_{n\min}$ 最大法向极限侧隙 $j_{n\max}$
接触斑点 说明：国家标准 GB/Z 18620.4—2008 推荐了直齿轮、斜齿轮装配后的接触斑点	齿轮副的接触斑点	中心距偏差 说明：见 GB/Z 18620.3—2008，其中没有公差，仅有说明	齿轮副的中心距偏差 Δf_a 齿轮副的中心距极限偏差 $\pm f_a$
轴线平面内的轴线平行度偏差 $f_{\Sigma\delta}=2f_{\Sigma\beta}$	x 方向的轴线平面内的轴线平行度误差 Δf_x x 方向的轴线平面内的轴线平行度公差 f_x	垂直平面上的轴线平行度偏差 $f_{\Sigma\beta}=0.5\left(\frac{L}{b}\right)F_\beta$	y 方向的轴线平面内的轴线平行度误差 Δf_y y 方向的轴线平面内的轴线平行度公差 f_y

续表

GB/T 10095.1～2—2008	GB/T 10095—1988	GB/T 10095.1～2—2008	GB/T 10095—1988
精度等级与公差组		齿轮检验	
GB/T 10095.1—2008 规定了 0～12 级，共 13 个等级 GB/T 10095.2—2008 对 F_i''、f_i'' 规定了 4～12 级，共 9 个等级；对 F_r 规定了 0～12 级，共 13 个等级	将齿轮各项公差和极限偏差分成 3 个公差组，每个公差组规定了 12 个公差等级	GB/T 10095.1—2008 规定该项不是必检项目 GB/T 10095.2—2008 提示使用公差表须协商一致	根据齿轮副的使用要求和生产规模，在各公差组中选定检验组来鉴定和验收齿轮的精度
		GB/Z 18620—2008 推荐了 *Ra*、*Rz* 数值表	—

本章小结

本章对渐开线圆柱齿轮的公差及其检测做了较详细的阐述，包括齿轮传动的应用要求、齿轮的加工误差及其对齿轮传动性能的影响、单个渐开线圆柱齿轮的评定指标及检测、齿轮副的评定指标和渐开线圆柱齿轮精度标准等。

齿轮传动的使用要求有传递运动的准确性、传动的平稳性、载荷分布的均匀性和适当的侧隙 4 个方面的要求。齿轮精度的评定指标主要从齿轮传动 4 个方面的使用要求着手加以制定。

习题与思考题

9-1　齿轮传动的使用要求有哪些？彼此有何区别与联系？

9-2　产生齿轮加工误差的主要原因有哪些？齿轮加工误差如何进行分类？

9-3　齿轮传动 4 项使用要求的评价指标有哪些？

9-4　接触斑点应在什么情况下检验？影响接触斑点的因素有哪些？

9-5　齿轮精度标准中，对圆柱齿轮规定了多少个精度等级？选择精度的等级时应该考虑哪些因素？

9-6　已知某齿轮模数为 m_n=3mm，齿数 z=32，齿宽 b=20mm，齿轮精度等级为 8 级。试求单个齿距偏差 f_p 的允许值（极限偏差）和螺旋线总偏差 F_β 的允许值（公差）

9-7　某通用减速器中有一对直齿圆柱齿轮副，模数 m_n=3mm，齿形角 α=20°，小齿轮齿数 z_1=32，大齿轮齿数 z_2=96，齿宽 b=20mm，传递的最大功率为 5kW，转速 n=1280r/min。齿轮箱采用喷油润滑，齿轮工作温度 t_1=75℃，箱体工作温度 t_2=50℃。钢齿轮的线膨胀系数 α_1=11.5×10^{-6}，铸铁箱体 α_2=10.5×10^{-6}，小批量生产。试确定小齿轮精度等级、齿厚的上下允许偏差、检验项目及其公差、齿坯公差。

参考文献

[1] 朱定见，葛为民. 互换性与测量技术[M]. 大连：大连理工大学出版社，2015.
[2] 刘卫胜. 互换性与测量技术[M]. 北京：机械工业出版社，2015.
[3] 周兆元，李翔英. 互换性与测量技术基础[M]. 4 版. 北京：机械工业出版社，2018.
[4] 罗冬平. 互换性与技术测量[M]. 北京：机械工业出版社，2016.
[5] 韩进宏. 互换性与技术测量[M]. 2 版. 北京：机械工业出版社，2017.
[6] 王长春. 互换性与测量技术基础（3D 版）[M]. 北京：机械工业出版社，2018.
[7] 王伯平. 互换性与测量技术基础[M]. 4 版. 北京：机械工业出版社，2013.
[8] 封金祥，胡建国. 公差配合与技术测量[M]. 北京：北京理工大学出版社，2016.
[9] 刘晓玲，齐庆国. 公差配合与技术测量[M]. 吉林：吉林大学出版社，2015.
[10] 王槐德. 机械制图新旧标准代换教程（修订版）[M]. 北京：中国标准出版社，2004.
[11] 张玉，刘平. 几何量公差与测量技术[M]. 沈阳：东北大学出版社，2014.
[12] 张民安. 圆柱齿轮精度[M]. 北京：中国标准出版社，2002.
[13] 王伯平. 互换性与测量技术基础学习指导及习题集与解答[M]. 北京：机械工业出版社，2010.
[14] 汪坚. 极限配合与技术测量[M]. 北京：机械工业出版社，2015.
[15] 张爽. 极限配合与零件检测（任务驱动模式）[M]. 北京：机械工业出版社，2012.
[16] 徐茂功. 极限配合与技术测量[M]. 北京：机械工业出版社，2015.
[17] 周文玲. 互换性与测量技术[M]. 2 版. 北京：机械工业出版社，2013.
[18] 赵则祥. 互换性与测量技术基础[M]. 北京：机械工业出版社，2015.
[19] 高晓康，陈于萍. 互换性与测量技术[M]. 4 版. 北京：高等教育出版社，2015.
[20] 毛平淮. 互换性与测量技术基础[M]. 3 版. 北京：机械工业出版社，2016.
[21] 李翔英，蒋平，陈于萍. 互换性与测量技术基础学习指导及习题集[M]. 北京：机械工业出版社，2013.
[22] 万书亭. 互换性与技术测量[M]. 2 版. 北京：电子工业出版社，2012.
[23] 周哲波. 互换性与技术测量[M]. 北京：北京大学出版社，2012.
[24] 甘永立. 几何量公差与检测[M]. 9 版. 上海：上海科学技术出版社，2010.
[25] 毛平淮. 互换性与测量技术基础[M]. 2 版. 北京：机械工业出版社，2010.
[26] 韩进宏. 王长春. 互换性与测量技术基础. 北京：北京大学出版社，2006.